科學的假象：

拯救科學的第一本書

Science Fictions

How Fraud, Bias, Negligen
and Hype Undermine the Search for Tr

造假、偏見、疏忽與炒
如何阻礙我們追尋事

Stuart Ritchi
史都華・利奇——

梅茇芢——

推薦

科學社群奉行的科學方法，讓我們能夠高效率地學習、研究、再現新穎的科學知識。然而，科學廣為流傳成為現代文明社會的顯學後，高等院校、科學期刊、產業、政府、科學家等等複雜的利益糾葛不清下，形象崩壞的事件開始在科學界中層出不窮。這些害群之馬，一再背棄社會大眾的信任，也讓偽科學和另類事實等在後真相時代有了肥沃的土壤！這本每一位科學工作者都該一讀的好書來得正是時候！讓我們好好地引以為戒吧！莫忘初衷！

——黃貞祥／國立清華大學生命科學系副教授

◎蔡甫昌／台大醫學院教授、台大醫院倫理中心主任

科學的假象

目次

第三部　病因與治療之道

給凱瑟琳

這個是科學事實，我們沒有真的**證據**支持，但這就是科學事實。

——英國電視劇〈火眼金睛〉

前言

人類在理解事物時，有一個奇特而常見的謬誤，那就是對肯定結果所產生的激動與感動遠大於否定結果。

——法蘭西斯・培根，《新工具論》，一六二〇年

西元二〇一一年一月三十一日那一天，全世界忽然發現了大學生其實擁有超能力。

那天有一篇剛發表的科學論文，登上了各大報的頭條：經由一系列由實驗室所設計的實驗，在測試了超過一千名對象之後，終於找到人類具有心靈預知能力的證據——也就是能夠透過特別的感官去預知未來的能力。這研究可不是來自什麼名不見經傳的瘋子科學家，該篇論文的作者拜姆是一名頂尖的心理學教授，任職於隸屬常春藤聯盟的康乃爾大學。而該篇論文也不是發表在什麼沒沒無名的小期刊上，它可是發表在一本受人景仰、通過同儕審查的主流心理學期刊上面。[1]看起來，這個過去被認為是完全不可能的現象，這次終於獲得科學界認證了。

這篇論文發表的時候，我還是一名博士班學生，正在愛丁堡大學攻讀心理學。我非常詳細地閱讀了拜姆的論文，他的實驗步驟是這樣的：他讓一群大學生盯著一個電腦螢幕，在這螢幕上會出現兩塊簾幕的圖案。拜姆告訴學生，這兩塊簾幕圖案的其中之一後面藏有一張圖畫，學生必須從中選出他們認為藏有圖畫的簾幕。受試學生並沒有任何線索，他們只能憑空猜想。等他們猜完之後，簾幕會打開，這時候學生就知道自己猜對還是猜錯。這個實驗重複了三十六次，當整個實驗結束後，結果相當驚人。如果藏在簾幕後面的測試圖畫，是某些中性而無聊的圖案時，那麼實驗的結果就完全隨機：學生們猜對的機率是百分之四十九．八，基本上就是一半一半。不過真正奇妙的結果則是下面這一個：如果藏在簾幕後的圖案是一張色情圖片，那學生們選中這塊簾幕的機率，會略高於隨機值，準確地來說是百分之五十三．一。這個數值剛好超過「具有統計意義」的閾值。在研究論文中，拜姆認為有某種無意識的、演化出來的、心靈上對性的渴望，稍稍影響了學生，讓他們在圖片還未顯現之前，選擇了色情圖片。[2]

拜姆的其他實驗則沒有那麼直觀，但結果一樣讓人困惑。在其中一個實驗裡，他選了四十個毫無關聯的字彙，在電腦螢幕上顯現出來，一次一個。接著他在無預警的情況下測驗學生的記憶力，讓他們盡量打出所有他們剛剛看過的字。與此同時電腦也會從那四十個字中再隨機選出二十個字，顯示給學生看，這個實驗就結束了。根據拜姆的紀錄，在記憶測驗的過程中，學生傾向打出**他們即將看到的**那二十個字，但是他們當然不可能事先知道電腦會選出哪些字，除非他們可以有超自然直覺的幫忙。拜姆認為這有點像是一個學生為了準備考試而唸書，然後去參加考試，考完之後再複習一遍；結果這個試後複習的成果，不知怎麼地居然可以回到過去，讓第一次考試的成績變得更好＊。一般來說，除非所有的物理定律都瞬間失效，不然時間應該是只會往一個方向流動才對，萬物的「因」應該出現在它的「果」之前而非之後。但是自從拜姆的論文發表以後，這些奇奇怪怪的結果，現在也成為科學文獻的一部分了。

一件重要的事情是，拜姆的實驗設計極其簡單，所需要的只是一台桌上型電腦而已。如果拜姆是對的，那麼任何科學家都可以根據他的實驗步驟重複實驗，得到可以證明超自然現象的證據，即使是一名毫無資源的博士班學生也做得到。我就是那個沒有資源的博班學生，因此我就這樣做了。我聯絡了另外兩位同樣對實驗結果感到懷疑的心理學家，一位是赫特福德大學的威斯曼，另一位是倫敦大學金史密斯學院的法蘭屈。我們一致決定在三人的大學裡，各重複一次拜姆

＊譯注：拜姆的意思是說，一般學生先看過四十個字，然後再給學生複習其中的二十個字，大家通常會對這二十個字記得比較清楚。現在他把步驟反過來，先測試學生還記得哪些字，再列出其中該複習的二十個字，結果學生居然好像可以預知要複習哪些字。

的字串實驗。我們開始招募志願者，向他們解釋實驗內容，並看著他們在聽完之後露出一臉困惑的表情。經過數個禮拜的時光，我們終於有了實驗結果。而這些實驗結果嘛……一點意義也沒有。我們的大學生完全沒有什麼超自然能力。他們並沒有記得比較多那些測驗過後才列出的字串。或許，物理學定律暫時還是可信的。

我們很快地把實驗結果寫成論文，寄給當初發表拜姆論文的那份期刊：《人格與社會心理學期刊》，而也幾乎馬上就吃了閉門羹。期刊編輯在幾天以內就決定拒絕我們的投稿，並向我們解釋，該期刊有一條一貫的政策，就是從不發表重複前人實驗的論文，不管新的論文是否能做出跟前人一樣的結果。[3]

我們當然對這樣的結果感到十分氣憤。這份期刊才發表了一篇結論極為大膽的論文，假設該論文結論為真，那麼其大膽的程度所引起的，絕對不只是心理學家的興趣，而會是整個科學界的革命。該實驗的結果已經深入大眾領域，在公眾媒體上面大量曝光，知名程度甚至讓拜姆本人都上了深夜脫口秀節目「柯爾伯特報告」，並讓主持人說出了那句讓人印象深刻的「誘人的時光旅行」。[4]而現在期刊編輯竟然完全不考慮刊登另一篇重複該實驗並且質疑原本結論的複製型論文。[5]

與此同時，還有另外一件正在悄悄開展的事件，也讓人警覺到今日的科學研究在實踐上可能出了某些問題。《科學》期刊一向被公認為是最權威的科學性期刊之一（僅次於《自然》期刊），它曾經刊登過荷蘭蒂爾堡大學的社會心理學家史泰佩爾的一篇論文。該篇論文的標題為〈面對混亂〉，內容描述了數個在實驗室以及在街頭所執行的實驗，作者發現當人身處於髒亂或混雜的環境時，比較容易形成偏見，同時也比較容易認同種族刻板印象。[6]這篇論文，加上史泰佩爾其他數十篇論文的結果，登上了世界各地的報紙頭條。《自然》期刊的一篇新聞這樣寫道：〈混亂會促成偏見〉，《雪梨晨鋒報》也報導：〈哪裡有垃圾，哪裡就有種族歧視〉。[7]這些實驗結果，代表了某種典型的社會心理學實驗，其發現老嫗能解，並且如史泰佩爾本人所寫道，「明顯可應用於政策層面」：在上面的例子裡，應該要「及早找出環境中的混亂之處並立即介入」。[8]

但是這裡的問題是，上述這一切結果沒有一項是真的。史泰佩爾的一些同事注意到，他的實驗結果有點**太過**完美了，於是開始感到懷疑。不只如此，資深的學術工作者通常相當忙碌，多半依賴學生去從事搜集資料這類苦力工作，但是史泰佩爾似乎都親力親為：他親自外出收集所有實驗數據。二〇一一年九月，當他的同事把這些問題反映給大學行政單位後，史泰佩爾被暫停教授職位，許多調查隨即展開。[9]

史泰佩爾在隨後寫的一份自傳中懺悔並承認，他的實驗數據並非搜集而來，而是坐在研究室或是晚上在廚房飯桌上，根據他想像中的實驗結果，一筆一筆把他所需的數據鍵入試算表中，所有一切都是無中生有。「我做了很可怕的事，甚至可稱為很噁心的事，」他這樣寫道：「我捏造研究數據，虛構一堆從沒做過的研究。我自己寫論文，而且我非常清楚自己在做什麼……我沒有什麼感覺，不覺得噁心，不覺得可恥，也不覺得後悔。[10]」他的科學詐騙成果複雜得讓人驚訝。「我發明了一整個學派，在其中我得以從事研究、與其他老師討論實驗、參與講學、共同教授社會研究課程，我感謝那些參與研究而有貢獻的人士，並且還親手送上謝禮。[11]」

史泰佩爾提到，他會印出那些假裝是要給受試者填寫的空白表格，秀給同事與學生看，宣稱他要趕著去做研究……然後在沒有人看到的時候，把這些表格丟進資源回收桶。他最後無法繼續進行下去。學校的調查結果很清楚，史泰佩爾在停職不久後就被解聘了。在此之後，他有超過五十八篇論文，因為資料作假而被撤稿，這刷新了科學界的紀錄。

像拜姆跟史泰佩爾這種例子，受人景仰的教授發表看似不可能的（比如說拜姆）或是完全造假的（比如說史泰佩爾）的實驗結果，不僅引起心理學界的大地震，更撼動了整個科學界。聲譽卓著的科學期刊怎麼會允許它們被發表？還有多少已發表的論文其實是有問題的？事實上，這兩個案例其實是非常好的例子，說明了我們當前的科學研究方式，其實有著更大的問題。

在這兩個例子中，最大的問題其實是**複製**。一項科學發現要能值得被認真看待，它必定不能只是某次隨機發生的僥倖，不能只是因為機器故障，不能是因為科學家作弊或偽造。它必定要是真正發生過的現象。而如果它真的發生過，那基本上讓我來做，應該也能大致發現跟你一樣的結果才對。就許多方面來說，這正是科學的基礎，也是科學跟許多其他用來認識世界的知識體系不同處。如果一個現象無法被複製，那你就很難宣稱你做的東西屬於科學。

如果如此，那麼值得令人擔憂的，就不是拜姆的實驗是否可信，或是史泰佩爾的結果只是他空想的產物，畢竟我們永遠避不開錯誤與虛假（同時很遺憾的，也避不開騙子）。[12]真正值得擔憂的問題，是科學界如何處理這兩個例子。我們企圖複製拜姆的實驗，但是卻被原本發表過他論文的期刊無禮地拒絕了；而在史泰佩爾的例子裡，甚至沒有人**嘗試**去複製他的發現。換句話說，我們的科學界正在告訴大家，他們會相信任何誇張的論述，而不會先檢查這些結果的可信度有多少。但是若是沒有先檢查過這些結果的可複製性有多高，那我們要如何知道這只是巧合或是虛構的呢？

或許，拜姆在他那惡名昭彰的研究數年後，在某一次專訪中所說的話，最能道盡許多科學家對於「複製實驗」這件事情的看法。「我完全贊成用嚴格的標準，」他這樣說道，「但是我沒有耐心等待……如果你去看我過去所有的實驗，它們都只是一種修辭手段而已。我搜集數據是為了呈現我的論點。我把這些數據當作說服別人的論點，而我從不擔心『這些結果能不能被複製？』」[13]

但是擔心實驗結果能不能被複製，並非一個可有可無的選項，它是科學的基本精神，應該要清楚地彰顯在論文發表與同儕審查系統中，而這套系統，正是對抗假發現、錯誤實驗與可疑數據的防波堤。但如同我會在本書後面解釋的，這套系統現在損壞得很嚴重。許多科學家所發現的知識即使很重要，但若是被認為不夠有趣到值得發表的程度，往往會受到修改或被束之高閣，這造成實驗記錄被曲解，連帶破壞了我們的醫學、技術、教育系統甚或是政府的政策。我們投入了大量資源從事科學研究，原本冀望能夠從中獲得有用的回報，結果卻完全浪費在生產了一堆毫無價值的資訊上。原本可以完全避免的錯誤及疏忽，現在卻常態性地穿過「同儕審查」這道馬奇諾防線（二次世界大戰時，法國部署在德法邊境的防禦工事，號稱絕不會被突破的防線）。許多書本、媒體、報導甚或是我們腦袋裡，如今充斥著各種「事實」，但這些「事實」要麼不是錯的，不然就是被誇大，或是純粹誤導。其所造成的結果不堪設想，特別是如果影響的是醫療科學等領域，那麼在最壞的情況下甚至可能造成死亡。

其他的書籍所描述的常常是科學家對抗一系列假科學提倡者的故事，比如創造論者、順勢療法、地平說擁護者、占星術師之類的學說與團體；這些人誤解科學甚至妄用科學，有些是無心使然，有些則是故意為之，但不管哪一種都一樣地不負責任。[14]但是本書不一樣。本書所要揭發的，是科學自身的嚴重腐敗：這種腐敗影響到的，正是與我們實踐研究與發表論文有關的科學文化。科學這個學門本應有著最嚴格的懷疑主義、最精確的理性以及最扎實的實證主義，如今卻充滿一堆不適格的妄想、謊言與自我欺騙，其程度讓人眼花撩亂。在這樣的腐敗過程中，科學最重要的目標，也就是帶領我們接近真理，正被慢慢地破壞。

本書第一部分將會解釋，所謂科學研究，不只是做幾個實驗去驗證假設這麼簡單而已，科學活動其實牽連甚廣。科學的本質，是一種**社交**活動，你必須要能夠說服其他人——也就是其他科學家——去相信你的發現。而科學也是一種**人類**的活動，因此科學家自然會受到各種人性的影響。他們會有不理性的時候，會帶著偏見，有時候會輕忽大意，會黨同伐異，當然也完全會用欺騙的手段達到目的。因此，科學家為了一邊要能說服別人，一邊還要超越人性的侷限，發展出了一套檢查與平衡的系統，理論上，這系統應該可以將科學的麥子與糟糠分離開來。這個審查與確認的過程，最終演變成今日所有在科學期刊上發表的論文，都必須經過的同儕審查程序，它理應可以做為判斷科學論文能否發表的黃金標準。我將在第一章裡面詳述這套流程。但是緊接著在第二章我會提到，這套流程可能在某些地方出了嚴重的問題：今天在許多不同的科學領域都有為數眾多的論文，發表的結果無法被複製，而這些內容是真是假非常啟人疑竇。

在本書的第二部分，我們將來探討原因。我們會發現，現今這套論文發表系統，不但無法抵銷或是遮蔽人性缺點所造成的問題，反而讓這些缺點在我們的科學紀錄上面留下鮮明的痕跡。之所以會形成這種結果，正是因為我們**相信**這個程序是客觀且無私的。這種罕見的自我滿足、奇怪的傲慢心態，主導了同儕審查系統，以至於它唯一真正阻止的，似乎只有不讓外人察覺到系統的瑕疵。經過同儕審查的論文，理應是所有在探討萬物運行的解釋上面，最客觀同時也是完全根據事實的一種了。但是在我們看過大量不同的論文之後，你將會發現，我們無法根據同儕審查系統，就相信科學家對於自己的實驗結果誠實（第三章）、超然（第四章）、謹慎（第五章）或是理性（第六章）以待。

本書的第三部分，我們將更深入探討科學研究是如何進行的。在第七章我會告訴你，這套系統不僅無法應付我們剛剛所提過的種種過失行為，甚至當今的學術研究環境還被設計成**激勵**這些問題，它鼓勵研究人員追逐特權、聲譽、經費與名聲，甚至不惜犧牲研究結果的可靠性與嚴謹度。最後，當我們診斷完所有的問題之後，第八章我會提出一系列科學實踐的改革方案（通常偏向激進），希望透過這樣的改革，將科學研究帶領回它原本的初衷，讓它帶領我們尋找世上萬物的真理。

在說明科學研究的弱點時，我會引用許多不同科學領域的警世故事作為案例。不過我會特別著重在心理學這個領域引用大量的例子。[15]一部分原因當然是因為我是一名心理學家。但是我的科學背景並非本書中出現大量心理學案例的唯一原因，更重要的原因是從拜姆與史泰佩爾（以及許多其他人）的事件以來，心理學家率先做了一些非常深度的靈魂拷問。我們體認到自己領域根深柢固的缺陷，並且為了對付這些缺陷，我們也發展出許多系統性的策略，或許遠比其他領域要多得多。而其中許多手段已經開始被其他科學學門採用。

拯救破損的科學體系的第一步，要先能看到並改正那些可能導致墮落的錯誤。跨出這一步的唯一方法則是做更多的科學研究。我會在整本書中引用**統合科學**這個新興學門，這是一個關注於科學研究本身的學科。如果科學是一個發掘並除錯的過程，那麼統合科學就代表了向科學深處進行發掘與除錯的過程。

我們可以從錯誤中學習到很多事情。音樂家朗德格倫在一張專輯中曾經錄了一小段介紹，邀請聽眾跟他玩一個他稱之為「錄音室之聲」的小遊戲。朗德格倫描述了所有在錄製音樂時，可能出現的失誤雜音，像是嗡嗡聲、嘶嘶聲，或是當有人對著麥克風唱出一個帶有「P」發音的字時，所造成的破音，甚或是剪接時不連貫的聲音等等。他邀請聽眾在該張專輯隨後的歌曲中尋找這些錯誤，然後也在其他的專輯中尋找。聽眾如果能了解錄音室錄音時所出現的錯誤，將讓他們對於音樂是如何錄製的產生更新的看法；同樣的，讀者如果能理解科學研究中，哪些地方出了問題，也有助於讓他們知道，我們是透過怎樣的過程，建構今日的知識。

發現我們的科學研究過程中存在著很大的問題，或許會讓人感到窘困。那些你在新聞或是科普書籍中所讀到的、讓人興奮的科學知識，或是在紀錄片中看到，覺得悸動想要跟朋友分享的事物，或是那些改變你對世界看法的知識，有多少其實是建構在薄弱的科學研究上，而完全無法被重複的呢？有多少醫生開給你吃的藥，或是採用的治療手段，其實是根據有缺陷的實驗結果呢？有多少次你根據科學研究而改變的飲食或是消費習慣，或是任何其他跟你生活型態息息相關的行為，結果才過幾個月，就被新的研究徹底推翻了呢？有多少次政治人物根據科學研究所制定的法律與政策，直接衝擊到許多人的生活，結果其實完全經不起嚴格檢驗？在上面所舉的每一個例子裡，答案都是：遠比你想像的要多。

希望所有的科學研究結果都為真，認為所有的研究結果都顛撲不破，永遠不會被未來的新發現推翻，那其實是太過天真了。這世界太過混亂與複雜，不可能存在這樣的研究。我們唯一能期望的是，所有的科學研究都值得相信，所有的科學家都誠實地報告他們的發現。科學最可取、最基本的品質，同時也是它最擅長也做得最好的一件事，就是不斷透過新發現、新技術、新手段、新療法，漸漸革新我們的世界。而如果今日那套過度自滿的同儕審查程序，並不足以保證科學的可信度，那這些科學價值將不復存在。

本書的用意，在於讚揚科學而非埋葬科學，它的目的絕非攻擊科學或是科學的方法。相反地，我寫本書的用意，是在保護科學方法，以及在更廣泛的程度上來說，保護科學的原則，讓它不受到今日科學的實踐方式所侵害。我們會在本書中看到一些讓人極度不適的科學大災難，而去找出造成這一切的原因，對科學來說可是至關重要：它們已經讓科學變得黯淡無光、跛足前行，而我們就幾乎要毀了人類最偉大的發明之一。

但是，今日一切的傷害並非無可救藥。基本上，即使在實踐上不完全如理論，科學仍有潛力成為人類最可靠也最堅實的知識體系，一如我們所需要的那樣。隨著我們逐漸在本書中揭發各種科學失誤案例，你會發現仍有一絲希望躲藏於其後：幾乎這一切的科學詐騙、偏見、過失與炒作，都是由**其他科學家**所揭發的，如同打開了潘朵拉的盒子，放出各種被科學家所揭發而引起軒然大波的醜聞後，希望與重振的信心就跟在其後浮現了出來。提出透過統合科學這種聰明的想法，來對抗科學體系的問題，整理當前混亂局面的，主要都是來自科學社群內部的科學家。或許在許多領域中，自我批判精神已經死去，但是在科學社群中它仍一息尚存，並仍在激勵著真正的科學。

這些批判來得正是時候，因為接下來我們就會提到，現在的情勢確實是**非常混亂**。

第一部

理想與現實的差距

第一章　科學的運作方式

這些思想主題難以經由個人獨自完成，而需要透過我們同儕的陪伴與交談，才足以讓心智達到適當的練習。

——休謨，〈論論文寫作〉，一七七七年

科學是一種社會建構的產物。*

在你看到上面那句話之後，準備把這本書丟掉以前，先讓我解釋一下我的意思。我所謂的社會建構，指的並不是那些極端的相對主義者、後現代論者、反科學戰士或是其他人所主張的，認

* 譯注：社會建構是社會學理論，指的是所有概念、行為、定義皆透過眾人所同意與接受而被創造出來的，比如種族的定義、金錢的價值等。它強調人類對事物的主觀看法。但是科學強調的是客觀的事實，因此這種說法等於否認科學有任何的客觀性。

為世界是一種虛構的概念，不存在真實的事物，而科學也僅是眾多理解世界的手段之一，毫無特別之處；甚至更極端的看法認為，科學只是眾多「神話」之一，我們可以自行選擇信與不信。[1]事實上，科學幫我們成功治癒疾病，解析大腦，預測天氣，裂解原子；科學是當下我們去了解宇宙運作時所能擁有最佳的方法，同時它也讓我們依照自身需要去操縱萬物。換句話說，它是讓我們往真理的最佳途徑。或許我們一輩子也無法真正觸及真理，因為綜觀人類歷史，任何宣稱永不改變或是絕對的真理，事後都被證明那只是一時的傲慢。但是在各種能幫助我們更加理解這個世界的手段中，科學無疑是最佳的一種。

但是我們無法僅憑這些手段就往前進步。光是自己在實驗室中觀察到實驗結果，是完全不夠的；你還必須能說服其他科學家，你真的發現了些什麼。這就是科學的社交層面。許多哲學家已經用長篇大論討論過，對一位科學家而言，**展示**給其他科學同僚，讓他們知道你如何做出當下的結論，是件何等重要的事。十九世紀的哲學家彌爾曾這樣解釋過：

> 在自然哲學裡，一件事往往有許多不同的可能解釋，像是地心說對上日心說，燃素說對上氧氣說。我們必須要能證明，為何一個理論為真而其他則否：除非我們看到它被證明了，並且除非我們知道它是如何被證明的，否則我們都無法理解是這個理論的根據為何。[2]

因此科學家總是聚在一起團體工作，環遊世界各地教學以及在學會上演講，在研討會中彼此詰問，組成科學會社分享彼此的研究，而其中最重要的，或許是在同儕審查的期刊上發表自己的研究成果。這些社交行為，並不是科學家工作之餘的額外活動，也不是出於什麼同袍情誼。它們就是科學在進行時的樣貌，它們展示了一系列詳細檢查、彼此詰問、訂正、淬煉，最後形成共識的過程。科學就是透過這些主觀的過程，最後形成難以匹敵的客觀性，[3]這話乍聽之下有點矛盾，但科學就是如此運作。

在這層意義上來說，科學是一種社會建構。任何對世界上萬物的發現，只有在通過這一系列的過程後，才能被宣稱為科學知識。這一系列的過程目的就是篩去錯誤與缺陷，讓其他的科學家來評判新的發現是否可信、是否堅實、是否重要。每一項科學上的新發現，都必須先經過這一輪砲火的洗禮，讓通過這一系列的科學過程之後的終產物（經過同儕審核後的論文），在社會上發揮強大的影響力。之後它將不再只是隱晦的行話、美麗的辭藻，也不只是某種意見而已，它將被我們稱之為**科學**。

然而，科學的社交部分有其弱點。因為科學家總是必須用盡全力說服同儕，唯有如此他們的研究才能通過同儕審查，也才有發表的機會，這很容易讓他們忽略了科學原本關注的焦點：帶領我們接近真理。而因為科學家畢竟也是人，因此他們說服別人的手段未必總是理性且客觀。[4]如果我們不小心一點的話，科學的進程中就很容易充滿人性的缺點。

本書要談的事情，就是我們並不夠小心呵護那寶貴的科學進程。我們現有的科學系統不只忽略了人性的缺陷，甚至還強化了這些缺陷的影響。最近幾年有愈來愈多、愈來愈糟糕的例子，清楚地顯示同儕審查制度不只不能像當初建立起來時所冀望的那樣，保證科學的精確與可信度；論文發表系統本來應該是科學領域的強項，現在卻成為它的阿基里斯腱。

要知道科學期刊發表系統哪裡出了問題，首先我們要知道它在正常情況下應該如何運作。

假設你想從事科學研究。你第一件該做的事情，就是閱讀科學文獻。所謂的文獻，指的是大量的科學期刊，這些期刊就是各種最新的專業知識的集散地。讓科學家可以定期分享他們的工作成果的想法，最早可以追溯回一六六五年。那時候英國皇家學會的科學家兼祕書奧爾登堡，出版了第一卷科學期刊，該期刊的全名是《自然科學會報：以闡述今日世界各地諸多精巧的探索、研究與工作》。[5]它的目的是讓當時那些聰慧的科學家，可以把自己的發現用信件描述出來，而其他有興趣的讀者則可以細細閱讀。在此之前，科學家通常都在有錢君主的朝廷內獨自工作，或是受到私人贊助，或是為協會工作。在當時，科學往往被視為一種奇技淫巧而非為了發現真理。他們會出版獨立的書刊，或是與其他的科學家互通信件，形成自己的小圈圈。這種靠信件形成的小型社交俱樂部，其實就是後來皇家學會這類學會的前身。[6] 奧爾登堡所建立的期刊，初期比較像是新聞報紙，科學家可以描述他們最近做過的實驗與發現。比如第一卷第一期就刊載了博學多聞的自然科學家虎克所描繪的，很可能是第一個木星大紅斑的觀察紀錄。這篇文稿是這樣說的：

> 聰穎的虎克先生，數月前曾跟一位友人略為提及，他曾使用一台優秀的十二英吋望遠鏡，數天前（亦即一六六四年五月九日晚間約九時）在木星三條暗色木星帶中最寬的一條上，觀察到一小斑點，時隱時現，他並發現，約二時後此斑從東往西移，約木星直徑一半的距離。[7]

這份期刊至今仍在出版，不過換了一個比較平易近人的刊名：《皇家學會自然科學學會報》。[8] 隨著時間過去，那些簡短的新聞格式漸漸被較長的文章取代，內容詳述實驗與研究。今日全世界這樣性質的期刊有超過三萬多份，範圍從非常廣泛（比如極為權威的《科學》與《自然》期刊，它們的目標報導任何科學領域中，世上最值得注意的研究成果），一直到極度專門的（比如《美國馬鈴薯研究期刊》，它只特別對這種根莖類植物有興趣）都有。[9] 有些期刊至今仍由科學學會經營，比如《皇家學會自然科學會報》，不過大部分的期刊都被像是愛思唯爾、威立、施普林格自然等等的商業集團所持有。[10]最近的發展是這些期刊都已經提供線上閱覽，讓任何付得起訂閱費的人（或是透過大學圖書館的訂閱），動動指尖就能夠輕易擁有全世界的科學知識。[11]

在閱讀完跟你的領域有關的期刊之後，或許你也會想親自研究一些問題。可能有某個科學理論做了一些預測（或者一些假設），而你可以用一些精巧的方式去驗證它們；又或者在當前的知識中有些不足之處，而你剛好知道如何填補它；也可能你剛好靈光一閃，想出一個實驗可以去驗證一個全新的想法。不過在開始著手之前，你通常會需要一些錢來支持這項研究：比如說，你需要買些新的儀器跟材料，要招募參與者，或是要付薪水給你請來的科學家，讓他們去跑跑腿動動手。除非你剛好是大藥廠，有錢養得起自家的實驗室，那這自然就不是問題，不然的話就只能另闢蹊徑，而獲得這些至關重要的資金最主要的途徑，就是申請研究經費。這些經費可能來自政府、來自某間企業、來自某些捐贈基金、來自非營利團體、來自慈善機構，甚至有可能來自某位有錢人。你或許會向美國的國家衛生研究院或是國立科學基金會（這兩個都是用美國納稅人所繳的稅成立的機構），或是專門贊助科學研究的慈善機構如惠康信託基金會、比爾與梅琳達・蓋茲基金會等等。[12]

沒人能保證你拿不拿得到經費。所有的科學家都會告訴你，他們工作中最煩人的部分，就是為自己最新的想法找到資金贊助，而且還常常失敗。這種爭取經費的過程對科學本身產生了至關重要的連鎖效應，我們稍後會再回到這點上。現在先假設你成功地拿到一筆經費，接著就開始工作。你要先收集數據，這步驟指的可能是在某處的地下用碰撞機讓粒子互相對撞，或是在加拿大北極區的某處岩石中挖出化石，也可能是讓細菌在培養皿中的特定環境下生長，招募數百人來實驗室填寫問卷，或是執行複雜的電腦模型。這些過程可能需要耗時數天、數月，甚至數十年。

一旦數據收集完成，通常你會得到一堆數字，讓你自己或是某位精通數學的同事，可以用許多不同的統計法來分析（這又是另外一個雷區，我們稍後會再回來談）。然後你需要把這些結果寫成科學格式的論文。一篇典型的論文，通常都會以導論開頭，在此你會先總結一下關於這次的主題當下我們已知的部分，以及你的新發現增添了哪些東西。接下來的段落是研究方法，你必須在此詳述你做過的實驗，這個段落必須足夠詳細到任何人（理論上）都可以據此重複你的實驗。完成之後，你就可以進入實驗結果的段落，在本段落中，你要呈現實驗數據、表格、圖解以及統計分析等等結果，算是記錄你的發現。最後我們用討論來結束這篇論文，在討論的段落中你可以亂猜……呃，我的意思是說提出關於這所有的結果，深思熟慮後詳細的意見。最後你要把這所有的東西濃縮在「摘要」裡面：這是一份簡短的聲明，通常只有英文一百五十個字左右，簡單描述整篇研究與結果。摘要通常可以供人自由取閱，即使論文的本文被擋在期刊的付費高牆後面也一樣，所以在這種情況下，你多半會想將這篇摘要寫好看一點，讓結果看起來說服力十足。科學論文其實有多種不同的篇幅與長度，也有一些論文的格式，會把上述的各段落混在一起。不過一般而言，你的論文應該就是照這樣的順序寫作。[13]

當論文寫作完成後，你就進入了期刊的領域與競爭發表的世界。直到不久前，投稿的程序還都必須印出數份紙本草稿，再把它們寄給期刊的編輯。不過時至今日，一切都已經可以透過線上操作，雖然許多期刊使用的網頁往往既老舊又問題叢生，讓人覺得用信鴿傳送一份紙本草稿過去可能還比較快。這些期刊的編輯多半是資深學者，他們會閱讀收到的稿件（不過老實說，大概只會看摘要），然後決定這篇文章值不值得發表。大部分的期刊，特別是極有名的那幾份期刊，往往非常自豪於自己的獨占性以及接受率（比如說，《科學》期刊只接受不到百分之七的稿件），大部分的論文大概在這階段就會退回作者手中，這結果我們稱為「桌拒」，[14]就是直接拒絕之意。這是論文品管的第一步：由期刊編輯將那些符合期刊主題的論文、在科學價值上有潛力、對學界有益或是品質合格的論文，與那些不值一哂的論文先區分開來。而對於那些受編輯青睞的少部分論文，現在就進入了同儕審查階段。編輯會找兩三個跟你同領域的專家，詢問他們是否有意願評估一下你的論文。他們很可能會因為太忙而婉拒這件差事，那編輯就會繼續詢問他名單中的下一位學者，一直到其中有幾位同意為止。然後就是一段緊張的等待時刻，看看這些學者是否願意為你的研究背書。

包括科學家在內的大部分人都認為，同儕審查一直都是科學論文發表的重要特徵之一，但是它的歷史其實複雜得多。雖然從十七世紀開始，英國的皇家學會就開始詢問其中一部分會員，關於一篇論文是否夠資格發表在《自然科學會報》上，但是直到一八三一年，它才開始要求對每份研究都必須寫出一份書面評估。[15]而我們今日所熟悉的同儕審查制度，那可還要等到了二十世紀後期才開始全面普及化（愛因斯坦曾在一九三六年寫信給《物理評論》的編輯群，不悅地提到要收回一篇正在被審查的論文，因為編輯竟敢考慮把他的論文寄給另一名物理學家評論，從這一個例子我們可以一窺當時同儕審查制度有多麼不普及[16]）。大概還要遲至一九七〇年代，所有的期刊才都採用了現代這種把投稿寄給其他獨立專家審查的模式，讓這些專家扮演今日守門員的角色。[17]

同儕審查往往都是匿名進行，這模式既是祝福也是詛咒，有好處也有壞處：好處是如此一來審稿人才可以暢所欲言，而不必擔心因為他們批評了其他科學家的論文而產生什麼不良的後果（比如年輕的科學家才可以大膽地批評知名學者研究裡的缺失）；而缺點呢，這個嘛，一樣也是審稿人可以暢所欲言，而不必擔心因為他們批評了對方科學家的論文，造成什麼不良的後果。下面幾個評論，可都是出自貨真價實的專家審查：

「有些論文讀起來會讓人興味盎然，而本篇論文顯然不是這種作品。」
「本文的實驗結果之薄弱，如同濕軟的麵條。」
「本篇論文提出了三點結論：第一點我們已知好幾年了，第二點我們已知好幾十年了，第三點我們已知好幾百年了。」
「我覺得本篇論文對推動該領域的進展並沒有太大貢獻，對推動自己被退稿倒是貢獻良多。」
「當你在寫這句話的時候有感覺到快癲癇發作嗎?因為我在讀的時候覺得快發作了。」18

如果審稿人給的都是這種意見，那編輯多半會將你退稿。這種時候你可能會想放棄，或是想全部重來一次，把稿子寄給另外一本期刊試試看，如果又失敗了那就再寄給另一本期刊，一直這樣下去。一份論文在被接受之前重複投稿六七次，甚至十多次的情況也並不罕見，而通常是投往愈來愈沒有名氣的期刊。不過如果審稿人覺得還不錯，那你可能就有機會修改自己的論文來回答他們的問題。這或許需要重新分析一些資料或是重做一些實驗，或者是改寫某些段落，然後再次把稿子寄給編輯審閱。這樣子你來我往的修改可能會重複好幾次，通常耗時數月。最後，如果審稿人終於滿意了，那編輯就會亮綠燈放行，論文就可以發表。如果該期刊仍有發行紙本，那你就可以親眼目睹你珍貴的工作成果印在紙上。反之如果沒有，你也只好勉強接受在期刊官方網站上看到論文。這樣就結束了，你已經在科學文獻中留名，你發表了一篇論文，可以把這成就加在履歷表上，同時論文也可以供其他的學者引用。恭喜你，今天終於可以休息一下。

上面所描述的過程其實有點太過簡化也太一般了，不過基本上科學界所有領域都大致依照這樣的流程。我們可以自問，在經過同儕審查的一陣糟蹋後，最終發表的成品是否仍能忠實地呈現原本實驗中所做出來的結果？我們將會在後來的章節裡面討論這個問題。現在，讓我們先來看看另一個問題。誰能保證剛剛這個過程中所有的參與者——投稿的研究人員、期刊的編輯、同儕審稿人等人——都切實符合一個讓人信賴的科學所要求的誠實公正與高尚品格呢？法律可沒有規定大家在審查科學時必須要保持公平理性，所以我們需要的是一個公認的道德觀，一套共同的價值觀，來規範所有科學家的行為。[19]而將這些潛規則明確寫下來的人中，最有名的當數社會學家默頓。

默頓在一九四二年提出了如今被稱為「默頓規範」的四條科學價值觀。這四條價值觀雖然並沒有什麼響亮的名稱，但全是科學家值得追求的良好目標。第一條是**普遍主義**：科學知識就是科學知識，重要的不是「誰」發掘出這項知識，而是獲取知識的方法是否正確可靠。科學家的種族、生理性別、年齡、社會性別、性向、收入、社會背景、國籍、聲望等等任何關乎科學家身分地位之事，均與我們該如何評估他們對科學事實的主張無關。你自然也不能因為這位科學家討不討人喜歡，而判斷他的研究好壞——這對於一些實在不討喜的同事來說，這應該讓他們如釋重負。第二條，與之相關的則是**無私利性**：科學家從事科學並非為了金錢、為了政治或是意識形態，不是為了自我膨脹或是名聲（也不是為了他們學校、國家的名聲或是任何類似的事情）。他們從事科學為的是發明與發現事物，以便增進我們對宇宙的理解，僅此而已。[20]如同達爾文有次曾寫道，一位科學家「不應有願望、不應有好惡，僅有鐵石心腸而已。」[21]

隨後兩條讓我們想起了科學的社交性。第三條是**公有性**：科學家應該與其他人共享知識。[22]這一條規範就是為何你要把自己的研究結果發表在期刊上面讓別人看到——我們大家都參與這個活動，我們必須知道其他科學家的研究細節，這樣才有辦法評估並以此為本，繼續發展。[23]最後一條則是**有條理的懷疑主義**：沒有什麼東西是神聖不可侵犯的，絕對不能光聽科學論述的表面之詞就相信它。在詳盡地檢查完所有的實驗方法與結果之前，我們應該抱持著謹慎的態度下判斷。關於有條理的懷疑主義最具體化的行為，大概就屬同儕審查了吧。

這四條規範從理論上看起來都很完美，真能遵守的話，科學期刊上所發表的論文都應該值得信賴，能夠成為「巨人的肩膀」，就像牛頓說過的那句名言，站在上面可以讓我們看得更遠。當然，這些巨人也常有出錯的時候，就拿之前我們提過的兩個例子，十九世紀英國的哲學家彌爾曾提過，過去我們都曾相信太陽是繞著地球轉，也都認為會燃燒的物體是因為它們充滿了一種叫做「燃素」的物質，而在燃燒的時候會被大量釋放出來。[24]不過當更新更好的實驗數據出現後，這些理論就被拋棄了。科學家可以改變觀點其實是他們的優點。生物學家道金斯講過一個自身的經驗，關於「牛津大學動物系一位受人敬重的老學者」，多年來都：

執著地相信，並且教導學生高基氏體（一種細胞裡面的微小構造）並不真實存在，它只是一種人為創造、想像出來的東西。當時每星期一下午都會有一場訪問學者的演講，照慣例全系都會出席。有一個星期一，一位來自美國的細胞生物學家，提出令人完全信服的資料，證實高基氏體是一種真實存在的構造。在演講結束後，那位老學者衝到台前，握著那位美國學者的手，並且極為激動地說道：「我親愛的科學同僚，我要謝謝你，讓我知道自己錯了十五年。」我們大家都為此熱烈鼓掌，拍打到手都紅了。實際上，並非每個科學家都會如此（說這種話），不過至少所有的科學家都會稱讚一下這種行為，將它視為一種理想，而不像其他職業，比如政治人物，大概會稱這種行為是反覆無常並且加以譴責。我剛所說的那個場景，每次回想起來，總還是讓我覺得哽咽。[25]

上面這段所講的故事，就是一般人談到科學會「自我修正」時所想說的意思。最終，就算可能要花數年甚至數十年，那些老的、錯誤的想法都會慢慢被新的證據推翻（或者如物理學家普朗克比較黑暗的說法，在那些食古不化的老頑固都死光之後，由下一代接手科學[26]）。不過，這些終究只是理論而已。實際上，本章之前所講的論文發表系統，跟莫頓規範可說是格格不入，而且在許多層面上來說，其實阻礙了自我修正。科學家一邊要競爭研究經費與追求在知名期刊上發表，一邊還要保持開誠布公、不動情感、對科學抱持審慎懷疑的態度，這兩者之間其實充滿了矛盾，而造成這種矛盾的詳細原因，隨著我們愈深入這本書，也會逐漸浮現清楚。

不過現在讓我們先回想一下，讓道金斯口中那位老學者改變看法的，是「令人完全信服的資料」。如果新出現的數據並沒有那麼讓人信服，甚或更糟的，根本不正確，那就沒有什麼理由去修正或是更新我們的科學理論。這就回到我們在前言裡面提到的主張：任何資料要能贏得我們的信任，它必須要能被複製。就像科學哲學家波普曾這麼解釋過：

> 只有當特定事件可以根據條件或規則再次重現，像是可重複的實驗，其他人（理論上可以是任何人）才能夠檢驗我們所觀察到的現象。甚至在我們能夠重複驗證自己觀察到的結果之前，我們都不該將自己的觀察當真，或是接受它成為科學上的現象。只有當實驗

能夠重複之後，我們才能說服自己，之前所做的並非只是一次獨立的「巧合」。[27]

這並不是什麼革命性的想法，當波普在一九五〇年代寫下之際，這也不是新觀點。如果我們回到《自然科學會報》創刊之際的十七世紀，會發現它的另一位創刊者化學家波以耳，會非常非常地努力，確保他的發現可以被重複。他會在不同的觀眾前，一次又一次地表演他的實驗，用他那著名的空氣幫浦，展示空氣或是真空的各種性質，然後會要求觀眾簽名，作證他們確實見證了波以耳所展示的科學現象。[28]他也會確保自己的實驗步驟寫得夠清楚，以至於「收到我的解說的人，可以在近乎毫無困難的情況下，重複這些罕見的實驗。[29]」雖然製作他那複雜的機器難度頗高，但是他會協助其他在英國以及歐洲的科學家，重複他的幫浦實驗。[30]

因此長久以來，「重複」就是科學運作的關鍵之一。然後很巧地，它也成為科學社交面的一部分，因為實驗結果唯有在被不同的目擊者證實之後，才會被人認真看待。但是從波以耳到今日的科學界之間，許多科學家都忘記了「重複」的重要性。在默頓的理想與科學界論文發表系統的現實衝突下，理想顯得十分脆弱，更別提理想與人性的衝突了。結果就是科學文獻中大量充斥著不可信、不可靠，同時也無法重複的科學研究。這些研究不只無法啟發我們，反而讓我們更困惑。

下一章我們就要來看看今日的科學文獻變得有多不可信、不可靠，同時變得有多麼難以重複。

第二章 「無法複製」的危機

我躍躍欲試的野心，卻不顧一切地驅著我去冒顛躓的危險……

——莎士比亞，《馬克白》，第一幕第七場第二十七段

已發表跟**屬實**並不是同一件事。

——諾塞克，斯拜思以及莫泰爾

過去十年來最受歡迎的心理學科普書，當屬康納曼的《快思慢想》了。提到帶領大家探索人類心智的學者，大概很少有比康納曼更合適的人了：他專門研究人類的理性與非理性行為，發表過數十篇精彩的實驗結果，顯示我們的理性能力的局限性，並因此拿下二〇〇二年的諾貝爾經濟學獎。《快思慢想》甫出版即轟動一時，很快就累積了數百萬本的銷量，直到今日仍然是最佳暢銷書之一。這當然是有其原因：這本書用生動活潑的方式，漂亮地解釋了人類思考過程中所有可

能犯的錯誤與偏見。[1]

在該書所討論的諸多主題中，康納曼提到了一個心理學家稱之為「促發」（priming）的效應。有些促發效應跟語言有關。比如說有人做過實驗證實，如果我準備一系列的字彙，一次顯示一個字在電腦螢幕上讓你看，然後要求你在看到**湯匙**這個字的時候快速按下按鍵；實驗結果顯示，如果**湯匙**的前一個字剛好是**叉子**（或是任何跟餐具有關的字彙）時，那你按鍵的速度，會比看到**樹**（或任何與餐具無關的字彙）要快一些些。看到**叉子**，將在心理上「促發」你，讓你對其他跟它有關聯的字彙反應快一些。[2]

不過康納曼所講述的事情，又更讓人驚訝了。他提到了社會心理學的研究，暗示如果促發了某些觀念——通常是無意識的——將會嚴重影響一個人的行為。其中的一個例子，叫做「馬克白效應」。二〇〇六年《科學》期刊上刊登了一篇論文，研究人員發現，如果叫受試者抄寫下一段故事，而故事裡帶有不道德行為的描述，受試者會比較想去購買肥皂；或是要求受試者回想一段，他們過去曾做過的不道德的事情，這會讓他們比較傾向在離開實驗室前，拿起殺菌紙巾擦手（去，該死的血跡！去吧！＊）。這現象比促發**字彙**要複雜多了，這表示大腦統合運作的方式，遠超過我們的想像，會將看似僅有微弱關聯的觀念，緊緊的連結在一起。在這篇論文所舉的例子裡，似乎提出了證據，證明道德跟清潔這兩個概念之間，有某種深層的重疊。該論文的作者主張，這或許可以解釋為何在全世界各地眾多宗教儀式裡，都包含了洗手這個動作。[3]

康納曼也提到了跟「金錢促發」有關的研究。另外一篇同樣也是刊登在二〇〇六年《科學》期刊上的論文中，一些社會心理學家發現，如果不經意地跟受試者提起金錢這件事——比如說讓他們坐在一張剛好有台電腦的桌子前，然後電腦的螢幕保護程式剛好出現一堆漂浮著的鈔票——這會讓受試者感覺自己十分富足並且表現得真像這麼回事似地，同時也讓他們比較不關心他人。[4]論文作者指出，受到金錢促發的影響，受試者會比較傾向「一個人自己玩、一個人工作，也讓他們傾向與新認識的人，在肢體上保持更遠的距離。[5]」如果讓他們去布置另一間房間裡面的座椅位置，以便與陌生人進行一場面對面的會談時，那些受到金錢促發的受試者，比起那些剛剛只有看到空白螢幕的受試者，所安排的位置竟然遠了三十公分左右。你大概也會覺得，不過就是個螢幕保護程式而已，竟然有這麼大的影響。在這些促發效應最顯著的研究中都有一種模式：看起來非常不經意的促發，卻可以對人的行為造成極為顯著的影響。

康納曼總結道這類促發實驗「對我們的自我認知——也就是我們總自認為是有意識的，是可

＊譯注：這句台詞與概念來自莎士比亞名劇〈馬克白〉，劇中馬克白夫人在犯下謀殺後，出現了不斷洗手想要洗掉血跡的強迫性症狀。

以對自己的判斷作主的印象——造成了威脅。」他對於這些研究人員結論的正確性毫不懷疑。「你不能不相信，」他這樣寫道，「這些結論不是假造出來的，也不是來自統計上的偶然巧合。你不得不接受這些研究的主要結論都是事實。更重要的是，你必須接受，關於**你**的部分都是真的。[6]」

不過或許康納曼不應該對這些促發效應的研究全盤買單，就算它們都是發表在最權威的期刊上面也一樣。因為到頭來，在史泰佩爾的作假行為，以及拜姆所發表的那些奇怪超能力的研究被揭發之後，下一個輪到的就是促發實驗了，或者正確的說，是本來只想重複某一個促發實驗而不可得，結果引爆了之後一連串的「無法複製的危機」。[7]

在最初的促發實驗中，研究人員請受試者看一串亂排的字彙清單，這清單中大部分的字彙都可以被重組成一句話，其中只有一個字彙與其他字彙格格不入，受試者必須找出來。有一半的受試者所需要找出來的字彙，是隨機而中性的字；不過另一半的受試者所需找出來的字，則跟老年人有關。這些字彙包括了**老**，**灰**，**智慧**，**織毛線**以及**佛羅里達州**。為什麼會有佛羅里達州？因為它是以美國退休人口最多而聞名的一州。在完成實驗之後，受試者就可以離開實驗室大樓了。不過他們並不知道，研究人員其實正在測量他們需要花多少時間，才能沿著走廊走出這棟大樓。而這次實驗結果又再度證明了概念與行為之間的關聯。那些受到老年相關字彙促發的受試者，比對照組的受試者，**更慢走出實驗大樓**。[8]

這篇論文發表於一九九六年，至今已經被其他研究人員引用超過五千次了，並且成為心理學教科書中的經典案例之一。我記得當我還是個學生的時候，也學過這個案子。到了二〇一二年，有另外一組研究人員，試著要重複一次一模一樣的實驗，不過這次他們打算用更多的受試者，以及更好的測量技術。結果他們發現，兩組受試者走路的速度，竟然完全沒有差異。他們認為最原始的實驗之所以會得到有差異的結論，那是因為拿著碼錶協助測量時間的研究助理，知道每一組受試者的實驗內容，因而會期待他們走得比較快或比較慢，結果影響了他們計時的準確性。在重複實驗中，研究人員改用紅外線光束來測量受試者的走路速度，結果發現並沒有什麼不同。[9]幾年之後，其他的實驗室也嘗試使用數量更大、更具代表性的受試者群體，來重複馬克白效應與金錢促發效應。[10]不幸地這兩個實驗也都失敗了。套句康納曼的話來說，沒有理由去相信這些形形色色的促發試驗，都是被「假造」出來的，我們只能假設研究人員真的是誠實地在做實驗。但是會不會是「統計上的偶然巧合」呢？或許這就是原因吧。

其他的促發實驗下場也並沒有比較好。有一個實驗宣稱受試者如果受到「距離」促發，將會覺得自己與朋友或親人比較疏遠。實驗方法是要求受試者在一張方格紙上面，放上兩個分得很開的黑點，來促發距離感。結果這個實驗無法在二〇一二年被其他人複製。[11]另一個實驗宣稱，他們將一些跟道德兩難有關的問題印在紙上並在四周印上西洋棋盤式的黑白方格圖案，而當受試者回答問題時，他們比較傾向做出極端的判斷，因為黑白方格圖案讓他們接受了「非黑即白」的概念。這個實驗在二〇一八年也無法被其他人重複。[12]還有另一個類似主題的研究，宣稱我們可以藉著促發受試者的噁心感，讓他們做出比較合乎道德標準的判斷。這實驗一樣在二〇一五年因為無法被重複，而被一篇文獻評論畫上一個大問號。[13]

不過我們還是要幫康納曼說句公道話。在《快思慢想》出版六年之後，他有一次承認自己因為過於強調促發效應的科學確定性，因而犯了大錯。「我在那一章中所介紹的那些實驗證據，其實比我在寫書的時候所相信的，要弱得多。」他還說「毫無疑問我確實犯了錯：我完全知道應該要控制自己的熱情……可是我卻沒有深思熟慮。[14]」但是傷害已經造成了，數百萬人看了書，諾貝爾獎得主告訴他們，他們只能相信那些實驗結果，「別無選擇」。

「促發效應」並非唯一一個家喻戶曉的心理學效應。在二〇一二年一夕爆紅的哈佛心理學家柯蒂，也曾在TED演講上宣傳過一種「權勢姿勢」。她建議當你在進入一個高壓力環境，像是在面試場合之前，應該要花兩分鐘時間躲在一個私人空間裡（比如說廁所隔間）兩分鐘，站出一個伸展、張開的姿勢：舉例來說站立時雙腿張開，雙手叉腰。這樣的權勢姿勢會讓你的信心暴增，同時也讓你的賀爾蒙上升。柯蒂和同事在二〇一〇年做過一個實驗，要求一組人坐下擺出雙臂交叉環抱胸前，或是身體前傾肩膀下垂的姿勢，而另一組人則擺出權勢姿勢，結果發現擺出權勢姿勢的那一組人，不只感覺自己更有力量，在賭博中也更能承受高風險；他們同時也分泌了更多的睪固酮，並且減少皮質醇這種壓力賀爾蒙的分泌。[15]

柯蒂所帶來的訊息：能夠花兩分鐘擺出權勢姿勢的人，「將能明顯改變他們的人生」這句話一下子擊中了某個甜蜜點：她的演講成為TED史上點閱率第二高的演講，總共有超過七千三百五十萬次的觀看次數。[16]接著在二〇一五年，柯蒂所寫的自我成長書《姿勢決定你是誰》，更成為在紐約時報暢銷書排行榜的第一名，出版商告訴大家，這本書介紹了「充滿魅力的科學」給讀者，將我們「從高壓時刻的恐懼中解放出來」。[17]英國保守黨似乎對柯蒂的教導特別銘記於心，在同一年的許多照片中，都可以看到他們的政治人物，在眾多大會與演講場合，擺出雙腿岔開而站的權勢姿勢，結果引來一陣嘲諷。[18]但是不幸也是在二〇一五年，另一組科學團隊嘗試重複「權勢姿勢效應」，結果卻發現雖然權勢姿勢確實可以讓人覺得自己更有力量，但是他們卻找不到權勢姿勢可以改變睪固酮、皮質醇的證據，或者是避免經濟上的風險。[19]

後來科學家開始將目光集中在更久以前的心理學實驗，結果發現過往的實驗結果一樣慘不忍睹。有史以來所有的心理學實驗中，最有名的大概就是一九七一年的史丹佛監獄實驗了。在這場實驗中，心理學家津巴多將史丹佛大學心理系的一間地下室模擬成監獄的樣子，然後把一群年輕人分成兩組，分別去扮演「獄卒」與「囚犯」，他們必須在監獄中相處一週。根據津巴多的說法，情況很快就變得令人不安，「獄卒」開始處罰「囚犯」，凌虐手段也愈來愈病態，嚴重到津巴多必須提早結束這個實驗。[20]除此之外，米爾格蘭也曾在一九六〇年代做過服從性實驗，他發現許多受試者願意服從指令，會使用高強度的電流去電擊倒楣的「學習者」（當然電擊與學習者都是假的，不過參與實驗的受試者對此並不知情）。當年的服從性實驗加上津巴多的實驗，提供了環境的力量可以凌駕於個人行為之上的證據。[21]這個故事帶來的啟示就是：如果你把一個好人放到一個壞的環境中，他可能會變得很壞，而且速度很快。世界上幾乎所有大學部心理系的學生，都學過史丹佛監獄實驗；而津巴多也因此而成為現代最知名也最受人尊敬的心理學家。比如在調查美軍警衛在伊拉克阿布格萊布監獄行為的審判中，津巴多就以專家證人的身分，引用自己實驗的結果，主張警衛所處的環境以及他們所接受的任務與扮演的角色，是造成他們濫用權力與虐待囚犯的主因。[22]

雖然這個實驗結果所帶來的意涵常常充滿爭議，但是直到最近才有人認真回顧了這個實驗，發現當年的實驗真是糟糕透頂。[23]二〇一九年法國的研究人員兼導演勒特克席耶發表了一篇論文，標題為〈揭穿史丹佛監獄實驗〉。在這篇論文中，作者首度揭露了前所未見的錄音帶譯本，顯示出津巴多直接介入實驗過程，給予他的「獄卒」非常明確的指示，告訴他們該做哪些事，詳細到像是用拒絕讓囚犯使用廁所的方式等等，來剝奪囚犯的人性。[24]顯然，這些經過大量操弄與安排的實驗所產生的結果，跟一般人被賦予特殊社會角色時所會自然表現出的行為，必定大相徑庭。因此儘管這麼多年來史丹佛監獄實驗引起眾人這麼多的矚目，但是其實驗結果從科學上來說，一點意義也沒有。[25]

你可能已經預料到了，出現了這麼多的問題，包括無法重複的實驗結果（比如促發效應的研究）、奇怪的實驗結果（像拜姆發現的超自然現象），加上被揭發虛假的陳述（比如像津巴多的實驗）以及捏造的實驗結果（像是史泰佩爾假造實驗數據）等等加在一起，許多心理學家已經開始瑟瑟發抖了吧。他們也好奇，在自己的領域中，還有多少研究值得相信？為了知道事情到底有多糟糕，科學家開始合作，去檢視過去由許多不同實驗室所發表的許多知名成果，看看是否能夠重複當初的實驗結論，其中最嚴格的檢驗，包括一個由眾多科學家組成的大型聯盟，從三份最重要的心理學期刊中，選擇一百篇論文來看看這些實驗能不能夠被重複。他們的結論發表在二〇一五年的《科學》期刊上面，但並不是什麼好消息。簡單來說，他們發現只有百分之三十九的實驗，可以稱得上是被成功重複。[26]二〇一八年也有科學家做過類似的事，他們嘗試重複二十一篇發表在頂級期刊《科學》與《自然》上面的社會科學論文，結果這一次大概有百分之六十二的實驗可以被重複。[27]還有其他幾次科學家一起合作去檢驗各式各樣不同的心理學現象，結果發現成功率從百分之七十七、百分之五十四到百分之三十八不等。[28]而所有這些檢驗中，即使是那些可以被稱之為成功重複的實驗，原始實驗所宣稱的效應往往也被誇大了。總的來說，這種無法重複的災難，可以說似乎在彈指之間，就讓大約一半的心理學研究成果灰飛煙滅了。[29]

不過有兩個原因，讓事情其實並沒有這麼糟。首先，有些實驗結果可能很實在，但是僅僅只是因為運氣不好的緣故而無法被重複。[30]第二個原因則是，有些實驗在重複的時候，採用的實驗方法跟原本的實驗略有差異，因而無法被重複（雖然說如果一個實驗的結果，脆弱到僅僅只是稍微改變實驗方法就看不出差異，那我們不免會懷疑這樣的結果到底多有效，或是意義有多大）。[31]基於上述理由，有時候其實很難僅憑一兩次重複，就決定某個實驗結果能否「被重複」。此外，這個成功率似乎隨著心理學領域的不同而有所差異。比如說在二〇一五年發表在《科學》期刊上的那篇論文中，認知心理學（研究記憶、感覺、語言等等的科學）的表現，要比社會心理學（包括了之前所看到的隱喻－促發實驗）要好一些。[32]

整體而言，這樣的結果對心理學來說是具有毀滅性的打擊。那些被揭發的實驗，並非只是一些膚淺而浮華的研究，像是促發效應或是權勢姿勢之類的例子，還有很大一部分，是被認為更為「嚴肅的」心理學研究（像是史丹佛監獄實驗以及其他許多的實驗），一樣也受到質疑。同時這也不是什麼把無關緊要的老古董挖掘出來鞭屍，做一場揭古人瘡疤的表演——就像是西元八九七年的教宗斯德望六世將前任教宗福慕的屍體挖出來審判（而且最後居然還判有罪）。這些無法被重複的研究仍然被科學家或是其他作者持續引用，一連串的科學研究，或是普羅大眾的暢銷書，都是根基於它們的結論。「危機」實在是個相當合適的形容詞。

你或許會這樣想，因為心理學是門特別的學科，所以才會出現這種無法複製的危機。心理學確實是門吃力不討好的工作，專門研究複雜又多變、有著不同人格、來自不同背景、遭遇過不同經驗、心情與癖好各異的人類。心理學所研究的主題像是思維、情緒、專注力、能力與感知，通常都難以捉摸，幾乎不可能透過在實驗室裡面做一些實驗來弄個明白，而社會心理學所研究的對象，除了是這些複雜的個人以外，還必須研究他們與另一個人之間的互動。是不是就是因為太過複雜，所以比起其他科學學門來說，心理學要特別的不可信呢？

這樣說確實有幾分道理。心理學領域裡有許多研究，確實僅僅只搔到他們所研究現象的表面癢處而已，而其他那些比較「扎實」的科學，比如說物理學好了，它們的理論往往發展得更為完善，也常常有更為準確而客觀的量測方法與工具。但是，實驗無法被複製的問題卻並非心理學所獨有。雖然其他學門到目前為止，並沒有像心理學一樣，如此詳細而系統性地去研究實驗的可複製率，但是有些蛛絲馬跡，已經隱約透露了同樣的問題也存在於許多其他領域中。

- 在經濟學領域中，根據二〇一六年一次針對十八篇個體經濟學論文（跟心理學所做的研究差不多，也是請受試者到實驗室裡面，做一些跟經濟行為有關的實驗）所做的調查發現，其可複製率只有百分之六十一。[33]
- 在神經科學領域，功能性腦部造影研究的標準實驗方法，一般是利用核磁共振造影技術，記錄當一個人完成一件任務時，或者單純躺在機器裡面時的腦部活動。二〇一八年有篇研究卻指出，這些研究只有少部分可以被複製。[34]還有另一篇研究指出，用來分析這些影像常用的一套軟體中，有一個套件出現統計上面的錯誤，會造成大量隨機的、錯誤的假陽性結果。這個問題影響了大約百分之十發表過的研究。這篇論文的結論讓整個功能性腦部造影研究領域瞬間炸鍋了。[35]
- 在演化生物學與生態學領域，過去教科書上所講授給一代又一代的學生的一系列經典實驗，現在也正面臨嚴格審查與重複實驗。比如說知名的「馴化症候群」實驗，也就是透過人擇，選擇出比較溫馴的俄羅斯狐狸來培育，而這些被馴化的狐狸，外表竟然也開始出現其他被馴化物種的特徵，像是垂耳跟寬臉等外表。但是後續的研究發現，這些結論其實都被過度誇大了，大部分所謂的「馴化特徵」，很多其實在這些動物經過人擇之前，就已經存在了。[36]另外還有許多我們對鳥類的性擇所做的研究，也都被新發現的證據推翻了。比如說過去我們一直都認為雄性草雀腿上多一條紅色環帶的話，會讓牠變得超級吸引雌鳥，但是其實它可能**並沒有效果**；又如有些雄性麻雀的胸前長著一片黑羽毛，有著像是圍了一塊圍兜似的特徵，可能也**並不會**讓牠們在族群中有更高的地位；至於藍山雀的雌鳥是否特別會受到某些特定顏色雄性鳥羽的吸引，則沒有定論。[37]

- 在海洋生物學領域，二〇二〇年有一項大規模的實驗，企圖重複海洋酸化（全球暖化的結果之一）對魚類行為的影響，結果發現這種影響似乎並不存在。[38]過去十年許多被廣為宣傳的研究，因此都有無法複製的問題。這些研究曾經指出，酸性環境會導致魚類失去判斷力，在某些情況之下甚至會讓魚類游向獵食者所釋放出來的化學信號，而不是選擇避開。
- 在有機化學領域的期刊《有機合成》有一個與眾不同的政策，編輯群中有一位科學家會試著在自己的實驗室，重複每一篇他們期刊所收到的投稿。根據他們的報告，有百分之七．五的稿件會因為實驗結果無法被重複而被拒絕。[39]

其他類似的例子多不勝數。在本書中我提到的許多例子，幾乎一開始都是科學上的「發現」，但是卻經不起後續詳細的檢驗，它們的結果要麼不是並沒有當初看起來那般可靠，不然就是完全不實。但是更令人擔憂的事情，其實是這些例子僅是從那些被詳細檢查過的論文中所揪出來的而已。**它們只是我們所知的鳳毛麟角而已**。我們必須捫心自問，假設有人試圖去檢查其他研究的話，到底還有多少論文會被發現無法被重複呢？

讓我們活在這種不確定性的其中一個原因，是因為一如我們在前言中曾經提過的，基本上沒有人會去重複別人的實驗。雖然我們沒有大部分學門的實際數據，不過根據來自幾個特定領域的調查，結果實在不怎麼樂觀。在經濟學領域所有發表的論文中，試圖重複前人研究的論文只占整體的百分之〇・一。在心理學領域中，有百分之一的論文曾嘗試重複前人的研究，這個數字雖然稍微好一些，但也絕稱不上漂亮。[40]如果每個人都這樣勇往直前地衝向新發現，卻不曾稍微停歇去檢查一下，我們過去發現的知識，是否真的夠堅實？那麼之前所列出來那麼多重複失敗的例子，也就不足為奇了。

還有一些例子或許會讓你更觸目驚心。你可能會以為，如果使用跟過往已經發表過的論文所採用同樣一組資料的話，那麼你理應得到跟原始論文一模一樣的結果才對。不幸的是在許多學科中，當研究人員去做這種看起來簡單而直接的工作時，卻遭遇許多難以想像的問題。這樣的問題有時被稱為**再現性問題**而不同於所謂的**重複性問題**（所謂重複性問題，通常指的是使用不同資料去問同樣一個問題的實驗。＊）為什麼有些結果會完全無法重現呢？這怎麼可能呢？有時候，這是因為原本的實驗就有問題；其他的時候則是因為原本的研究人員在報告實驗成果時並沒有交代清楚：他們使用繁瑣的統計方法，但是卻沒有在原本的論文中講清楚，因此其他的研究人員無法確實重複他們的實驗步驟。當新的研究人員採用自己的統計方式去分析資料時，就會得到不一樣的結果。這些研究，就像那些放了一堆讓人垂涎欲滴的美食照片的食譜，只提供稀稀疏疏的材料與做菜步驟，結果難以重複。

在總體經濟學領域裡（這個領域所研究的主題，舉例來說像是稅收政策如何影響一國的經濟成長之類的），有人重新分析了六十七篇論文，但是在使用跟原始論文同一組資料的情況下，卻只有二十二篇研究結果能夠再現，而即使請求過原作者的協助，也僅能稍稍提高再現的成功率而已。[41]在地球科學領域，也有研究人員檢查了三十九篇不同的研究，其中有三十七篇都有大大小小的問題，讓他們無法再現原始論文的結果。[42]至於在機器學習領域，有的研究人員分析了一系列有關於「推薦演算法」的研究論文（所謂推薦演算法，是像亞馬遜或是網飛這類網站所使用的

＊譯注：讀者需要注意的是，作者在這裡採用資訊界的定義，所謂的再現性 reproducibility，指的是用同一套軟體重複分析同一組資料，獲得一模一樣的結果。而重複性 replicability 則是指新的軟體去分析原來的資料，獲得在誤差以內的結果。但是在實驗科學上，這些詞彙的定義恰好相反。在實驗科學上，重複性往往指的是用在相同條件下，同一組人重複同樣的實驗得到同樣的結果；再現性反而是指不同的實驗條件下，在不同的實驗室中，得到類似的結果。詳情請見：https://doi.org/10.3389/fninf.2017.00076

系統；透過它們，這些網站可以根據像你這樣的人以往所做過的選擇，來決定要推薦你哪些商品或影片），結果發現從十八篇曾經在重要的電腦科學研討會上被報告過的論文中，他們僅能重現其中七篇論文的研究結果。[43]這些論文就像是現實版的哈里斯漫畫一樣。

你可能會好奇，上面所舉的那些例子裡面，應該不是每個都值得我們注意吧？雖說有些無法重複的實驗，確實出現在重要的領域中，比如像是經濟學的理論，但是其他的領域呢？對我們來說，就算一大票學術界人士不同意「權勢姿勢」是不是真的有用，或是麻雀群的雄性首領，是不是真的有更多的黑色胸羽，那對我們的日常生活，又有什麼影響呢？關於這個問題，有兩個答案。第一個是這種情況將

我想你在第二步應該解釋得稍微詳細一點。

讓嚴重危及其他更重要的原則：科學對我們的社會來說至關重要，我們絕對不能讓低品質、無法重複的研究傷害到它一絲一毫。如果我們可以容忍降低科學任何一部分的標準，那麼最終在更廣泛的面向上我們將損及科學整體的信譽。第二個理由則是關於一個我們還沒有討論到的領域，在這個領域中，實驗結果若是無法重複，其後果將不堪設想。這領域當然就是，醫學研究。

當「無法複製的危機」尚在心理學界悶燒的時候，安進生技公司的科學家，也開始嘗試重複五十三篇曾經發表在頂尖科學期刊上經典的「臨床前研究」論文（所謂臨床前研究，指的是在藥品開發早期所做的研究，有可能是使用在老鼠身上，或是用在體外培養的人類細胞上面）。[44]結果他們發現在這次檢驗下，只有六篇論文成功通過了，也就是說，成功率是百分之十一。另外一家公司拜耳也做過類似的嘗試，而且他們所得到的結果也並沒有比較好，成功率僅有百分之二十而已。[45]臨床前研究的根基如此之薄弱，或許是癌症藥品臨床試驗的結果為何總是讓人失望的原因之一；根據估計，這類藥品大概只有百分之三．四能夠從一開始的臨床前研究，順利走完試驗流程，最後使用在病人身上。[46]

一如在心理學界的情況，這樣的現象讓癌症研究人員開始想更深入的了解自己領域的現況。在二〇一三年他們組織起來一起合作，由獨立的實驗室去重複五十一篇重要的臨床前研究。[47]這些研究，包括了某個特定種類的細菌可能跟大腸癌的生長有關；或是白血病細胞中的某些基因突變，跟特定的酵素活性有關之類的重要結論。[48]不過他們連重複實驗都還沒能開始，就先遇到大麻煩了。這五十一篇原始論文裡面所提到的每一個實驗，沒有一個提供了足夠詳細的資訊讓他們知道如何去重複實驗。[49]實驗的技術性資料，諸如細胞的密度該調整到多少，或是該如何測量或分析，完全付之闕如。他們花了很多精力去詢問，跟發表原始論文的科學家交換了無數信件，而這些科學家又常常需要從古老的實驗記錄簿裡面挖掘資料，或是要聯絡早已離職改行的舊成員，才有辦法提供當初實驗的細節。[50]還有些人就是不願合作：根據這些科學家的說法，有百分之四十五的人可以歸類為「完全不願意」或是「僅願做最小努力」來幫忙。[51]或許他們是擔心來重複實驗的科學家不夠格，或是如果他們的實驗無法被重複，將會危及他們未來經費的申請。[52]

後來，其他科學家又做了另一次更完整詳盡的研究，隨機選取了包含臨床試驗在內的**兩百六十八篇**生物醫學論文來檢查，結果發現除了**一篇**以外，其他論文都沒有揭露完整的實驗步驟。這意思也就是說，就像剛才一樣，即使你想**試著**重複這些實驗，那除了論文裡面寫的內容以外，你還需要其他額外的資訊才行。[53]另一份分析報告則顯示，有百分之五十四的生醫論文，甚至沒有完整描述他們在研究中使用了哪些動物、藥品或是細胞。[54]想想看這情況有多不正常：如果一篇論文只能提供非常表面的描述，而真正重要且詳細的內容，必須透過與原作者來往數月的電子郵件才有可能獲得，而且甚或是很可能永遠也找不到，那一開始又何必寫這篇論文？回想一下十七世紀的波以耳，那時代的科學家為何要報告他們實驗的詳細內容？他們最原始、最基礎的目的，正是為了讓其他科學家可以細細檢視然後嘗試重複他們的研究。如今的科學論文，卻在這個最基本的條件上失格了，而刊登這些論文的期刊，在執行這項關鍵功能上也一樣嚴重失格了。

至於前面所提到的癌症研究重複計畫，因為在嘗試重複實驗時所遇到的種種困難，加上某些經費問題，結果讓原本想要重複的五十篇論文數量一直減少，到最後只能挑選十八篇來檢驗。[55]當本書執筆的時候，有十四篇的報告已經完成，而結果好壞都有。這些論文中有五篇可以重複原始論文中的關鍵發現（包括白血病與酵素關聯的發現），有四篇僅能重複部分，有三篇很明顯無法重複（包括細菌與大腸癌關聯的論文），而有兩篇完全無法解讀結果。[56]顯然，持平來說，重複實驗並非易事。

醫學實驗無法重複的問題，所影響的並不只是在實驗室裡面所做的臨床前研究而已，它也可能直接影響醫生選擇什麼藥物給病人。事實證明，許多療法所根據的其實都是品質不良而非證據可靠的研究；已經被廣為接受的醫學建議也常被新的研究推翻。這情況所發生的頻率之高，以至於醫學科學家普拉薩德與西弗給了它一個名稱：「醫學逆轉」。[57]

有一個特別引人注目的醫學逆轉，跟一種叫做「麻醉清醒」的問題有關。這問題的名稱雖然低調，但卻是一種極度恐怖（幸好也很罕見）的現象，它指的是病人在手術中間醒來，雖然可以感覺到身體被切開的劇痛，但是既無法移動，也無法說話或是做任何事情。一九九〇年代所做的一些研究，主張可以使用一種被稱為「腦電雙頻指數監測」的儀器來預防。基本上這套系統就是一些貼在病人頭皮上的電極，讓外科醫師確保病人是維持在無意識的狀態下。這些研究後來漸漸成為一種大眾常識，到了二〇〇七年，美國半數的手術室都裝有腦電雙頻指數監測系統，而全世界大約有四千萬次手術用過這套系統。[58]不過後來的證據顯示，之前的那些研究結果根本經不起考驗。根據二〇〇八年另外一場規模更大、品質更好的研究顯示，這套監測系統其實沒有用處：「即使腦電雙頻指數監測系統的數值……維持在目標範圍以內，麻醉清醒的現象仍會出現。[59]」

二〇一九年普拉薩德與西弗還有其他同事，共同回顧了發表在三份頂尖醫學期刊上面超過三千篇的論文，其中至少有三百九十六篇論文，顛覆了許多當前醫療手段的共識。[60]下面就來看少數幾個例子：

- 生產：早期的研究指出，如果母親懷的是雙胞胎，那麼計畫性剖腹產對於新生兒的安全來說，會是比較好的選項。後來這甚至成為標準醫療程序（至少在北美是如此）。但是二〇一三年另一份大型而隨機的臨床試驗顯示，這件事與新生兒的健康並無關聯。[61]
- 過敏：我們知道花生過敏有可能致命，而如果父母對花生過敏的話，他們的小孩也有比較高的機率會對花生過敏。一直以來，醫生往往都會根據以前的研究所做成的指引，建議家長避免讓高風險嬰兒在三歲以前接觸到花生。而親授母乳的媽媽也應該避免攝食花生。但是後來的事實證明，這個指引不但無益，甚至可能有害。在二〇一五年另外一份品質比較好的隨機臨床試驗顯示，高風險幼兒如果很早就吃過花生的話，那麼到了五歲時只有百分之二的機會會對花生過敏。反之那些遵照指引避開花生的幼兒，在五歲出現過敏的機率高達百分之十四。[62]

- 心臟病：過去一些小規模的臨床試驗指出，讓心跳停止的病人體溫降低個幾度，有助於增加他們存活的機率。根據這些研究結果所作成的建議甚至被納入救護技術員的指引中。但是二〇一四年另一項大規模的研究顯示，病人體溫有沒有降低，不但與他們的存活率無關，甚至還有可能在送病人去醫院的途中，引發第二次心臟病。[63]
- 中風：一些研究指出，當病人中風之後，最好能讓他們在數天之內就盡可能開始活動，愈早愈好，比如讓他們坐起來、站起來，盡其所能地四處走走。這種「早期活動」的概念被廣泛納入許多醫院指引中。但是在二〇一五年另一項大規模的隨機臨床試驗反而指出，早期活動其實會對中風病人造成**比較不良**的影響。[64]無獨有偶，二〇一六年的一項研究指出，幫中風病人輸入血小板的療法（這是一種被廣為接受補充血液中凝血細胞的療法，理論上可以避免以後的內出血），其實只會讓病情惡化。65

我們其實可以理解，醫生以及那些編輯醫療指引的人，有時候難免必須依賴一些品質不良的研究，因為若是選擇不接受這些研究結果，那就真的毫無依據可供參考了，而醫生的工作卻是要能**立刻**幫助需要治療的病人。雖然說隨著科學技術與實驗方法的進步，以及研究經費的增加，今日的科學家理應比數年前的科學家要做得更好，而這也正是科學該有的正常進程。但是科學家卻因為發表低品質的研究，在醫學文獻中創造了一種持續變動的狀態，而讓醫生與病人一次又一次地失望。他們所執行與發表的那些低品質的研究，即使是大學部的學生都可以在學校的實驗設計課堂上，指出其不恰當之處。當這許多原創研究發表的時候，其實我們是知道如何可以把實驗做得更好的，但是我們卻沒有這樣做。

如果我們能夠綜觀全部的醫學文獻，就可以評估出醫學研究領域裡的不確定性，到底有多嚴重。其中一個做法，是參考「考科藍協作組織」所發表的一系列詳盡的文獻評論。*考科藍協作組織是一個聲譽卓著的非營利機構，經常系統性地評估各種療法的品質。在他們所評估過的療法中，令人驚訝的是竟然有百分之四十五被認為沒有足夠的證據支持這樣的處置是不是真的有用。66

有多少病人曾經燃起過希望，但是後來卻受盡折磨甚或是死亡，僅僅只是因為治療他們的醫生採用了一個**看起來**有科學證據支持，但實際上卻毫無效果，甚至是有害的療法呢？而除了病人所受的苦難以外，想想看那些被虛擲的經費。假設只有一半的臨床試驗能夠被重複——這是一個合理的估計，當然也是一個可受公評的估計——那麼光是美國，我們每年花在無法複製的低品質研究上的經費，就高達兩百八十億美元（這數字包括了藥廠的投資、政府的經費，以及其他來源的研究經費）。[67]還有其他人評估出更高的數字。[68]就算情況其實沒有那麼糟，就算研究的可複製率比百分之五十高很多，那浪費在低劣研究上的經費，仍然高得讓人瞠目結舌。而事實上，情況很可能更糟，因為這評估僅涵蓋了臨床前研究，因此還有更多的經費被浪費在「下游」的研究上，比如說根據那些不可信的基礎而設計出來的臨床試驗，那些將藥品應用在人體上的實驗，都被浪費掉了。並且，目前所討論的，還都只是花在研究本身上面的經費，我們還沒考慮到要去執行這些無效療法，所衍生出來的浪費，比如說為了預防「麻醉清醒」所設置的腦電雙頻監測系統，被應用在數以百萬計病人時所產生的浪費。

＊譯注：所謂文獻評論並非原創的研究論文，而是專門針對特定主題，廣泛回顧整理過去發表過的文獻，因此會大量分析已發表的論文。

看看這麼多複製失敗與反轉的例子，難怪許多科學家對於他們研究領域裡的可複製性，是如此感到不安了。二〇一六年有一項問卷調查，詢問了超過一千五百名科學家（當然，這並不是非常具有代表性的調查，因為這只包括了那些肯在《自然》期刊網站上花時間填問卷的科學家），結果有百分之五十二的人認為在實驗的可複製性上，確實有著「嚴重的危機」。另外百分之三十八的人相信，用一種耐人尋味的表達方式來說，至少有「一點點危機」。[69]有將近九成的化學家說，他們曾有過無法複製其他人實驗成果的經驗；而有將近八成的生物學家，以及近七成的物理學家、工程師，以及生醫學家，也有類似的經驗。比起無法複製別人的實驗，也有類似比例（但稍低一些）的科學家表示他們無法複製**自己**的實驗。不過這項調查的結果可能有點誇大，並不能算是準確的民調，因為會去填問卷的科學家，多半也是那些對可複製性有所疑慮的科學家。不過至少它還是顯示了對於科學文獻的懷疑，甚至是對於自己所做的實驗感到懷疑的，在科學家之間是一個非常普遍的現象。

這現象其實早有預兆。早在二〇〇五年一位鑽研統合科學的醫生伊安尼迪斯，曾經發表過一篇標題聳動的文章：〈為何大部分已發表的研究成果都是錯的〉，文中透過數學模型所導出來的結論為：一旦考慮到科學研究在許多地方都有可能出錯，那麼任何論文所宣稱的結論，會是錯誤的機率應該要比正確的機率大。[70]這篇文章雖然因為引人注目而激起了不小的討論，而且在發表後的前五年就被引用了超過八百次，但是在推動學術界的科學家去做出應有的變革這方面，卻是言者諄諄聽者藐藐，有如希臘神話中卡珊德拉的警告一般（卡珊德拉是特洛伊的公主，也是阿波羅的祭司。她曾精準地預言了特洛伊城的命運，可惜無人相信）。[71] 一直要到了無法複製的危機爆發出來：始於二〇一一年拜姆發表的超能力研究，還有史泰佩爾的造假論文被揭發，以及後來心理學界的促發理論被推翻，加上同時間癌症領域也有眾多無法被重複的實驗結果，才終於讓學術界廣泛承認自己的問題，並且清楚地理解到這個問題的核心，涉及到了今日科學研究的執行層面。[72]

到頭來，〈為何大部分已發表的研究成果都是錯的〉這樣標題聳動的文章，其實並沒有荒謬地誇大其詞，反而還有幾分真實。那我們是如何走到如此的境地呢？我們現在就來看看科學研究到底在哪些地方可能出問題，而且哪些地方已經出了問題了。

第二部

過失與瑕疵

第三章 詐騙

我們縱然不想遭遇詐騙，但亦不該刻意忽視以致對其毫無所知……世人固然忌憚邪佞，亦鄙視愚昧。

——麥克唐納，《格言與道德反省》，一八二七年

在網路上，有時候會看到一些真正讓人感動的事件，比如看到那些病人或身障人士的生活，因為某些新出現的技術而徹底改觀的影片。剛植入人工電子耳的小嬰兒，聽到生命中第一次聲音時所流露出的驚喜與興奮的表情；先天性白內障的兒童在接受手術治療之後終於恢復視力；或是在戰場上失去雙腿的士兵，使用新的義肢邁出第一步的時刻等等。[1]這些影片之所以會在網路上爆紅，不只是因為它們讓人感到暖心，更是因為它們提醒了我們科技的力量，當這股力量往正面發揮到極致時，可以大大改善我們的健康與生活。

但是我現在要講的故事，卻是另一個方向的，一如科學可以如上述例子般的純潔，卻也有著

同等程度的汙穢與腐敗。這個故事，是關於一群以為自己正在接受最尖端革命性療法的病人，但實際上卻成為本世紀最嚴重的科學騙局裡的受害者。更糟糕的是，這可不是什麼打著另類療法旗號的騙子，從網路上尋找絕望無助的病人，對他們下手所造成的惡行。這次的詐騙所發生的地點，是在世界最知名的醫學院之一，其研究被登在世上最受尊敬的科學期刊上。這個故事告訴我們，即使在眾人目光所矚目之處，也可能藏著世上最猖狂的騙子。

當一個人的氣管因病或是因為外傷而嚴重受損，以至於醫師已經無法將破損的兩端重新連在一起時，接上一條新的氣管大概是此時唯一能拯救病人的手段了。[2]但是跟所有大型器官移植手術一樣，氣管移植手術也不是一件簡單的事。首先要找到一名合格的捐贈者就已經困難重重了（顯然的，我們只能從死者身上尋找）；再者，如果捐贈者的基因跟接受者差別太大，移植上去的氣管往往會被接受者的免疫系統排斥掉。為了解決器官移植會遇到的問題，數十年以來外科醫師一直在嘗試將各式各樣的人工氣管移植到病人身上。這些人工氣管的材料五花八門，有塑膠、不鏽鋼、膠原蛋白，甚至還有用玻璃做成的。不幸的是，這些嘗試往往以失敗告終。人工氣管常常會因為移動而阻塞，也很容易被感染。到了二十一世紀初，醫界普遍都認為，人工氣管是個不可能達成的目標。[3]

就在這個時候，義大利外科醫師馬基亞里尼登場了。他在二〇〇八年時，曾在頂尖醫學期刊

《刺胳針》上面，發表過一篇石破天驚的論文，講述他成功移植氣管的例子。[4] 馬基亞里尼的新做法，是在氣管移植之前，把一些接受者的幹細胞「種在」捐贈者的氣管上。幹細胞是一種可以不斷分裂永不止息的細胞，也是專門負責修補跟置換身體細胞的一種細胞。藉著將這樣子處理過的氣管，放在一種特別的培養箱裡面，這些幹細胞會「移生」在捐贈者的氣管上，就可以避免日後氣管在移植時，被接受者排斥掉。但是氣管移植的聖杯，始終是創造出完全人工的氣管，才可以完全不依賴器官捐贈者。那麼透過馬基亞里尼的想法，藉著在外來物上面長出一層合適的細胞，讓它變得比較容易被身體所接受，這次我們是否終於找到聖杯了呢？

數年之後，這個問題的答案似乎是「可以」。自從二〇〇八年的那篇論文之後，馬基亞里尼的聲明如日中天，被譽為是天才外科醫師。二〇一〇年他受到十四位瑞典卡羅林斯卡醫學院教授的推薦，成為該所的訪問學者，並且也在附設的卡羅林斯卡醫院裡面擔任首席外科醫師。卡羅林斯卡醫學院並非只是一個擁有眾多優秀大學國家裡面排名第一的大學而已，它還是決定諾貝爾生理暨醫學獎的地方。因此，像馬基亞里尼這樣一名革命性的再生醫學專家，發明了聰明無比的幹細胞技術，受邀在卡羅林斯卡醫學院這種舉足輕重的機構工作，實在是再適合不過了。

二〇一一年七月，卡羅林斯卡醫學院興奮地宣布，移植手術的下一步已經成功了：馬基亞里尼醫師「在人類史上第一次」成功地移植了全人造氣管，由碳－矽化合物為基底，種上幹細胞，移植到卡羅林斯卡醫院的一名癌症病人身上。[5]同年十一月，這次手術的詳細過程被發表在論文上，而此時馬基亞里尼醫師已經在另一名卡羅林斯卡醫院的病人身上，完成了第二例類似的手術。[6]第二次手術的論文也是發表在《刺胳針》期刊上，這篇論文裡描述了「堅實的證據」，證明移植手術是成功的。二〇一二年，馬基亞里尼醫師又連續執行了三例人造氣管移植手術，其中一名也是卡羅林斯卡醫院的病人，而另外兩名則位於俄國的克拉斯諾達爾，這裡是馬基亞里尼醫師的第二個手術基地。在隨後的兩年間，還有另外兩例手術也在俄國完成，馬基亞里尼醫師發表了更多的論文，手術成功的好消息透過這些論文四處傳播。[7]

在他所發表的眾多論文中，有一篇於二〇一四年發表在《生物材料》期刊上的文章中，呈現了許多漂亮的「電紡氣管支架」的電子顯微鏡照片，不過在文中他也相當簡短地提到第一名接受手術的病人，出現了一些問題，隨後馬上繼續自吹自擂地稱讚新科技的優勢。但是事實上作者在這裡省略了一些非常重要的細節：他文中所提到的病人，在該篇論文被接受前的七個禮拜，就已經過世了。[8]而第二位接受手術的病人甚至更早死亡，就在手術後三個月。[9]卡羅林斯卡醫院的第三名接受手術的病人，在後來又接受過數次手術均失敗，於二〇一七年過世。[10]俄國的病人運氣稍微好一點。第一位病人，是一名來自聖彼得堡，名叫圖莉可的芭蕾舞者，她對記者描述了自己當時的情況有多慘：

當時我身上的一切都糟透了。我在克拉斯諾達爾的醫院裡待了至少六個月，動了超過三十次手術，都是全身麻醉。第一次手術完三個禮拜，那裡就開了一個膿性瘻管（一個會不停流膿的洞），從此我的脖子就開始腐爛。我瘦到只剩四十七公斤，幾乎不能走路。我無法呼吸，而現在我完全沒有聲音了。而傷口臭氣沖天……讓所有人都退避三舍。[11]

圖莉可在二〇一四年過世，也就是動完手術的兩年後。[12]更讓人難過的是，手術之前她其實根本就沒有處於命危的狀況。[13]另一名俄國病人的死因，據說是某個「腳踏車意外」；還有一名病人則是在手術後一年死於不明原因；另一名病人活了下來，不過那是在把人造氣管移除之後的事了。[14]在二〇一三年，馬基亞里尼甚至還在美國伊利諾州皮奧里亞縣的一間醫院裡，幫一名加拿大籍的韓裔女性幼童動手術，吸引了大量媒體的目光。這名小病人在手術後數月就過世了。[15]

卡羅林斯卡醫院裡有一群醫生，在照顧馬基亞里尼的術後病人時，難以理解如何將病人的悲慘狀況跟科學期刊上報告的那些令人稱羨的手術結果連結起來。他們一起向醫學院的高層抱怨，結果卻發現醫學院高層不但對此既不表訝異也不關心，反而試圖阻饒他們，讓這些醫生噤聲。醫學院甚至報警舉發這些醫生，指控他們閱讀病人醫療紀錄的行為，是在侵犯病人的隱私權（不過這次的報案很快就被撤銷了）。[16]不過最後醫學院高層還是不得不屈服於壓力，展開外部獨立調查。他們從鄰近的烏普薩拉大學請來一名教授，調查所有的指控。

這份兩萬字的調查報告於二〇一五年五月完成，結論非常清楚：馬基亞里尼醫師確實「犯了科學不當行為之罪」，許多對他的指控都成立。[17]在過往所發表的七篇論文中，他完全沒有做必要的檢視，就謊稱病人的情況獲得改善；他偽造追蹤時間表讓它看起來像是病人確實活得比較久也比較健康；他掩蓋病人出現嚴重併發症以及需要多次後續手術的事實；他也沒有取得必要的倫理委員會同意，就在病人身上執行人體醫學實驗；在一次幫大鼠置換氣管的實驗中，他也偽造實驗數據。[18]

你大概會以爲這個故事應該就到此為止了。不過在馬基亞里尼回應完這份獨立調查報告後，卡羅林斯卡醫學院決定自己再做一次內部調查。二〇一五年八月，他們完成了一份不公開的調查，並且根據這份調查報告，認為沒有出現過任何不當行為。[19]一週後《刺胳針》期刊就登出了一篇社論，慶祝「馬基亞里尼並沒有犯下任何科學不當行為之罪」。[20]就這樣，馬基亞里尼似乎就此被宣告無罪，而且還是被兩個醫學界最大的機構還了清白。

到了二〇一六年一月，發生了另外兩件難以置信且無法被忽視或掩蓋的事情，這次紙包不住火了。第一件事情，是在《浮華世界》雜誌上出現了一篇長文，詳細報導了馬基亞里尼與美國國家廣播公司新聞網女主播亞歷珊大的戀情，馬基亞里尼在二〇一四年曾向她求婚。[21]他宣稱自己是教宗方濟各的私人醫師，而且會廣邀世界知名人士，包括美國總統歐巴馬、影星羅素克洛、歌手艾爾頓強等人出席他們的婚禮。[22]但是當《浮華世界》向梵蒂岡求證後，卻得到教宗並沒有私人醫師叫做馬基亞里尼的回應。不止如此，報導還發現，當馬基亞里尼與亞歷珊大發展戀情的整段期間，他其實早已與另一名女人結婚了，而且兩人育有兩名幼兒。[23]

第二個事件，則是瑞典電視台所播放的三集紀錄片《恐怖實驗》。在這部紀錄片中，製作人詳細描述了那些駭人聽聞的醫學實驗，講述馬基亞里尼的無能，如何讓病人的生命被破壞殆盡，甚至是完全喪失。紀錄片裡也播放了第一位卡羅林斯卡醫院病人的支氣管鏡片段，透過深入氣管的微小攝影機，觀眾可以看到病人體內充滿瘡疤而阻塞，甚至還有穿孔的氣管，這跟馬基亞里尼在《刺胳針》期刊上面所描述的「近乎正常的氣道」，完全大相徑庭。[24]

卡羅林斯卡醫學院被迫再度展開另一次調查，這次的調查結果讓許多人丟了烏紗帽。首先是從一開始就全力支持馬基亞里尼的副校長辭職了；研究學務長以及大學理事會的主席也跟著請辭；然後是當初在諾貝爾獎委員會裡，推動馬基亞里尼成為諾貝爾獎候選人之一的一位委員，也跟著辭職。[25]二〇一六年三月，馬基亞里尼終於被免職。[26]從他所動的第一場彆腳人工氣管手術以來，已經歷時了七年。

至於《刺胳針》期刊，在刊登過前幾年那篇忠實捍衛馬基亞里尼的社論後，這次終於決定撤銷他過去的人工氣管論文。[27]卡羅林斯卡醫學院也在二〇一八年中證實，馬基亞里尼的其他論文也有學術不正的問題，他們把這些論文列在網頁上，而這些論文目前已經全部撤稿了。[28]至於馬基亞里尼本人，在被免職後決定撤去俄國繼續進行他的「研究」，不過這次他決定把研究目標從氣管轉往食道。[29]所幸在他最近所發表的論文中，沒有牽扯上什麼病人，他和他的新同事改用狒狒屍體上所採集到的細胞，來測試人工塑膠食道的相容性。[30]他的近期動向不明：俄國政府在二〇一七年中決定撤銷他的研究經費，而他多半也無法再執行任何手術。[31]同時他可能還要面臨幾場跟過去病人有關的官司：在二〇一八年十二月，瑞典檢察機關宣布，針對馬基亞里尼所犯下的兩項殺人罪已經重啟調查。*[32]

什麼原因讓整件事情可以延宕這麼久？即使已經有許多病人，被可怕而痛苦的磨難折磨致死，大學機構仍然不為所動，甚至連對肇事者的譴責都沒有？又到底是什麼原因，讓大學反而轉向處罰那些揭露造假結果的吹哨者呢？[33]很明顯地，馬基亞里尼是在利用他那號稱「突破性」的手術，來打響自己的名望與聲譽。不過對於卡羅林斯卡醫學院來說，馬基亞里尼也是它在國際拓展上的重要資產。曾有一說認為，醫學院與天才外科醫師的結盟，將有助於讓他們在香港新成立的再生醫學中心運作得更順利。[34]此外，醜聞所帶來的巨大難堪與痛苦，也是卡羅林斯卡醫學院盡全力掩蓋的原因之一：像他們這樣一間舉世知名地位崇高的醫學院，實在難以放下身段對自己人承認，居然會放任一名致命而危險的騙子對脆弱無助的病人下手，更別提對社會大眾公開這種事了。

幸好很少有科學上的造假事件，會像這次的氣管造假事件一樣，直接地影響人類生命到了如此讓人不寒而慄的地步。也很少有科學騙子會像馬基亞里尼那般的邪惡與浮誇。但是我們還是可以從他的故事中學到不少教訓。首先是儘管科學內建了系統性的懷疑主義，但是科學有很大程度畢竟還是建立在信任之上：去信任他人的研究真的如報告所述，信任他們的數字真的來自於統計分析，以及在上面的例子裡，病人真的有如報告中所宣稱的那樣康復。詐騙事件清楚地展示給我們看，這層信任可以被嚴重利用到怎樣的地步。第二個教訓則是剛剛所提到的懷疑主義，除了針對研究內容以及針對研究人員以外，也應該適用在組織機構上。總有人會為了追求名利而不擇手段，但是我們通常會信任知名的科學機構像是卡羅林斯卡醫學院或是《刺胳針》期刊，應當會盡最大的努力，去阻止這些惡徒對科學產生影響，而當他們出現時，也會予以揭露與處罰。然而這種為了追求名譽而爭相雇用知名科學家，或是渴望發表他們研究的慾望，卻恰好可能讓它們對於詐騙者的行為視而不見，更糟的甚至開始試著袒護詐欺者，讓他們免於因惡行而遭受處罰。

＊譯注：二〇二三年六月，瑞典法院判馬基亞里尼有罪，刑期兩年半。馬基亞里尼否認並表示會繼續上訴。

我們還可以再更進一步引申。科學界如此愛惜自身羽毛，視自己為客觀與絕對誠實的化身（完全容不下一點點造假），這樣的態度反而恰好讓他們注意不到自身周圍的老鼠屎。科學界憎惡有像馬基亞里尼這種壞人的存在，而這樣的念頭強烈到讓有些科學家反而養成一種視而不見的習慣，以至於甚至對最明顯的科學不當行為也完全忽略。還有一些人否認造假行為出現的頻率以及影響。不過在這一章中我們卻可以看到，造假在科學界中，與我們熱切期望的相反，它不只不罕見，事實上，根本就是司空見慣。

二十世紀最知名也最荒謬的科學詐欺案之一，恰好也跟器官移植有關，這次是皮膚移植案。一九七四年，在美國紐約知名的紀念斯隆凱特琳癌症中心，有一名皮膚科醫師薩默林，宣稱他解決了器官移植時所會碰到的排斥問題（我們在前面的氣管移植案時，也提過這個問題），而他的實驗似乎預示了馬基亞里尼未來的行為。他直接使用當時最新的技術，因此也讓人比較不會懷疑他的實驗。他將捐贈者的皮膚在移植之前，先浸泡在一種特殊培養液中，之後再進行移植手術。藉由這樣的步驟，薩默林說他成功的把來自黑色老鼠的皮膚，移植到白色老鼠身上，而不會引起任何免疫排斥反應。不過事實上，在把這個令人振奮的實驗結果報告給實驗室主持人之前，他其實是先用黑色麥克筆，把白色老鼠身上的毛塗黑一塊。這個造假的舉動，後來被一名早就察覺不對勁的實驗助理揭發，這位助理用酒精把黑色顏料擦掉。事實上，薩默林從來沒在老鼠實驗中做成功過任何移植手術，而他也很快就被解雇了。[35]

薩默林絕非唯一沉迷於這種非法藝術的科學家。我們在科學論文裡用來解釋實驗的圖片中，倒是常常看到這種現象。藉著電腦做圖之便，要裁切、複製、修改、接合、重新著色，或是對科學影像做任何事後更動，以便將它們呈現出你想要的效果，實在是太容易了。當然，即使是在Photoshop作圖軟體出現以前，竄改圖片也是絕對可行的（只要問問前蘇聯時代的葉若夫委員就知道了。他從蘇維埃領導階級中失勢後，就神奇地從與史達林的合照中「消失」了）。《科學》期刊也曾在一九六一年，為了刊登過一篇印度獸醫研究員的論文而道歉。該論文宣稱他們首度在雞蛋裡面，發現一種叫做剛地弓形蟲的寄生蟲。這可能會是一場嚴重的公共衛生危機，因為這種寄生蟲會引起弓蟲症，對免疫系統衰弱的人來說很危險。[36]印度獸醫研究人員的證據，是一些弓形蟲囊體的顯微鏡照片，這些照片後來被證明是偽造的。他們原本宣稱發現了兩種不同的囊體，但其實那只是同一張照片，經過倍率調整然後再翻轉之後的成品。事後回顧的時候，可以看出這個造假的手法其實非常明顯，但是審稿人在審稿的當下卻疏忽了。這個造假事件被揭發之後，那些研究員很快就被迫退休或是被停職。[37]

你可能會以為，只有懶惰的科學騙子才會在自己的論文裡複製影像，讓細心一點的讀者可以很輕易地抓到把柄。但是其實影像複製問題一直層出不窮地出現，已經成為近幾十年來某些最知名的論文造假案的特色之一。二〇〇四年南韓的生物學家黃禹錫，曾在《科學》期刊上宣稱他成功地複製了人類的胚胎。隔年一樣是在《科學》期刊上，他又報告了從這些人類胚胎中成功地複製出第一批人類幹細胞株。幹細胞的潛能，除了能夠永無止境地繁殖下去以外，最重要的是它們是「多能性」的。這個意思是說，它們可以在實驗室中變成各種不同的組織細胞（比如神經細胞、肝細胞、血液細胞……等等），就像瑞士刀一樣，一刀萬用。黃禹錫在論文中宣稱一共製造了十一株幹細胞，這些細胞可以作為個人化的幹細胞治療工具，用來修補受損的組織，或是用來再生受傷或是生病的器官。個人化幹細胞就跟之前提到的氣管移植實驗一樣，因為是來自於同一個人，所以用來作為治療手段時，免疫系統比較不會把它們當成外來物排斥。同一年黃禹錫在首爾大學的團隊還發表了另外一項重大突破，他們成功地複製出世界上第一隻複製狗，那是一隻阿富汗獵犬，命名為史納比。[38]

這些成就，讓黃禹錫在韓國成為家喻戶曉的名人。他在媒體上備受尊重。[39]大街小巷或是捷運公車裡，都貼有他的海報，並且還冠上「世界希望，韓國之夢」之類的口號。[40]韓國郵政也在二〇〇五年發售了一套特別的郵票以表彰他的成就，郵票上面是一系列的剪影（在當時來說或許有點言之過早了），畫著一個人從輪椅上站了起來，躍入空中擁抱所愛之人。[41]韓國政府也授與他「最高科學家」的稱號，並且給了大量的資金贊助他的研究。[42]

你大概可以猜到事情接下來的發展。在詳細檢查那篇《科學》期刊上的論文後，有人發現裡面有兩張黃禹錫用來證明細胞株來自兩個不同病人的照片，其實根本就是同一張照片（先說在前面，光憑運氣是絕對不可能拍到兩張相似程度這麼高的照片的）。還有另外兩張照片，在重疊之後可以看出，其實是來自同一張照片的不同角落，但是在論文中卻被描述成完全不同的東西。[43]不過如果只有這些問題的話，或許還可以用疏忽來解釋：有人不小心把照片弄混了，或標記錯誤。但是事實遠非如此。根據來自黃禹錫實驗室的吹哨者揭露，其實從來就沒有十一株幹細胞，黃禹錫只培養出兩株細胞株，而且都不是從胚胎細胞中複製而來。[44]而其他的細胞照片，其實都是根據黃禹錫指示，被修改或是故意標記錯誤的。這整個研究計畫根本就是一場騙局。

不過在影像造假被揭發之前，黃禹錫已經因為沒有充分告知捐贈者，她們的卵子會被如何使用，或是沒有告知捐贈者取卵時可能會有的潛在危險，而引起眾多爭議。據說黃禹錫也曾壓迫實驗室的女性成員，強迫她們捐卵以供實驗之用。[45]後來學術不正的行為如滾雪球般愈滾愈大：黃禹錫更被揭露曾把研究經費挪為己用，將它們匯入一系列由他個人控制的銀行帳戶中。儘管他宣稱這些研究經費最終仍然用來購買科學器材，但是後續調查卻揭露了這些所謂的「研究器材」，包括了一輛給他太太使用的新車，以及捐給政治人物的政治獻金等等。[46]

但是因為媒體加在黃禹錫身上的光環是如此之耀眼，以至於即便發生了這麼嚴重的科學詐欺醜聞，都不足以降低民眾對他的崇拜。許多支持黃禹錫的示威者，在那些報導他負面新聞的媒體辦公室門口抗議，排列在街上示威，或是在這些媒體的網站討論區，用憤怒的文字洗板以表達不滿。[47]但是主管機關仍然必須對此有所回應。黃禹錫後來被從工作的大學中開除，檢察機關也對他展開刑事調查，不過他最後成功地以緩刑兩年的判決，免於牢獄之災。[48]現在他仍然從事複製細胞的研究，不過是在一個比較不知名的大學，而他現在的工作所受到的注意，也完全無法跟之前所受到的矚目程度相比。附帶一提，在黃禹錫所做的諸多詐騙中，史納比倒是真的：根據DNA的檢驗顯示，史納比確實是另一隻名叫「泰」的阿富汗獵犬的複製品。史納比雖然已經在二〇一五年死了，不過牠其實又同時長存於世：兩年之後有四隻牠的複製犬誕生於世。[49]

黃禹錫可說是南韓最知名的科學家，同時也是世上頂尖的生物學家之一。根據他所受到的矚目程度，為何他會認為自己可以從如此明顯又草率的詐騙中脫身呢？答案除了因為他個人的品格問題（沒有品格）以外，也指出了科學系統中有些地方出了問題。如前所述，科學建立於信任之上，基本上每個人都相信其他人的行為合乎道德規範。但是不幸的是，這樣的環境恰恰成為適合詐騙滋生的溫床，騙子就像寄生蟲一樣，最喜歡寄生於團體的善意之中。黃禹錫之所以敢如此厚顏無恥，清楚地展現了期刊審稿人與編輯，在面對如此令人振奮「充滿開創性」成果的時候，是如何容易上當，而他們本來卻偏偏該扮演好最嚴格最多疑的角色才對。

除了細胞的顯微照片以外，另一個在生物界最常被造假的影像則是一種叫做墨點法的技術。墨點法是一種分子生物學家常用的技術，有許多不同的版本，目的都是用來反推分析實驗中正在檢驗，或是實驗中製造出的化學分子的成分。最早的墨點法技術是南方墨點法，名稱來自於它的發明者生化學家薩瑟恩。*[50]南方墨點法可以用來偵測DNA片段：使用放射性物質在DNA上面做標記，就可以在底片上印出一些半長方形的模糊墨點，沿著一條條的「泳道」整齊排列，看起來就像一排排的梯子，或許你曾經在報導遺傳學的新聞中看過這樣的圖片也不一定。[51]其他的墨點法可以用來偵測不同的化學物質，而且每一個都有個跟它們來源有關的名稱：北方墨點法、西方墨點法之類的。[52]生物學實驗常常圍繞著在特定狀況下所出現的特定墨點做研究：比如說，西方墨點法可以根據特定的墨點來判斷，是否有出現某些細菌或病毒才有的蛋白質，藉此診斷疾病。科學家常常會在論文中驕傲地展示墨點圖片，因為這些墨點代表了實驗中偵測到某些化學物質的鐵證。而這卻也是常常被竄改的地方。

二〇一四年，在黃禹錫的「大發現」十年後，日本理化學研究所（簡稱理研）的科學家在

＊譯注：薩瑟恩的英文Southern，同時也是南方之意，因此他發明的墨點法就稱為南方墨點法。

《自然》期刊上發表了兩篇論文，報告了誘發多能性幹細胞的新成果。[53]這不同於黃禹錫醜聞中的幹細胞，使用「誘發」技術做出來的多功能性細胞，可以從已分化完成的成人細胞中獲得，這樣可以避免使用胚胎細胞，[54]發明這個技術的科學家，曾經贏得二〇一二年的諾貝爾獎。＊不過問題是，製造這種幹細胞的標準程序相當費時費力，經常必須花費數週的時間，卻只能得到很少量細胞，大部分的細胞最終都被浪費掉，非常沒有效率。[55]至於理研的實驗團隊宣稱發現了一種可以用來製造幹細胞的新技術，他們稱為ＳＴＡＰ，這是「刺激觸發多能性獲得」技術的英文字首縮寫。他們似乎只需要將成人細胞浸泡在一種弱酸中（或者是給予某些輕微的刺激，像是物理性刺激），這些細胞就可以變成多能性幹細胞，完全不需要那些麻煩的過程。這個實驗計畫的主持人小保方晴子，在論文中呈現了一系列讓人印象深刻的證據，從顯微鏡照片到墨跡法影像所展示的ＤＮＡ證據，都顯示這些成人細胞已經被重新編程，具有多能性了。

這是個革命性的大發現，而小保方晴子也馬上成為日本家喻戶曉的人物。關於她個人，以及她在實驗室裡種種特立獨行表現的報導（比如她養了一隻烏龜做寵物，她的實驗室裡充滿了卡通嚕嚕米的角色作裝飾，還有她總是穿著祖母給的圍裙而不是實驗服來做實驗等等），如雨後春筍般地出現在報章雜誌上，她更是被當成優秀女性科學家的正面典範。[56]但是這個熱潮並沒有持續太久，論文才發表了幾天，就有科學家注意到小保方晴子論文圖片中的不一致處，特別是她有張圖片裡用來顯示DNA墨點的四條「泳道」。這四條泳道應該都來自同一張照片，但是如果你仔細看的話，會發現其中一條泳道的背景比其他三條要更為漆黑，而且旁邊還有一條可疑的邊界。後來才發現，原來這一條泳道的照片，其實是來自另外一張不同的片子，在經過巧妙地裁切之後，讓它的尺寸能配合其他泳道的影像。[57]但是在論文中卻完全沒有提到這件事，對於一位致力於透明化工作的科學家來說，實在不太正常。隨著這件事被揭發出來，愈來愈多不正常的地方開始被人注意到。有些照片裡面的顏色可能透過後製調整過，同時小保方晴子似乎也有複製影像之嫌：在她的第二篇論文中有兩張圖片本來應該是不同的圖像，結果被發現其實是同一張照片，只不過其中一張被反轉了（毫不令人意外）。

也就是在這個時候，全世界的實驗室也都開始盡全力想要複製小保方晴子的實驗結果（這倒是比較不尋常）。STAP神話殞落的其中一個原因，或許是因為這是個如此簡單的技術，誰都可以輕易檢驗實驗結果的正確性與否。有一位細胞生物學家建立了一個網站，讓其他研究人員可以上傳他們重複實驗的結果。他用綠色來表示肯定或是令人振奮的結果，而紅色則表示實驗失敗。當實驗結果一篇一篇上傳後，幾乎是一片滿江紅。[58]除了有人檢查論文圖片，有人嘗試重複

*譯注：英國科學家戈登與日本科學家山中伸彌，因為找到從已分化細胞誘發幹細胞能力的技術而獲獎。

實驗，還有另一股壓力來自於理研所展開的調查。理研的調查報告最終認定論文裡的圖片有經過偽造。小保方晴子與他的團隊後來在六月的時候，請求《自然》期刊撤銷論文，十二月的時候小保方晴子辭去理研的工作。[59]在後續的調查中還發現，小保方晴子所做出的不當行為其實不止最早的偽造圖片而已，她還把以前研究中所用過的圖片，拿出來當作新的結果；同時也偽造實驗結果，虛報細胞的生長速度。她在實驗中所展示出來的細胞多能性，其實是她刻意讓實驗被胚胎幹細胞汙染，所產生的效果。[60]

STAP偽造事件，最後以一段悲劇告終。小保方晴子論文中的共同作者之一是一位優秀的幹細胞生物學家笹井芳樹，他本身雖然並沒有參與實驗的偽造，但是根據理研的調查報告，卻因為沒有仔細確認小保方晴子的實驗結果，而「負有重大的責任」，最後引咎自殺。他在二〇一四年八月，在理研的研究大樓中上吊自殺，享年五十二歲。[61]在他的遺書中提到了因為小保方晴子的不當科學行為，引起了各界媒體各種瘋狂報導的現象。[62]

在小保方晴子跟黃禹錫的故事中，有一個非常明顯但卻毫不尋常的共同點，那就是卓越的造假論文。他們的論文都發表在《科學》與《自然》期刊上，這是當今世上兩本最頂尖的科學期刊。這種明顯的造假手段，卻可以通過這些期刊老練而嚴密的審查流程，這本身就是件讓人憂心的事，而這些期刊的名聲所帶來的影響之一，就是刊載在上面的論文，會立刻引起全世界的注意——以及隨之而來各界紛紛上門找碴。如果連最高級的科學研究都會出現這種造假案，那很可能在名氣比較小的期刊上，有更多類似事情正悄悄地穿過我們的監視而發生。現在的問題就是，生物學家**真的**在論文中捏造影像的頻率有多高？二〇一六年時，微生物學家比克的團隊決定好好調查一下這件事。

她們首先從四十本生物學期刊中尋找有使用西方墨點法的論文，最終找到了兩萬零六百二十一篇論文。[63] 接著比克做了一次貨真價實的深入分析，她親自檢驗每一張圖片，看看有沒有任何不正常的影像複製問題。而她所發現的問題影像，足以開好幾場「狡猾的科學圖片」展覽。她不只看到單純的影像複製（請看下方的圖一為例），還有黃禹錫式的影像裁切，或是小保方晴子式的調整尺寸與拼貼，以及其他各種形形色色的欺騙技術。總結來說，大概有百分之三．八（大概是每二十

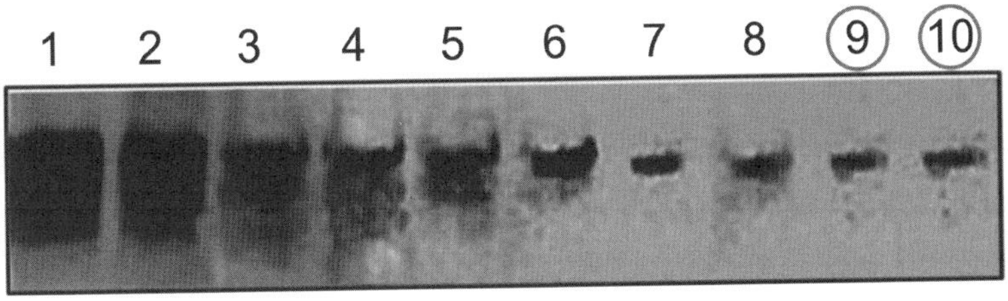

圖一：比克團隊所發現的，西方墨點法的圖片出現了複製問題。最後兩條泳道（第九與第十列）其實是同一張圖片被複製了兩次（而且右邊的那張尺寸有被調整過），可能是透過 photoshop 之類的軟體修改過。這篇論文後來經過勘誤。本圖改編自比克團隊發表在《mBio》上的論文，二〇一六年。

五篇論文就有一篇）已發表的論文裡面，帶有問題圖片。在後續的分析中，比克的團隊針對某一本細胞生物學期刊裡的論文去做分析，結果發現竟然有高達百分之六．一的論文有問題。[64]在這些問題影像中，大部分其實只是無心之過，作者大可再刊登一篇勘誤來更正問題。但是後來卻有十分之一的論文被撤銷，暗示其中可能還有更嚴重的問題。如果這個數字代表了細胞生物學論文的平均水準，那根據比克的計算，大概有三萬五千篇論文需要撤銷。不過比克的調查還是有一些好消息：比較知名的期刊比較不會刊登帶有複製圖片問題的論文。而調查中另一個比較有趣的結果，則是關於累犯者的現象：當比克的團隊在一篇論文中找到偽造的圖片後，她們會更深入追查同一位作者的其他論文中，是否也有影像複製的問題呢？結果發現有將近百分之四十的機會可以找到相同的問題。複製影像一次，或許只是一次無心之過，但是同樣的問題重複兩次，那看起來就是造假無誤了。

到目前為止，我們都還只是聚焦在跟圖片有關的不當行為，但是這可不是論文中唯一會出現造假的地方。其實比較容易造假（也比較不容易被抓出來）的地方是數字，也就是那一行行一列列組成整份研究數據基礎的數字。在前言中我們提過史泰佩爾的例子，他就是在試算表中填上自己想要的結果，然後把這些數據當成真的成果拿去發表。這類資料造假的情況有多頻繁？發現它們的難度如何？

幸好，就像要鍛鍊出像林布蘭特或是維梅爾一樣迷人的畫作（或是偽造出一張令人信服的西方墨點法照片），是件高難度的事情，要編出一組令人信服的數據也絕非易事。憑空想像出的數字往往會跟從真實世界中搜集到的數據有些許不同。[65]這是因為基本上來說，沒有任何科學是完美的科學：數字往往是**充滿雜訊**的。每一次當你測量某件事情時，你一定會稍微偏離真實的數據，不管是測量一國的經濟表現、測量世上還剩多少瀕危的紅毛猩猩、測量某顆次原子粒子的速度，甚或是測量極度簡單的事情像是某人的身高等等。以測量身高為例，被測的對象可能剛好縮了一下，你的量尺可能滑了一點點，你也可能不小心寫錯數字。這些東西稱為**測量誤差**，即使有方法可以降低這些誤差，也很難完全避免。[66]

跟測量誤差一樣惱人的事情叫做**抽樣誤差**。科學家幾乎不可能在測量某個現象的每一次實例，不管我們所研究的對象是一群細胞、是外太陽系行星、是外科手術，或是金錢交易。與其測量全體，科學家一般會用抽樣的方式，選擇一些樣本，然後試著透過這些樣本推論回整體（統計學家稱這個整體為「母群體」，即使這個對象不一定是人群，我們還是如此稱呼）。不過問題是，不管你如何抽樣，這群樣本的特徵永遠不會跟你真正想弄懂的特徵完全吻合。以身高為例，你所抽樣到的對象的平均身高，就是樣本的特徵；而你真正想知道的則是全國人的平均身高，這兩者不會完全一致。即使是憑機率隨便選取實驗對象，每一群被選到的對象，也都會有略微不同的平均身高。而有些對象的平均身高，也可能碰巧就跟所有人真正的平均身高有很大的差別。[67]

測量誤差與抽樣誤差的出現都是不可預測的，不過這個「不可預測性」卻是可以預測的。意思就是說，不同樣本、不同的測量，或是由不同群體中所得到的數據，一定都會有一些不同的特徵，這些不同的特徵會表現在平均值、最大值、最小值，以及幾乎每一項參數上面。所以儘管測量誤差跟抽樣誤差都是討人厭的東西，卻可以用作檢查偽造數據的工具。如果一組數據看起來太過乾淨整齊，如果不同群的數值之間看起來太過相似，那可能就有些問題了。遺傳學家霍爾登曾經說過，「人類是愛好秩序的動物，」他們「很難去模仿大自然中的雜亂無序。」這句話對你我都適用，對詐騙者也適用。[68]

透過這種推論法，我們在二〇一一年抓到了社會心理學家桑納跟史密斯特斯的造假行為。桑納曾發表過一篇論文指出，當人站在高處時，個性會變得比較傾向利他（親社會）；而史密斯特斯則指出，當看見紅色跟藍色時，會影響一個人對名人的看法。[69]這兩份研究裡面的結果，乍看之下都讓人印象深刻，也都支持他們在論文中，對人類行為所提出的種種假設。但是細看之後卻可以發現似乎有哪裡不太對勁。心理學家西蒙遜指出，在桑納實驗的不同群樣本中，測量數據所橫跨的範圍（也就是最大值與最小值的差別）幾乎一模一樣，但是這幾群樣本的其他方面卻差異甚大。西蒙遜做了一次計算，發現在真實數據中，要發生這種情況的機率是微乎其微。史密斯特斯的問題也一樣，不過他的問題是不同群數據的平均值實在太過相近，而同樣的，這種情況幾乎不可能發生在真實世界的數據之中。在真實世界裡，各種誤差只會讓這些數字差別變大。[70]一旦這些問題（加上一些其他的問題）被暴露出來，這兩篇有問題的論文都被撤銷，而兩位造假的學者也都在不光彩的情況下辭職了。[71]

這種統計學上的危險信號，其實跟銀行凍結有問題信用卡的原理十分類似。如果你的信用卡，忽然之間在某個熱帶郵輪上被刷了大筆金額，那這張卡片大概很快就會被銀行凍結，因為這樣的行為超出了正常期望值，所以很可能是詐騙。[72]偽造的資料還有其他特徵，讓讀者在閱讀的時候，如果深入細看的話就會感到懷疑。有的數據看起來可能太完美，比如說，幾乎看不到什麼資料缺失，但是在真實世界中所蒐集到的數據，卻往往有各式各樣的情況會造成數據缺失，像是受試者半途退出，或是實驗儀器故障之類的問題。有些時候有些數據看起來違反了某些數學定律，因而有問題。[73]還有些時候，研究結果所顯示的效果實在太大了，超過了讓人相信的程度，不太像真實世界會發生的事，讓人覺得未免太過完美而不像是真的。[74]

有些詐欺者也知道偽造數據的困難之處，因此會用更有創意的方式來掩飾罪行。二〇一四年時加州大學洛杉磯分校的一位博士班學生拉庫爾，在《科學》期刊上發表了一篇引人矚目的論文，其結果來自他所做的一次大規模家戶訪問調查。[75]拉庫爾指出，在支持同性婚姻的議題上，一位同性戀遊說者可以對受訪者產生長期、正向且效果顯著的影響，但是異性戀遊說者則沒有這種效果。這意思也就是說，跟一位權利受到壓迫的少數族群談一談，比較容易讓受訪者支持少數族群，同意他們應該擁有這些權利。這個結果帶來的訊息相當正面，而且馬上就被運用在二〇一五年愛爾蘭的同性婚姻立法公投運動中，並且獲得了成功。[76]

許多學者都對這份研究感到印象深刻，其中有兩位政治學者，布魯克曼與卡拉，更試圖要親自做一個類似的實驗。但是在檢視過拉庫爾的數據資料之後，他們卻發現一些不太正常的地方。其中一道問題：「你有多支持同性婚姻」，拉庫爾用高低分來代表受訪者的支持程度。這組資料的分布情況，跟另一組他們知之甚詳，同時也是比較早期的「合作活動分析計畫」的資料分布狀況，有著驚人的相似性。事實上，這兩組資料的分布幾乎可說是一模一樣。除此之外，拉庫爾的研究包含後續追蹤結果，他調查那些受訪者在與遊說者首次接觸隔了一段時間之後，態度是否有轉變。而這組數據也非常奇怪，所有受訪者的態度改變，都維持在一定的範圍之內。但是如我們前面提過的，數字本來應該充滿了雜訊，特別是在這種龐大的資料庫中，我們應該預期看到更多觀點隨著時間來回變化才對。

後來才發現，拉庫爾的資料，其實是一種類似重寫本的玩意（重寫本是古時將羊皮紙上的文稿刮去，再重複利用寫上新文字的做法）：他用「合作活動分析計畫」的調查結果為本，玩弄數字遊戲，隨機加上一些雜訊，然後把它當作自己的新研究發表。而後續的追蹤調查其實用的也是同一組資料，只不過又調整了更多數字。而拉庫爾在論文中所提到許多訓練遊說者的詳細內容，則完全是憑空捏造。不幸跟他一起發表論文的知名政治學教授格林，倒是沒有參與假造資料。格林後來對拉庫爾拿給他看的那些「我所見過最精雕細琢、精彩絕倫且堆積成山的造假資料」感到驚訝無比，「這資料有詳細的故事，也有各種奇聞軼事……有圖有表。你會覺得只有真的有去探索過資料的人，才有可能拿得到。[77]」

我特別記得二〇一五年五月的時候，布魯克曼跟卡拉報告了拉庫爾的研究事件。[78]這份報告公布在網路上時，我正好要從愛丁堡搭機前往舊金山，去參加一場研討會。等飛機在十三個小時之後落地後，我在社群媒體上所追蹤的科學家，已經全部都在討論這件事了。這篇報告非常詳細地描述了拉庫爾如何變造資料，就像投下了一顆震撼彈一樣。《科學》期刊沒有第二條路可以選，馬上就撤銷了那篇論文，而拉庫爾也只能從普林斯頓大學，告別他本來拿到的職位——當然，這份職位多半是拜他在頂尖期刊上所發表的那篇頂級論文所賜。[79]

觀諸拉庫爾為了掩蓋資料的變造，需要繞的那麼一大圈路，他如果老老實實直接去做研究，應該會簡單得多。而且這樣也可以避免當別人開始詳細查驗他的假資料進而揭發之後，學術生涯瞬間毀於一旦。但是拉庫爾就像之前的桑納、史密斯特斯以及史泰佩爾一樣，他從變造資料這種行為中獲得的是一種**控制權**，這樣他的研究才可以符合《科學》期刊的特定要件，能夠說服那些審查委員，這篇論文值得發表。這些要件也是論文發表系統，以及大學教職市場所開出來的要求：它們不要那些雜亂無章的真實世界的側寫，不要那些不夠清晰的結果與不夠確定的詮釋；它們要的是乾淨而且有衝擊性的結果，要那些可以立刻就能運用於世上的研究。

在這個例子裡，我們又看到期刊審稿人因為渴望一個有吸引力、一個令人振奮的大發現，結果再次被人利用，而跟著被利用的還有他們信任的天性。當然，在同儕審查的過程中，一定會有**某種程度**的信賴參與其中，畢竟，審稿人無法為了尋找作弊的蛛絲馬跡，去複查論文中的每一筆資料。不過從這麼多的詐騙經驗中，我們或許可以學到一個教訓：這項標準會不會設得太低了，以至於連懷疑主義都不復存在了呢？或許從現在開始，科學家應該要少相信彼此一點。

現在我們可以開始討論問題了。考量到各種形形色色的案例，科學造假的發生率到底有多高？我們可以用一種方法來估計，那就是看看有多少篇論文被撤稿。被撤稿可說是一篇論文最可恥的下場了；因而甚至被人稱為「科學死刑」。[80]在被判了死刑之後，這篇被撤稿的研究就會進入一種類似煉獄的情境中。被撤稿的研究並不會單純被刪除而已，因為那只會引起更多的爭議，特別是如果這些研究曾經被其他人引用過。被撤稿的論文將會永遠高掛在期刊的網站上，同時還會明確標示這篇論文已經毫無正確性可言。通常的做法是用紅色粗體的「被撤稿」三個字，沿著對角線大大地印在論文的背景上。

搜集撤稿資訊最詳細的地方，是一個叫做「撤稿觀察站」（Retraction Watch）的網站，這個網站就像是撤稿紀錄的編年史，整理了所有最新的撤稿消息，以及他們與期刊和作者聯繫後所獲得的聲明，以便釐清究竟是哪裡出了問題。二〇一八年時，該網站的所有者奧蘭斯基與馬古斯開放了一個資料庫，分門別類記錄了從一九七〇年到今日超過一萬八千篇被撤銷的科學論文，對於那些對科學陰暗面有興趣的人來說，這無異是一個寶庫。在這個資料庫搜尋系統中有一項分類是「撤稿理由」，從這裡我們可以一窺許多科學論文背後波濤洶湧的故事，這些撤稿理由包括了：「利益衝突」、「偽造作者身分」、「作者不當行為」、「材料被破壞」以及「刑事訴訟」等等。[81]

不過「撤稿觀察站」的名單也未臻完美：有些被撤稿的論文可能並未名列其中，這是因為每份期刊處理撤稿的方式都不盡相同，端視期刊承認以及強調這些被撤銷的稿件到什麼程度。還有一件必須注意的事情是，撤稿並不總是代表作假，有許多論文被撤稿的原因是出於作者自己找到錯誤，因而請求撤稿。還有一些撤稿的案子則比較模稜兩可。二〇二〇年初，身為諾貝爾獎得主的化工學家阿諾德，宣布她的團隊將撤下一篇刊登在《科學》期刊上面的論文，原因是她們無法複製實驗結果，以及「在詳細檢視第一作者的實驗記錄簿後，發現關鍵實驗並沒有被即時記錄下來，以及原始數據缺失。[82]」至於這僅僅只是因為不小心，或是這位第一作者，也就是阿諾德的學生，曾經做過什麼更糟糕的事情，我們就不得而知了。阿諾德的自白坦率而痛苦，她在推特上說：「我要跟所有人道歉，在投稿的當下我有點忙，因此沒有做好我份內的工作。[83]」

在所有被撤稿的案子中，誠實的錯誤大約只占百分之四十，或是稍微少一點。大部分的案子都出自於或多或少的不道德行為，其中也包括了詐欺（大約占了百分之二十）、重複發表以及剽竊。[84]撤稿的案子也隨時間推移而愈來愈多，不過這未必代表了造假案愈來愈多，反而比較有可能是期刊編輯群變得比較聰明，或是像阿諾德這樣的作者，比較願意承認自己搞砸了。[85]

在社會上，大部分的刑案往往僅是由一小撮違法者所犯，刑案跟違法者的數量往往不成比例。科學上也是一樣，根據撤稿觀察站資料庫的統計顯示，百分之二十五的撤稿是由百分之二的科學家所為。[86]罪行最嚴重的科學家會名列於撤稿觀察站排行榜上，這有點像是拿到了一座無恥諾貝爾獎。我們前面提到的老朋友史泰佩爾在排行榜上名列第五，一共被撤銷了五十八篇論文。不過目前最惡名昭彰的撤稿紀錄保持人，則是一位日本的麻醉師藤井善隆，他捏造了一堆根本沒做過的藥物臨床試驗，後來總共被撤銷了一百八十三篇論文。*二〇〇〇年時，《麻醉與鎮痛》

期刊上刊登了一封讀者來信，信中形容藤井善隆的數據是「難以置信的完美」。[88]根據撤稿觀察站主編的看法，這可不是什麼溢美之詞。[89]該信的作者發現，藤井善隆在過往所報告過的十三次臨床試驗中，在這麼多群不同的受試者裡面，登記頭痛為副作用的人數居然都一模一樣，而在另外的八次臨床試驗中，頭痛人數則跟前面這十三次試驗的人數非常接近。這樣的數據，就跟我們之前講過的幾個案子裡面的毛病一樣，實在是太過整齊而不像是真的。但是在這封信刊登之後的十年間，卻什麼事也沒發生，藤井善隆繼續在眾多知名的麻醉學期刊上，發表各種造假的論文。一直到了二〇一二年，有另一篇分析指出他所報告的許多數據，看起來完全不像是真的，此時才真的展開了一場正式調查，最後終結了藤井善隆的事業。[90]根據這場調查的結果，藤井善隆一共有一百七十二篇論文，內容確定帶有造假的數據（後來的調查又發現了更多假數據，這才讓他拿下世界紀錄）；不過他們也列出了藤井善隆所發表的論文中，**沒有**摻雜造假數據的，一共有三篇。[91]

這樣子，如果我們把撤稿排行榜上面的重刑犯，與其他因為各種詐欺理由而被撤稿的論文加在一起，到底有多少科學家曾經真的造假過？去計算一下所有被撤稿的論文占發表論文的比例，

＊編按：這個紀錄在二〇二三年被一位德國麻醉師博爾德打破，本書出版時他共有一百九十四篇論文被撤銷。

會發現是每一萬篇論文，就有四篇被撤稿，也就是萬分之四左右，不算太高，現在我們可以稍微安心一點，鬆一口氣了。不過這個數據其實用處有限，畢竟一方面我們已經知道，有些論文並非因為造假的原因而撤稿；另一方面有些期刊可能沒有揪出造假的論文，或者是不在乎刊登的論文有沒有造假。所以如果我們直接去問科學家，讓他們匿名回答自己以前有沒有造假過，會得到怎樣的答案呢？

到目前為止最大的一場調查，將七次調查結果匯集起來，最後發現約有百分之一．九七的科學家，承認過去曾經至少造假過一次資料。[92]這大約是每五十名科學家中，就有一位承認自己曾經做過詐欺者，並不是太嚇人的比例。不過考量到大部分人即使是在匿名的情況下，也不太願意承認造假，真實的數據應該會比這個數字高很多。事實也是如此，根據另一份調查，如果詢問一位科學家，據他所知有多少**其他的**科學家曾經捏造過資料，這個數字馬上就躍升為百分之十四．一了（當然，這份調查中有些數據也可能有誤，有的時候可能只是科學家對於自己對手的研究疑神疑鬼，或是誇大了別人的問題）。[93]

誰是這些詐欺者呢？我們有沒有辦法像美國聯邦調查局一樣，製作出一份詐欺師的側寫表，列出他們的特徵，好讓我們日後可以避免其他的論文造假案呢？關於這個問題，有一次神經科學家葛羅斯曾感嘆，我們缺少能掌握「誰會造假」的實質證據。不過他還是描繪了經常出現在大眾媒體造假新聞中的主角特徵。他寫道：這個犯罪者通常是「聰明而且富有野心的年輕男性，任職於一間頂尖的研究所，而他所鑽研的領域通常是現代生物學或是醫學中，變動快速且高度競爭的一支，而他的研究所做出的成果，往往對理論、臨床應用或是經濟應用上，有著舉足輕重的影響。[94]」行筆至此，我們可以看見一個相當熟悉的影像，這樣的描述完全符合馬基亞里尼的形象。

值得注意的是，葛羅斯所描述的詐欺者是為男性，這是最糟糕的詐欺者中非常明確的一個類型：目前在撤稿觀察站的排行榜上前三十二名科學家中，只有一位是女性。[95]這個訊息重不重要？我們首先要知道在相關的領域中，男性與女性的比例是多少，這樣才能知道男性是不是真的比較容易犯罪。二〇一三年有一份針對生命科學領域的調查報告指出，根據美國的研究誠信辦公室所公布的調查報告，在比較了生命科學領域中男女分布的比例以及資料造假的比例之後發現，男性確實比女性更容易造假。[96]不過二〇一五年另外一份針對所有科學領域所做的調查，在經過詳細比較許多撤稿或更正的論文後，卻沒有觀察到性別差異。不過我們不清楚在這份調查中，有沒有考量到最重要的男女科學家比例。[97]

比克的團隊除了建立了西方墨點法影像偽造資料庫以外，也試著去比較有問題的論文與一般的論文之間，有沒有什麼特別不一樣的特徵？[98]經過比對之後，有一個特徵很快地浮現出來，那就是複製影像的問題似乎特別容易出現在某幾個國家的論文中：印度與中國有特別多的論文帶有影像複製的問題，而英國、美國、德國、日本跟澳洲則低於平均值。比克她們認為這樣的差異具有文化性：像在中國或印度的規範比較寬鬆，而對科學不當行為的處罰又相對輕微的情況下，這些地方就會產生比較多造假的研究論文。[99]這件事情再一次顯示了科學所處的社會環境對於它的品質，有著舉足輕重的影響。

也有其他人做過類似的推論。醫師作家諾維拉曾引用過一些來自中國科學家所做的針灸研究，這些研究的結果都顯示讓人充滿狐疑的**百分之一百**成功（即使針灸真的非常有效，我們也應該看到幾例隨機失敗的例子）。諾維拉認為以中國的政治環境來說，不太可能做出好的科學：

> 我們可以合理地懷疑，一個極權政府，無法創造出一個讓科學繁榮發展的環境。科學講求的是透明化，科學所重視的是方法而非結果，同時它在意識形態上也應該完全中立。但是這些概念在極權主義政府的統治下沒有辦法蓬勃發展。而且，那些被晉升到掌管權力、受人尊敬職位的科學家，很可能都是靠著取悅政權而來，比如說，藉著發表論文肯定政府的文化宣傳都是正確的這類的行為。因此，科學上的誠信並非這些社會發展科學的首要選擇壓力。[100]

不管造成這種結果的原因為何，中國的科學家似乎也同意自己有著嚴重的問題。二〇一〇年代初期有一份針對中國生醫研究者的調查顯示，參與者估計，自己同胞所發表的生醫論文中，有百分之四十都有科學不正的問題；百分之七十一的參與者表示中國的主管機關「不怎麼在乎」科學行為正不正當的問題。[101]

不過除了這些關於性別或是國籍的統計資料以外，我們對於科學詐欺者的典型，就只剩下非常模糊的印象了。那麼，如果從人口統計資料上分不出這些詐欺者，從他們的動機上著手，會不會比較有幫助呢？為什麼詐欺者甘冒損失一切的風險，鋌而走險去犯下這麼無恥的罪行呢？在二〇一四年有一篇論文發現，在美國那些曾經因為不當行為而受到研究誠信辦公室譴責的科學家，都是那些已經在經費邊緣掙扎過數年的人了。這或許可以解釋，缺少經費是他們的動機之一，不過另一種可能的解釋則是，這些人的經費正好是在他們接受調查的那段期間之內枯竭的，也就是說，是因為科學不正行為而導致經費減少，而不是因為經費減少導致不當行為。[102]

詐欺者的另一個動機，或許源自於他們對於科學的看法有一種病態的誤解。免疫學家兼諾貝爾獎得主梅達瓦爵士，有一次曾表達過一段見解，或許有點違反直覺，但他認為那些科學家之所以會犯下詐欺罪，正是因為他們**太在乎**真理，但是他們在心中對於何謂真理的看法，卻漸漸與現實世界脫節。他這樣寫道：「我相信，從事科學造假最重要的動機，是對於真理，以及對於某些理論或假說的信念；但是這些重要的理論或假說，卻被其他大部分科學家與同事忽視，甚或輕率地否認——當這些冒犯者知道自己所質疑的科學家所相信的真理，居然是如此明顯而不證自明，必定會因此感到震驚。[103]」物理學家古德斯坦也同意這種看法，他認為：「沒有人真的想要將謊言摻雜在科學裡面，就算有也極為罕見。那些真的犯下詐欺罪的人，幾乎都相信自己是在科學中導入真相……但是他們卻沒有透過真正的科學手段所要求的那些麻煩程序。[104]」

古德斯坦所談的，其中有一部分是在講自己領域裡面的一件知名案子。二〇〇一年時，德國的凝態物理學家舍恩，當時正在知名的美國貝爾實驗室工作，對全世界宣布他發明了一種碳基電晶體。電晶體這種東西，可以藉著轉換或是強化電流來控制電子訊號，這造就了我們今日所使用的各種電子迴路設備。舍恩的電晶體，據說可以在單一分子層級內達成轉換電流這件事。[105]目前製造任何電晶體或是晶片的標準材料都是矽元素，而舍恩所發明的電晶體，將可以遠小於當前任何一個以矽為材料的電晶體，同時也將完全改變迴路的設計方式。我們終於可以製造出分子層級的迴路，同時對奈米科技來說，也往前又跨了一大步。史丹佛大學有位教授，曾興奮地盛讚舍恩的技術特別之處，就在於「因簡潔而優雅」，而舍恩也不孚眾望，獲得眾多科學協會所頒發的許多獎項。[106]舍恩的微型電晶體以及在其他技術上面的快速突破，也讓他在科學發表上拿下世界紀錄：從二〇〇〇年到二〇〇二年間，他除了在優秀的專業物理期刊上發表了許多論文以外，也同時在《科學》期刊上面發表了九篇論文，並在《自然》期刊上發表了七篇論文。要知道對大部分科學家來說，能在這兩份頂尖期刊其中之一發表過一篇論文，就可以稱得上是學術事業的高峰了。當時甚至有傳聞，認為舍恩即將獲得諾貝爾獎。

但是這些傳聞很快就變成了竊竊私語。其他實驗室在重複舍恩的實驗結果時，都遇到了極大的困難（就像用STAP技術生產幹細胞一樣，舍恩的實驗非常簡單，因此很容易就可以驗證）。然後也有人注意到在舍恩的眾多論文中，有許多他宣稱應該是完全不同的實驗，卻有著一模一樣的圖案與結果。[107]貝爾實驗室隨即展開了一場詳細的調查，並向舍恩索取可以支持他論點的原始數據。但是舍恩卻給了一個極為蹩腳的解釋：舍恩回答說他因為電腦「記憶體空間不足」的緣故，刪除了大部分的數據。[108]不過儘管從他所提供的少數資料中，調查委員會仍然發現明顯的科學不當行為。比如說，在一組比較兩種分子的電流數據中，舍恩單純地把第一種分子的電流數據乘兩倍，就當成是第二種分子的電流數據。當你把第二種分子的數據除以二之後，這兩種分子的數據就完全相同，直到小數點後第五位。[109]調查委員還發現許多其他的複製、竄改或是無中生有的例子。這又是一個太過傲慢的詐欺者，偽造了一批因為太過完美而不像是真的數據的例子。

不過在我們深入追查舍恩造假的動機時，舍恩在厚厚的調查報告結尾處有一段簡短的回答，頗值得玩味。他承認自己「犯了錯」，也「了解自己毫無信用可言」，儘管如此，他仍懇切地辯護，說他「真的相信他所報告的科學效應真實存在，非常令人興奮，值得繼續研究下去。」[110]

當然對於詐欺者的言論，我們一定要非常小心，不該輕易信任。但是在這麼多科學成果都被從科學文獻中抹去後（舍恩目前在撤稿觀察站上面排名第十五，總共被撤銷了三十二篇論文），舍恩卻仍明顯地對自己的理論充滿信心，談著像是自我欺騙般的妄想言論，就像是梅達瓦跟古德斯坦之前提過的那樣。[111]當然真實情況如何我們永遠無法得知，不過舍恩很可能真心相信自己發明了超級電晶體，並且視那些違反規則的舉動，為將這個重要的東西努力介紹給世人所需要的必要之惡。

史泰佩爾在他的書裡面，也表達過類似的感覺，他描述自己如何在看到那些本來應該要成功的社會心理學實驗，卻得到一堆讓人失望的實驗結果後，開始假造實驗成果：

> 當實驗結果就是不盡人意，而你卻又如此熱切期望著它能成功，而你也知道這樣強烈的期望，來自於詳細分析過眾多文獻後所得到的結論；同時這已經是你在這個主題上所做的第三個實驗，而前兩次的結果是如此成功；同時也還知道其他人也正在別處做著類似的實驗，並且據說實驗結果還不錯。就這樣，瞬間，你忽然覺得稍微調整一下實驗結果也無不可？[112]

因為懷抱著這種想法，舍恩跟史泰佩爾代表了我們日後在本書中將會一再看到的詐欺者的另一種極端典型：這些科學家，自作主張地想要呈現「真理」，或者說他們希望是真理的東西，因此輕輕地助了一臂之力。[113]

不論原因為何，這些科學詐欺者仍然罪孽深重，而且不成比例地戕害了科學，也因此傷害到了人類最珍貴的制度。首先，考量到那些被浪費掉的時間。調查科學詐欺案可以耗時數星期、數月，有時甚至需要數年努力的追查，特別是帶有科學不正行為的研究，往往不僅止一篇，它們經常會像癌症一樣從一篇研究轉移到更多的研究論文中，而每一篇被牽扯上的論文，都需要如刑案偵查般的仔細調查。而大部分從事調查工作的人都不是專職調查人員：他們常常本身也是忙碌的研究人員，暫緩自己的研究，為了良善的目的來調查造假案。整件造假案也不會止於搜集完證據而已。所有的吹哨者、調查專家，或是任何一位曾經因為不正行為的傳聞，而嘗試聯絡過大學或是科學期刊的人都會告訴你，要讓一篇帶有明顯造假數據的論文被出版社撤銷，那過程可有如冰河移動般緩慢，這還必須是在你沒有被主管機關忽視或是敷衍一番的前提下，否則情況只會更糟。

除了時間，也有大量的金錢被浪費。詐欺者花費大筆金錢，去做一些注定要徒勞無功的研究，只是為了編造出一些根本不存在的數據，比較起來他們直接偷竊的金錢，像是黃禹錫從他的研究經費中所侵占的數額，根本只能算零頭而已。比如肥胖症研究者波爾曼，同時也是美國首位因為學術造假而坐牢的科學家，就從美國政府那裡浪費掉了納稅人數百萬美元的經費，編造了十年完全無用的假資料。[114]然後又有多少完全無辜的科學家，將自己的研究經費浪費在重複或是繼續波爾曼或是其他造假者的研究上？

撇開時間與金錢的浪費，學術造假更會嚴重打擊科學家的士氣與信心。如前所見，之所以在當今的科學研究中充滿這麼多的造假案，正是因為一般來說，所有的科學家都是開明且信任別人的人。同儕審核的質疑標準通常專注於對資料的解讀上面，去質疑資料造假這樣的念頭，幾乎不會出現在科學家的腦海中。但是當前論文造假的頻率之高，代表每當我們看到一篇疑點重重的論文時，要在所有考慮的可能性中多加一個令人難過的選項：有人在撒謊。而我們所需要多加防備的論文還不只是其他人的論文，造假也有可能發生在任一位科學家的自家實驗室中。這是因為大部分的論文幾乎都不會只有單一作者，在論文的共同作者中出現任何一位詐欺者，都將損害團隊中其他無辜科學家的聲譽。很多時候這個犯人是實驗室裡的年輕成員，將其他資深共同作者也一起拉入泥沼中，比如之前提到的那個編造同性婚姻運動研究的拉庫爾。不過也有時候情況會反過來，資深的科學家因為造假而魯莽地摧毀其他後輩的事業（比如在史泰佩爾的調查報告中指出，超過十位博士班學生的研究，都立基於他的假研究之上）。[115]而且我們也提過科學家名譽受損後所可能付出的最高昂代價，像是在笹井芳樹的例子，當他發現自己身陷STAP幹細胞研究醜聞中，甚至選擇結束自己的生命。

科學造假也會嚴重汙染科學文獻。雖然撤銷論文會大幅降低一篇論文的引用數，但是這樣往往並不足夠：許多被撤稿的研究仍然會被一些不知情的科學家引用。[116]二〇一五年有人追蹤一位麻醉科醫師魯本的研究。魯本在二〇〇九年因為造假，被撤銷了二十篇論文（魯本現在在排行榜上名列二十七名，總共有二十四篇論文被撤銷）。不過在隨後的五年間，這些論文仍然獲得二百七十四次引用，而大概只有四分之一的作者意識到，他們所引用的論文是一篇被撤銷的論文。[117]另外還有一篇研究顯示，在論文被撤銷後仍然獲得引用的例子裡，有百分之八十三的引用都是持正面意見，而完全沒有提到撤銷這件事。這些殭屍論文仍然在科學文獻中陰魂不散，而幾乎很少有人注意到這些論文其實早已死亡了。[118]至於科學期刊，有些期刊顯然在標示論文被撤稿這件事情上，做得比較糟糕。[119]不論原因為何，從有人持續引用這些被撤稿的論文，而且不只是為了批評這件事來看，一定有很多科學家的研究是依靠這些完全錯誤的資訊。因此，學術造假對所有科學文獻所造成的影響，已經遠遠超過了「原始論文呈現了一些假數據」這麼簡單而已。

學術造假所傷害的也不只有科學界：詐欺所造成的影響遠遠超越了刊登它們的科學期刊。臨床執業者比如醫師，有時也依賴學術研究結果，他們很可能會被誤導而採用完全無效，或者根本就是有危險的治療或技術。後者的例子就像是現在占據退稿觀察站排行榜第二名的麻醉醫師博爾德。＊[120]博爾德研究的東西，是一種稱為羥乙基澱粉的化學物質，這種東西有時候可以在外科急救的時候作為代用血漿（這種東西的目的是在大量失血的時候，可以維持身體裡面的血液循環，以避免傷患發生休克的現象）。博爾德在研究結果上造假，讓羥乙基澱粉看起來很安全，很適合做代用血漿。而讓這件事成為定論的，有賴一篇「統合分析」的研究，也一樣支持這個結論。所謂統合分析，是一種將以往所有探討這個主題的論文集合起來，做一次回顧式研究。不過統合分析的研究之所以支持羥乙基澱粉作為代用血漿，那是因為博爾德在論文上動手腳的事還沒有人知道，因此也被涵蓋在統合分析中。一旦博爾德的罪行被揭發，論文被排除在統合分析之外後，結果就大不相同：研究顯示使用羥乙基澱粉的病人，其實死亡率反而比較高。[121]博爾德的造假誤導了整個領域的研究，也讓那些相信他研究的外科醫生，反而將自己的病人置於險地。[122]

在所有嚴重的科學詐欺案裡面，有一個最惡劣的例子，其誤導的對象不只是科學家與醫生，還嚴重影響一般民眾對一些非常重要的公共衛生手段的看法。這次事件所引起的恐慌與混亂之巨大，以至於即使在發生了二十年之後的今天，我們仍要繼續忍受它所帶來的苦果。我所指的，當然是一九九八年由英國醫生韋克菲爾德發表在《刺胳針》期刊上，那篇惡名昭彰有關於疫苗研究的論文。[123]韋克菲爾德的團隊做了一個樣本數為十二個小孩的研究後，宣稱「麻疹腮腺炎德國麻疹混合疫苗」（MMR混合疫苗）會引起自閉症。韋克菲爾德的理論是MMR混合疫苗會讓麻疹病毒殘留在身體裡，這是造成腸－腦相關症候群的元凶（韋克菲爾德第一次形容這個症狀時所使用的名稱是「自閉症性腸炎」）。[124]在論文發表後的數次專訪以及一次記者發表會上，韋克菲爾德不斷強調應該把MMR疫苗分成三種獨立的疫苗，因為他認為混合疫苗「對某些兒童的免疫系統來說太激烈而無法處理。[125]」

事到如今，大部分的人都知道韋克菲爾德的研究毫無根據。在一九九八年以後，數次大規模極為嚴謹的研究都顯示，MMR混合疫苗跟自閉症類群障礙之間毫無關聯（同時也跟其他任何一種疫苗無關）。[126]還有其他的研究指出，混合疫苗跟單一疫苗是一樣的安全。[127]不過大部分人所**不知道**的是，韋克菲爾德在論文中的錯誤絕非什麼無心之過，也不是因為研究的不確定性而造成可理解的錯誤，他從一開始就決定造假到底。[128]

因為論文發表之後伴隨出現一系列的爭議，調查記者迪爾開始深入挖掘韋克菲爾德的實驗數據，同時他也調查另一件更為關鍵的事情：韋克菲爾德的動機。迪爾後來在 The BMJ 期刊（正式名稱是英國醫學期刊）上面刊登了一系列報導，詳述韋克菲爾德如何竄改或扭曲他論文中那十

＊編按：本書中文版出版時為第一名。

二名兒童，每一名病童的醫學紀錄。[129]迪爾發現韋克菲爾德根本直接發明「證據」，說所有的兒童在接種了MMR混合疫苗後，都很快就出現了自閉症類群障礙的症狀。但是事實上，有些兒童在接種疫苗以前，病歷上就已經記載著出現了自閉症的症狀；還有些兒童的症狀其實出現在疫苗接種後好幾個月；另外還有一些兒童，從來就沒有被診斷為自閉症。[130]關於韋克菲爾德的動機，迪爾在報導中指出，韋克菲爾德的研究有兩個有衝突的利益來源，決定了論文的走向。[131]第一個來源是一位律師，他曾支付給韋克菲爾德一筆可觀的費用，而該名律師正準備代表自閉症童的家長，對疫苗製造商提起訴訟。[132]尤有甚者，韋克菲爾德研究中的病人，幾乎都是由一個跟這名律師有關的反疫苗壓力團體所提供。第二個利益衝突，來自論文發表的一年前，韋克菲爾德就已經為自己的麻疹疫苗申請了專利，因此如果他的研究可以讓大家對MMR混合疫苗感到恐懼進而拒絕注射的話，那他就可以從自己的麻疹疫苗中獲利。[133]更不可原諒的是，這些利益衝突都沒有在他的論文中揭露，韋克菲爾德僅僅只是輕描淡寫地提起研究由「特別的信託受託人」所贊助，以及由病童家長「提供了這些研究的動力」。[134]

當迪爾首次在二〇〇四年跟《刺胳針》期刊聯絡，表達他所注意到的事情時，他只感受到期刊編輯群極為抗拒的態度（你可能已經注意到，也是同樣一本期刊，在十年前馬基亞里尼的案子中，上演一模一樣的劇情，這次的遭遇或許早有預兆也不一定）。[135]不過因為迪爾的調查，韋克菲爾德的論文最終還是在二〇一〇年被撤銷，但是他錯誤的論點還是被記載在正式的科學文獻中長達十二年之久。英國的醫學總會在經過史上最長的聽證程序後，也決定吊銷韋克菲爾德的醫師執照，禁止他在英國繼續執業。不過吊銷執照並非單純因為學術造假而已，韋克菲爾德也被控在沒有適當的同意下，就對孩童進行非必要的醫療措施，像是大腸鏡檢查。[136]醫學總會形容韋克菲爾德是「冷血無情」，這樣的形容詞，其實也很適合所有我們在本章所看過的詐欺者。[137]後來，韋克菲爾德反而在美國的反疫苗運動中找到一席之地，比如他的反疫苗電影《疫苗：從掩蓋到災難》，原本預計要在二〇一六年的紐約翠貝卡影展中放映，因為該影展的主辦人勞勃狄尼洛，本身也是一位疫苗懷疑論者。[138]後來才因為群眾抗議聲浪太大而作罷。

韋克菲爾德的造假所帶來的疫苗恐慌，在全世界散布的速度跟病毒一樣快。英國許多媒體也開始刊登「專家解密」形式的文章，來討論MMR混合疫苗，因而在家長的心目中種下更多懷疑的種子。《每日郵報》可算是始作俑者，而即使連《私家偵探》這樣自詡為不會像其他媒體一樣，一窩蜂隨波逐流的雜誌，也在二〇〇二年製作了一期關於MMR混合疫苗的特刊，將韋克菲爾德描繪成像是伽利略一樣的人物，站出來對抗整個疫苗界。[139]這些報導所造成的結果不難想像[140]：在一九九〇年代末，英國的MMR混合疫苗接種率已經接近百分之九十五，足夠形成「群體免疫」，也就是說在一個群體中，因為有足夠的人接種了疫苗，疾病就變得極為罕見，而那些因為特殊原因（比如對疫苗成分過敏）而無法接種疫苗的人，也不會受到疾病的威脅。但是在一九九八年以後，疫苗接種率劇降至百分之八十，而麻疹的感染率也隨之躍升。[141]歐洲乃至於世界其他地方開始出現麻疹大流行，許多原本麻疹銷聲匿跡的國家，也開始出現新的病例。根據世界衛生組織最新的估計，在二〇一八年就有十四萬人死於麻疹以及其併發症。而正是因為我們早就知道可以如何預防這個疾病，更讓這數字使人灰心且難過。[142]僅僅只是因為韋克菲爾德在科學上面造假，我們可以說，就讓這世界變得比以前更危險了，特別是對於兒童與其他健康狀況比較不好的人，以及對於開發中國家來說都是如此。

韋克菲爾德的研究居然會被《刺胳針》接受，有機會在這種傑出的期刊上面問世，可以說是科學發表史上最墮落的一個決定了。大概沒有比這個更好的例子，可以讓我們了解一個值得信賴的科學，對於整個社會的福祉有多重要了吧。同時這個例子也非常清楚地說明了，當前的同儕審查系統在排除壞科學上面，做得有多麼的失敗。這個例子也再一次帶我們回到之前討論過的主題，也就是信任，而這次的例子所討論的，則是大眾對於科學的信任。讓自己的小孩接種疫苗，可以說是一種委託行為：我們主動讓人處置自己的小孩，因為我們相信醫生是對的，同時這件事情也很安全。[143]但是如果有一份研究說這個醫療行為並不安全，同時這篇研究還刊登在知名期刊上面，並且帶有科學同儕審查的保證，那信任這個研究，應該也是理所當然的事情。在韋克菲爾德的論文發表的很多年之後，關於打疫苗這件事，社會大眾完全不知道應該聽誰的話。許多人至今仍覺得如此。[144]

背叛社會大眾對科學的信任，或許是這些造假行為所造成的影響中，最惡毒的一種了。大眾對於科學投資甚巨，其中甚至包括將自己子女的健康押注其上。而科學詐欺者則赤裸裸地嘲弄了這份信任。雖然這些詐欺者才是真正該負責的人，但是我們的科學體系對此其實也難辭其咎。不只是那些名聲響亮的期刊，一再大力鼓吹，要科學家只要送上自己最華麗耀眼的成果。就某方面來說，這樣的鼓吹等於間接保證一定會有一小撮科學家，使用欺瞞的手段，來達到這種耀眼而浮誇的成果。同時期刊編輯群在面對鐵證如山的造假證據被揭發在陽光下時，往往表現得極度反抗或是回應得極度不情願。[145]而大學機構在這些例子中也不是無辜者：它們的調查常常遲緩而無力，更糟的是我們在馬基亞里尼的例子中，看到它們不只極力保護一位完全不值得保護的人，還積極地追究吹哨者的責任。[146]誠然，當有任何人被指控科學行為不當，我們通常都應該先採無罪推定的立場來看待，畢竟要毀掉一個人信譽最好的方式，就是隨意散布未經證實的傳聞。但是這些調查的程序拖得愈久，那些造假的論文多在文獻中存在一天，我們的科學系統與機構就愈辜負科學，同時也就辜負了社會。

*

如果剛剛講過這些汙染了科學文獻、浪費金錢與時間，腐蝕我們在科學上的努力與信任，甚至是造成生命損失的故事，都還不夠糟的話，那接下來這個事實應該夠嚇人了：**這些還都只是冰山一角而已**。我們尚未揪出來的科學詐欺者，很可能是比本章所講到的那些壞人更聰明、更狡猾、更危險也不一定。畢竟，許多科學詐欺者並非被數據調查專家抓到，或是因為複製影像而被抓到的，許多詐欺者是被那些察覺到不對勁的吹哨者所揭發，這些吹哨者剛好在對的時間出現在對的地方，很可能許多詐欺者就剛好逃過了這種情況，或是把自己的罪行藏得更好更有效率，又製造出看起來毫無問題的假資料。很有可能我們永遠也抓不到他們。[147]

為什麼我們要從科學的諸多造假問題中，開始講這個故事呢？難道這些既誇張又讓人憤怒的案例，不應該是留到這個科學黑暗面的故事後面最高潮的地方才講的嗎？確實乍看之下，這樣的安排似乎比較合理。不過這些科學造假案雖然聽起來很嚇人，我接下來在下一章要講的事情，就某些方面來說，其實可能更糟糕。更糟糕的原因，其實恰好是那些事情並**沒有**壞到像假造圖像或是捏造資料這些惡行那樣引人注意。我們接下來要講的事，並不像造假那樣明顯地破壞科學，也沒有那麼不可饒恕，但它們卻滲透在正直且誠實的科學意圖背後。這些問題更細微、更狡猾，而且最糟的是，它們無所不在，是極為普遍的問題。

第四章 偏差*

心有所屬的假設，讓我們目光銳利如山貓，看見所有能肯定這項假設的事物，但同時也讓我們有如盲人，看不見任何與其扞格的事物

——叔本華，《作為意志與表象的世界》，一八一八年出版

科學……接受信條無異於自殺

——赫胥黎，《達爾文紀念文》，一八八五年

知名的美國醫生兼科學家莫頓，曾在一八三〇年代跟四〇年代出版了一系列豪華的圖文書，詳述他測量了全世界數百個人類頭骨之後的結果。[1]他測量頭骨的方法中，有一項是將顱腔裝滿

*譯注：bias的本意就是偏見，不過在科學上常以偏差稱之。在本書中，偏見與偏差是混用的。

芥末籽（後來又改為鉛彈），然後根據他可以在裡面塞入的種子或是鉛彈的數量，來推估這個顱腔的大小。[2]根據他測量自己所收藏的頭骨的結果，莫頓認為歐洲人的頭骨容量，要比亞洲、美洲原住民以及非洲人來得大，而他主張因為有這樣的差異，不同群的人種就會表現出不同的「心智與道德機能」。[3]在莫頓的書中他還討論了另外一項更誇張的理論，那就是關於不同人種有著完全不同的來源。這個理論在當時曾引起國際間轟動，並且在後來興起的科學種族主義上，占有關鍵的地位（所謂科學種族主義，就是企圖將不同人群以優劣來區分開來，這些主張也對十九與二十世紀人類所犯下許多最惡劣的罪行，有著推波助瀾的效果）。

除了各人種之間的平均差異外，莫頓還公布了大部分他所測量的頭骨數據，資料非常豐富。這種程度的透明化在當時是非常罕見的，這也讓後世的學者，得以從另一個角度來研究來檢視莫頓的數據。一九七八年，當莫頓的理論早已被眾人束之高閣時，有一位古生物學家古爾德，就曾經把這些資料翻出來研究。

古爾德寫道，莫頓的頭骨測量數據有著各種各樣的不一致性，所以有著嚴重的缺陷。他武斷地將人種分成不同群，比如說他在報告中只記載了某些平均顱腔容積較大的白人亞群，但是對於某些顱腔容積也比較大的美洲原住民亞群卻忽略不計。在研究某些人種的時候，他刻意納入比較多的男性頭骨，而我們知道男性因為身體骨架比較大的關係，通常也有比較大的頭骨，這樣一來就不公平地提高了該族群的平均值。他也複驗了某些族群的計算結果，但對其他族群的計算則忽略不查。在莫頓的測量中，用芥末籽所測量出的結果，跟用鉛彈所測量出的結果也不一樣，而這種不一致性，當他在測量黑人與美洲原住民時顯得特別大，但是在測量白人時不一致性則比較小，顯示用芥末籽測量所出現的錯誤並非無心之過，而是經過安排的。關於這種情形，古爾德提出了一種當時「可能」發生過的情況：

> 莫頓首先拿起一個大得離譜的黑人頭骨，輕輕把它填滿然後隨意地搖晃一下。接著他又拿起一顆小到讓人洩氣的高加索人種頭骨，用力地搖晃，還用拇指用力地把測量物壓入枕骨大孔中（位於頭骨顱底位置的一個大洞，讓脊髓可以進入大腦）。這動作很簡單，他可能是在無意識的情況下完成，畢竟心中所有的期望，就是發動行為最好的動機。[4]

如此一來，在莫頓測量下的白人頭骨，就會比其他非白人頭骨的容積要大。他所有的測量誤差，都將實驗結果推向這樣的方向。古爾德說這些誤差十足反映了「先入為主的獨裁威力」，也就是說莫頓對於白人優越性的假設。[5]如果你真的好好測量的話，會發現不同人種之間的頭骨差異其實非常細微，完全不足以讓人建立起什麼優劣關係。莫頓的例子並非唯一。古爾德說，在各科學領域中，應該有很多像這樣子的情況：「我想，在一個以地位與權勢來獎勵清晰且明確的發現的職業中，細微而難以察覺的欺瞞、竄改與謊言將四處孳生蔓延，這恐怕是難以避免的。[6]」

古爾德是對的。他在一九七〇年代寫下這些文字，很清楚地指出科學家慣常研究科學的方式，一方面極力避免有意識的造假所帶來的壞處，一方面卻又明顯偏袒對自己有利的部分。稍後我們會再回頭討論科學家在意識形態上偏見的影響，不過政治上的觀點，包括古爾德認為莫頓所帶有的種族偏見，則並不在本章討論的重點之列。我們所關心的偏見，比較是科學研究過程中所連帶產生的偏差，也就是為了要得到乾淨無瑕、令人興奮的結果，為了要能支持自己所屬意的理論，抑或是為了要能駁斥對手的論點的時候，所產生的偏見。上述任何一點理由，都足以讓人開始無意識地過度美化數據，或者在某些時候，對不喜歡的結果完全視而不見。

這裡就出現了一個非常明顯的矛盾。如前所述，我們都認為，科學過程本來應該是最客觀公正的研究方法了：科學研究藉著同儕審查來詳細檢視所有人的成果，透過這樣的過程來克服一己之偏見。但是過度著重於理想中的科學，太過強調它無懈可擊剛正不阿的一面，卻讓我們忽略了在實踐上，偏見可能會出現在科學過程的每個階段之中，不管是選擇閱讀的前人文獻，設計實驗，收集資料，分析結果，甚或是決定要不要發表研究成果，都可能出現偏見。[7]而因為這種刻意忽視偏見的傾向，讓科學文獻從本來應該精確記載所有人類所獲得的知識，變成一種混雜著真實與妄想的混合物。[8]

在本章中，我們首先要來看看偏見如何影響科學文獻，然後我們會再看仔細一點，看看偏見是如何影響每一項研究的結果。不過要解釋這些事情之前，我們會先稍微離題去講一下統計學，看看科學家在分析他們數據的時候，是如何使用、如何濫用以及如何誤解統計學。最後，我們會再來檢視一下那些外部的以及內部的力量，如何將科學家愈來愈推離真相。

有一個古老的哲學問題是這樣問的：「為什麼是有而不是無？」我們也可以對科學研究問一樣的問題：「為什麼科學研究總能發現一些東西，而不是無功而返？」如果你曾經閱讀過報章雜誌上的科學版，大概就不難理解為何大眾的觀念就是，科學家的預測總能被成功驗證、實驗結果永遠支持他們提出的假設；而做不出什麼有趣結果的研究，反而罕見如鳳毛麟角。這很合理，畢竟新聞報紙所報導的內容就是必須要「新」，而不是要把「所有發生過的事情都記下來」。但是科學期刊則不同，科學期刊**就是**應該記下所有發生過的科學事件，不過它現在卻有著跟新聞一樣的偏見，傾向記載新奇而有趣的故事。今天我們打開科學期刊，只會看到一篇接著一篇正面的結果（科學家的預測成功了，或是找到了什麼新東西），但是卻幾乎看不到什麼無效的結果（研究人員空手而回）。等一下我們就要來談談「正面的」結果跟「無效的」結果，在技術上以及統計學上面的意義為何。現在你只需要知道，科學家所追尋的實驗結果，通常是前者；而後者則總是讓研究人員大失所望。

有人曾經研究過當今科學文獻到底有多麼正面：二〇一〇年統合科學家法奈里在一份研究中，調查了橫跨各學門領域總共兩千五百份論文，計算有多少篇論文對於裡面所提出的首要假設，獲得了正面的結果。他發現不同領域的論文，有著不同程度的正向結果。但是即使是比例最低的領域，也就是太空科學，也有高達百分之七十・二的論文報告了正面的結果；而你大概已經猜到了比例最高的學門就是心理學／精神醫學，有百分之九十一・五的論文都報告了正面結果。[9]不消說，要解釋心理學論文裡面這麼驚人的成功率，以及心理學這麼低迷的可信度，是件相當棘手的事情。[10]

你可能會覺得有點奇怪，為什麼科學研究不應該有高度的成功率呢？畢竟，科學家對於自己的專業領域有著豐厚的知識，而他們的假設也都是根據經驗提出而非瞎猜的不是嗎？不過除非科學家都是超能力者，否則要看到法奈里報告中那樣高比例的正面結果，幾乎是不可能的事。有些很聰明的想法，但是卻無法在實驗中被證實，結果是死路一條，這些實驗結果都跑哪裡去了呢？那些試誤實驗中的「誤」，都跑哪裡去了呢？那些僅僅因為運氣不好，結果就算是假設正確，但是仍只得到假陰性結果的研究，又都跑哪裡去了呢？換句話來說，當今科學文獻中的正面結果，不只是高，而是高得離譜。[11]

關於這件事，其實有一個很簡單但是卻很糟糕的解釋：科學家是**根據他們的結果**而決定要不要發表實驗成果。在一個理想的世界裡，科學的研究方法才應該是最重要的事：在一次設計良好的研究中，如果眾人皆同意測試該假設的方法十分合理恰當，那麼該研究結果就應當被發表。這才是默頓規範中「無私利性」的真義，根據這條規範，科學家不應在乎個別的實驗結果（科學家若有「自己所偏愛的理論」這套想法，那就跟這條規範產生了正面衝突），只應該在乎他們的研究是否夠嚴謹。

但是事實上，真實世界的運作方式卻與之相去甚遠。寄往各期刊的論文草稿裡面所記載的，幾乎都是支持個別理論的研究結果，而那些讓人氣餒的「失敗」之作（這就是一般對於無效結果的看法），則被悄悄地丟到垃圾桶中，然後科學家再繼續做下一個實驗。而這也不只有研究人員這樣做，期刊編輯與審稿人也是根據論文中的發現有多新鮮有趣，來決定是否要接受與發表這篇論文，而研究者在發現這些結果的方式有多嚴謹，則不必然是考量之一。這種做法自然會回饋到科學家身上，於是讓整件事情產生了惡性的循環：既然無效的結果幾乎沒有被發表的機會，那又何必費心將這樣的論文拿去投稿呢？

這是所謂的**發表偏差**，或者一個比較過時的用法稱之為「檔案櫃問題」，因為以前的人認為科學家會把那些無效的結果藏在檔案櫃裡，不給人知道。[12]這有點像是「歷史是由勝利者所書寫」的概念，不過是套用在科學文獻的發表上；或者也可以想像成「如果你沒有什麼正面的結果可以發表，那就別發表吧。」這樣的意思。

在理解實務上如何出現發表偏差之前，我們要先詳細解釋一下科學家怎樣決定哪些結果是「正面的」，哪些結果又是「無效的」；也就是說，他們怎麼分析跟解讀資料。在上一章中我們在討論假資料集的時候曾經講過：**數字往往充滿雜訊**。每一次測量或每一次採樣，必定伴隨著隨機出現的變異。這些變異不只讓人難以偽造數據，它們也讓科學家難以從中找出真正有意義的訊號。這些數據雜訊三不五時就會跑出一些離群值或是例外值，讓原本可能沒有意義的數據，看起來像有某種模式似的，結果誤導實驗方向。比如說，雜訊可能讓你覺得在服用新的止痛劑的那群病人，看起來跟服用安慰劑的那群病人之間有些不一樣，但其實這差異完全是隨機造成的。又或者在兩種測量之間看起來似乎有某些關聯性，但其實這只是碰巧出現在你這次測量中；如果你再重複一次實驗的話，很可能就看不到了。又或者你可能覺得在粒子加速器中看到了某個高能訊號，但其實只是隨機的波動造成的而已。我們該怎麼區別自己真正有興趣的效應，跟變幻無常的隨機誤差呢？大部分的科學家都會回答：去計算p值。

這個p值是哪裡冒出來的？p值其實是「機率值（probability value）」的英文縮寫。它的意思是什麼呢？舉例來說，如果我們今天想要檢驗一個假設：蘇格蘭男人比蘇格蘭女人要高。當然事實上我們知道這個假設是真的，因為一般來說全世界男人的平均身高都比女人高。但是同時我們也知道，並不是每個男生都比女生高，畢竟大家也很容易可以舉出反例。[13]現在我們先假裝不知道蘇格蘭男生跟女生的身高是不是真的有差異好了。儘管蘇格蘭只有五百五十萬人，我們還是不可能真的去測量每一個人的身高，因此在這次的研究中，我們將會隨機選取一些樣本，並且將數量控制在能處理的範圍內。假設我們沒有太多經費，只能找十個男人跟十個女人參與測量，雜訊就會在這種時候出現。因為每個人的身高差異其實滿大的，因此很可能因為運氣不好，或者用我們之前學過的專業術語來說，出現了**抽樣誤差**，我們選到了一群特別高的女生跟一群特別矮的男生。除此之外，因為我們無法完全避免**測量誤差**，所以也不可能把每個人的身高量得完全準確（還記得在上一章說過，有時會出現被測的對象可能剛好縮了一下，量尺可能滑了一點點之類的問題）。

現在假設我們測量的這群女生，平均身高比男生矮了十公分。[14]那我們怎麼知道，這十公分所反映的，是整個族群真正的差異（也就是說我們量到了真正的結果），還是只是雜訊（也就是說這只是碰巧出現的數字）而已呢？我們必須透過正式的統計方法，來比較這兩群人的身高。統計學上有許多方法可以用，像是Z檢定、t檢定、卡方檢定或是概度比檢定等等，要用哪一種方法，端視你手上的資料性質而定，再加上一些其他的考量。不過今日要做統計，基本上只需要把這些數據輸入電腦，用軟體去計算就好。當電腦運算完畢，在輸出的資料中，除了許多很有用的數字以外，也會包含相關的 p 值。[15]

雖然 p 值是科學上最常用到的統計數字之一，但是它卻有個極容易被誤解的定義。最近有一份調查，在抽樣檢查了許多心理學導論教科書後發現，總共有高達百分之八十九的教科書把 p 值的定義解釋錯了，在這裡我會盡量避免重蹈它們的覆轍。[16]這個 p 值其實是說，假設你所感興趣的效應其實並沒有出現，但是測量結果卻顯示有，甚或是測出更大的效應，這樣的機率有多大。[17]記住，這個 p 值並不是說你的結果有多大機率是真的（不管它的意義為何），也不是說你得到結果有多重要。p 值只是在回答一個問題：「如果在真實世界中，你的假設**不是**真的，那你所得到的結果有多大的機率其實是雜訊？或是雜訊有多大的機率給你一個看起來很強烈的效應？[18]」

現在回到我們剛才舉的身高例子，假設我們得到的 p 值是〇．〇三。這個意思是說，如果在真實世界中，蘇格蘭的男生跟女生之間的身高並沒有不同，那如果我們重複剛剛的採樣步驟無限次，將只有百分之三的機率會得到男女身高差了十公分，甚或是十公分以上的結果。而如果我們根據這百分之三的例子，就逕自宣稱蘇格蘭男生的平均身高比女生高，這就是錯的。不過反過來這也就是說，如果蘇格蘭男生跟女生的身高沒有差異，那麼要測到像我們那組樣本的身高差異

（或者測到更大的差異），其機率將會非常的小（雖然也不是不可能）。

因此在大部分的例子裡，p值愈小愈好。不過p值要小到多少，我們才有信心說我們的結果並非來自雜訊呢？或者換個角度來說，我們可以容忍假陽性的機率到多高的程度呢（所謂假陽性，也就是在沒有差異的情況下，我們卻判斷它有差異）？[19]為了幫科學家做決定，一九二〇年代的統計學先驅費雪認為，應該訂一個閾值，當p值超過這個閾值的時候，所得到的結果應該被當成是無效的（因為它看起來實在太像是什麼事情都沒有發生時會得到的結果了）；而當小於這個閾值的時候，應該被認為「在統計上具有顯著性」。

就是這句話造成了極大的誤解。聽在許多現代人的耳中，「顯著性」這個詞好像是在說，某件事的效應或效果十分明顯或是強烈。但是一如我們剛才所解釋過的，不管這個p值有多小，它都不是這個意思。一個講的是這個效果的**規模**（在我們的例子裡，效果指的是蘇格蘭男生比女生高了多少，而它的規模是十公分）；而另一個講的，則是即使原來的假設不成立，但是卻看到這種規模的效果，這樣的機率有多大，這兩者是完全不同的事。舉例來說，有的時候即使一個藥物對某個疾病的療效十分微弱，但是我們仍然可以肯定地說，這個效果並非假陽性——也就是雖然微小，但是在統計上卻有顯著性，這是完全有可能的事。回到費雪寫下這些東西的年代，當時大家對「顯著性」這個詞的理解跟今日略有不同：在當時顯著性的意思暗示著實驗結果**表明了**數據中有些東西不太一樣；但它的意思可不是說，不管發生了什麼都值得大書特書。[20]

不管怎樣，費雪原本建議這個「統計上的顯著性」閾值應該設在〇．〇五，也就是說在每次的檢驗中，假陽性的機率如果超過百分之五，那就不應該被接受（記住，這也就是說在我們的身高調查中，因為p值是〇．〇三，因此是一個統計上有顯著性的實驗結果）。一九二六年，費雪在一篇極具影響力的論文中寫道：「只有當一個設計良好的實驗，**很少達不到**如此的顯著性時，我們才能說這個科學事實已經透過實驗驗證了。[21]」

不過這個〇．〇五完全是人為武斷決定的數字。它有點像那個知名的蘇格蘭天氣網站 taps-aff.co.uk，這網站會查看全英國的天氣狀況，然後逕行宣布任何一個氣溫超過攝氏十七度（大概是華氏六十三度）的地區作為「打赤膊」地區，因為該地的氣溫已經夠溫暖，紳士們可以合法地光著上身在戶外漫步。[22]十七度雖然是個合理的溫度，但卻也是個武斷的數字：有些人可能要等氣溫到了二十度才願意露出身體，也有些意志堅強的人覺得十五度就可以。準此邏輯，費雪後來也說道，不同的研究人員或許會想根據自己所研究的主題，去訂定不同的顯著性標準。[23]比如說，歐洲核子研究組織的物理學家，在二〇一二年發現了希格斯玻色子之後所提到那個有名的「五個標準差的證據」，其實只是用一種花俏的說法，來描述他們在研究這個極為關鍵的實驗結果時，採用了一個極度嚴格的p值：「五個標準差」相當於把p值的閾值訂在大約〇．〇〇〇〇〇〇三。[24]

既然科學家都已經在大型強子對撞機上面花了大把的資源，他們**當然**不願意像瞎子摸象一樣，受到數據中的雜訊誤導，因此他們設了一個非常高的標準，來檢驗證據是否合格。

不過希格斯玻色子的實驗畢竟是個例外，在其他的地方，〇．〇五這個閾值因為合適、因為傳統以及因為科學家怠惰等種種原因，仍然是至今最被廣泛使用的標準。科學家會在他們的統計圖表上熱切地搜尋任何低於〇．〇五的p值，以便可以宣稱自己的實驗結果具有統計上的顯著性。大家都很輕易地忘了這數字的武斷性。英國生物學家道金斯曾經不滿地提過「不連續思維」這件事：我們人類傾向把事物想成個別的、具有明確定義的類別，而非混亂、模糊且模稜兩可，但其實後者才是真實世界。[25] 關於墮胎的爭議就是一個例子，大家經常聚焦在一個胚胎或是胎兒何時才算「一個人」這樣的問題上，好像我們真的可以在這發育過程中畫一條線，得到一個明確的答案似的。在道金斯自己的本行演化生物學中也一樣，想要找出某個種的生物演化成為另一個種的生物的明確時刻將會是件蠢事，不管我們是否真能做到，不管我們有多滿意自己的成果，都改變不了這個事實。而p值也是一樣的道理，用〇．〇五的切點來決定統計上的顯著性，讓許多研究者覺得p值小於〇．〇五的結果才是**真的**，而p值大於〇．〇五的結果則被認為是沒救的**無效**結果。但是事實上，這個公認的〇．〇五並不比那個十七度打赤膊規則要嚴肅到哪去，都不過是約定成俗的慣例而已，或者充其量不過是像另一個稍微嚴肅一點的慣例：根據社會共識決定，一個人會在生命中某個特定的生日那一天，忽然成為法律上的成人。

在我們談這些比較複雜（但卻是必要）的統計問題之前，我們曾經解釋過發表偏差的問題：科學家傾向發表正面的結果，然後把無效的結果藏起來。現在我們也知道他們如何做決定：根據有沒有「顯著性」，如果實驗結果的 p 值小於那個神聖的〇．〇五，那就歡天喜地地把論文發表，沒有達標的結果則丟進抽屜裡。把費雪那個武斷的統計閾值，跟實驗結果的**真實性**或重要性連結在一起，已經在科學文獻中造成有害的結果了。

如果我們放大視野檢視整個科學文獻，有時候就可以看到發表偏差所留下來的痕跡。所謂從遠處觀察，往往要透過一種稱為統合分析的方法達成，也就是結合眾多不同研究的結果，去計算所有研究在某個特定主題上所產生的整體效應（有時會用一種比較誘人的說法，稱其為「真正的」影響）。比如整體來說，疫苗在降低某個疾病的死亡率上所造成的影響，或是整體來說氣候變遷對於作物產量的影響等等。[26]

當把所有相關的研究搜集在一起之後，統合分析會特別注意兩個數值。第一個數值是**效果量**。以上面所舉的兩個例子來說，那就是在降低死亡率上面，疫苗每年只減少了數個病例（效果量小），或是可以拯救數千人的性命（效果量大）？氣候變遷對作物只造成無關輕重的微小影響，或是造成了龐大而災難性的影響？我們知道因為有抽樣誤差與測量誤差，不同的研究有可能估計出差異極大的效果量，所以僅依賴單一研究去評估，並不是很明智的做法。因此，如果在某個問題上，能夠蒐集到愈多的證據，會是比較好的一件事。而由誤差所造成的隨機波動，在不同的研究中應該會相互抵銷，因此統合分析所計算出來的整體效果量，通常會比由單一研究所估計出的效果量要來得可靠。

不過統合分析計算整體效應的方式，也不只是單純地計算所有研究的效果量的平均值而已。統合分析還會考量第二個重要的數值，那就是**樣本數**。所有的研究並沒有同等的價值，大型研究通常因為具有比較多的數值，通常被認為比較接近「真實的」效果（也就是接近在母群體中所產生的效果）。換句話說，大型研究所推估出的效果，將會比小型研究所推估出來的效果要更為準確。[27]以我們剛剛所舉的蘇格蘭身高實驗例子來說，因為只包含了十個男生與十個女生，我們很有可能意外地選到了一群毫無代表性而特別矮的男生，或是一群特別高的女生，最後讓我們做出錯誤的結論。不過如果我們可以找到一千個男生跟一千個女生來做實驗，那麼要不小心找到一千個身高全部反常的人，機率將會非常的小，這是顯而易見的事。這個原則適用於大部分的情況：小型研究因為受限於樣本數少，比較容易受到抽樣誤差的影響，也會有比較大的變異性，有可能受到極值的影響而高估或是低估了真實的效果。因此，統合分析將會給大型研究比較高的權重，因為它們通常比較準確。[28]

而回到發表偏差上，我們想要知道樣本數量跟效果量兩者之間，會呈現出怎樣的關聯。如果你用這兩個參數去畫一張點狀圖，每一篇研究都是一個黑點，那我們應該會看到圖案呈現如下面圖二A的分布（請注意，這是一張理想中的統合分析圖，實際上真實資料分布，從來都不會這麼清楚完美）。仔細看看這張漏斗圖（為何這樣稱呼，原因應該顯而易見吧？），我們可以看到所有的小型研究，也就是偏向

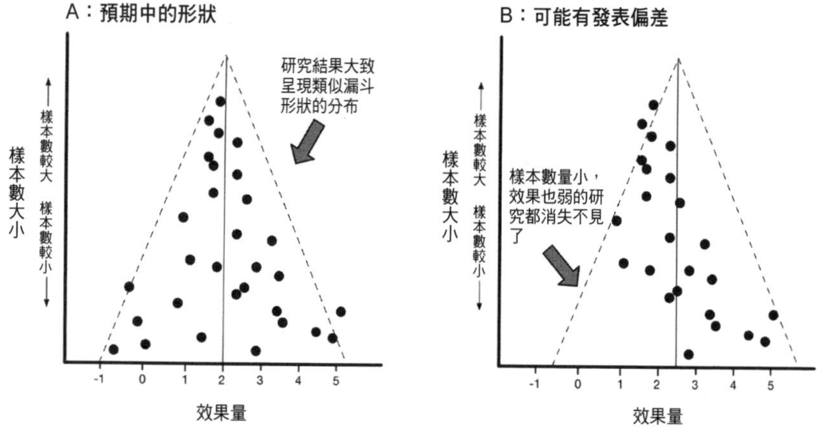

圖二：這張漏斗圖呈現的，是一次假想的統合分析中的兩種狀況。狀況A所代表的，是三十次針對某個主題所做的研究，如果每個研究都能順利發表，我們應該會看到資料呈現這種分布狀況。在狀況B中，左下角有六個研究結果消失不見了（也就是那些規模比較小，同時所呈現出的效果也比較小的實驗），當有發表偏差的情況出現時，漏斗圖就可能呈現這種圖案。每張圖中間的垂直線，代表的是透過統合分析所計算出的整體效果量。狀況B裡面的垂直線往右邊偏移了，也就是說它比真正該有的效果量要大一些。

y軸下方那些黑點，彼此差異極大；但是沿著y軸往上去看看大型研究的分布情況，你會發現那些黑點開始集中在平均效應旁邊。這張圖解清楚地呈現了我們剛剛所討論過的，大型研究通常會比較準確。而黑點在x軸所呈現出分布差異，也很清楚地解釋了為何我們不應該把任何個別研究的效果，視為理所當然之事。即使在這個例子裡，這些實驗真的呈現了什麼效果，小型研究往往會高估或低估真實的「效果」好幾倍（而同時最大型的研究則有非常傑出的表現）。不管怎樣，這個統合分析解釋得很清楚，這張倒立的漏斗圖所呈現的，就是當所有的研究都呈現出真實的效果時，我們所應該看到的分布狀況。

在考古挖掘的時候，某些特定物品的**缺席**，往往能為你所研究的人物提供一些重要的線索，比如沒有找到武器，可能代表了這些人是平民而非戰士。同樣的，在統合分析中沒有出現的研究，也可以告訴我們許多事情。如果我們所得到的圖形比較接近二B，那會怎樣呢？在這種情況下，我們原本期望能見到的圖案，就少了一大塊。樣本數比較少，同時效果也比較弱的研究，本應出現在漏斗圖的左下角那一塊，現在不見了。用考古學家的方式來思考的話，統合分析學家會推測這些實驗其實還是有人做出來了，但是卻沒有發表，反而被科學家塞在抽屜裡面了。為什麼會這樣呢？有一個可能的解釋是，這些樣本數較小、效果較弱的研究，其p值很可能超過了○・○五，結果被認為是毫無重要性的無效結果而棄之如敝屣。

做出這些實驗結果的科學家可能會這樣想：「嗯，這也只是一個小型研究，而我所看到的那些微弱效果大概是雜訊吧。現在回頭想想，會去**期待**在這裡出現什麼效果還真是個愚蠢的想法，更遑論期待能將它發表了。」不過值得玩味的是，如果是同樣的小樣本實驗，在同樣有可能受到雜訊的影響之下，但是卻做出了效果較強烈的實驗結果，那科學家是絕對不會產生上面那種事後推論的，反而一定會用最快的速度，把這些正面結果寄給期刊。這種根深柢固想要看到肯定的結果所產生的偏見（也就是說，用符合自己既有的信仰與喜好來解釋證據）所產生的雙重標準，就是造成當前發表偏差的原因。

如果我們根據圖二狀況B而非狀況A來為統合分析下結論，就會看到發表偏差是如何扭曲今日的科學文獻。如果效果比較微弱的研究從漏斗圖上消失了，那麼統合分析所得到的整體效果就一定會偏高。這會讓我們過度高估某種效果的重要性，或是去相信一些可能本來根本不存在的效果。研究人員不發表這些無效的結果，或是不發表模稜兩可的研究，其效果就好像在那些閱讀科學文獻的人的頭上戴上眼罩一樣。

心理學家尚克與他的團隊，最近使用統合分析做出了一張極為引人注目的漏斗圖。[29]他所研究的又是另外一種促發效應的變體，也就是所謂的「浪漫觸發」。這個促發效應的概念是，如果給男人看一張迷人的女性照片，他們會變得比較容易冒險，也比較願意花錢購物（陷入「炫耀性消費」的情境以吸引異性）。有十五篇發表過的論文，總共記錄了四十三次獨立的實驗，似乎都支持這個促發效應的假說。不過當把這些研究拿去做統合分析，所做出來的漏斗圖卻有一大塊消失不見：有強烈的證據顯示，許多沒有做出效果的研究，在發表前就先被否定了。其實，當尚克的團隊決定親自用大規模實驗，來重複浪漫觸發效應時，他們發現不管怎麼做都無法重現任何效應，所有的複製性實驗最後的效果量都趨近於零。

發表偏差的現象在醫學界更為嚴重。在二〇〇七年有一篇分析報告顯示，關於癌症的預後測試研究中，有超過百分之九十的論文都報告了正面的結果。*但是實際上我們在預測誰會得到癌症這件事情上，似乎並沒有做得特別好，暗示了在這些文獻中似乎缺少了些什麼東西。[30]還有另外一份研究，分析了四十九篇針對心血管疾病的「潛在生物標記」所做的統合分析（所謂潛在生物標記，就是像血液中某些蛋白質，可能比較常出現在那些容易得到心臟病的人體內），結果發現其中有三十六篇，有非常明顯地偏向正向結果的現象。[31]換句話說，這些已發表的論文，很明顯都有誇大這些生物標記物功能的問題。

＊譯注：所謂預後測試研究，指的是根據一個人的某些基因表現、生理參數等特徵，去預測他將來得到癌症的機率。

在治療的研究上也是一樣的事情。醫生在給病人開處方的時候，必須要在利與弊之間取得平衡，比如說一邊決定要給某些病人開立抗憂鬱劑，一邊還要考慮噁心或是失眠這種常見的副作用。如果醫學文獻過度誇大某些藥品所帶來的益處（事實上，抗憂鬱劑就有這樣的問題，雖然它確實有效，但是效果卻並沒有當初眾人相信的那樣好），帶給醫師錯誤的認知，那他們在臨床治療上的判斷就容易失誤。[32]

如果你之前從來沒聽過發表偏差這件事，這倒也不奇怪：這是科學界最讓人難以啟齒的祕密之一了。二〇一四年有一份針對刊登在頂級醫學期刊上的文獻評論所做的調查，顯示百分之三十一的統合分析完全沒有檢查發表偏差這件事。而在那些**真的**有確實檢查這件事的統合分析中，則有百分之十九發現的確有發表偏差的存在。[33]稍後另一篇針對癌症研究文獻評論所做的調查則有更驚人的發現：有百分之七十二的評論都沒有調查過發表偏差這件事。[34]通常當發現有發表偏差的蜘蛛絲馬跡的時候，我們往往都會不知所措，是否應該調降原本估計的平均效果呢？如果要調降的話，又該調多少？[35]這些問題都很難回答。但是無論如何，對這些問題完全置之不理絕對不會是標準答案。

用考古學的概念來研究調查偏差這件事，其實會產生一個問題，那就是我們將完全依賴推測來填補漏斗圖上面的空缺，我們認為那些地方本來應該有一些樣本數比較小，效果也比較小的研究。不過除了發表偏差以外，還有其他原因也會讓漏斗圖產生比較怪異的圖案，特別是當不同研究之間有著很大的差異，那做出的統合分析就有可能產生出怪異的圖案。[36]也有些時候發表偏差並不那麼明顯，因此很難像上面所舉的例子一樣容易察覺。那有沒有其他更好的方法來檢查發表偏差呢？

還有另一個方法，就是選一組完整的研究資料庫，裡面包含了從強烈正面到無效結果都有的研究計畫，然後去看看這所有的研究計畫裡，最後有多少能夠成功地做成論文發表。這正是史丹佛大學的政治學家法蘭柯，在二〇一四年帶領團隊所使用的方法。法蘭柯稱這個研究計畫為「解開檔案櫃」。[37]為了讓研究方便進行，她們所研究的對象，都曾經申請過某一個中央政府的研究計畫經費。[38]她們參考了從二〇〇二年到二〇一二年之間申請成功的研究計畫，然後去追蹤看看每個計畫後來都發生了什麼事，必要的時候她們甚至還會直接聯絡那些論文作者。根據她們的調查，在所有執行完畢的計畫中，有百分之四十一的研究計畫得到強烈證據，支持自己當初的假設。有百分之三十七的計畫做出模稜兩可的結果，而有百分之二十二的研究計畫只得到無效的結果。如果說科學研究的方法才是最重要的，而結果僅是次要的話，那麼論文發表的比例應該跟上面的數字相去不遠，但事實卻完全相反。在所有成功發表的論文中，帶有強烈正面、模稜兩可，以及無效結果的比例分別是百分之五十三、百分之三十七以及百分之九。換句話說，具有強烈正面結果的論文被發表的機率，比無效結果的論文高了百分之四十四。[39]

法蘭柯的團隊在詢問過這些研究對象後，發現百分之六十五做出無效結果的研究計畫，根本沒有被寫成論文，更別提將它們寄給期刊發表了。這些研究人員都認為這些結果根本不可能發表。有一名研究人員說：「在論文發表的世界裡，有一件很不幸的事實就是，無效的結果無法講出一個清楚的故事。」另一個研究人員則說：「因為根據慣例，大家都偏愛『正面結果』，我就沒有再繼續下去了。」還有很多研究人員只是聳聳肩，就繼續進行下一個研究計畫了。其中有一個人承認：「因為時間有限，然後開始覺得有點無趣……再加上缺乏令人振奮的結果，所以就沒有動手（寫成論文）了。[40]」換句話說，這個檔案櫃是真的存在的。[41]

不管是在商業上還是在政治上，所有最糟的人中有一種就是「沒問題先生」。已經有數不盡的管理書籍，告誡諸位野心勃勃的管理者或是領導者，務必要小心不要讓自己周圍充斥著這些毒瘤，他們只會對自己的任何決定，不管好壞一概點頭稱是。邱吉爾曾經如此說過：「跟位居高位的長官講他最喜歡聽的話，是個難以抗拒的誘惑，而這也往往是各種錯誤決策最常見的原因。因此，許多必須做關鍵決定的領導者，常常只會看到比殘酷事實要樂觀許多的前景。[42]」而在科學上，受到發表偏差的影響所發表的論文，所扮演的正是這種「沒問題先生」的角色：我們可以看見各種正面影響的結果，但是我們看不到任何殘酷的無影響結果。而根據這種片面資訊所做成的決定，往往會是大災難一場。

最後還有一件一樣重要的事，發表偏差是不道德的。如果你正在做的實驗是人體試驗，特別是需要讓參與者服用實驗性藥品，或是要他們接受實驗性治療之類的研究，那麼我們可以說你虧欠了這些受試者一篇論文，否則的話，他們所受的所有折磨（可能是某些受試者必須忍受一些不舒服的療程，或是痛苦的副作用）就一點意義也沒有了。同樣的論點，也適用於提供你經費的那些贊助者。

因此，不管是從科學的、實踐的或是倫理的角度來看，發表偏差都是個嚴重的問題。不幸的是，在所有科學根深柢固揮之不去，因為追求正面結果所導致的偏見中，發表偏差並不是唯一的一個。

對一位追求事業成功野心勃勃的科學家來說，發表偏差有一個最大的缺點：將無效的結果深埋在檔案櫃中意味著在你的履歷表上，將少了幾篇論文，或是那些令人露出滿足微笑的發表紀錄也會少掉幾行。要避免這種情形發生，要有效利用所有的實驗結果，科學家只有另一種選擇：那就是操弄實驗數據。這並不是我們在上一章所看過的那種完全從無中生有來捏造資料，這是一種無意識的，或是半推半就的玩弄數據行為，套句古爾德的說法，就是「難以察覺的欺騙」，科學家完全有可能在非常無辜的情況下做這些事。事實上，操弄數據最可怕的地方，並不只是錯誤的結論會因此而長存於發表的論文中，更是許多科學家要麼根本對此毫無察覺，沒有發現自己正在操弄數據，不然就是即使自己知道正在玩弄數據，卻完全不認為這有什麼問題。

你可能聽過有一種說法，就是在吃自助餐的時候拿的盤子比較大的話，就會吃比較多。這多半是來自康乃爾大學食物與品牌實驗室負責人汪辛克教授的理論。汪辛克曾經一度是世界最知名的飲食心理學家，出版過眾多暢銷書，也曾在小布希政府任內擔任過兩年的美國農業部營養政策與推廣中心主任。他發表過數百篇論文，其中有許多成為歐巴馬政府時期，在美國學校所推廣的「聰明營養午餐」運動的參考資料。[43]他甚至還是搞笑諾貝爾獎的得主：這是一個搞笑版的諾貝爾獎，專門頒給那些「可以讓人在開懷之餘深思」的研究。他獲獎的研究，是二〇〇七年所做的一個實驗，汪辛克使用一個裝了機關的無底湯碗，這個碗會不斷自動補充食物，讓受試者喝下比原本預期更多的湯。[44]汪辛克的創意，似乎就跟他所發明的無底碗一樣，總是可以源源不絕地做出各種稀奇古怪又吸睛的實驗，毫無止境。他的份量研究也一樣有名。汪辛克主張如果一個人在飢餓狀態下去買食物，他會比平常買到更高的熱量；他也說陳列在超市貨架上的早餐甜穀片包裝上，人物的眼睛總是往下看，因為這樣比較容易跟站在架子前面的小朋友眼神接觸；他還說如果在蘋果上面貼一個芝麻街布偶艾蒙的貼紙，小朋友會比較傾向選蘋果而不選餅乾。[45]

但是到了二〇一六年，汪辛克所建立起來的一切，忽然一下子全都垮台了。他在一個部落格上自述如何鼓勵一名學生，去分析他從紐約的一間披薩餐廳所搜集來的資料。[46]他說這份研究的原始假設「失敗」了，但是他並沒有因此就發表這些無效的結果，或是把所有資料束之高閣鎖在檔案櫃中。相反地，他告訴那名學生「一定還可以（從資料集中）做出些什麼東西來補救」。她照做了，於是「每一天……都拼出一些新的結果……每一天都試著用新的方法，重新分析資料。」汪辛克不打自招公開承認自己會這樣從數據中，極力挖掘任何可能有「統計顯著性」的結果，其實是不經意地揭露了自己在科學研究中最大的缺陷，但不幸的這也是其他數千名科學家在做研究時都有的瑕疵。

這個問題被人暱稱為「p值操縱」。[47]因為這個小於〇．〇五的p值對於論文發表來說，是如此的重要（畢竟它代表了可能具有真實的效果），科學家在面對結果不明確，甚至是讓人失望的實驗結果時，通常會耍些手段，稍微推一下或是操縱一下他們的p值，讓它可以小於那關鍵的〇．〇五。p值操縱通常有兩種方法，第一種方法是繼續針對原本的實驗假設，一而再再而三地重複分析原本的實驗結果，不過每次分析都會稍微做一下調整，直到終於得到了令人期待已久、小於〇．〇五的p值為止。調整參數的手段有很多種，比如刪去某個特定的數值，或是重新計算某一個特定的子群裡的數據（比如說，只看男性子群或是女性子群裡面的效果），又或者是使用不同的統計方法來分析，或是繼續收集新的實驗數據直到**某些結果**達到統計顯著性為止。[48]第二種方法則是將原有的數據不斷地做隨機測試但是卻不預設任何假設，最後在跑出來的結果中，僅報告那些p值小於〇．〇五的數據。然後研究人員宣稱自己其實一開始就在尋找這些結果（或許，他們也真的這樣說服自己）。[49]這種p值操縱又稱為HARKing，意思就是「在結果出來了之後才開始編假設」（Hypothesising After the Results are Known），先射箭再畫靶。有個「德州神槍手」的故事可以很恰當地解釋這種謬誤：有個德州人用一把左輪手槍朝著自己的穀倉上隨便射了好幾輪，然後在彈孔比較密集的地方畫一個靶，據此宣稱自己是個神槍手。[50]

這兩種p值操縱其實都是同一種錯誤，而且很諷刺的是，上述兩種p值操縱，其實正好都是統計學家發明p值的時候，所極力想要避免的偏差：p值的目的，本來就是要避免誤把隨機所造成的結果當真。雖然當初設計p值的時候，是為了幫助我們避免雜訊的干擾，但是如果你針對同一個問題重複計算多次，這項功能就會失效了。每當你稍微調整自己的數據或是統計方法，然後重新計算，就好像是給自己多一次投骰子的機會，這樣就多增加一次挑中隨機波動卻把它當成「真實」的機會。一如我們剛才所看到的p值小於〇．〇五這個閾值的意思，是如果我們原始的假設是錯誤的（比如說，我們所新發明的藥其實無效），那麼在做實驗的時候將有百分之五的機率，會做出假陽性的結果，因此也就有百分之五的機率，當我們宣稱實驗成功但這結論其實是錯的。不過這個百分之五的機率適用於**單次檢驗**。透過一些簡單的數學計算可以知道，當假設是錯的時候，一再重複統計檢驗會讓得到假陽性結果的機會，如滾雪球般愈來愈大。[51]如果我們跑五次（不同的）檢驗，那將有百分之二十三的機會，會得到至少一次假陽性的結果；如果我們跑二十次檢驗，那這機率就升高為百分之六十四。因此，當執行多次統計檢驗的時候，我們對假陽性的容許值就會遠高於當初費雪所建議的閾值，而原本應該幫助我們分清楚真假訊號的 p 值，現在將被淹沒在雜訊大海中。

這件事在概念上其實有點反直覺，因此，這裡我將舉一個統計學者愛用的例子來做比喻。假設我手中有一袋硬幣，然後我懷疑這些硬幣重量其實並不平均，我假設它們都比較容易丟出人頭那一面。現在我拿出一枚硬幣來測試，拋了五次，結果每次都拋出人頭，要證明這些硬幣確實有點不太對勁，這樣的證據還算有說服力吧？不過如果我第一枚拋出的硬幣只翻出了三次人頭，兩次文字，對我的假設來說，這證據就很薄弱了。可是如果我不放棄，還繼續拿出一枚又一枚的硬幣來測試，一直測到最後終於得到一個連續五次人頭的結果才停止。想必你會同意，這比起第一次就拋出五次人頭的結果來說，要沒有說服力多了。可是如果此時我幫每一次測試都編一個故事的話呢？比如說「其實，每一次我拋一枚新硬幣的時候，都是為了檢驗不同的條件，」我這樣說：「第二次檢驗的時候，我是要測試如果用左手拋硬幣，會不會每次都拋出人頭？第三次是為了測試室溫超過二十度時，會不會每次都拋出人頭？第四次……」以此類推。這樣你應該可以懂p值操縱的概念了。我甚至可能連自己都說服了，相信自己真的是在檢驗這些新奇有趣的假設。但是事實上，我其實只是不斷重複相同的檢驗，因而增加得到假陽性的機率。而且一旦我丟出那關鍵的五次人頭測試，我很可能就會只發表來自這枚硬幣的實驗結果。

這背後的邏輯，其實就很像那些看起來令人驚訝無比的神奇巧合事件，比如像是「我不經意地想到一個已經好幾個月沒聯絡的朋友，結果碰巧就在同時收到他傳來的訊息！」這類事件。可是如果你知道全世界可能有數千，甚至數百萬個人，在剛好想起某個朋友的時候從**沒有**接到任何訊息的話，那這樣的神奇經驗瞬間就變得沒那麼神奇了。畢竟，如果你所研究的族群數量高達數百萬人的話，那百萬分之一的罕見事件總也會出現個好幾次。如果你刻意做些事去增加隨機事件出現的機會，那它最後出現的次數一定也會如你所願隨之增加；從廣大而多樣的事件中特別挑出某些特定事件，並不能證明這些事件不是例外。誠然，就算我們只跑一次檢測，然後嚴格遵守p值小於〇．〇五的界線，我們仍有可能受到隨機事件的誤導，但是這種機會比起p值操縱來說要小多了，畢竟p值操縱會執行多次測試，結果就大幅增加誤導出現的可能性。

因此就算什麼事件都沒發生，但是如果你跑了多次的統計檢測後，仍然有可能常常得到具有統計「顯著性」的p值，[52]然而很多科學家似乎都並不理解這種非常基本的概念。這就好像那些

「超能力者」預測明年會出現好幾千件事，然後在年底的時候列出一張表，只標出那些他預測成功的事，好讓自己看起來似乎真的有神奇的預知能力一樣。[53]統計學就像是骰子，如果你投擲的次數夠多，那麼就算你手上的資料平凡無奇，最終一定會跑出幾個「顯著性差異」。[54]把那些沒有顯著性差異的結果藏起來的話，我們就可以輕易地說服別人，自己所做出的結果是真的，儘管事實上這些結果只是雜訊而已。

現在回頭來看看汪辛克的博士生與他在比薩店所得到的數據。在那位學生日復一日夜復一夜的分析下，她計算出了數不盡的p值，但最後只有少少幾個有機會被發表。根據科學發表的不成文規定，這些被發表的p值通常都是那些小於〇・〇五的。而我們這些讀者永遠也不可能知道，他之前還做過多少統計檢測。這麼多不為人知的實驗結果被藏了起來，這其實就是單一實驗的發表偏差。假設有機會可以看到所有的資料，包括那些無效的結果，那就會發現這其實就是典型的德州神槍手謬誤。在那篇引起軒然大波的部落格文章中，汪辛克不經意地提及他的實驗流程包括了根據隨機出現的結果來決定研究目的，好讓結果具有統計顯著性。對於那些了解統計學的人來說，汪辛克的作為就像是德州神槍手，只不過他的目標並不是畫在穀倉的牆上，而是畫在自己腳上。

在汪辛克的部落格文章問世之後，有些人就開始去檢查他過往發表過論文中的所有數據。[55]

結果發現p值操縱僅僅只是他在統計學上眾多問題中的一個而已。一組調查團隊發現，他使用比薩店資料所發表的四篇論文中，總共有大大小小超過一百五十處錯誤：不同研究中的母群體數目都不一樣（有時候甚至在同一篇論文中的數量也不一樣）。[56]更糟的是，當其他研究者也開始翻閱汪辛克過往的其他論文來檢查時，又發現更多的問題。在某篇關於食譜的研究論文中，重新分析的結果顯示，他在論文中所報告的數字幾乎都是錯的。[57]在那篇關於把艾蒙貼紙貼在蘋果上面的論文，他圖表的標示也並不正確，而關於實驗方法的描述也大有問題。[58]很快的，汪辛克的論文都面臨了撤稿的命運。在本書著作的同時，他已經有十八篇論文被下架，而一般認為以後應該還會有更多的論文被撤銷。[59]在他那篇不打自招的部落格文章發表兩年後，汪辛克也從康乃爾大學辭職了。[60]

雖然這些紀錄很誇張，不過汪辛克所犯下的錯誤跟冒失的行為，反而讓人忽略了這次事件中涉及層面最廣的一個問題，那就是p值操縱。隨著汪辛克被撤稿的醜聞在媒體上如雪球般愈滾愈大時，獨立媒體 *BuzzFeed News* 的記者也公布了汪辛克在撰寫芝麻街人偶艾蒙那篇論文時，寄給其中一位共同作者的電子郵件，信中所討論的內容極其露骨且引人側目。汪辛克甚為懊惱地寫：「儘管貼紙可以增加蘋果的選擇率高達百分之七十一，但是不知為何這些p值卻是〇・〇六。我覺得它應該再低一點。你可不可以看一下，看看有沒有什麼想法？如果你能拿到數據，然後需要調整一下，看看能不能得到一個小於〇．〇五的數值，那就太好了。」[61]

科學家如此明顯地鼓勵同事從事p值操縱，雖然並不太常見，不過它之所以引人矚目，只不過是因為這次做得太直接的緣故。當汪辛克的事件曝光時，我猜許多科學家大概都稍微感到坐立難安，因為他們知道自己也做著類似的事情，汪辛克只不過是位於光譜比較極端的那一頭而已。他們或許不像汪辛克那樣魯莽，或許會比較巧妙地（或是透過私人、不留紀錄的方式），表達對於重做統計分析的要求。[62]不過一旦科學家希望「得到一個小於〇．〇五的數值」的想法愈來愈強烈（而且必定是為了能投期刊之喜好，做出一個讓人興奮、耀眼而正面的結果），那p值操縱就是不可避免的結果。

雖然汪辛克這次不經意不打自招的告白，下場並不是很好，但是後來有另外一名知名科學家也很直接地承認，自己過去在分析數據時經常無意識地犯下p值操縱的錯誤，這次科學社群的回應卻是給予鼓勵。還記得我們在第二章提過的，因為提出「權勢姿勢」這個想法，因而聲名大噪獲得巨大成功的柯蒂嗎？但是這個想法的基礎，卻是來自於二〇一〇年一篇無法被複製的論文。雖然現在柯蒂的名字幾乎就等同於「權勢姿勢」這個概念的同義詞，但是事實上她並不是那篇有爭議論文的主要作者。那篇論文的主要作者，其實是柏克萊大學的卡尼。二〇一六年時，卡尼釋出一篇聲明，提到她改變了對權勢姿勢這個概念的看法。在這麼多年過去後，她對這個概念已經有了新的看法，而最新的看法如她自己所言：「我並不相信『權勢姿勢』的效應是真的。」接著她列出許多關於原始實驗的真相（諸如一開始樣本數只有「微小」的四十二人，以及效應大小僅是「勉強達標」等等），許多事情如今看來，其實就是如假包換的p值操縱：

- 她們招募受試者時，「一邊成群招募，一邊測試效應」，也就是說，她們不斷地加入樣本數，直到達到有統計顯著性的結果為止。
- 少數受試者因人為主觀判斷為合理的原因而被排除。
- 某些極端值數據被排除，但是另外一些極端值數據卻被保留。
- 她們使用許多不同的測量與統計方式，但是論文中只提到那些做出最小p值的結果。
- 她們詢問受試者許多關於自我評估權勢感的問題，不過只報告了那些感覺權勢姿勢有效的結果。[63]

卡尼說：「在那時候，這些事情看起來並不像p值操縱」，雖然事實上它們根本就是。但是承認了這一切之後，卡尼有收到如雪片般飛來的攻訐嗎？她有丟掉工作嗎？完全沒有，卡尼得到的回應完全相反。比如說推特這種地方的內容往往充滿惡意攻擊，像極了網路霸凌的天堂，但是搜尋這次事件時，卻可以看到其他研究者（誠心誠意地）盛讚卡尼的回應是「勇敢的」、「讓人印象深刻的」、「值得尊敬的」、「是今後的出路」，不但是「如何處理無法複製自己的實驗成果時」的最佳典範，也「完美示範了何謂科學的正直性」。有位神經科學家甚至稱卡尼是「知識份子／學術界的英雄」。[64]我完全找不到任何一則負面評論，除了來自柯蒂本人的回應以外。柯蒂利用這個機會撇清自己在p值操縱中的角色，她說：「我……對第一作者（也就是卡尼）關於資料如何搜集以及如何分析的回憶不予置評，因為這一切都是在她的指導之下進行。[65]」

在汪辛克研究中四處可見的那種分析偏差，或是減損權勢姿勢這類研究價值的分析問題，到底有多普遍呢？二〇一二年有一份調查，詢問了超過兩千名心理學家，關於他們過去有沒有做過任何一種形式的p值操縱？[66]他們是否曾得到許多不同的實驗結果，但是卻只發表了其中一部分？大約有百分之六十五的受訪者回答「是」。關於問到在看完分析結果後，是否曾移除某些特定的數據呢？大概有四成的受訪者回答「是」。大概有百分之五十七的受訪者回答會在分析完資料之後決定繼續搜集數據，我們可以假設這是因為他們對原本的數據不滿意的關係。

其他領域調查的結果也一樣讓人失望。二〇一八年有一項針對生醫統計學家的調查發現，有百分之三十的人曾經有過經驗，被其他的科學合作者要求「根據期望而非真實結果來解讀統計分析」，也有百分之五十五的人被要求「只需要著重在那些具有統計顯著性的結果，不要在非顯著性的結果上面著墨太多」。[67]另一份針對經濟學家的調查也顯示，有百分之三十二的人承認自己會選擇性發表結果，以便研究看起來能否符合論點；有百分之三十七的人承認在得到想要的結果後就會停止分析，意思就是說一但得到了小於○．○五的*p*值之後，就會停止分析，即使這個*p*值很可能是隨機出現的結果。[68]如果我們搜集所有發表過的論文中的*p*值拿去畫成一張圖表，會發現在剛好**小於**○．○五的地方出現奇怪的大爆炸，有一大堆○．○四幾、○．○四五多、○．○四九多的*p*值擠在這個地方，其數量遠超過隨機出現應該看到的數量。這雖然不是一刀斃命的證據，但是這足以讓*p*值操縱的警報響起：科學家似乎會稍微玩弄一下實驗結果，讓它們剛好小於○．○五這條界線，然後就把實驗結果拿去發表。[69]

值得注意的一點是，科學家很可能只是覺得，*p*值操縱只是讓原本他們就深信不疑的實驗結果，變得更為清晰與真實而已。這就是所謂的「確認偏差」現象。那個結果特別的受試者？我很**確定**有看到他在做心理測驗時，分心看著窗外發呆，沒有專心在我們發的問卷上面。那個特別的培養品？沒錯，它**真的**有一個髒的小斑點，大概是被汙染了，最好還是把它的結果從數據集裡面剔除。沒錯，用X檢驗來做統計分析，**確實**比用Y檢驗要來得有意義（而且，看哪，X檢驗還真的驗出有效的結果呢！）這樣你大概了解了吧？就像我們在上一章中討論那些造假科學家的行為動機時曾提過，如果你在檢驗之前就已經相信自己的假設為真，那麼將那些不怎麼肯定的結果往正確的方向稍微推一下，這種行為看起來再合理也不過了。不過這兩者的差異則是，造假的科學家知道他們的所作所為完全違反實驗倫理，但是慣常使用p值操縱的科學家則完全不覺得這有什麼不對。

分析實驗數據的方法向來就不只有一種。你是不是因為覺得那些極值數據，會讓你的樣本比較無法代表母群體，所以才把它們剔除？還是應該把它們留下來比較好？你應該把樣本依照年齡來分群，還是該依照別的條件？你應該把第一星期跟第二星期觀察到的結果合併在一起，拿去跟第三星期與第四星期的結果相比較，還是應該把每個星期的觀察結果獨立出來比較？又或者應該分成其他小組？我們應該選擇這個統計模型，還是應該選擇另一個模型？特別是我們應該用幾個「控制」變項？這些問題都沒有標準答案，端視每個研究專注的問題的與前因後果而定，也要看你對統計的需求為何（而這本身也是一個會持續改變的議題）：問十個統計學家，你可能會得到十個不同的答案。有些統合科學實驗，要求許多不同的實驗室去分析同一組資料集，或是要求他們針對同一個假設，各自設計實驗去獨立驗證，結果發現大家在實驗方法與獲得的結果上面，都有極大的差異。[70]

當研究人員在開始分析之前，對自己想研究的議題尚未有一個清晰的目標之時，那麼這無盡的選擇就代表了無盡的機會。然而一旦目標開始確立，愈多的分析只會帶來愈多的假陽性結果。資料科學家亞可尼跟韋斯特福爾曾經這樣解釋：「研究人員愈想保有彈性，亦即愈想要從資料堆中『看見』愈多不同的模式，那也就愈有機會看見原本根本不存在的幻影模式。[71]」

到目前爲止，我似乎已經把p值操縱解釋得很清楚：重複執行非常多次的統計檢驗，以及只發表那些p值小於〇．〇五的實驗結果。這些問題確實常常出現，但是真正嚴重的問題其實比這些還要更複雜：即使我們只跑了一次統計分析，仍然要考慮所有**可能將要**執行的統計分析，否則仍將無法避免p值操縱。統計學家格爾曼與洛肯曾經比較過，在所謂「歧路花園」式的統計分析決策中，執行未事先計劃好的統計分析，會產生什麼樣的結果。歧路花園這個名稱，來自於阿根廷作家波赫士的一部短篇小說，意思是說在一個充滿岔路的分析過程中，每當走到一個需要做出決定的分岔口時，我們必須從眾多可能的分析選項中選一項。而我們剛剛已經談過，這每一個選項都可能導致稍微不同的結果。[72]除非你事前已經決定好非常具體的條件，規定哪種結果才算符合你的假設；除非你在事前已經決定「變項必須在**如此如此**的條件下，設定**這些這些**控制組，然後再**那樣那樣**處理，如此得到的小於〇．〇五的p值才有意義」，否則你很可能只會從眾多可能得到的結果中，選一個看起來像是證明自己正確的結果當作證據。但是，你怎麼知道，你最後所選的統計分析組合（如同在歧路花園中所選擇的分岔路徑組合），不過只是統計上的機緣巧合而已呢？在這種情況下，即使科學家沒有使用傳統的那種p值操縱，沒有不斷重複統計分析，他們一樣可能做出無法複製的實驗結果。

為何結果會無法複製呢？因為當科學家走到每條路徑的岔路口時，會被資料牽著走，他們會選擇在**這組資料集**中看起來能得到小於〇．〇五p值的分析，但是這分析在別的資料集中可未必能得到相同的結果。不管明顯還是不明顯，這結果其實就跟所有的p值操縱一樣：套句專業術語來說，它們都會讓這些分析組合與資料「**過度擬合**」。[73]簡單來說就是，根據這些分析所建立起來的模型，也許能夠很準確地描述某組特定資料，但事實上這模型所描述的只是該組資料中的雜訊，或是特異性過高，以至於完全無法推論到其他組資料，或是無法適用於真實世界。這樣的模型將一無是處，因為大部分時間我們所關心的，絕對不會只是一組特定的資料集而已（比如我們不會僅想知道美國科羅拉多州丹佛市的兩百零三名病人，在二〇一九年四月到五月間，服用抗精神病藥物與思覺失調症之間的關係）。我們想知道的是，那普遍適用於這個世界的事實（在所有病人身上，抗精神病藥物與思覺失調症的關係究竟為何？）。

下面的圖三中所描述的圖案就是過度擬合的現象。如圖所示，假設我們手上有一組關於某年每個月降雨量的資料。現在我們想要畫出一條線來描述降雨量如何隨時間而改變，這條線就是我們透過統計分析這組資料後所得到的模型。同時我們也希望透過這個模型（這條線），來預測明年每個月的降雨量。最省事的方法就是像圖三A一樣畫一條直線，但是這跟我們真正的數據差了十萬八千里。如果用這條線去預測下一年的雨量，也就是說每個月的降雨量都一模一樣，那這種天氣預報一點用也沒有。或者，我們可以畫一條穿過所有數據的曲線，就像圖三B那樣，這種預測將會相當接近真實情況，用這條線作為預測明年降雨量的模型會很有用。不過如果我們還要繼續下去的話，情況就可能會變得不妙了。我們可以繼續像圖三C那樣，畫出一條彎彎曲曲的線，不管它怎樣繞，只要能穿過每個數據就好。這條線代表的模型將會跟**我們的**資料集相當吻合，它可以完美地詮釋這些數據。但是下一年的降雨量出現一模一樣的高低模式，這種機率有多高呢？大概不會太高吧？所以如果建立一條太過

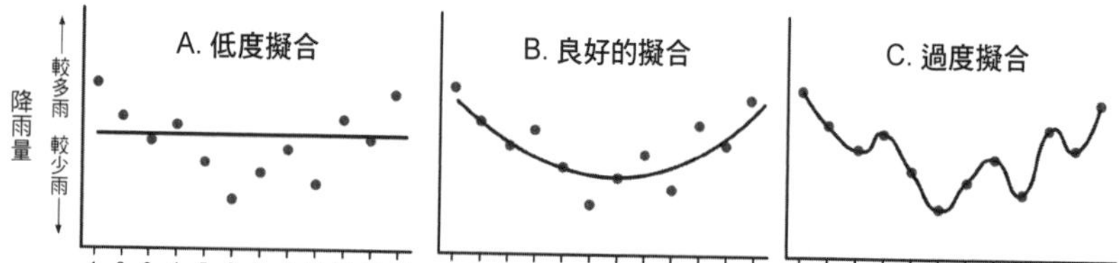

圖三：透過年度降雨量來解釋過度擬合的問題。圖三A代表的是一個不良的模型，也就是所謂的「低度擬合」，因為它沒有很恰當地描述整體資料。圖三B的模型則好得多，因為它描述的方式，大概適用於未來好幾年的現象。圖三C所代表的則是「過度擬合」：這個模型完美地描述了特定某年的現象，但是應該沒有另外一年會出現相同的降雨量上升與下降的模式了。請注意這些並非真實數據，僅僅只是作為示範之用。

完美擬合這些數據的曲線，那我們只是在為資料集中的雜訊建立模式而已。這種模型就稱為過度擬合。

科學家有可能就在這種不經意的情況下犯了p值操縱的錯。他們把雜訊當成寶，把它們納入計算並用來建立模型，而沒有排除這些模糊的變異值以便讓真實的訊號顯露出來（前提當然是要有真實的訊號才行）。假設有哪個倒楣鬼想拿這個經過p值操縱、過度擬合的模型來用，想要在另一組樣本中重現結果，那就慘了：因為這模型的創造者是在花園中追尋一條由雜訊所引導出來的特定路徑，因此對於單一資料集以外的世界，幾乎沒有什麼幫助。

你現在應該可以知道為何科學家會深受過度擬合的模型所吸引。如果我們忘記本來的任務應該是找出適用於真實世界的描述，結果太過專注於自己的資料上面，那就會受到圖三C那種完美擬合的模型所吸引，在這樣的模型內所有結果都清晰明瞭，沒有任何偏離曲線、模稜兩可的數據。不過乾淨完美的模型並不是它吸引人的原因，畢竟，要把這些點用線連起來並不需要什麼科學知識。但是在論文中聽起來卻會像是我們在蒐集到這些資料**之前**，就先畫出這條形狀特異的線（我們的假設），那這一下子就會吸引到科學界的注意，同時如同你所知道的，科學的主要目的就是去說服其他科學家，讓他們認可我們的模型、我們的理論或是我們的研究相當重要，值得被認真對待。

在研究中使用一般的p值操縱，也是出於一模一樣的動機。那些沒有被無顯著差異所汙染的研究（沒有偶爾出現的無顯著差異，夾雜在眾多小於〇・〇五的p值中的研究），看起來似乎比較有說服力。還記得古爾德對科學的看法，是「一個以地位與權勢來獎勵**乾淨無瑕、黑白分明的發現**（注意我標的粗體字）」。社會心理學家吉納索羅拉也同意這個看法，他說：「在把所有論文放在檯面上較勁的情況下……那些所有結果都有顯著性意義而且結果穩定的論文，將會比那些報告了結果與缺點的論文要受到青睞，更被認為是合格的結論。[74]」

至此，我們應該可以看得很清楚，發表偏差跟p值操縱其實就是同一種現象的兩面，目的都是為了刪除那些與先入為主的理論不合的實驗結果而已。曾經有一組商學研究者，做過一次十分聰明的統合科學研究，把這種現象闡述得很清楚。他們巧妙地比較了研究生畢業論文草稿中的結果，以及後來正式發表在科學期刊上的實驗結果。這些研究者把從畢業論文到正式發表這段過程中，實驗結果出現的變化稱之為「蝶蛹效應」。一開始那醜陋的原始數據，到了最終發表出去的時刻，往往會變形成為一隻漂亮的蝴蝶，那些雜亂無章、無顯著差異的結果被拋棄，或是轉變成為吸引人、清楚明瞭的正面結果。[75]在大部分的案例中，學生們可能都覺得透過這種改良結果的手段，可以讓自己的數據「講一個更好的故事」，而且可能大部分的資深研究員也都教他們應該要這樣做，才能說服同儕審查者讓自己的論文有發表的機會。[76]但是事實上他們真正在做的事情，只是留給未來的科學家一堆無可救藥充滿偏差的研究而已。

這種追求能吸引讀者目光的實驗結果的態度，甚至影響了最「嚴格」的科學領域。物理學家荷森菲爾德在她的著作《迷失在數學中》認為，物理學家變得愈來愈自我滿足，愈來愈專注於一些精緻而漂亮的理論模型像是弦理論，而不管它們實際上到底有幾分真實性。[77] 雖然這些高尚又充滿複雜數學計算的弦理論學家，感覺起來不太可能比汪辛克那種（名符其實的）廚房學者要更離譜，但是事實上這兩種研究都有可能充滿人性的偏見。

而與人命息息相關的科學領域也無法倖免於人性偏見的問題。每一代的醫學院學生都學過，在臨床試驗中導入雙盲、隨機分派、安慰劑對照組等等手段，都是在尋找新療法有效證據時的黃金準則。如果確實執行，這樣的臨床試驗應該可以排除安慰劑效應、避免醫生在處置時帶入的人為干預，或是減少其他與治療無關的因素所造成的不確定結果（也就是所謂的「干擾」），以及避免一切讓臨床試驗失敗的問題。但是即使是控制最嚴格的臨床試驗，也無法排除當資料產生之後所出現的偏差，也就是在分析臨床試驗資料時所出現的偏差。

在臨床試驗上面，德州神槍手式的行為通常稱為「結局轉換」（其實也就是p值操縱的另一個稱呼）。再用之前提過的測量男女身高不同的實驗做例子好了。也許在測量身高的過程中，我們剛好也測量了受測者的其他資料，像是體重、每週看電視時數、自我感覺壓力指數等等的數據。這些都算是次要評估指標，雖然也很有趣，但並不是實驗的中心問題。那麼假設說，我們並沒有在身高的問題上找到什麼統計上的顯著差異，但是**確實**在男生與女生看電視的時數上找到差異，那會怎樣呢？所謂結局轉換指的就是我們決定把這個研究改寫成好像一開始就是針對看電視時數而做的。但是現在我們知道這種做法是有問題的：首先這樣一來，關於身高沒有差異這樣的結果，本來有可能會是很有用的知識，卻將消失不見；此外，額外新增的統計分析也就代表我們在解讀資料上必須更加小心。如果讀者不知道我們原本所做過所有的分析，他們可能就不會注意到那些隱藏在細節中可能的假陽性問題。

從二〇〇五年開始，為了因應嚴重的發表偏差問題，「國際醫學期刊編輯委員會」規定所有的人類臨床試驗都必須在開始執行前先公開登記，否則的話其結果將無法發表在頂尖醫學期刊上。[78]這項規定本來的立意，是為了避免那些實驗結果被積壓在檔案櫃中無法發表，因為現在所有人都知道這次臨床試驗的存在。不過這項規定也帶來了另一個重要且有用的影響，大家也都知道每項試驗的計畫內容，包括研究人員本來做實驗的目的。[79]只要比較一下原本登記的臨床試驗計畫列表與後來發表的研究報告，觀察者就可以找出其中有沒有不一致的地方。醫師兼作家高達可的「COMPare Trial」計畫就找了四個月之中發表在最頂尖的五本醫學期刊上的所有臨床試驗來比較，看看這些發表的內容與當初登記的內容有沒有不一樣。[80]結果發現在所有六十七個臨床試驗中，只有九篇報告了所有當初計畫中所列出的問題。在比較了所有的論文後他們發現有三百五十四項結果是原本計畫中宣稱想要研究的，但是卻完全沒有出現在發表的論文中（我們可以大膽假設這些結果的*p*值多半都大於〇．〇五吧），而同時卻有另外三百五十七項沒有登記在計畫中的結果，**無中生有地**出現在發表的論文中。[81]另一項針對麻醉研究的調查也發現，大概有百分之九十二的臨床試驗，調包了至少一項實驗結果，最後不意外的，這樣的結局轉換似乎偏向那些統計上差異比較顯著的結果。[82]

我們永遠也無法知道，有多少病人因為*p*值操縱的原因而接受了無效的治療，或是因此懷抱著錯誤的期望，但這數字一定非常巨大。[83]想想之前我們提到的統合分析，即使先不管那些因為發表偏差而消失了試驗，剩下被納入統合分析的研究，如果全都因為*p*值操縱的緣故而誇大了原本的結果，那麼它們加總在一起的成果，將會極度偏離真正的事實，而這些研究原本應該成為該領域知識的權威參考才對。[84]醫師與病人，又該如何相信這些瀰漫著各式偏差，僅僅只有少數良好的研究可以被複製的醫學文獻呢？若是問我的話，我可是完全沒有答案。

為了能吸引讀者目光而需要具有統計顯著性的明確成果，這幾乎是造成科學研究中偏差的最主要原因。不過也有其他的原因會產生影響。其中第一個會被想到的原因就是資金來源。在美國我們可以輕易取得這方面的數據：大約有三分之一登記有案的臨床試驗，是由藥廠所贊助的。[85]這些藥廠往往計畫一旦臨床試驗證明藥品有效，就準備將藥品上市，那麼這種動機對臨床試驗的結果，會產生多大的影響呢？許多統合分析的研究都指出，由藥廠所贊助的臨床試驗，確實比較容易出現正面的結果。根據最近一篇文獻評論顯示，由藥廠所贊助的臨床試驗獲得正面結果的比例，比起由政府或非營利機構所提供資金的試驗所獲得的，要高了約一．二七倍。[86]這種偏差或許在試驗設計之初就出現了：有些證據顯示，由藥廠所提供資金的臨床試驗，比較容易選擇無效的安慰劑而不會選擇次佳的替代藥物來與他們的新藥做比較，透過這種手段讓自己的新產品看起來效果比較好。[87]不過主要的原因多半還是我們在本章之前討論過的那些，比如由藥廠贊助的臨床試驗，比起由其他機構提供資金的臨床試驗來說，比較容易出現將論文丟在檔案櫃裡面的情形。[88]

目前大部分的期刊都會要求任何成功發表的論文，在結尾的利益衝突欄位裡確實揭露作者曾經接受過的資金來源，比如說過去是否為藥廠做過顧問之類的工作。[89]不過其他財務上的利益衝突則沒有被要求同等對待。比如說，許多科學家都藉著自己在科學上的研究成果獲取相當的利益，像是寫出暢銷書，或是慣常透過演講、為企業做顧問或是為大學畢業典禮演說，而獲得五六位數的金錢作為酬勞。[90]當然，任何人都有權力自由決定自己該付出多少金錢給書本、演講者或是顧問。但是當這些豐厚利益的基礎來自於某些理論的真實與否，那麼科學家在做研究的時候就出現了新的動機，他們可能會盡量發表能支持自己理論的研究（或是操縱 p 值，直到出現能支持自己理論的顯著性為止）。這種財務上的利益衝突跟其他種類的利益衝突並沒有任何不同，並且它還會因為有名聲的考量而變本加厲。在這種情況下，為了透明化的原因，我們也應該要求科學家誠實將這部分的利益衝突，揭露在未來任何一篇發表的有關研究中才對。[91]

除了財務與名譽上的利益會造成偏差以外，還有另外一種造成偏差的原因幾乎沒有詳細討論過。這種偏差來自於科學家真的**想要**他們的研究可以做出強而有力的結果，因為這樣的結果，代表了我們在對抗疾病、對抗社會或環境問題上，或是在其他任何重要議題上，獲得了重大進展。這甚至無關於為了發表論文需要一些傑出成果（當然，發表論文仍然是很重要的壓力來源，稍後我們會再來解釋）。這單純只是科學家真心想要做些好事，也需要覺得他們的研究真的是有用的。我們大概可以稱之為「善意偏差」。當我們精心設計用來測試新療法的試驗，卻只得到了無效的結果，那多讓人心碎呢？當我們提出了假設，試著將某些生物因子與疾病連結起來，結果卻發現根本只是在捕風捉影，那又多讓人覺得氣餒呀！甚至這有可能讓科學家覺得自己對科學的看法完全錯誤。當下科學的潮流，是如此重視在統計上具有顯著差異的結果，以至於許多研究人員都忘了**無效的結果也同樣的重要**這件事。知道某些療法其實並沒有效果，或是知道某些生物因子其實與疾病並沒有關係，一樣也是非常重要的訊息，因為這代表以後我們可以將時間與金錢用在別的地方。如果實驗設計得當，那麼不管獲得的結果是有效**或是**無效的，都應該獲得相同的重視。

至此，我們所看到的都是科學家個人行為所造成的偏差。但是別忘了，科學是一種社會活動。雖說在科學社群中分享研究成果，在一定程度上可以降低科學家個人偏見的影響，但是若是這個偏見已經成為整個科學社群成員共同的信念，那這種群體信念的影響可能會相當危險。二〇一九年科普作家貝格利就寫了一篇令人大開眼界的報告，內容是關於造成阿茲海默氏症的「類澱粉鏈鎖假說」的爭議。阿茲海默氏症是一種伴隨嚴重記憶喪失以及眾多其他症狀的嚴重失智症，而這個假說認為，大腦中有一種叫做β類澱粉蛋白的物質，會堆積起來形成一種可觀察到的「斑塊」狀構造，這就是在神經學上造成阿茲海默氏症的終極原因。這種斑塊最早是在一百多年前由德國醫師阿茲海默所觀察到，這個疾病也因此以他命名。[92]貝格利指出，相較於其他跟老化相關的疾病如癌症或是心血管疾病，在近年來的研究上都有飛躍式的進展，阿茲海默氏症的治療卻是原地踏步，沒有太多進步，那些企圖藉著破壞類澱粉蛋白斑塊來減輕病人症狀的臨床試驗，大多以令人失望的結果收場。[93]這是為什麼呢？貝格利訪問了許多研究人員，他們一致認為這純粹是因為類澱粉鏈鎖假說本來就不正確。雖然類澱粉蛋白斑塊確實跟阿茲海默氏症的症狀**有關**，但它並不是原因，因此針對這些斑塊去治療，自然無異於緣木求魚。[94]

這些持反對意見的科學家說，贊成類澱粉鏈鎖假說的人（其中不乏許多位高權重的教授）會形成一股「幫派」，用骯髒的同儕審查手段，將質疑這個假說的論文一篇一篇拒絕出局，甚至阻撓那些異議者申請研究經費與教職。不過貝格利認為，這些舉動未必都是刻意為之，也有可能單純只是因為那些學者實在是太過認同類澱粉鏈鎖假說，他們衷心相信，這才是突破阿茲海默氏症治療的唯一途徑，因此不自覺地發展出強烈的偏見。

有些貝格利訪問過的學者認為，如果科學家能早個幾年就放棄類澱粉鏈鎖假說，那我們應該早就走上治療（甚至是治癒）阿茲海默氏症的康莊大道了。這種說法或許又太言過其實了。事實上阿茲海默氏症治療的進展緩慢，也可能單純只是因為這種影響大腦的疾病本來就特別棘手，畢竟大腦是人體內最複雜的器官；又或者是因為目前發表過的臨床試驗，那些針對類澱粉斑塊治療的藥物，都用錯了方向（比如用在這些病人身上的時機太晚，而類澱粉蛋白早已產生了有害的影響）。[95]不過當研究人員質疑類澱粉鏈鎖假說時，所遇到的霸凌與脅迫故事，顯示在這個領域裡，偏見已經群體化，新的意見難以獲得聆聽的機會，而科學家也無法對自己所贊同的理論持續保有「有條理的懷疑主義」精神。

那麼當研究人員對於如何判斷研究結果的真與假，有著意識形態或是政治上面的利益衝突時，又會產生怎樣的影響呢？我想起曾經看過一篇研究「格拉斯哥效應」的公共衛生論文，可以作為例子。所謂格拉斯哥效應指的是蘇格蘭格拉斯哥市的居民（或是更普遍來說，蘇格蘭人），比起其他類似的城市或是國家的居民來說，平均壽命要短。即使納入了貧窮與匱乏指數的考量，這個結果也還是一樣。在研究過了所有跟這個效應有關的證據之後，該篇論文認為，格拉斯哥效應的根源來自於一九八〇年代英國首相柴契爾夫人的保守黨政府，對蘇格蘭地區所做的「政治攻擊」所造成的結果。柴契爾夫人的去工業化以及對抗工會組織等政策是其主因。該篇論文雖然沒有列出有任何財務方面的利益衝突，不過主要作者麥卡尼卻在利益衝突欄位揭露自己是「蘇格蘭社會黨黨員」。[96]我認為能做到這種程度的誠實，值得稱讚。[97]

在我的領域，也就是心理學界裡面，許多科學家都自認為是左派。事實上這種不平衡的情況在心理學界確實很嚴重：根據在美國所做的調查發現，心理學家中自由派與保守派的比例約為十比一（其他的領域像是工程學界、商學或是電腦科學界，則並沒有類似的分布情況，如同美國整體一樣，政治傾向的比例會平衡許多）。但是因為心理學是一門研究人類與其行為的科學，因此往往比其他學科像是理論物理或是有機化學等等，與政治的關係親近得多。二〇一五年社會心理學家杜爾特與其他數位知名的心理學家就曾指出，基於上述原因以及許多其他原因，政治立場的偏頗可能會對心理學特別具有傷害性。[98]一如我們前面所提過的集體意見影響學術界的例子，他們也認為如果社群中大部分的人都抱持類似的政治立場，那同儕審查將難以發揮它最重要的功能，也就是對任何主張盡可能做最嚴格的審查。不只如此，甚至連在挑選研究主題上面都可能出現偏頗的現象：科學家可能會特別關注那些比較容易被特定政治立場所接受的議題，即使支持它們的證據相對薄弱；而他們也會避開與某些特定敘述相牴觸的主題，儘管這些主題背後可能有非常堅實的證據。[99]

這些對心理學界過度傾向自由派的批評聲浪，現在也開始重新檢視某些議題，比如說**刻板印象威脅**這種觀點。[100]這種觀點認為，女生的數學表現不好，那是因為有人不斷提醒她們「男生數學本來就比女生好」這種刻板印象。對於自由派政治傾向的人來說，這種主張根本自然到像是理所當然一樣，自由派的人認為刻板印象與性別歧視的偏見，是影響個人、同時也是形塑社會一股相當強大的力量。但是事實上真正支持這個現象的證據卻十分薄弱，而且其實很可能也受到發表偏差的影響。二〇一五年有一份統合分析的研究，在檢視了所有跟刻板印象威脅相關的研究之後，發現這些實驗結果有著明顯的缺口，本來應該有一些效果微弱或是無效的研究，也就是說那些顯示不管有沒有受到刻板印象的影響，女生的數學都一樣好的實驗結果，很明顯的都消失不見了（換句話說，把所有的研究做成漏斗圖的話，會看起來像是我們上面例子中的圖二─B）。[101]這極有可能是因為有人曾做出這些影響微弱或是無效的結果，但是最後卻決定束之高閣不發表，因為這些結果與學界壓倒性的自由派觀點格格不入，最終導致我們在這個重要的教育議題上面，只能看到片面的證據。[102]不過要注意的一點是，畸形的漏斗圖並不一定就是偏差的證據，而發表偏差本身也未必能直接證明肇因於政治觀點偏差，畢竟我們前面也已經討論過，不論科學家的政治傾向為何，他們總是比較偏愛看到有效的實驗結果。無論如何，關於刻板印象威脅的討論又再一次提醒我們，群體化的觀點，不論是在政治上還是其他方面的，有時候很可能會妨礙自我批評，而這能力卻是科學進步不可或缺的要素。

既然討論到了刻板印象威脅，我們就不能不提一下性別歧視問題，因為除了政治觀點偏見以外，這大概是學界討論最多的偏見問題之一了。關於性別歧視最受爭論的問題，往往集中於女性在不同科學領域中所占的比例，以及資深女性的地位高低問題。不過除此之外，也有一些討論是關於性別偏見如何影響科學研究本身的。[103]其中一個例子就是，神經科學家在做實驗的時候，往往偏向只使用雄性動物，比如說用雄性小鼠來做實驗。這是因為他們認為雌性動物容易受到賀爾蒙波動的影響，這讓動物大腦與情緒多了一個難以控制的變因，它就有可能是實驗出現無效結果的原因之一。但是他們卻完全無視雄性動物一樣有賀爾蒙，而且雄性動物睪固酮的變動，往往會隨著牠們在社會上的階層地位而差異極大。這種賀爾蒙變動所造成的行為差異，很可能不亞於其他賀爾蒙的變動。[104]如果這種性別偏見讓研究人員只使用雄性動物來做實驗，那他們得到的結果就可能無法用來解釋全體，因為雌性生物在大腦與行為上，確實有許多地方都跟雄性生物大相徑庭。[105]根據神經科學家尚司基的觀察，「重鬱症跟創傷後壓力症候群這類疾病在女性中的盛行率是男性的兩倍，但是一般卻都使用雄性囓齒類動物做模型，來模擬與測試患者的行為。[106]」

神經科學家（同時也是一名哲學家）范恩是一名極具洞察力的批評者，她特別擅長批評那些藉著 p 值操縱，直接將男女行為差異與睪固酮濃度做連結，卻完全無視社會詮釋面向的研究。她也指出在醫學研究中常以男性作為「預設」選項，而往往將女性當作次要考量，甚至是生物的異常狀況。[107]在二〇一八年一份寫給《刺胳針》的意見信中她提到「女性主義科學」可以藉著強調這些在過往研究中被忽略的地方，來平衡男女的差異。她知道有些人一定會對此感到懷疑，因為「通常我們會認為，儘管女性主義在性別研究中很有用，但是在科學研究中則應該盡量避免，以免科學證據所呈現的男性、女性以及全世界真實樣貌，受到政治偏好的利用而被扭曲。[108]」不過她卻認為，難道我們每個人不都或多或少帶著偏見嗎？她說：「每個人都有他自己的立足點，沒有人的觀點稱得上是不帶立場的。納入女性主義科學並不意味著納入政治偏見。這只是代表我們將不再都透過同一扇模糊的窗戶看事情而已。[109]」

就某方面來說，這與杜爾特團隊所關心的心理學界缺乏保守派意見的看法，有異曲同工之妙。雖然他們所強調的事情不同，但是都是關注如何在科學中增加少數意見的問題。這是很有意義的事情，透過辯論科學上的發現來推動科學進步，這過程中最棒的事情之一就是大家能從不同的觀點提出問題。不過我個人認為，要求科學家（或更廣義的來說，科學本身）保證一定要承擔任何一套社會政治承諾，或許可能在短期之內解決某些問題，但這麼做其實是不智之舉。我們所該做的應該是盡可能地在進行科學分析與下決定的時候，排除一己的偏見（當然，范恩等人可能會覺得這既不可能也不切實際。稍晚我們再來談，要怎麼才能達成這個理想）。

為了想要校正科學中的偏見，而刻意導入另外一種極端的偏見，這麼做只會讓問題複雜化而已，而且很可能還會激化不同意識形態陣營之間的對立，讓原本的問題進入惡性循環。不只如此，允許科學家可以自傲地將自己的意識形態帶入正在進行的研究中，似乎違反了莫頓規範中的無私利性（因為這麼做允許與科學無關的考量侵蝕研究本身）與普遍主義（因為這牽扯到依據不同政治團體的標準而提出不同的科學論點）。麥卡尼之所以要在那篇關於柴契爾夫人的論文中，揭露自己身為社會黨黨員身分，是因為這篇論文的科學結論與社會黨的意識形態一致，因此如果在發表後才被人發現作者的政治傾向，那將滑天下之大稽。而即使自己的研究未必與政治立場有直接關係，科學家也應該有自覺，知道在科學觀點裡參雜政治信仰是不智之舉。

每個科學家都有個人的意識形態，而他們的研究會受到這意識形態的影響，這件事又將我們帶回之前說過的莫頓與他的頭骨測量實驗，以及古爾德對莫頓偏見的批評。二〇一一年時，人類學家路易斯的團隊又重新檢視了莫頓的實驗，他們不只像古爾德一樣追溯回莫頓的測量結果，他們甚至還重回賓州大學，取得莫頓當年的頭骨收藏，使用現代的科技，實際測量了其中約半數左右的頭骨。[110]路易斯再次證實了莫頓對不同人種的排名確實充滿了種族歧視的偏見，同時確實犯了測量上的錯誤。但是他們也說，莫頓並沒有犯下像古爾德說的那種系統性錯誤，相反地，莫頓所犯下的測量誤差平均出現在許多不同頭骨中，而並沒有特別偏好哪一個人種。這些錯誤也可能出自莫頓曾經提過的一位助手之手，而不像古爾德所假設的「可能的劇情」，由他自己用力把種子塞入白人的頭骨中，以增加測到的容積。

除此之外，路易斯的團隊也認為莫頓並沒有像古爾德所指控的那樣，在分組上面動手腳（他並沒有刻意忽略尺寸大於平均的非白人頭骨）。相反地路易斯的團隊反而認為古爾德**自己**犯了錯誤，他為了迎合自己關於頭骨大小應該平等的信仰，刻意將莫頓的頭骨依自己的偏好分組。古爾德在他自己的著作《人的誤測》的前言中，曾毫不掩飾地承認自己對社會正義與自由派的政治理念有著強烈的責任感。[111]路易斯在論文中下了如此結論：「諷刺的是，古爾德對於莫頓的分析，反而是另一個實驗結果受到偏見所影響的明證。[112]」

這些文字相當引戰。像古爾德這樣一位受人景仰的學者所做出如此著名的分析，有可能錯得這麼離譜嗎？可不是每個人都認為路易斯的論文真的打出了一記全壘打。比如說哲學家威斯伯格雖然也同意最新的頭骨測量比較正確，同時也不反對古爾德確實也可能在分析時犯了錯，但是他卻認為古爾德所指出的重點仍然有效。[113]畢竟，路易斯團隊認為是莫頓的助手在無意間犯了錯這件事，從頭到尾也只是推測而已；而莫頓（或許加上他的助手）刻意忽略非白人裡面較大的頭骨，這也是不爭的事實。在這些錯誤都被糾正了之後，我們確實發現不同種族之間的頭骨大小差異甚小，而這正是古爾德所提出的批評最重要的地方。這個故事的結局（至少到目前為止）出現在二〇一八年。有人發現了莫頓親自測量過更多的顱腔容積數據。過去古爾德對莫頓的批評主要在於，當莫頓使用種子與鉛彈測量頭骨大小時會有不一致性，而這種不一致性在測量他不喜歡的人種時，會特別大。但是當把新的數據納入考量之後，這種不一致性就不復存在了。[114]

當然，這一切關於頭骨測量的泥巴仗，其實都無關於解決真正的科學問題。就算我們勉強可以同意莫頓所主張的，不同人種的頭骨大小與他們的「心智與道德機能」確實有關，他所收集的頭骨也無法代表全世界的人種，以至於很難（甚至完全無法）對不同人種之間有什麼差別，做出任何結論。[115]但是這一來一往的討論，在探討關於科學偏見這件事上，卻著實給我們上了一課：審查者也必須被人審查，揭密者被人揭密。即使如此，我們一樣要注意那些踢爆審查者的人，他們是否使用了正確的資訊呢？因為我們清楚地知道，每個人都帶有自己的偏見，單是從莫頓這次的事件中，我們就可以看到「種族主義者偏見」、「平等主義者偏見」，「想證明歷史上知名科學家錯誤者的偏見」等等，每一種偏見都可能扭曲了科學的真相。[116]

偏見是人性的一部分，只有天真的人才會認為，我們可以在某些事情上完全避免偏見。我們確實也有一些工具，可以讓我們看事情的角度稍微客觀一點。統計分析法本來正是為了避免人類的偏見，而發展出來幫助我們做決策的工具，但是我們剛剛也已經見識過，可以輕易藉著操弄數據來讓它滿足一己之偏好。同儕審查原本的目的，也是為了防止帶入個人的偏見，然而我們也看到了那種想要說服審稿人與編輯發表自己論文的慾望，最終可以導致不好看的結果完全被隱藏起來，或是被扭曲成迎合自己的假設。這種種的偏見，不論是來自於科學教條、政治傾向、經費上的壓力，甚或是只是想看到統計上的顯著意義，其實很可能都是科學家在無意間犯下的。事實上正是因為他們沒有意識到偏見，反而賦予了他們行動的動力，因為如果你想要說服審稿人自己的實驗結果，那沒有一件事情會比先說服自己更有幫助了。而也正是因此這些偏見才如此讓人不安。

公平與誠實本來是科學裡面重要的品質，但是很可惜的是，我們的科學制度卻似乎鼓勵事情往反方向發展。在下一章中我們要再看看另外一項完全與科學背道而馳的事情：儘管科學原本是鼓勵求得真相，但我們的研究卻常常不斷重複最基本的錯誤。

第五章 疏忽

無知如同一張白紙，我們可以在其上書寫；然而錯誤則如畫了塗鴉的白紙，務必先抹去才行。

——柯爾頓，《珠璣，言簡意賅之合集》（一八二〇年著）

物理學有定律，數學有證明，社會科學則有所謂的「典型化事實」：諸如「較高教育程度的人會有比較高的收入」以及「民主制度之間比較不會彼此開戰」之類的主張。[1]這些主張或許不如定律或證明般嚴謹，但是它們的目的仍是將普遍且重要，同時也是可以重複的發現，用簡化過的語言表達出來。物理學家喜歡發現新定律（或是打破我們已知的舊定律）；數學家孜孜不倦地想要證明他們的定理；而許多社會科學家，特別是經濟學家，則渴望能發現某個典型化事實，冠上自己的名字，讓那些有權力做出決策的大人物印象深刻。當經濟學家萊因哈特與羅格夫在二〇一〇年發表他們最重要的一篇論文時，確實是覺得自己中了頭獎。

在二〇〇八年的金融海嘯以及接踵而來的大蕭條出現後的兩年間，政治人物無不焦頭爛額地對付這場危機所帶來的後遺症。在所有互相抵觸的建議中，萊因哈特與羅格夫發表了一篇標題為〈債務時代的成長〉的論文，不啻像是天上掉下來的禮物。這篇論文裡面提出了強而有力的證據，建議此時應該採取一項特別的經濟手段，那就是緊縮政策。[2]萊因哈特跟羅格夫研究的是一國的債務與國內生產毛額的比例。這個比例是比較一個國家欠了債權人多少錢（也就是公債，這名稱可能會讓人有點混淆，因為有時它也稱為政府債務或是主權債務），比起這個國家能生產多少新商品與勞務（也就是國內生產毛額，GDP）。他們想要知道這個比例與該國的經濟成長率兩者之間的關係，所以收集了好幾十個國家過去所有的資料來分析。在論文中他們指出，當政府負債占GDP比率偏低的時候（比如說介於百分之三十到六十之間），這個比率跟經濟成長率沒太大的關係。但是當一國的負債占GDP比率高過一定閾值（百分之九十）的時候，它的經濟就會衰退。

或許是因為這篇論文的主要結果太容易變成一種典型化事實（當政府負債占GDP比率高於百分之九十時，對經濟成長有不良影響），它很快就產生了極大的影響力。這項研究結果不只被媒體大肆報導，也是許多政府採取緊縮政策以因應經濟蕭條時的依據。所謂緊縮政策，指的就是政府應該盡量還債（藉著減少支出、增稅，或兩者一起施行），以便讓負債占GDP比率低於那個關鍵的百分之九十。時任英國財政大臣的奧斯本在一次重要演說中，曾經清楚地提到這份研究。它也出現在當時美國眾議院預算委員會，由共和黨所提出的一份聲明中。[3]經濟學家克魯曼曾大力批判過萊因哈特與羅格夫所傳達的訊息，他說有這麼多贊成緊縮政策的政治人物提到這份研究，「綜觀經濟學的歷史，這篇論文對公共政策辯論所產生的立即影響力，可能遠遠超過以往的任何論文。[4]」

因為這些事情，讓接下來的發展更令人擔憂。二〇一三年時這篇論文的批評者，在萊因哈特與羅格夫用來分析資料的試算表中找到一個錯誤：許多國家的債務並沒有被納入試算表中的方程式計算。[5]準確地來說，這份試算表排除了澳洲、奧地利、比利時、加拿大與丹麥的債務。為什麼呢？作者也給了一個陳腔濫調的解釋：輸入錯誤。除了這個錯誤以外，萊因哈特與羅格夫在其他一些分析方式的選擇上，也遭到了批評。當這些問題都改正以後，負債占GDP比率與經濟成長率的關係，就跟以前大不相同了。[6]在原始論文中他們提到當這個比率超過百分之九十時，平均經濟成長率將變為負的百分之〇．一；但是改正之後這個經濟成長率就變為百分之二．二。百分之九十的比率並沒有什麼神奇之處，負債占GDP比率超過百分之九十後，經濟成長率並不會瞬間就變成負值。事實上，在各種不同程度的公債比例裡面，GDP的成長表現都有很大的差異。[7]如果這篇論文一開始就採用這種比較謹慎的結論，提出一個要更為複雜的典型化事實，那我們很難想像它還會受到如此多的注意。

那麼，這個輸入錯誤的問題，顛覆了世界的經濟嗎？也不能完全這樣說。雖然那篇論文以及它所提出的典型化「事實」確實有著不尋常的影響力，但是降低負債占GDP比率的主張畢竟也不只是依賴單一研究。[8]這個輸入錯誤僅僅只是削弱萊因哈特與羅格夫的主張，卻並沒有推翻它。同時如前面所提到的，批評也並不**只**針對輸入錯誤。我們無法知道，在另外一個沒有萊因哈特與羅格夫的平行世界中，那些主張緊縮政策的人會不會找到其他藉口來支持他們的政見？我猜很多人一定會。不過犯了這麼基本錯誤的論文竟然有辦法可以輕易地直達天聽，被放在重要政治人物的桌子上面，這件事著實值得讓人擔心，因為我們不知道還有多少**其他**這樣的錯誤存在，這不只危及科學文獻，更可能影響真實世界中的各種決策。

事實上，類似的問題非常多。在本章我們將談到兩種科學上的疏忽。第一種是非故意錯誤，因為科學家不小心、疏忽或是粗心大意而進入科學分析中。第二種則是本應是專家的科學家卻在自己設計的實驗中犯了錯。後者這種錯誤可能是因為學藝不精、漠不關心或是健忘，或者用更直接而無禮的說法，根本就是因為無能。這種輕忽所造成的錯誤，更進一步證明了科學已經偏離了本來的核心目標。

科學論文中數字出錯的問題有多嚴重呢？在二〇一六年由荷蘭心理學家諾特所領導的團隊決定試試看來回答這個問題。她們發表了一套名為 *statcheck* 的演算法套件，這有點像是「專門給統計學使用的拼字檢查」軟體。[9]如果你讓 statcheck 去檢查一篇論文，它會搜尋整篇論文的數字，然後標出其中 *p* 值有錯的地方。這原理來自許多統計學中的數字都互有相關，所以知道其中一部分就可以推算出其他的數字（原理就像直角三角形的邊長，根據畢氏定理，只要知道兩個直角邊的長度，就可以算出斜邊的長度）。如果某個統計分析的 *p* 值與其他相關的數值有不一致的地方，那就很可能是有地方出錯了。諾特的團隊用 statcheck 套件檢查了超過三萬篇論文，這龐大的數量包含了從一九八五年到二〇一三年間發表在八本最主要的心理學期刊上所有的論文。[10]而她們的分析結果讓人不忍卒睹。

有將近半數論文的相關統計分析中，至少有一個數字跟其他分析不一致。持平來說，絕大部分的錯誤都無足輕重，也不影響論文的主要結果。但是有些錯誤卻對結論有重大影響：大約有百分之十三的論文，其問題嚴重的程度就像是萊因哈特與羅格夫的論文一樣，所犯的錯誤足以完全推翻原本論文對結果的解讀（比如統計學的 *p* 值從顯著變成不顯著或是反過來之類的嚴重問題）。很多原因都可能造成這種數字不一致性，從單純的輸入錯誤，或是複製時跳行，一直到刻意造假都有可能。Statcheck 這個套件只是告訴我們這問題的嚴重性，並非刨根究底去探討科學文獻中的錯誤原因為何。

在諾特的分析中最有趣的一件事情，就是疏忽與偏見之間居然有關聯性。Statcheck 套件找出數據不一致的地方，往往都迎合作者的喜好，也就是說這些出現錯誤的數字，剛好都會讓實驗結果比較符合（而非不符合）研究原本的假設。如果這些錯誤真的只是輸入時的無心之過，那綜合起來看，應該不會偏往任何一個方向才對。但是既然我們對研究中出現的偏差，多少已經有一些了解，所以大約也可以猜想，科學家很有可能會多檢查幾次那些不符期望的結果；而錯誤的實驗結果如果碰巧**支持**他們的理論的話，那就太過完美以致不需要再檢查了。

還有另外一個很優秀的軟體套件，可以檢查論文裡面數字是否一致，但是這很酷的套件卻有個不太酷的名字，叫做「粒度相關平均值不一致性」測試，英文簡稱是ＧＲＩＭ測試。[11] ＧＲＩＭ測試是由資料調查專家布朗與希瑟斯所開發出來的套件，它可以根據一組數據所包含的數字數量，來檢查這組數據的平均值（專業術語叫做算術平均數）是否有意義。比如說如果我們設計了一份問卷調查，詢問受訪者對工作的滿意程度，請他們從〇到十中間選一個數字來評分。假設我們規定受訪者只能選整數，比如說四分或是五分，但是不可以選三．七分。以最簡單的例子來講，如果我們只訪問了兩人，然後將他們的滿意指數平均值發表出去，而計算的方法就是把他們的分數加起來除以二。如果你稍微留意一下這個平均值小數點後面的數字，那你就會發現，當受訪者只有兩人的時候，小數點後面的數字只會有兩種可能，要麼是．〇〇不然就是．五〇。如果你算出的平均值是四．四〇，那一定有什麼地方弄錯了。當一個數字除以二的時候，無論如何不可能出現．四〇這種小數。

GRIM測試的邏輯就是這樣，不過它可以計算規模比較大的樣本。比如說有二十名受試者從〇到十中間選一個整數來評分，那麼這種計分方式不可能算出三．〇八這種平均值。把任何一個數字除以二十，只可能得到．〇五這種小數值。因此我們的平均值可能是三．〇〇，可能是三．一〇，或者是三．一五，但是絕不可能是三．〇八。[12]布朗與希瑟斯使用GRIM測試檢查了七十一篇已發表在期刊上的心理學論文，結果發現有一半的論文至少有一個平均值是有問題的，而有五分之一的論文有超過一個的平均值有問題。跟statcheck一樣，GRIM測試所抓到的錯誤有可能影響有限，但是這是個警訊，代表這些論文可能需要更近一步的檢查。

我是刻意舉三．〇八這個數字來做例子的，因為這是GRIM測試所檢驗過的論文中，特別值得拿出來講的一個例子，同時也是心理學的研究中值得注意的一次事件。二〇一六年時心理學家海諾用GRIM測試去檢驗了心理學史上最著名的論文之一，也就是費斯汀格與卡爾史密斯所做過的「認知失調」研究。[13]認知失調現在已經是一個廣為人知的心理學現象，意思是說當一個人被迫去說或是去做一件與他真實信仰相違背的事情時，他們會因為心理上所產生的不適感，而盡其所能地去扭曲原本的信仰，以便讓它能夠符合自己被迫從事的事情。他們在一九五九年做了一項實驗，內容是要求受試者去做一些極度枯燥且毫無意義的工作，比如交給受試者一塊釘滿小木栓的板子，要求他們依序扭轉這些小木栓，一次一根不斷重複且毫無止境。當他們終於完成任務時，有些人會拿到一美元的酬勞，有些人則什麼都沒有；然後費斯汀格要求受試者必須告訴下一名正在等待的受試者，他們剛做過的工作非常有趣而且值得。在隨後的訪談中費斯汀格發現，那些為了一美元而說謊的受試者，比起那些無償的受試者來說，居然有較多人認為這項工作是真的很有趣。換句話說，為了降低認知失調感，他們只好騙自己是真的樂在其中＊[14]。不過呢，當海諾用GRIM測試去檢查這篇論文後發現，這裡面失調的可不只有受試者的信仰，還有費斯汀格與卡爾史密斯所做出來的數據。[15]他們要求二十名受試者在〇與十之間選一個分數，結果卻得到三．〇八分的平均值，而我們剛才已經解釋過，這根本就不可能。除了這個問題，這篇論文的其他平均值也無法通過GRIM測試。

認知失調確實是個非常有用的概念，同時也很符合直覺。認知失調的實驗設計也非常精巧。但是如果後世數千名曾經引用過此篇論文的研究者知道，費斯汀格跟卡爾史密斯的論文其實是根基於大有問題的數字之上，那他們還會引用嗎？[16]這個故事再次提醒我們，即使是科學文獻中的「經典」發現（也就是那些你以為應該是被檢查得最透澈的那些實驗），其實也很可能完全不可靠，而那些本來應該是論文核心最重要的數據與資料，到頭來只是為了吸睛而編造出來的裝飾品而已。

在那些標準更高的科學領域中，數字錯誤其實也非常常見，而且程度也是嚴重到讓人感到不舒服的程度。你應該還記得那位世界上最多產的科學騙子（至少在本書寫成時還是），麻醉學家藤井善隆。他是因為被另外一名麻醉學家卡萊爾抓到才終結了他的詐騙事業。卡萊爾發明了一套統計技術，專門用來檢查那些隨機實驗是不是真的隨機。[17]所謂的隨機分配，基本上就像是用擲硬幣的方式來決定每一位受試者會被分配到哪一個實驗組（舉例來說，服用實驗藥品或是安慰劑的組別），而不用預先設計好、可能會造成誤差的分組方式。這個步驟非常重要，因為我們必須確保在試驗開始之前（用術語來說，就是在「基準點」上），各組之間沒有太顯著的差異。如果在試驗開始前就有任何一組的健康狀況比較良好、教育程度較高、年齡較大，或是有任何不同於其他組的狀況，那各組之間將無法公平比較。[18]因此，如果我們在一個隨機對照試驗的各組之間找到**許多**重大差異的話，這代表這個試驗當初的隨機分配過程一定有問題。反過來說，如果各組

＊譯注：這裡的解釋是，拿到一美元的受試者必須說謊，才能說服自己在做了這麼無趣的工作之後居然只拿到這麼少錢。而無償的受試者則沒有這種認知失調，所以不需說謊。

之間搭配得**太過完美**，完全違反了數據中應該會出現雜訊的鐵律，那這一樣有問題：即使在隨機分配的情況下，因為機率的緣故，我們仍然應當預期各組之間或多或少會有一些差異。這就是卡萊爾檢驗法的基礎。他檢查了藤井善隆的一系列論文，結果發現所有的數據居然完美到近乎不可能的一致。比如說藤井善隆論文中病人的身高、體重、年齡都配合得天衣無縫。在真實世界中要找到這樣幾組病人的機率是十的三十三次方之一。[19]因此我們很確定藤井善隆的數據是假造的。

二〇一七年時，卡萊爾又用他的檢驗法檢查了發表在八本期刊上的五千零八十七個臨床試驗，看看它們的隨機分配程序是否有問題，或是有任何完美到不正常的地步。[20]當然，我們不能否認**有些**試驗乍看之下很可疑，其實只是運氣不好的關係。但是即使把運氣不好的成分也納入考量，卡萊爾還是發現了有百分之五的臨床試驗數據非常有問題：這個結果代表了大概有數百個臨床試驗的結果很可能是完全錯誤的，因為沒有適當地隨機分配受試者，這些試驗的結果都變得毫無意義。在所有有問題的試驗中，藤井善隆那樣的詐騙行為其實只占了很小一部分而已。卡萊爾所發現的錯誤，十有八九大概都是無心之過。但是考量到臨床試驗出問題時首當其衝會影響到的，是醫生會依據這些結果來為自己的病人選擇治療方式，這樣一來原本的無心之過，很可能就會造成嚴重而深遠的影響。[21]

Statcheck 或是GRIM測試以及卡萊爾的測試都有一個優點，那就是它們都只需要使用論文裡慣常會提供的摘要性數據即可，比如p值、平均值、樣本數、標準差等等。它們不需要原始試算表裡面的完整數據就可以運作。這是一件很棒的事情，因為眾所周知科學家對自己的數據往往保密到家，絕不輕易給人，即使真的是來自於一名**貨真價實**的同行誠懇的請求，他們也甚少鬆口。二〇〇六年有一份研究發現，若是收到一封索求原始資料的電子郵件，只有少少的百分之二十六的心理學家願意交出自己的數據；這比例在其他領域中也一樣冷清。此外，隨著研究年代愈久遠，其原始資料也愈難取得。[22]這種不情願分享原始數據的心態，嚴重阻礙了一項重要的科學核心價值——自我監督，同時也是默頓準則裡面提到的公有性與有條理的懷疑主義，成為它最大的絆腳石。上面所提到的三種測試法雖然都很聰明，但是它們所能測試的程度畢竟有限，若是我們能拿到所有研究完整而詳細的數據組仔細檢查，那所能查出的問題將不可同日而語。不過到目前為止，對自己數據保密的動機（這動機很多，或許也包括了怕別人找到自己研究裡面的錯誤），顯然強過默頓準則裡面強調分享研究成果的動機。

基本上所有的領域都有這種數字問題。而某些領域的問題又更特殊一點。以細胞株為例好了，這是一種由生物學家所培養出來，可以分裂無數次的不死細胞，生物學家會用它們作為模型，來研究各種各樣不同的細胞，其中有健康的也有癌細胞。一九五八年，就在第一株不朽的細胞株被創造出來數年後，就有科學家記錄到在做實驗不小心的情況下，不同的細胞株（甚至是來自不同物種的細胞株）有可能會被混在一起。[23]這種事情其實很容易發生，比如實驗室有人在培養皿上貼錯了標籤，或是有限的空間裡擠了太多人一起做實驗，或是實驗室太過凌亂，有時是儀器沒有清理乾淨或是沒有適當消毒。這種情況稱為汙染，而汙染對於實驗來說絕不是什麼好消息，因為某些細胞株可能長得比較快，也比其他細胞株強韌，可能在實驗者還沒發現之前，就完全取代另一株細胞株了。不消說，用錯的細胞株做實驗可能會得到完全無效的結論：你以為自己是在研究骨癌，結果其實用的是大腸癌細胞；你以為自己在研究人類細胞，卻沒注意到正在使用的其實是豬或是大鼠細胞。[24]而在這種情況下所得到的實驗結果，自然也無法被其他人複製。知名科學期刊《自然評論癌症》曾在一篇警世的社論中直率地批評道：科學社群沒有成功防止這個問題發生，結果讓數千篇使用了錯誤細胞株的實驗，做出誤導的，甚至可能是錯誤結果的論文，就這樣被發表出去。[25]

數千篇是幾千篇？二〇一七年有一個分析，在調查了那些已知使用了錯誤細胞株（他們稱之為冒牌貨細胞）所做的研究發表而成的論文後，很驚訝地發現竟然有三萬兩千七百五十五篇論文裡面用的是冒牌貨細胞，然後有超過五十萬篇論文曾經引用過這些被汙染的論文。[26]因為大部分科學家所使用的細胞株都是癌細胞，因此毫不意外的論文被汙染最嚴重的領域，就是腫瘤學。而另外一個比較特別，針對中國實驗室所做的調查則發現有高達百分之四十六的細胞株上面的標籤不正確。[27]另外一項調查則發現，在中國所有宣稱新培養出的細胞株裡面，其實有百分之八十五是被來自美國的細胞株汙染；而因為實驗室之間分享細胞的行為極為常見，讓這類的問題更是快速地變本加厲。[28]不過這問題絕不只局限於中國的實驗室而已，也有研究顯示，在所有使用被汙染的細胞所發表的論文中，百分之三十六是來自美國的實驗室。同時，以指數速度暴增的也不只有錯誤的細胞株而已，使用了錯誤細胞所發表的問題論文，數量一樣也在暴增，儘管科學家很早就知道有這種細胞株的問題。

關於這個細胞株的問題，最讓人灰心的事情，莫過於在過去五十年的時間中，科學界是如何對這個急迫的問題視而不見，無動於衷？因為這種冷漠，導致醫學研究浪費了大量的金錢在失敗的實驗上。在科學家首次發現冒牌貨細胞問題的二十年後，因為一次人類細胞被夜猴細胞汙染的科學事件，《自然》期刊刊登了一篇社論來回應，該社論內容除了粉飾太平以外，還斥責那些提出問題的吹哨者為「自封的雞婆糾察隊」。[30]誠然，不是所有的汙染事件都對實驗造成毀滅性的影響，比如你可能只是把幾種不同的人類前列腺癌細胞混在一起，這樣仍能做出一些有意義的發現。但是很多的汙染事件卻導致研究成果完全無用，這點我們可以從跟「使用錯誤細胞相關」這個類別的撤稿數量不斷攀升這種現象中看出端倪。[31]

細胞株汙染事件能一直在細胞生物學界陰魂不散，實在是件令人難以想像的事情。僅僅過去十年間，從二〇一〇、二〇一二、二〇一五、二〇一七到二〇一八年，都有知名期刊的社論出面呼籲學界對弄錯細胞株的問題採取行動，這呼籲甚至可以一直追溯到一九五〇年代。[32]目前，我們已經有更好更便宜的DNA技術，可以驗明細胞株的正身，因此應該可以預期類似的錯誤在未來將可以避免。[33]不過呢，鑑於生物學家在過去無動於衷的態度，或許還是別掉以輕心。這可不只是一兩個不小心的錯誤案例而已，這是累積了數十年對嚴重錯誤視而不見的後果。如果將這類錯誤與其他領域（比如航空界）所犯的錯誤相比——每一次飛機出事，他們就投入龐大的資源來調查事故原因，以確保同樣的問題不會再發生——這麼一比較起來，科學家實在是太失職了。而既然這個痼疾主要拖累的是癌症研究領域，這就讓整件事情已經升高到令人不舒服的道德層次了。

若是在科學上犯的錯誤會帶來傷害，那就超過了單純學術範圍，而涉及了道德層次的問題，這情況也適用在那些會直接犧牲動物生命的研究領域。我指的當然就是那些使用非人類的動物做實驗的研究領域，這些動物作為實驗的一部分，通常後來會被「安樂死」，其實也就是殺死（比如說，要檢查在使用了新藥之後，實驗動物的大腦組織反應）。這類研究通常都受到政府機關的嚴格管制，因為很明顯的，大家都同意如果沒有科學上足夠好的理由，那麼不管是殺死實驗動物，或者即使只是讓牠們受苦，都是不道德的行為。[34]因此動物實驗所代表的，不僅僅只是一般的科學沉重責任，也就是在不浪費資源的情況下，去做出精確的、可以被複製的實驗結果而已；它們還有額外的責任，也就是在實驗設計與分析時所出現的錯誤，不至於讓伴隨著這些實驗必然會造成的動物痛苦與死亡，變得毫無意義。不幸的是，有很大一部分動物實驗（根據某些標準，可能是大多數的動物實驗）都沒有滿足這些要求。

由神經科學家麥克勞德所領導的團隊，調查了許多動物實驗，檢查它們是否都有滿足實驗設計應該要遵守的幾項基本原則，這些技術規範對於從這類實驗的結果中做扎實的推論來說，是不可或缺的。這篇論文發表於二〇一五年。[35]他們所檢查的第一個原則，就是我們之前所討論過的隨機分組。熟悉實驗設計的人都知道隨機分配的重要性，但是根據麥克勞德的調查，只有百分之二十五的相關實驗提到有將實驗組隨機分配。[36]這麼低到讓人憂心的比率，是不是因為這些實驗其實確實有隨機分組，只不過沒有在論文中提及呢？看起來不太可能。鑑於隨機分配與否，對於一項實驗結果的品質好壞來說至關重要，也因此關乎這個實驗發現的有效性（同時從務實的角度來看，也影響一篇論文會不會被審稿人接受），實驗者不太可能在費力隨機分組後卻隻字不提。

麥克勞德所檢查的另外一項技術則是「遮盲」。在一個有遮盲的實驗設計中，搜集數據的科學家並不知道要測試的是哪一個假說，也不知道要測試的是實驗組或是控制組。[37]科學家手上只有做實驗所需的必要資訊，除此之外就沒有更多的資料了。只有當所有數據都搜集完全之後，他們才會知道哪一組數據屬於誰（在某些例子裡，盲測也應用在資料分析的過程中；負責分析資料的科學家並不知道哪一組數據屬於實驗組，要等到所有測試都跑完之後結果才會揭曉）。在實驗的過程中，遮盲應該盡量應用在每一個步驟中，這個原則就像是一道防火牆，可以阻擋科學家在有意識或是無意識的情況下，影響實驗的執行或是資料的分析，結果造成偏差。科學家對於遮盲這個概念其實並不陌生，在所有實驗設計的課程中也都有教導（即使沒有要求在分析資料的過程中使用，應該也會要求在搜集資料時使用），但是根據分析，在動物實驗的論文中只有百分之三十的研究提到遮盲的設計。[38]為什麼會這樣呢？麥克勞德的發現或許可以給我們提供一條線索：根據他之前所做的一些統合分析，當科學家有確實執行隨機分組以及盲測時，他們的實驗所得到的效果似乎比較輕微。[39]

實驗如果沒有好好執行隨機分組或是遮盲的話，即使樣本數量龐大，仍然可能獲得誤導人的結果。[40]不過這個意思並不是說實驗中的樣本數量並不重要。事實上，樣本數是設計一個實驗最關鍵的考量，同時也是麥克勞德的團隊所調查的另外一個重點。動物實驗論文的作者有沒有揭露，他們如何決定在實驗中應該使用多少隻動物呢？事實上只有百分之〇．七的作者提到這件事。為什麼這數據如此讓人失望？有兩個原因。第一個原因我們之前已經提過，那就是 p 值操縱。不事先決定樣本數量，科學家就可以收集資料然後再執行分析，收集資料再執行分析，一直這樣重複直到他們得到理想中小於〇・〇五的p值為止。至於第二個原因，涉及到一個我們還沒有討論過的概念：統計檢定力。簡而言之，絕大多數的科學研究所使用的樣本數都太小了。

想想看如果你有一個效果超級好的頭痛藥，可以瞬間治好任何一種疼痛。在做實驗的時候，你根本不需要任何p值或是統計學的幫助來顯現它那超級強大的效果。每一次做實驗的時候，就算只是比較一名服用此藥的頭痛患者與另外一名服用安慰劑（或是效果比較差的藥）的患者，我們也會立刻注意到它的效果。現在再回想一下上一章所提到的，那個比較男性與女性身高的研究。放在強效頭痛藥的例子裡，要有一樣的效果，那相當於世上所有男生的身高都比女生高。但是真實的情況當然不會如此。真實世界統計學上的效果幾乎總是比較弱而且難以一眼看出。如果將疼痛指數分成一到五分的話，那真正的頭痛藥平均只會降低半分而已。只用兩個人來比較的話，我們無法分辨這麼微小的藥效跟隨機出現的雜訊，執行這種實驗無異浪費時間。就算我們將人數增為每組十人，那還是有許多情況會讓雜訊淹沒這麼微小的效果。比如可能有幾個受試者在填寫疼痛問卷的時候，不小心圈錯了分數；搞不好有一名受試者在回答問題之前剛好撞到頭，結果讓疼痛加劇；或者另一名受試者剛好戒酒，減緩了頭痛。

但是如果我們招募更多人來做實驗，比如說五百人服用頭痛藥，五百人服用安慰劑，那麼即使是輕微的藥效也很容易可以跟隨機出現的波動區分開來。這是因為藥效（也就是我們尋找的訊號）會是**系統性的**：在服藥的那一組人中，將會有數量夠多的人出現的效果偏往相同的方向。而跟服藥與否無關的雜訊則會是**隨機的**，它們會平均地出現在兩組中，有時候讓某些人疼痛加劇，有時候讓其他人疼痛減緩。在人數夠多的實驗中，這些隨機出現的變異傾向互相抵消，因此大族群實驗的平均值將比較接近「真實的」效果。統計學家常說根據大型實驗所做的測試，其**統計檢定力**將高於小型實驗，也就是如果一個新藥的效果真的比安慰劑要好，那麼大型實驗將比較有機會偵測到這個差異。

上一章我們已經解釋過，所謂p值的意思，就是說在其實沒有任何效果的情況下，我們有多大的機會得到一個看起來像是期待中的效果（或者比期待中的效果要更強的效果）。因此一般來說，大家通常會希望這個值愈小愈好（至少要小於標準閾值，通常訂在〇．〇五）。另一方面，統計檢定力描述的則是當真的**有**效果的時候，我們有多大機會看到這個訊號出現統計上的顯著性差異，因此大家會希望它愈**高**愈好。在沒有太多數據的時候，我們很難偵測到輕微的效果（也就是微弱的訊號），因此如果你所尋找的效果愈弱，那樣本的數量就要愈大才行。

這裡用一個比較具體的例子來解釋這件事。二〇一三年時，心理學家西蒙斯的團隊在網路上做了一次調查，他們要求參與者回答一些跟飲食喜好和政治傾向有關的問題，與此同時也一併收集他們的基本人口統計學資料（性別、年齡、身高……諸如此類）。[41]接著他們把樣本分成好多組（男性與女性、自由派與保守派等等），然後記錄下這些組別在特定變項上的差異。接著他開始研究，在不知道這些差異的情況下，我們需要調查多少人，才能夠有信心地說自己所看到的差異是真的。[42]舉個大家現在已經很熟悉的例子來說，我們知道身高跟性別是有關聯的（男性通常比女性高），而只需要調查六個男生跟六個女生，我們就可以得出這樣的關聯。這個效應可說非常大，因此也十分明顯，所以我們前面舉例用二十人來做的實驗，就已經有很高的統計檢定力。另外一個同樣明顯的例子則是：「年長者比較容易說他們快到退休年齡了嗎？」答案是：「是」，而西蒙斯發現你只需要訪問九名老人跟九名年輕人，就可以得到這個結果。不過有其他的效應則需要較多的受訪者樣本才能夠偵測到：

- 喜歡吃辣的人也比較喜歡吃印度菜（需要二十六個喜歡吃辣的人與二十六名不喜歡吃辣的受訪者）。
- 自由派傾向認為社會正義是重要的，而保守派則否（不同政治傾向者需要各三十四名，才看得出差異）。
- 男人平均比女人要重（需要四十六名男生與四十六名女生）。

這些計算的目的是讓科學家對於在任何給定的實驗狀況下，想要尋找一個有意義的效果大小，有一個比較實際的看法，從而知道如果希望自己的實驗結果有意義，將會需要多少樣本。如果你的樣本數小到連像「男人是否比女人重」這種問題都無法做出可靠的檢測，那很可能也沒有足夠的統計檢定力來偵測你那深奧的理論中所預測的效應。

做一個低檢定力的實驗，就好像拿一副雙筒望遠鏡去觀察宇宙中遙遠的銀河系。就算你想觀察的東西真的存在，基本上你也完全沒機會找到它們。不幸的是，許多科學家都無視這樣的概念，特別是在麥克勞德所檢查的動物實驗領域中。二〇一三年有一篇評論檢視了許多神經科學的研究，其中也包括研究像「性別對老鼠走迷宮的影響」這類的研究。[43]如果想要知道性別對於老鼠在迷宮中表現的影響，至少需要一百三十四隻老鼠才能達到足夠的統計檢定力，因為這是比「男生比女生重」這種效果還要微弱的效果。不過做這種實驗的科學家，平均只用了二十二隻老鼠。這也不只是老鼠走迷宮這種實驗才有的問題，事實上幾乎所有的神經科學研究都有類似的問題。[44]其他大規模的文獻評論也發現在醫學的臨床試驗上，在生醫研究上，或是更廣泛的經濟學、大腦影像科學、護理學、行為生態學等等領域，然後毫不令人意外的也在心理學領域中，普遍都有檢定力不足的問題。[45]

如果這些領域的研究檢定力是如此之低，那他們怎麼有辦法還看出實驗的效果？第一個原因很可能是他們都玩了p值操縱：研究人員在原始分析中其實並沒有看到任何效果，於是就開始在數字上發揮創意。[46]不過就算沒有p值操縱，有時候檢定力不足的研究還是有可能發現實驗的效果，不過其背後的原因並不是什麼好事，而且有點複雜。要解釋這點必須回到我們之前提過的**抽樣誤差**。如果我們的頭痛藥在某個族群中的效果真的不強，在一個一到五分的評量表上它的效果只有半分。有時候因為隨機的緣故，找到一群受試者的效果碰巧比平均值低，讓藥品看起來一點效也沒有。不過也有可能因為隨機的關係，我們收到一群對藥品反應特別好的受試者，然後得到藥品效果比平均值好的結果。這些例子告訴我們，在一個檢定力不足的研究中，**只有**當樣本的假效果大得離譜的時候，我們才可能得到一個正面（p值有顯著性）的結果。

因此，既然檢定力不足的研究只能偵測到大的效應，那麼它們能看到的也就只有大的效應。這說法聽起來好像有點套套邏輯，不過下面這個說法就很邏輯了。如果你在一個檢定力不足的研究中看到某些效應，**那這些效果很可能是被過度誇大的**。[47]再來就是發表偏差：既然大效應往往也代表了令人興奮的效應，它們也比較容易受到青睞而被發表。這也是為何當我們閱讀科學期刊時常會發現，怎麼有這麼多小規模的實驗可以獲得巨大的效果。如同上一章所提到的漏斗圖一樣，科學期刊往往因為沒有找到什麼「有趣」結果的理由，不會刊登所有小規模的實驗。

這種情況會對未來的研究造成問題。因為科學家往往會從過去的文獻中尋找怎樣的效應才是他們預期在實驗中看見的。如果最初的小規模實驗誇大了效果量，以後的科學家就會跟著用小規模樣本數來做實驗，並且認為這樣子的檢定力應該足夠。但是最初文獻中所報告的效應（假設真的有效應的話）其實很小，而小規模的實驗並足以發現它們。[48]長此以往這種檢定力不足的研究就會造成一連串的骨牌效應：一個研究接著一個研究，浪費時間、資源以及人力，追逐著一個巨大的效應，但這巨大的效應其實就像是停在燈泡上的飛蛾，所投射出來的巨大黑影，終究只是個幻影而已。

如果我們周遭環境中充滿著效應很大的事情，那用小規模的樣本來做實驗其實沒有什麼問題。但是效果很大的事情通常都來自很明顯的因子，比如我們之前舉的男生與女生身高的例子。大部分事物的效應都沒有那麼明顯。有一份研究在調查了許多臨床試驗後發現，大部分藥品的效果都落在微弱到中等之間。基本上這個意思就是說，如果你做一個臨床試驗，找了一百人做實驗組接受治療然後又找了另外一百人服用安慰劑做對照組，那麼假設安慰劑對照組有二十個人病況好轉，*實驗組大概只會多六個人，也就是大約只有二十六人在接受治療後病況好轉。[49]即使是那些已經公認有效的藥，像是治療思覺失調症的抗精神病藥物、治療失眠的苯二氮平類藥物、治療氣喘症的類固醇藥物等等，它們的效果也只算中等：上面所提到的這三類藥物用在一百人的實驗中，實驗組大概會比對照組多出十八人病況好轉（也就是大約會有三十八人在治療後病況好轉）。[50]在心理學的領域中，大部分實驗的平均效應大概也跟其他領域一樣，不會太大。[51]

當研究的主題是身體、大腦，或是生態系統、經濟、社會等等極度複雜的系統時，研究者就更難找到任何一個因子，可以產生比其他因子要更明顯而巨大的效果了。相反的，大部分我們所研究的心理學、社會學甚或是醫學現象，都是來自眾多微小效應加在一起的結果，其中每一個效應都只扮演了一小部分的角色而已。比如，當經濟學家想去解釋為何在他們的研究對象中，大家的收入都不一樣時，他們往往必須考量這些受訪者住在哪裡、他們的家庭背景、他們的工作能力、他們的人格與個性、他們所受的教育、不同國家的稅制及這些制度的變化情形，以及其他各式各樣的因子與經歷，在這些受訪者一生當中，讓他們的財產朝著不同方向變化。事實上，微小效應遠比巨大效應要常見，同時它們的綜合效應影響力也遠大於任何巨大效應，而那些低檢定力的研究卻將世界描述成四處充滿著巨大效應，這是完全悖離事實且誤導的。

低檢定力的研究有可能讓科學家誤入歧途，其中一個最讓人汗顏的例子，就是當初大家一窩蜂地投入「候選基因」的研究。在過去十年間，遺傳學家從這件事情上學到了痛苦的一課，了解

＊譯注：這是很正常的現象，在任何實驗中，服用安慰劑的病人一樣會有人病情改善。也就是說不管吃不吃藥，都會有一定比例的病人好轉。

了低檢定力實驗的危險。從很久以前我們就已經知道（大部分是從研究雙胞胎得知）一個人的身高體重、他們的認知能力測試成績（智商ＩＱ）、他們未來出現生理或心理疾病的可能性，以及其他許許多多的特質，都跟他們的遺傳差異有關。[52]不過直到大約二十年前，科技的發展才足夠普及到讓遺傳學家可以去精確地找出，到底是**哪幾段**ＤＮＡ跟這些特徵有關。早期的研究重點大多集中在尋找出某個特定基因（所謂的候選基因），去測量這個基因的差異，然後希望能夠建立該基因與生理特徵差異的相關性。

剛開始的時候這樣的策略看似很成功。各種候選基因的研究相繼報告出豐碩的成果，比如研究發現 *COMT* 基因的變異跟認知測試成績有關，而 *5-HTTLPR* 基因跟憂鬱症有關，*BDNF* 基因的變異則跟思覺失調症有關，這些都還只是列舉少數比較知名的研究為例，其他還有數百篇相繼發表的研究。[53]在這些研究中所報告的效應往往令人印象深刻。比如說在二〇〇三年，有一篇刊登在頂級期刊《自然神經科學》上面的研究宣稱，他們發現當某個人體內一個叫做 *5-HT2a* 的基因出現特定變異時，他們的記憶力會降低約百分之二十一。[54]有這麼顯著的效應，想必我們應該走上了解開這些重要特徵遺傳之謎的康莊大道吧？與此同時，遺傳學家也解開了基因與生理特徵之間的生物「路徑」，比如說 *5-HTTLPR* 基因之所以跟憂鬱症產生連結，是因為當個體受到威脅的時候，這基因會讓大腦中的杏仁核（大腦裡面一個跟情緒有關的區域）變得特別活躍，因而引發憂鬱症。[55]

當我還是大學生的時候（在二〇〇五年到二〇〇九年之間），候選基因相關研究正如火如荼，討論十分精彩。但是當我在二〇一四年初拿到博士學位的時候，這些研究的光環卻幾乎全部消退了。發生了什麼事呢？主要的原因還是隨著科技的進步，測量人類的基因型就變得愈來愈便宜。[56]我們可以使用更大的樣本數來進行遺傳學研究，一次研究數千個對象，甚至到現在可以一次研究數萬個對象。遺傳學家也改變了研究策略，與其一次只研究一兩個候選基因，他們現在可以同時比較橫跨多人DNA序列上面的好幾千個變異點，看看有沒有哪些變異跟生理特徵的相關性最強。這種策略稱為全基因組關聯分析（英文縮寫是GWAS），在這些研究中所採用的分析將有更高的檢定力，因此除了過去那些公認的候選基因所產生的巨大效應以外，它們應該還可以發現其他影響生理特徵的微小效應。[57]

但是到頭來，GWAS分析並沒有發現那些候選基因有什麼巨大的效應。[58]這些效應完全不存在，如果它們是真的話，那在分析中應該會顯得特別刺眼，與其他的基因格格不入才對。事實上，根據最新的高檢定力的GWAS所得到的結論，除了少數例外以外，比較複雜的人類生理特徵往往牽扯到數千個基因變異，而每一個基因變異都只貢獻了微弱的影響而已。[59]新的分析得到了跟以往那些受讚美的研究完全相反的結論，候選基因沒有什麼強大的效應。從此之後，所有使用高統計檢定力，針對候選基因與ＩＱ測試、憂鬱症以及思覺失調症所做的重複研究，都報告了完全無效的結果。[60]

現在再回想起當初閱讀的那些候選基因論文，整個人好像經歷了一場超現實的體驗：這些論文合力構築起一套宏偉的論述，甚至包含了詳細的基礎研究，而如今我們卻知道這套論述完全是錯的。亞歷山大＊在他的部落格「Slate Star Codex」裡面這樣形容：「這就像是一名探險者從東方回來之後，不只是說他在那裡發現了獨角獸，而且還繪聲繪影地詳述了獨角獸的生活史、牠們吃什麼、有多少種不同的獨角獸、獨角獸哪個部位最好吃，甚至還一五一十地報導了獨角獸跟大腳怪之間的打鬥過程。[61]」

這齣爛戲就是一場教科書等級的示範，讓我們知道低統計檢定力的研究有多危險。科學家最早所找到的候選基因，都來自於小規模的研究，這種研究只能發現大效應的結果，因此他們所報告的也都是巨大的效應。從事後諸葛的角度來看，這些所謂的大效應其實都只是極端的離群值，或是採樣誤差所導致的意外成果。其他後續研究因為想要重複大效應的成果，因此也都繼續採用較小的樣本數。在這種情況下，隨機出現的結果反而占據了主流地位，建立起一系列誤導大眾的發現，然後成為該科學領域的黃金標準。當然，還是有一些研究沒有發現這些基因的效果，也有一些統合研究對這種低檢定力的研究發出警告。[62]然而大部分研究候選基因的科學家卻持續忽略這些警告。這些遺傳學家如果對於這些基因的歷史有多一點認識的話，一定會對那些可以產生巨大效應的基因感到懷疑，因為早在一九一八年，讓p值以及「統計顯著性」這些概念變得普及的統計學家費雪爵士，就曾經研究過這些複雜的特徵，並且下結論指出，這些特徵必定是跟數千個微小效應的基因有關。[63]

不過遺傳學家還算是幸運的，因為科技的進步讓基因型分型的成本降低，如此一來，所謂候選基因的理論就可以透過GWAS的技術，使用適當的檢定力好好檢驗一番，這可以讓遺傳學家毫無懸念地知道自己是否走在正途上（結果證明他們走錯路了）。從此之後使用大樣本數量來做研究就成為慣例。儘管仍然有少數人固執地堅守著候選基因的信念，但是這類型的研究終將完全被消滅。[64]但是想想看，還有多少領域的研究尚未經歷過類似的終極考驗？只要這些領域的研究所根據的，仍是小數量的樣本卻呈現出不可思議的巨大效應，那就算有著堆積如山的科學文獻支持，它們也很可能只是一堆如候選基因理論一樣誤導人的海市蜃樓而已。

批評那些做著檢定力不足實驗的科學家粗心大意，甚或是能力不足，這樣公平嗎？比如神經

---

*譯注：史考特．亞歷山大是美國的一名精神科醫師，也是Slate Star Codex部落格的創作者，不過這其實是他的筆名而非本名。

科學家可能會說，因為他們的實驗極其昂貴，經常必須負擔實驗動物的購買與飼養費用，或是必須使用像核磁共振造影腦部掃描儀這類昂貴的儀器。因為有這些花費，所以他們僅能負擔得起小規模的實驗。更糟糕的情況則是，還有許多實驗是由博士班學生或是博士後研究員所進行，他們通常更缺乏研究經費，就算有，金額也不大。當我在科學研討會中批評那些統計檢定力不足的實驗時，經常聽到的回應就是：「我的學生必須要有成果發表，這樣在未來的就業市場上才會有競爭力，但是他們不太可能負擔得起大規模的實驗，只能就手邊有的材料盡力而為。」這個例子很清楚地描繪了一名本意良好的科學家，因為被整個系統鼓勵（有人則會說是被逼的）不得不妥協，最終導致科學工作變得不科學。

就算是這樣好了，科學家誠然可以解釋**為什麼**他們所做的實驗檢定力不足，但是卻無法將這件事正當化。在本書後面我們會再回來討論，誰（或是什麼東西）該為出現了這種疏忽負責。但是現在我們必須承認，一旦科學社群集體認同了這些低檢定力的研究，他們就開始忽視甚至違背了自己在科學定義下所應該負起的責任。因為低檢定力的實驗具有誤導人的傾向，它們其實是在**抹去**我們的知識，也因此最好一開始就根本不去做這種實驗。在知情的狀況下還去做這類實驗的科學家，以及鼓勵他們繼續發表這些研究的期刊編輯與審稿人，就像是在科學文獻中慢慢地摻入毒藥一般，削弱了推動科學前進所必需要有的堅實證據。而在動物實驗的例子裡，如果這些實驗的檢定力不夠高，完全無法回答我們一開始所預設的科學問題，那我們如何說服自己將這麼多的生命「安樂死」是件合理的事呢？[65]

根據調查，一般大眾對科學家的印象往往是，這一群人非常有能力。[66]但是談到本章中所提及的種種疏失時，最讓人灰心的一點也是，這些科學家確實比一般人要懂的多。他們其實很清楚要詳細檢查避免輸入錯誤或是其他疏漏；他們也知道隨機分配與盲測的重要性；他們知道（從一九五〇年代開始就知道了）細胞汙染問題對於許多領域（像是腫瘤學）來說，是個嚴重的問題。關於統計，即便是大學程度的統計課程也都提到統計檢定力的重要性，特別是在效應偏小的情況下更是至關重要。對大部分的科學問題來說，小樣本的實驗完全無法回答這些問題。

但是不管是科學家、審稿人，還是期刊編輯仍然犯下這些疏忽，並且讓這種帶有這類明顯錯誤的論文，以令人沮喪的頻率出現在文獻中。如同之前提過偏見時的情形一樣，我們當然無法避開**所有**的錯誤，在複雜的人類行為中，永遠無法完全避免偶爾的輸入錯誤以及其他各種問題。但是科學本身具有某些特殊的社會地位，它可以澄清謎團、仲裁糾紛，它是客觀的指標，而我們對它的期望甚高，整個社會視科學為極其嚴肅之事。科學家也因此需要以更高的標準來要求自己，才足以報答社會。

科學家既然知道的比一般人更多，他們所構成的科學社群本質又是「有條理的懷疑主義」，為何最終他們卻仍犯下那麼多本可避免的錯誤，我們該如何解釋這種自相矛盾的現象呢？科學家給人的刻板印象往往是對數字與資料極為細心謹慎，但是為何卻經常誤入歧途呢？在本書的第三部分，我們會看到一些可能的解釋。不過在此之前，我們還要再剖析另一個頗讓科學家苦惱之事。細心與謹慎的特質所外顯在科學上的行為，一部分應該就是拒絕從實驗數據一下子飛躍到結論，以及妄議這些研究結果與未來的可應用性。那麼，你大概會認為，科學界的文化應該是最謙虛謹慎才對的吧？這樣想的話，你就錯了。

第六章 炒作

下面這一則外星人遭遇者的報導是真的。當我說真的的時候，它其實是假的。這全都是騙人的。但是它們是很有娛樂價值的謊言。到頭來，這些難道不是事實嗎？答案是：否。

——尼莫伊，辛普森家庭

二〇一〇年時，《科學》期刊刊登了一篇由美國國家航空暨太空總署的科學家所投稿的論文，內容講到在美國加州的莫諾湖中，住著一種神祕的細菌。[1]莫諾湖本身就是個神祕的地方，除了這裡的水質呈現高鹼性，大概比海水要鹹了三倍以外，在湖中還矗立著許多形狀不規則，像石筍一樣的石灰岩塔，整體景觀看起來活像是科幻電影裡面的場景一般。[2]對於那些科學家來說，若是對這行星上的生物化學有興趣，想要尋找世上最極端的物種，看看這些生物還能夠教給我們哪些知識，那莫諾湖應該是再合適也不過的地方了。

這篇論文是由微生物學家沃爾夫西蒙所帶領的團隊撰寫的。根據他們的研究，這些細菌為了適應湖水的極端環境，產生了兩件神奇的事情。首先，這些細菌所生長的環境中幾乎不含磷，而一般科學家都認為磷對於任何形式的生物來說，都是不可或缺的必要元素，但是這些細菌卻可以在此地繁衍生存。再者，同時也是最吸引人的一點則是，為何這些細菌（沃爾夫西蒙將它們命名為 GFAJ-I）可以在無磷的湖水中生存呢？答案是它們把自身DNA裡面的磷元素，全部都換成了莫諾湖中含量頗豐的砷元素。但是，眾所周知砷是有毒的，因此這結果就更讓人訝異了。不只因為以前從來沒人聽說過DNA裡面的磷元素居然可以換成其他東西，甚至還是換成大量且有劇毒的砷。但是在 GFAJ-I 體內，砷卻似乎可以維持細菌的生命，扮演著跟平常完全相反的角色。[3]如果這個結果無誤的話，那 GFAJ-I 的成就，就不只是「幫沃爾夫西蒙找到一份工作」（沃爾夫西蒙博士名叫費莉莎 Felisa，她所命名的細菌其實就是英文「給費莉莎一份工作」Give Felisa A Job 的字首縮寫）。GFAJ-I 甚至會整個改變我們對生命的看法。沃爾夫西蒙自然也明瞭這結果所蘊含的意義，因此在這篇論文的發表會上，她就談到了這項發現「打破一扇門，拓展了宇宙其他角落生命的可能性。[5]」

那麼是時候把舊的教課書撕掉了嗎？且慢，先別急。從這篇論文發表以來，其他的科學家就對這種「砷生命」感到懷疑。[6]加拿大英屬哥倫比亞大學的微生物學家雷德菲爾德就指出這篇論文中的諸多錯誤，並將它們寫成自己部落格中的系列文章。[7]沃爾夫西蒙對此事的態度，則是完全無視這些批評。「我們不會參與這種討論，」她曾經這樣跟記者說：「任何批評，都應該先通過跟我們的論文一樣的同儕審查才對。[8]」這樣說似乎有點假仙，因為看起來太空總署在準備這篇論文記者發表會時的目的，就是想要引起大眾對此事的興趣。在發表會前幾天他們才剛放出一份讓人心癢難搔的新聞稿，指出即將公布的新發現「對尋找地外生命存在的證據來說，將有極大的影響。[9]」這篇新聞稿馬上激起了大眾的好奇心與猜測，一個流量頗高的部落格上面，很快就有文章猜測，可能在土星最大的衛星泰坦上面，發現了有新生命的跡象。[10]雖然後來這篇論文的內容並沒有那樣驚人，太空總署還是用帶有預言味道的口吻說：「我們對生命的定義又更寬廣了」。一位太空總署的官員在論文發布後馬上興奮地說：「在我們持續不斷努力在太陽系中尋找生命跡象時……也必須要考慮到我們還不知道的生命形式。[11]」

很快地，一如沃爾夫西蒙所期望的，這場討論開始在專業期刊上展開。而這次，專業期刊也罕見的對自己之前所曾接受過的論文，刊登了一系列強烈批評的文章──或許，有些人可能會認為這樣的例子，其實才是科學運作時該有的樣貌。對於這篇論文，《科學》期刊上刊登了至少八篇「技術評論」，包括雷德菲爾德的評論以及沃爾夫西蒙團隊態度強硬的回應。[12]雷德菲爾德最終親自測試了那些砷細菌實驗。[13]當初沃爾夫西蒙的主要發現之一，就是這些細菌不會在沒有砷也沒有磷的環境中生長，但是一旦將砷加入培養液之後，就會開始生長。但是雷德菲爾德卻無法在自己的實驗室重複這個實驗：她們發現如果不將磷元素加入培養液中的話，GFAJ-1無論如何都不會繁殖生長。至於最關鍵的，GFAJ-1細菌的DNA到底含不含砷呢？雷德菲爾德發現當樣品被水清洗過之後，她們只找到很少量的砷殘留下來。因此，最簡單的解釋就是沃爾夫西蒙當初的樣品其實被汙染了，這些細菌完全沒有什麼特殊之處。沃爾夫西蒙餵給細菌吃的砷，裡面可能夾帶著足夠的磷，讓部分細菌足以繁殖；相反的沃爾夫西蒙的DNA樣品，則可能是當她在實驗室重建莫諾湖環境的時候，被湖水中的砷汙染。瑞士蘇黎世聯邦理工學院的另一組團隊，也嘗試過複製砷細菌的實驗，得到了跟雷德菲爾德差不多的結果，算是為砷生命的理論提供了另一項實證上的否定證據，讓這件事就此蓋棺論定。[14]到最後，生命仍然是我們所熟知的那種型態。

在這次砷生命的例子裡面，有許多點值得我們稱讚：一項驚人的發現，可以很快就受到科學社群嚴格的檢驗。這正是科學存在的目的，讓我們可以立即修正自我的意見，而這次事件也正像教課書上所教導的那樣，往正確的方向發展。而沃爾夫西蒙的下場就沒那麼好了，在砷生命的事件後，她只再發表了一篇論文，之後就轉往教職不再進行研究。至於美國太空總署這個本來可能是世界最知名，讓人既崇拜又尊敬的科學機構，也因為這次事件，連帶嚴重折損了以後所有新聞發布的信譽。整件事情的起因，當然是因為他們過度宣傳自家的科學發現，迫使研究人員進入防守態勢，最終反而折損了自己在科學發表上面的信譽。

雖然我們不能否認美國太空總署可能真的天真地認為，炒作這樣一則不成熟的科學結果會是件好事。不過真正肇禍的主因，可能還是來自經費上的壓力。科學研究機構往往必須用盡全力去說服它們的贊助者，自己的工作確實值得投資，在美國太空總署的例子裡，它的老闆就是美國政府，而政府隨時都可能從任何一筆聯邦預算中，砍掉它們的經費。就像某一則針對砷生命事件的事後分析所言，太空總署必須「不斷地營造出一種研究具有相關性的印象[15]」。在有這種需求的情況下我們不難看出，一旦這種需求極端化之後，將會如何導致各種過度加油添醋的新聞被製造出來。

科學家當然也要面對類似的問題，他們也非常依賴研究經費的挹注來讓自己的工作可以持續下去，同時他們工作環境的氛圍，鼓勵的是華麗而浮誇的發現，而非那種辛勞但微小、一點一滴增進我們知識的科學成果。在下一章中我們會看到，從這個角度去看事情，將幫助我們更容易理解本書中所提到的各種科學問題是產生的原因，但這絕對不是它們正當化的理由。不過首先我們要先介紹一下，科學家如何錯誤地介紹他們的研究。本章的主要論點就是，扭曲與誤解科學家研究成果的其實並不是大眾媒體，恰恰相反，炒作這些科學成就最主要的來源，反而是科學家自己。而每一次他們扭曲自己的研究成果，就可能會在公眾對科學的信任上留下一次不良的烙印。有時候當這些炒作炒過頭的時候，就有可能造成整個研究領域的信譽全面崩毀。

處於這次砷生命故事的風暴中心的，是美國國家航空暨太空總署的新聞稿。很多人可能以為科學新聞稿只是出自宣傳部與公關部門的手筆，其實並非如此，科學家本人往往也涉入極深。甚至，有時候是科學家自己撰寫整份新聞稿。一位一直專注在自身工作上的無辜科學家，偶爾被媒體發現他的研究成果，然後被利用來大肆宣傳，最後釀成軒然大波這種情節，其實完全不是常態。[16]而透過媒體發表科學成果最大的問題，往往也不是他們報告了一件驚天動地的消息，結果後來卻被發現原來是一場烏龍。相反的，媒體發表科學成果最大的問題，是它們宣傳的都是一些完全可以合格刊登的科學成果，但是卻將它們吹噓到超過原本的重要性，講得像是一件世紀大發現或是攸關群眾生死的重要事件似的。二〇一四年時英國卡迪夫大學的科學家曾經做過一份調查，他們找了數百份主題跟健康相關的新聞稿，比對這些新聞中所提到的研究，以及最終在新聞稿中所呈現的故事，[17]結果發現科學新聞稿往往涉及三種類型的炒作。

第一種是**不適當的建議**：科學新聞稿常常會建議讀者要改變某些行為或習慣，比如說建議他們做某些特定的練習，但這些建議卻是過度簡化或是過度引申了原始研究的結果。在他們檢查的新聞稿中，大約有百分之四十左右有這樣的問題。另一種炒作則是**跨物種大躍進**。前面我們提過，許多臨床前醫學研究所使用的研究對象，都是像大鼠或小鼠這類的非人類動物，這種研究方法我們稱為轉譯研究或是動物模型。[18]這種做法的原理是我們可以先在這些動物「模型」身上研究像是大腦、腸子或是心臟等器官的運作原理，等累積了足夠的結果之後，最終可以將這些發現「轉譯」應用到人類身上，進而幫助我們發展更好的療法。但是從老鼠身上（或是培養皿中的細胞、電腦模擬的結果）所發現到的事情，到跟人類能扯上關係之間，還有非常遠的路要走。這其中有著一系列的發展、印證以及臨床試驗不斷重複，其中的過程辛苦而漫長，有時甚至需要數十年的時間。[19]絕大部分在老鼠身上所做出的研究成果（大約百分之九十左右），最終都不會應用在人類身上。[20]

動物實驗科學家當然也知道這件事，但是根據卡迪夫大學團隊的研究，這並不會阻止他們在新聞稿上面吹噓，暗示或是明確地宣稱他們第一階段的動物實驗成果，對於應用在人類身上來說至關重要：大概有百分之三十六的新聞稿都這麼宣傳。跟健康議題相關的新聞稿則慣常將「這些研究成果還沒有在人類身上試過」這類的解釋藏在文章後面，大約在結尾的第八或第九段。心理生理學家希瑟斯曾建立了一個推特帳號，專門用來轉推那些跟轉譯研究有關的誤導式新聞標題，像是「科學家發展出可以阻止我們吃垃圾食物的疫苗」或是「在胡蘿蔔中發現的分子可以逆轉類似阿茲海默氏症的症狀」，但是卻沒加上最簡單而重要的一句話：「但只限於老鼠身上！」。[21]

卡迪夫大學團隊所發現的第三種炒作可能是最讓人感到尷尬的一種。大家（特別是科學家）應該要知道**相關不等於因果**這樣的道理。[22]所有的基礎統計課程都會提到這個再簡單不過的觀念，同時它也經常出現在各種關於科學、教育、經濟以及其他諸多議題的公共討論中。當科學家所得到的只是一系列的**觀察**資料，尚未經過任何隨機化的實驗處理之前（比如說，畫出兒童的字彙量隨著年齡增加而變化之類的比較圖，而尚未進行研究），那麼他們所看到的只是相關性而已。這沒有什麼好丟臉的，我們可以從這種相關性中得到非常多的資訊；同時，準確地建立起事物的相關性，正是理解像是「大腦運作」或是「社會」這樣的複雜系統最基礎的一步。但是在解釋這些相關性的時候，我們卻必須非常非常小心。比如如果我們發現喝愈多的咖啡，跟愈高的智商有相關性時（順道一提，它們確實有相關性），我們可不能馬上就下結論說：「喝咖啡會增加你的智商。[23]」因果關係有的時候剛好是倒過來的，比如有可能是因為比較聰明，所以喜歡喝比較多咖啡。又或者，整件事情其實受到第三個參數的影響：比如生在比較富裕的社會階級環境，會讓你比較健康，因此也比較聰明，與此同時也讓你養成比較喜歡喝咖啡的習慣，因為喝咖啡在你的社交圈中，是件時髦的事情；因此富裕的社會階級，就成為影響咖啡與智商的共同因子了。[24]這些觀念並不複雜，同時早已是老生常談；但是卡迪夫大學的研究卻發現仍有百分之三十三的新聞稿，就這麼大肆宣傳因果關係，讓報導中的相關性資料看起來像是已經透過隨機安排的實驗驗證過，可以解釋事情發生的原因等等。[25]

吹牛的新聞稿會直接影響報章雜誌上新聞的誇大程度。卡迪夫大學的研究顯示，如果科學新聞稿一開始就對實驗結果誇大其詞，那麼在各種吹噓中，不當的建議將有六．五倍的機會被同樣誇大地出現在新聞媒體上，錯誤的因果關係將有二十倍的機會被誇大，而轉譯醫學研究的結果則更誇張，將有五十六倍的機率被誇大。反之，當新聞稿表現得中規中矩時，只有很小部分的報章媒體會誇大其詞。雖然這些結果也僅只是相關性研究，但是在二〇一九年時卡迪夫大學還曾經做過一個隨機實驗，結果相當令人印象深刻。[26]他們跟某個大學的新聞中心合作，隨機選擇一些新聞稿，在其中添加了一些未經證實的因果關係，然後跟沒有變更（比較貼近事實）的新聞稿相比看看會造成怎樣的效果。當新聞稿被傳出去之後，很快就可以在報紙上看見這些新聞標題。他們證實了誇大其辭的新聞稿會造就誇張的新聞。而二〇一九年的另外一份試驗則幫我們補完了這整個故事：經過炒作的健康新聞，確實會讓讀者比較相信報導中的治療是有效的。[27]

在這個「抄聞」橫行的時代，*許多記者都承受了極大的時間壓力，因此經常將新聞稿的內容照本宣科地抄回自己的報導中（我們常可以發現新聞報導跟新聞稿的文字幾乎一模一樣）；在這種情況下，科學家握有極大的影響力，也因此應該承擔重大的責任。[28]發表期刊時的同儕審查

*譯注：所謂「抄聞」指的是記者僅根據新聞稿或外電報導，而非親自採訪所報導的新聞。業配新聞就是一種抄聞。

制度寬容或不夠嚴格，但是類似的審查機制在媒體發布上可說是完全付之闕如，因此科學家對自己研究結果的重要性所帶有的偏見，就可能毫無保留地浮現在這些媒體報導中。二〇一七年有一份調查顯示，在媒體報導過所有跟健康有關的研究中，只有百分之五十後來能被統合分析證實。意思也就是說，這些研究僅有百分之五十大致可以被重複。這麼低的比例本身就可算上一件醜聞了，但是更糟的則是這些統合分析的結果卻幾乎沒有被媒體報導過。[29]而當它們有朝一日終於能夠登上媒體時，傷害可能早已造成。套句英國作家斯威夫特的話來說：「浮誇的科學結果橫行，闢謠跛行於其後。」

*

不過，那些曾被媒體大肆報導短暫曇花一現的新聞，可能還不太需要我們擔心。它們比起那些被寫入書本中的誇大科學結果來說，影響力完全不是同一個等級。當科學家所寫的書籍登上暢銷排行榜，成為一種所謂的時代精神後，它們會創造出一些觀念，然後烙印在大眾的腦海中。在最好的情況下，書本可以將複雜的科學成果，用既不誇大也不扭曲的方式介紹給一般大眾，可以帶給他們新的工具，去思考自身與世界的意義。但是在最糟的情況下，這些科學書籍也可能成為某種野蠻的大西部，在沒有同儕審查的警長約束下，任由炒作橫行。[30]眾所周知我的專業是心理學，這正是非常善於提出那種大受歡迎的勵志或是人生建議的領域，也很容易成為上述例子中最糟的一種。

有個影響力極大的例子，就是所謂的「成長心態」的例子。所謂成長心態意思就是相信自己如果夠努力的話，那你的腦力就有可能愈來愈強，而不會一輩子都保持一樣。而我們一定要避開的就是那種對自己沒信心，不認為自己還能發展任何能力的「定型心態」。首先提出這個概念的人是史丹佛大學的心理學家杜維克，她在這個主題上已經發表過上百篇的論文，但是真正讓這個概念爆紅並廣為人知的，還是要靠她的暢銷書《心態致勝：全新成功心理學》。她讓心態這種東西聽起來好像具有改變人生的力量似的。杜維克這樣寫道：「有關你自身的簡單信念，操縱你人生很大的部分。」「當你進入另一種心態時，你就進入了一個全新的世界。[31]」確實，當你學會這些心態之後，「你將突然能夠了解那些在科學、藝術、運動、商業等各領域的傑出人士，以及那些原本能夠，但最終未能有傑出表現的人何以至此。你將更了解你的伴侶、主管、親友、孩子，學習如何釋放你與孩子的潛能。[32]」

書中的內容很大一部分是用各種故事來作為例證，但是這本書（以及更普遍來說，關於心態這個概念）之所以成功以及具有影響力，主要是來自於杜維克本人是一名貨真價實的科學家，同時還不是普通的科學家，她是世界頂尖大學的一流教授，根據她在書本開頭的說法：她是在分享科學研究成果。同時，杜維克的理論也在教育界刮起一陣風潮。根據二〇一六年的一份調查顯示，百分之五十七的美國教師曾經接受過成長心態理論的訓練，百分之九十八的教師同意在課堂上帶入成長心態理論，有助於學生的學習。在英國，數千間學校的網頁上提到它們的成長心態政策。[33]

那麼，到目前為止，關於成長心態所做過的最優秀的研究，都說了些什麼呢？二〇一八年有人將三百份關於成長心態的研究做了一次統合分析。[34]這次統合分析所針對的，是受試者的成長心態指數（利用問卷來測量）與他們在中學或是大學裡成就相關性的那些研究，同時也包括了那些具有實驗性質、藉著誘發學生的成長心態，看看能不能改善學生的學業表現的實驗。在這兩類研究中，統合分析都發現成長心態的效應確實存在，但是相當微弱。相關性的研究發現，成長心態大概可以讓成績出現百分之一的差異。至於誘發學生成長心態的實驗，是藉著比較受過成長心態訓練的實驗組學生，與沒有受過訓練的控制組學生，而統合分析的結果顯示，這兩組的差異其實並不大。假如有沒有受過訓練都沒差的話，那這兩組學生的成績表現應該會百分之一百重疊（也就是說他們的成績分布狀況完全一樣）。研究結果顯示實驗組的學生跟控制組的學生成績稍有不同，不過兩者之間仍有百分之九十六・八重疊。[35]換句話說，成長心態並沒有什麼太大的影響。

不過就算影響不大，如果你能夠將其應用在數千或數百萬名學生身上，那麼加總起來還是做了一件不錯的工作。[36]不過這並不是杜維克描述成長心態的方式，而且那種描繪方式，也不會讓家長與老師成群結隊地去買她的書。杜維克選擇炒作一些個別的例子，讓成長心態聽起來像是某種天啓似的。[37]但是這種做法的危險之處，在於它讓眾多教師與政客把成長心態視為教育問題的救星，於是花下大把的時間與資源在這種影響微小的事情上，而這些資源本可用在那些真正導致學校教育失敗的問題，諸如複雜的社會、經濟網絡等等原因上。跟杜維克書裡面誇張的說法相比，現實不禁顯得蒼白且無力。尤有甚者，杜維克書裡面所聲稱的效果，違背了科學所要求的在知識上謙遜。如同我們在前面上一章所談過的，複雜的現象往往受到眾多微小效應的影響，科學家對此更是知之甚詳，因此也更不應該在兒童教育這類複雜議題上，推廣那種有單一「快速解法」的論點。[38]

不過我們還是要為杜維克說句公道話。關於成長心態的統合分析，是在離二〇〇六年的《心態致勝》出版超過十年之後才進行的，或許在那個時候我們還不清楚這項發現後來會如何演變（不過，這大概剛好支持了我之前所說的科學謙遜原則的重要性）。不過其他也兼職寫作的科學家就難辭其咎了。耶魯大學的心理學家巴吉曾經是一篇關於「用老人相關的概念進行促發實驗，會讓受試者走得比較慢」研究論文的主要作者。我們在第二章曾經提過這份研究，也解釋過在二〇一二年時，有人用較嚴格的實驗設計以及較大的樣本數，結果發現無法重複該實驗的結果。[39]

不過在二〇一七年，也就是重複實驗失敗，以及一系列心理學結果無法被重複的危機發生後，巴吉還是出版了一本暢銷書：《為什麼我們會這麼想、這麼做？》。[40]該書非常強調無意識對人類行為的強大影響力，卻完全不提在心理學領域中，正不斷出現無法重複實驗的問題。同時作者在書中還大量引用各種社會心理學研究（其中不乏那些樣本數不足、遊走在統計邊緣的有問題研究），然後用它們來解釋人類的行為，做出一些引人注目的結論。[41]

比如在該書的導論部分，巴吉寫道：無意識甚至「能夠影響你未來的工作以及你能夠爭取到的薪水——完全只看你未來的老闆手上端的是哪一種飲料，或是他們坐的是哪一種椅子。[42]」關於椅子論點的參考資料，來自一個只有五十四名受試者的心理學實驗，該實驗發現當某些受試者坐在巴吉的辦公室座椅上時，比較容易流露出種族歧視的態度，多半是受到豪華椅子的「促發」，讓他們覺得自己比較有權勢，而如果是坐在桌邊比較小的椅子上時，就沒有這種感覺。[43]至於手上飲料的論點——說得清楚一點，指的是當一個人手上拿著一杯熱飲時，他們會給予自己談話對象一個比較「可親」的評價，熱飲似乎象徵著這個人會帶給自己比較「溫暖的」感覺。這結論來自一個只有四十一名受試者的心理學實驗，後來在另一個較大樣本數的實驗中，被證實無法重複。[44]就算不談這些實驗無法被重複的問題好了，要注意的是不管是哪個心理學實驗，都跟「對員工的看法」無關。巴吉只是把他以大學部學生為對象所做的小規模實驗，悄悄地偷渡到一個完全沒有試驗過的場景中。這是對有限實驗結果過分誇大其詞的典型例子。

上面所說的書本，都是作者炒作一些薄弱證據的例子。[45]不過下面所要講的這本知名暢銷書，才真的是被批評為赤裸裸地曲解科學原理。二〇一七年柏克萊大學的神經科學教授沃克出版了一本知名科普書《為什麼要睡覺》，書中解釋了為何我們每天需要睡足八小時，不然就會有嚴重的健康（或是其他的）問題。[46]《為什麼要睡覺》跟上面提到的幾本書一樣，都在全世界熱賣。沃克本人也在TED上做過非常成功的演講，在網路上已經有了大約一千萬次的點閱數。[47]《英國醫學期刊》的前編輯史密斯說：《為什麼要睡覺》是那種少有能夠讓你完全改觀的佳作，它也應該能改變社會與醫療。[48]

但是事實上，沃克所有的論點都只是在催眠讀者。在該書的第一章沃克就寫道「睡得愈短，壽命愈短」，或是「若是每晚睡覺的時間常常少於六、七個小時，你的免疫系統會遭受破壞，罹患癌症的風險也會提高到兩倍以上。」[49]這兩個論點都沒有證據支持。二〇一九年作家兼科學家古奇曾經寫過一篇文章，試著找出沃克書中的論點來源為何並加以分析。[50]他首先發現，許多研究都顯示睡眠長度與死亡之間的關係其實呈現U型曲線，也就是說每晚睡超過八小時的人，以及那些每晚睡少五小時的人，平均壽命都會比較短。[51]其次，關於減少睡眠會「破壞」免疫系統，進而提高罹癌風險的例子（這個論點剛好是誤把相關性數據當成因果關係的好例子），其實跟實驗數據不合：許多實驗都顯示睡眠不足跟罹癌機率提高兩者之間很可能沒有關係，或者就算有也極為薄弱。[52]古奇還批評了書中許多其他地方的論點，比如在某個討論睡眠與受傷機率的地方，沃克只揭露了一半的圖表，顯示增加睡眠可以減少受傷機率，但是卻把另一半圖表藏了起來，而另一半圖表正好顯示每晚睡五小時的人，受傷機率比睡六小時的人要低。[53]

當然，這些批評都不是在說睡眠（或是多睡一點）不重要，這也不是說《為什麼要睡覺》的其他部分也都有問題。但是這些例子都說明了當科學脫離了自我設限、不再恪守於依循證據自給自足的記敘文體，開始炒作研究結果時，會變成怎樣的大災難。沃克**大可以**寫一本保守得多的書，將內容限制在「數據有多少，故事就講多少」的範圍內。不過或許這樣一本書就無法全球熱賣，也不會被盛讚為提供「能改變科學與醫療」手段的佳作。但是因為這樣，這本書可能誤導讀者，讓他們焦慮於自己的睡眠時間，或是浪費時間在超過真正需要的睡眠上面。從準確性的角度考量，該書錯誤陳述的密度之高，賣出的數量如此之多，反而更讓人膽顫心驚，徹夜難眠。

不過或許你會覺得我有點偏離了重點。或許作為商業的一部分，科普書籍並不需要百分之一百的準確，也應該免於吹毛求疵的檢視與批評。或許用老嫗能解的方式撰寫科學新發現，即使有可能過度簡化，但是總結來說仍然是利大於弊，畢竟，這可以達成推廣科學目的，同時也讓科學貼近一般人的生活。而且，難道我們不覺得這種書，讓這些至少是**認同**證據的人來寫比較好嗎？

這種論點雖然有些道理，但是從長遠的眼光來看卻有害而無益。為了講一個好聽的故事而在事實層面妥協，可能會形成一種惡性競爭，讓以後出版的科普書籍愈來愈不正確，愈來愈偏離實驗結果。這些書籍有一天終會被踢爆，或是它們所鼓吹的生活方式，最後卻達不到當初所炒作的效果。當這天來臨之時，整體科學的聲譽都將一起受到傷害。我們前面所討論的書本，都是由史丹佛大學、耶魯大學以及柏克萊大學的教授所著。如果連這些頂尖的科學家都不在乎證據有沒有被誇大，那誰還要在意呢？

科普書籍將事實過度簡化這件事，也與本書的另一個觀點，同時也是一件重要的事實，完全背道而馳，而這件事必須毫不含糊地講清楚，那就是「科學是複雜的」。就算是最優秀的作家也難以在科學進展的利齒下，用從容優雅的步調通過。科學的發現常常會出現彼此互相矛盾讓人困惑的情況，而當前最可靠的理論，有時候也會瞬間就被新發現的證據推翻。刻意簡化這些錯綜複雜的內容、暗示所有複雜現象的背後都有簡單而單一的原因或理由，這樣的書籍所介紹的科學並非科學真正的面貌。[54]但是不幸的，接下來我們將會看到，由科普書籍的炒作所滋養出來對科學不切實際的期望，甚至已經開始反過來影響科學本身了。

天大的好消息！科技創新的數量正在不斷攀升，至少，這是你在認真閱讀科學期刊裡面的用詞後，會作出的結論。二〇一五年有一項分析，列出了每一年科學論文的摘要中，正面的字彙出現的比例有多少。[55]所謂「摘要」是科學論文最前面的文章簡介，也是在這競爭日益激烈的科研市場上，科學家用來抓住讀者注意力的主戰場，也因此他們在此處的著力愈來愈深。二〇一五年的分析，研究了從一九七四年以來，科學論文摘要部分所使用的詞彙。有些字彙像是「創新的」、「有前途的」或是「堅實的」出現的頻率呈指數增加；「獨一無二的」以及「前所未有的」（或許是自相矛盾的）也變得極為常見；「有利的」也愈來愈多。[56]在一九九九年以前，「有突破性」這一詞幾乎沒人使用，但是從那時開始不知為何，一下子成為當紅詞彙。平均而言，在分析所採用的時間範圍內，論文摘要中正面用語增加了九倍之多。在一九七四年，摘要中只有百分之二含有上述那些自我吹捧的詞彙，但是到了二〇一四年左右，這比例增為百分之十七．五。該分析的作者半開玩笑地下了結論，根據過去四十年來正向詞彙出現的趨勢，若用外插法來推估，他們預測到了二一二三年，每一篇摘要中都會有「新穎的」這個詞。[57]

科學上的創新是否真的有跟那些戲劇性用詞的成長速度一樣誇張，是件相當令人懷疑的事。[58]因此科學家之所以開始使用這類辭藻，比較可能是因為這樣容易讓讀者（或者更重要的，是讓有名期刊的編輯與審稿人）看到他們的實驗結果。頂尖期刊都在自己的網站上宣稱，它們尋找的論文，必須具有「巨大潛在影響力」（《自然》期刊）；必須「在它們的領域中最有影響力」以及「呈現新穎且明顯重要的結果」（《科學》期刊）；有著「不尋常的意義」（《細胞》期刊），或者必須是「特別重要的」（《美國國家科學院院刊》）。[59]很明顯的，在這些要求中完全沒有提到任何跟嚴謹性或是可重複性有關的字眼。不過全世界最頂尖的醫學期刊《新英格蘭醫學期刊》倒是值得稱讚一下，因為它聲稱所尋找的論文首重「科學嚴謹性、創新性以及重要性」，按照這樣的優先順序。[60]

從科學論文中開始大量使用正面且強烈的詞彙的例子中，我們可以知道炒作效應不只侷限於科學新聞稿或是科普書籍中，它也影響到科學家撰寫論文的方式。在科學界，這類的炒作常被用一個從政治界借來的詞描述，那就是**化妝術**。*二〇一〇年有一項分析，研究了幾個具有代表性的臨床試驗，這些試驗都是隨機分配而且得到無效的結果（換句話說，這些試驗都沒有找到治療藥物與安慰劑之間的差別），然後檢查這些論文中帶有多少化妝過的詞彙（評鑑的方式是看論文中有多少詞彙來引導讀者分心，不去注意論文缺乏正向結果）。[61]結果發現就算試驗結果無效，還是有百分之六十八的論文在摘要裡，以及有百分之六十一的論文在內文中，都企圖強調治療的

* 譯注：原文是 spin，在政界是指一種為政治人物言行擦脂抹粉，以美化負面言行或是減輕傷害，甚至不惜扭曲事實的負面行為。

正面效果。有百分之二十的論文在每一節中（序言、實驗方法、結果與討論等小節），帶有至少一次化妝的詞彙。百分之十八的論文甚至在標題中就開始粉飾。

化妝術最常見的一種形式，就是科學家在處理無顯著差異p值時所使用的含糊言詞。還記得在第四章我們提過，通常只有當p值小於〇．〇五的時候，你才能宣稱你的效果「在統計上具有顯著性」。統計學家漢金斯搜集了許多科學家在發表論文時所用的天才話術，看看當他們真的很想要做出有顯著性的實驗結果，可是p值又偏偏頑固地維持在閾值之上時，會說些什麼話：

- 「有趨近於顯著意義的趨勢」（而且把結果寫成p值小於〇．〇六）
- 「頗有顯著性」（p值等於〇．〇九）
- 「顯著地具有顯著性」（p值等於〇．〇六五）
- 「幾乎就有統計顯著性」（p值等於〇．〇七八九）
- 「在顯著性附近徘徊」（p值等於〇．〇六一）
- 「非常靠近地輕拂過統計顯著性的邊緣」（p值等於〇．〇五一）
- 「雖然不是絕對的不過很可能具有顯著性」（p值大於〇．〇五）[62]

有許多科學化妝術語觀察家，舉出了各自領域中眾多科學文獻裡面所使用的化妝術。在婦科與產科文獻中，有百分之十五無顯著意義的臨床試驗結果會被化妝術美化，讓這些試驗中的療法看起來好像有效。[63]在癌症預後測試的研究中，有百分之三十五的研究會用這種化妝術來混淆那些沒有統計顯著性的實驗結果。[64]刊登在頂尖期刊上有關於治療肥胖症的臨床試驗中，有百分之四十七論文包含了程度不一的美化。[65]那些研究抗憂鬱劑與焦慮症藥物效果的臨床試驗中，有百分之八十三的論文沒有討論到這些研究在設計上所存在的重要侷限。[66]有一篇專門分析腦部影像研究的文獻評論認為，許多研究將相關性吹捧為因果關係，其程度已經到了「猖狂」的地步。[67]有些化妝術過分修飾論文，已經到了極度不適當甚或是造假的地步：比如根據二〇〇九年一篇評論舉了一些刊登在《中華醫學雜誌》*上面的論文為例，這些論文都宣稱自己採用了隨機分配的對照實驗，但是其中只有百分之七的試驗是真的有採取隨機分配。[68]

即便是統合分析也不一定就沒有問題。二〇一七年有一篇文獻評論，專門討論了一些針對「診斷試驗」所做的統合分析（比如用抽血測試來診斷阿茲海默氏症之類的試驗），結果發現有百分之五十的分析都對這些試驗下了肯定的結論，認為這些試驗的成效良好，但實際上這些研究

---

*譯注：《中華醫學雜誌》目前是由中國的中華醫學會與荷蘭威科集團共同發行的期刊。

中卻充斥著無關緊要或毫無統計顯著性的效果。這篇評論認為，這些化妝術「可能會導致大家對於這些測試未來在臨床應用上的表現，產生不切實際的樂觀判斷。[69]」看起來這又是另外一個例子，顯示了當科學家衝動地吹捧自己的研究結果時，往往會誤導那些最依賴科學家的人。[70]

這些化妝術的終極目的，其實跟那些誇大的科學新聞稿或是科普書籍的目的都一樣：科學家想要強調他們工作成果的「影響力」，讓人留下深刻的印象，因為令人印象深刻、具有影響力的成果有助於爭取研究經費、爭取論文發表的機會，也容易獲得讚美。但問題是這樣子會產生一種不良的回饋循環：這種炒作方式會讓經費提供者、期刊出版者以及社會大眾期待更多直接明瞭、簡單易懂的科學故事，這也就是說科學家必須更加簡化與修飾他們的研究，以便維持讀者的興趣，也才有辦法持續獲得經費。在這種不良的回饋體制下所產出的科學，目前看起來十分不健康。

剛剛我們已經看過媒體的誇大與科學論文的炒作如何產生連結，現在讓我們來看看當某個科學領域，深受上述那種回饋循環嚴重影響時，會是怎樣的狀況。

不管是什麼時候，經常都會有某個「新興的」領域深受吹捧風潮之苦。通常都是幾篇刊登在知名期刊上、簡單易懂的科學結果被媒體相中，引起大眾強烈的興趣，隨後一些在該領域的科學家變得有些魯莽，發表了草率不負責任的陳述，成為誇大炒作的材料，又吸引更多的注意，漸漸如滾雪球般愈演愈烈。但是隨著這些吹牛的主張無法被隨後的實驗重複，喧鬧歸於寂靜，科學又回到它的常軌。這些被過度炒作的領域有幹細胞研究、遺傳學、表觀遺傳學、機器學習以及大腦影像學等等。而在過去幾年間，爭奪「炒作最烈」獎項的黑馬領域，則屬研究**微生物基因體學**了，這是一個專門研究無數住在我們身體裡面的小微生物的領域。*[71]

拜炒作之賜，一大堆產品與療法現在都宣稱跟微生物基因體有關。比如說所謂的「益生菌」產品，不管是用藥丸或是飲料把那些「好細菌」送到你的腸道中，已經成為價值數百萬美元的產業了。[72]還有另外一個愈來愈多人注意的療法稱為「糞便移植」。[73]這種療法是將健康人的糞便（裡面通常富含他們各式各樣的細菌），用大腸鏡移植到病人身上，不過有時候也會包在膠囊中用口服的方式移植。[74]乍聽之下這種療法簡直不切實際，而且光聽就讓人覺得不舒服。但事實上**確實有**非常堅實的證據，證明這種療法的有效性，至少在當病人的腸道長期受到**困難梭狀芽孢桿菌**的感染時，這種療法相當有效。在許多嚴重病例中，抗生素不但對**困難梭狀芽孢桿菌**毫無效

＊譯注：專門研究體內微生物的科學稱為微生物體學，英文是 microbiota 才對，而作者在這裡使用的 microbiome，一般譯為微生物基因體學，是研究微生物體的基因。兩者關係雖然非常密切，但還是略有不同。同時並非只有腸道才有微生物體，皮膚、其他黏膜等地方也是科學家研究的對象。

果，反而在治療過程中將病人體內所有好菌都殺死，利用糞便移植確實可以將健康人腸道的細菌，大量轉移到病人身上，幫助他們在對抗壞菌的戰爭中贏得勝利。[75]

但是當病人的疾病跟腸道並沒有明顯關聯，而腸道微生物體卻被引用為造成疾病的原因之一時，這時我們就必須非常小心，因為這就是理論主張跟現實狀況出現分歧的時候了。如果我們光是閱讀科學文獻，可能會有一種印象，認為微生物基因體不但是一大堆精神與生理疾病的真正病因，同時也是這些疾病的終極療法。比如說，有研究顯示微生物基因體跟憂鬱症、焦慮症或是思覺失調症等等都有關聯，而也有人建議將糞便移植用於治療包括心臟病、肥胖症、癌症、阿茲海默氏症、帕金森氏症跟自閉症等等在內的眾多疾病。[76]這些研究的理論認為腸道中微生物的活動或是它們的發酵反應，會產生諸多有害物質進入身體，影響到腸道以外的其他器官。[77]

儘管這些主張讓人印象深刻，但其背後的證據卻薄弱得多。以自閉症為例，實驗資料與炒作出來的效果之間的鴻溝不可謂不大。[78]二〇一九年，有一篇刊登在頂尖期刊《細胞》上面的一篇論文，報告了研究人員做的一個實驗。他們將十六名患有自閉症或是正常兒童的糞便移植到小鼠身上。[79]這些小鼠都被飼養在無菌的環境中，因此牠們的後代身上將一輩子都只可能帶有來自人體的微生物。這麼做的原因是因為自閉症是一種發展性障礙，因此微生物所產生的影響，必須在生物發育早期就存在，才看得出效果。作者設計了許多任務來測驗小鼠，用來模擬人類的自閉症症狀。結果他們發現，那些移植了自閉症病童細菌的小鼠，與那些移植正常兒童細菌的小鼠，對許多測試的表現都不一樣。比如說，當把小鼠放在有其他小鼠的籠子裡時，接受了自閉症病童細菌的小鼠，比較不會去接觸其他小鼠，表現出類似自閉症兒童在社交活動上的障礙。而當身處於鋪滿木屑的鼠籠時，牠們也會花比較多時間把彈珠埋起來，這很明顯類似自閉症所表現出來的重複性行為。*[80]

或許你會覺得，小鼠的這些行為跟人類自閉症的行為之間的關聯，似乎有些薄弱。你也可能會懷疑這麼少的樣本數（提供糞便的兒童），到底能不能代表一般得了自閉症的病人。[81]但是不管怎樣，論文作者仍然對此下了一個令人印象深刻的結論：「以微生物體為基礎的治療像是益生菌（或是）糞菌移植……不失為用來對付（自閉症系列疾病）這類終生挑戰，一個適時且可行的方法。[82]」他們也發表了一篇新聞稿討論糞便移植的「深遠」影響，宣稱他們的研究結果暗示了有朝一日益生菌可能可以用來治療自閉症。[83]但這一切完完全全就只是炒作。就算撇開研究中微不足道的樣本數，以及人類跟老鼠行為之間可比較性的假設是否大有問題以外，整個實驗完全沒

*譯注：埋珠實驗是將小鼠置於鋪滿木屑的籠中，木屑上放上許多彈珠。藉著觀察小鼠埋藏彈珠的數量與時間，來評估牠們的心理狀況。

有測試過益生菌的效果，或是利用糞便移植來**降低**任何所謂的鼠類自閉症症狀，更別提這是否「等同於」人類的狀況了。

該論文的作者似乎也企圖用刪除的方式來為論文化妝。在他們的實驗中還有包含第二種社交性測驗，在這個測驗中小鼠可以選擇花時間跟同類或是跟「一個小物件」在一起。根據他們的假設，接受了自閉症病童細菌的小鼠應該會比較傾向選擇陪伴物體而不是同伴小鼠。但是實驗結果顯示兩者沒有差別。科學作家布洛克曾經詳細地批評過這篇論文，他指出作者僅用了一句話輕描淡寫地帶過這個不討他們喜歡的結果，而對其他所有具有統計顯著性的結果則都搭配上全彩圖表。[84]

對這麼小規模又不成熟的研究大力吹捧跟美化，本來已經相當糟糕了，但是還有更糟的事情在後面。統計學家拉姆利曾企圖重複這篇論文裡面的統計分析，因此拿到了作者的原始資料，但是卻發現論文作者用了錯誤的方法來分析結果。作者的分析方式，似乎是每隻小鼠都接受了不同人的糞便移植，但是事實上糞便提供者的數量很少，而細菌卻必須分給了一百隻小鼠。[85]在使用了正確的統計方法重新計算後，拉姆利發現整篇論文的結果只剩下埋珠實驗還有差異，但是這個差異也變得很不明顯，p值接近不顯著的邊緣，只剩下〇・〇三。儘管有這麼多強烈的批評，不過據我所知，該篇論文的作者到目前為止都沒有回應。

雖然不是所有微生物基因體的研究都像這篇小鼠自閉症的論文一樣，充滿了基礎統計學上的漏洞，但是許多研究卻也都有著過度誇張與不可靠結論的問題。二〇一九年有一篇論文，採用了跟自閉症論文類似的研究方法，作者主張將思覺失調症患者的微生物體移植到小鼠身上，會在嚙齒類身上引發類似的精神病症狀。雖然結果看起來還有點不成熟，但他們還是在結論中說這些結果「有助於發展新的診斷與治療方法」來對付思覺失調症。不論如何，不同的微生物體可能確實在複雜的疾病像是自閉症或是思覺失調症，或是上面提過的任何疾病中產生某些影響，不管是在小鼠還是在人類身上都可能。[87]但是，微生物基因體的研究仍需要時間來累積足夠扎實的資料，而不能發現一點小小的成果，甚至可能只是藉由p值操縱所得到的效果，就馬上訴諸媒體大肆宣揚，聲稱自己在科學上做出了重大突破。甚至，媒體新聞稿的數量很可能跟科學領域的不成熟度有關，因為媒體喜歡關注那些做出很多「有前途」結果的領域，而不是做出數量較少但品質可靠，結果可被重複的領域。

最近，科學社群內部也開始出現呼聲，呼籲大家冷靜一下，別再追逐那些跟微生物基因體研究或是相關的療法有關的漫天炒作宣傳，並且把重點放在改進研究的品質上。[88]但是與此同時，大批大批與這些論文或是新聞稿有關的誇張宣傳，讓我們好像倒退回過去，那個充滿了不但無用甚至有害且愚蠢至極療法的時代，只不過現在這些療法都以微生物基因體為包裝：比如由頂尖運動員腸道菌叢做成的益生菌飲品，據說可以強化你的表現；最近風行的「大腸灌洗療法」，其實就是用水灌洗你的腸道，有時伴隨著一些令人聞之膽寒的副作用像是「直腸穿孔」；甚至還有一間以直接面對消費者為經營模式的公司，宣稱可以讓你發現「體內微生物基因體的國籍」。[89]

類似微生物基因體狂熱的流行終有盛極而衰的一天，不過有一個研究領域卻是不斷出現一波又一波的炒作，不斷吸引媒體的注意，同時更是深受本書中所描述的諸多科學問題之害。這個領域自然就是營養學。媒體對於營養學的各項「假定的」發現總是虎視眈眈貪得無饜，各種新聞諸如「新的科學發現了嚇人的結果，牛奶對你有百害而無一益」；「全套英式早餐殺手，培根會提高癌症風險」；「新的研究發現雞蛋會導致心臟病」屢屢登上媒體版面。[90]看看這些堆積如山的新聞頭條以及大量對於我們飲食習慣充滿矛盾的建議，無怪乎到後來大家根本不知道自己該吃什麼才好。這些研究經年累月地被誇大，以至於大眾對於這些結果早已失去信心，對營養學的任何研究也都抱持著懷疑的態度。[91]

而且，跟心理學的遭遇一樣，營養學也經歷了一波實驗結果無法被重複的危機。其中有些問題是來自於實驗造假：比如說心臟科醫師達斯，曾經發表過十幾篇關於一種叫做白藜蘆醇的分子能增進心臟健康的論文，每篇論文都被其他人大量引用。白藜蘆醇這種分子在葡萄皮中特別豐富

（也因此在紅酒中含量較高）。但是二〇一二年時，達斯因為被發現有十九篇論文的數據都有造假的問題，因而被康乃狄克大學解聘。[92]還有一些問題來自於偏差：許多營養學的研究都受到食品工業的贊助。[93]除此之外，許多研究人員都嚴格遵守自己所研究的飲食法，這也會讓他們產生一些私人動機，亟欲找出證據證明這些飲食法確實有好處。[94]

最後，還有一些問題是來自於各式各樣我們已經熟知的偏差。以一個飲食觀念為例：我們應該少吃一點飽和脂肪，多吃一點不飽和脂肪。這個觀念是所有營養建議的基石，出現在無數的飲食指南中。*[95]但是二〇一七年的一份統合分析比較了飽和脂肪酸與多元不飽和脂肪酸以及它們對於心臟病與死亡的影響之後，卻發現這個觀念並不正確。[96]會有這樣的結果可能有三個原因，首先，許多跡象都顯示這觀念的建立可能來自於發表偏差，從歪斜的漏斗圖上面可以看出，許多樣本數小、效應小的研究論文，很可能後來都被束之高閣沒有成功發表。[97]第二，有一個號稱經過隨機分配的臨床試驗後來卻被發現有問題，這個試驗很可能其實並沒有經過隨機分配。[98]第三，許多臨床試驗的設計都有問題，除了飲食變項可以變動以外，許多可能影響結果的變項也都

*譯注：所謂飽和脂肪大多含於動物性脂肪中，像是奶油、豬油；不飽和脂肪多含於植物油像是大豆油、葵花油中。

沒有固定。[99]這個統合分析的結論是，沒有足夠確切的證據支持用不飽和脂肪取代飽和脂肪，對健康有任何益處；而之前的統合分析完全沒有注意到這些問題，但是大部分政府卻依據這些分析的結論來擬定營養建議。

我們幾乎可以確定，大部分媒體所吹捧的營養學研究，也都有p值操縱的問題。在營養學研究中，我們經常會使用「食物頻率問卷」來詢問受訪者他們之前吃過什麼，比如說上個星期的飲食內容。而在由這麼多相關的變項所組成的眾多龐大資料集裡面，很容易可以從其中抓出任何一個變項碰巧跟某件事在統計上具有顯著性。這可能是當前的營養學研究像個大雜燴，充斥著這麼多混亂而自相矛盾的相關性結論的一部分原因。科學家薛恩菲德與約安尼迪斯曾經寫過一篇名為〈是否所有我們吃的食物都跟癌症有關？〉的論文。他們從食譜中隨機選擇了五十種食物，然後用它們去查詢科學文獻，看看這些食物是不是有被報導過具有致癌的危險。[100]結果發現其中四十種都對健康有害，其中包括了培根、豬肉、雞蛋、番茄、麵包、奶油還有茶（基本上不管怎麼看，就是殺人的全套英式早餐裡面的所有內容）。這篇論文現在已經成為一篇經典了。這些食物中有些會增加癌症風險，有些又會降低風險，有些在不同的研究中則有不同的影響。我們知道這些實驗數據通常都帶有許多雜訊，因此文獻中的結果看起來有些混亂其實並不令人意外。但是我們應該要問的是，哪一種情況比較有可能？我們日常消費的食物中，真的百分之八十都有致癌的可能，而且都還是相當大的可能？或者其實是因為營養學領域中發表論文的標準過低，以至於眾多低品質、充滿了p值操縱的研究，碰巧得到一些結果，誤導我們的看法，讓我們稀鬆平常的主食一下子充滿了危險，一下子變成健康聖品？[101]

營養學研究之所以很難達到炒作所宣稱的效果，因為許多營養學的研究非常倚賴觀察性研究而非做實驗，也就是說許多臨床試驗都只是單純地搜集大家吃什麼之類的數據，但是沒有經過適當的隨機分配控制。觀察性研究所找出的健康或是不健康的食物，與經過嚴格隨機分配臨床試驗所找出的食物，兩者之間只有很少的相關性，因此其中一種研究法必定有問題。[102]還有另外一個問題則是我們的某些健康狀況未必是受到食物的影響，而是受到文化與社經狀況的影響，但是這些變數會同時影響健康**以及**飲食習慣。一個人的飲食習慣裡面往往包含了許多彼此高度相關的習慣，這會讓分析變得更為複雜：比如說蛋吃得比較多的人，很可能也會吃比較多的培根與香腸，以及其他許許多多你沒想到要問的食物。雖然統計上有方法可以「校正」這類干擾因子，但是這並不容易處理得很好，同時校正也仰賴你有確實調查到任何潛在重要的食物與營養素。[103]而觀察性研究的測量方法是否準確，本身就是個巨大的爭議來源，觀察性研究如何收集食物攝取紀錄的方式所引起的爭辯之激烈，令人大開眼界。有些研究人員認為食物頻率問卷本身就是一個「致命的缺陷」。一部分原因是因為這種調查方法所仰賴的是一般人那不可靠的記憶力，去回想他們過去吃過的食物。[104]而調查出來的結果也可能受到社會期許偏差的影響，比如說如果受試者在過去七天曾經吃過五個雙層起司堡，但他很可能就會不太願意講出來。[105]

要如何改進跟營養有關的流行病學研究呢？許多人提出的一個建議是，將那些花在各種讓人眼花撩亂的觀察性研究的資源集中起來，做一系列非常大型且簡單的「巨型試驗」，這樣才能確實找出到底怎樣的飲食才是最適當的飲食，並且讓大家都無話可說。[106]不過問題是，大型的營養學試驗可一點都不簡單。[107]二〇一三年《新英格蘭醫學期刊》上曾經刊登過一個最大型的營養流行病學研究，這份研究搜集了超過七千名隨機分配的受試者，針對地中海飲食對健康的影響做了一次調查。[108]研究人員建議控制組的受試者遵循低脂飲食，而實驗組的受試者則遵循地中海飲食（通常是較多白肉與海鮮，較多堅果與蔬菜，還有比較多的橄欖油）。結果發現遵循地中海飲食的實驗組，在未來五年之內出現中風、心臟病或是因為心血管疾病而死亡的評分上，明顯低於控制組的受試者。設計與執行這個實驗的西班牙研究人員甚至宣稱當他們看到這項結果時，自己也都紛紛開始吃地中海飲食了。

這份研究的西班牙文名稱為〈Prevención con Dieta Mediterránea〉，縮寫是 PREDIMED，意思就是「地中海飲食的預防效果」。你可能已經猜到，它很快就獲得所有媒體的關注占據版面：〈地中海飲食顯示可以預防心臟病與中風〉[109]、〈地中海飲食降低心血管疾病的機率〉；[110]就連美國加州核桃委員會都發表了一份相當興奮的新聞稿。[111]這不是他們的錯，畢竟，這些都是PREDIMED試驗的作者說的，而這是一份「大型研究」，並且用「強烈的證據」「證明」了地中海飲食的好處。[112]

然後卡萊爾就登場了。你可能還記得卡萊爾是一名有毅力的數據偵探，他曾經調查過數千份號稱有經過「隨機分配」控制的臨床試驗，結果發現其中大多數試驗都沒有經過真正的隨機分配。PREDIMED不幸就是被卡萊爾抓到的眾多試驗之一。從這個試驗基準點的數字來看，該試驗應該沒有經過適當的隨機分配。[113]該論文作者也回頭重新檢視他們的數據，結果真的發現了一些嚴重的問題。其中一個問題是，他們原本應該隨機分配給每一位受試者兩種飲食法中的一種；但是事實上在分配的時候，研究人員卻不小心給來自同一家戶裡面的受試者一模一樣的飲食法。還有在某一個實驗地區，研究人員不小心按照診所而沒有按照受試者進行隨機分配，結果所有在同一間診所看病的受試者，都會被分配到一模一樣的飲食法。同一家人或是同一間診所的病人，必定會受到某些相同因子的影響，這樣一來就很難說他們跟其他受試者的差異，完完全全是由飲食本身的影響。[114]受到這些錯誤影響的總共有一千五百八十八名受試者，差不多占了所有樣本數的百分之二十一。

這篇論文在二〇一八年宣布撤銷，同時被換成另一篇訂正過的研究，而此時該論文已經被引用了超過三千次了。[115]作者宣稱訂正過的版本裡面提供了**更強**的證據來證明地中海飲食的益處。但是我們還是對新的版本小心為上比較好，因為還是有些問題。比如當他們將三種狀況的評分分開來看時，地中海飲食似乎只對中風的機率高低有影響，但是對於心臟病或是死亡率則沒有什麼效果。[116]同時該試驗因為地中海飲食的表現實在太過亮眼而提早結束，這在臨床試驗的論文中是一種相當有爭議性的做法。[117]更令人擔心的事情則是，到目前為止已經有兩百五十篇論文發表，使用了 PREDIMED 臨床試驗的數據去研究地中海飲食的其他效果，但是其中有些論文卻在數字上兜不攏。[118]這些論文是不是也受到隨機分配問題的影響則尚未可知。

我在這裡用 PREDIMED 當例子並不是因為它是炒作風氣下面最壞的研究代表，而恰恰是因為它是在這個特別受到炒作文化影響的研究領域中，最好的研究之一。同時它也告訴我們就算是嚴謹的代表論文也難免會藏有缺陷。營養流行病學有點像心理學，是很**困難**的研究。我們如何處理食物、如何選擇要吃什麼，背後都有個非常複雜的生理與心理機制參與其中；觀察性研究受限於資料中充滿雜訊以及人類記憶的不可靠性；至於隨機分配的臨床試驗則受制於程序上的複雜與繁瑣。在這種情況下，大量媒體如此關心營養學的研究結果，還真是一件不幸的事。或許，大眾最想知道的科學問題，像是該吃什麼？該怎樣教育小孩？該如何跟潛在的員工談話……等等，碰巧正是科學上最困難、最模糊也最充滿矛盾的領域。而正是因為如此，當這些領域的科學家跟社會大眾談到他們的研究成果時，更要小心且明智地傳達訊息。

雖然反對炒作是件好事，讓社會大眾知道科學本質的複雜無比也非常重要，但是科學家仍需要面對將研究成果公諸於世的壓力。公眾也需要跟上時代的腳步，知道科學界的最新成果，畢竟他們有權知道自己的稅金花到哪裡去了。有沒有方法可以既恰當地跟群眾溝通，同時又避免剛剛我們所提過的種種過度宣傳的問題呢？這裡我們可以看一個例子，看看怎樣做才是最恰當的。

根據科學界的共識，沒有任何東西的速度可以超過光速。這是愛因斯坦特殊相對論的基礎，同時至今為止一切的物理學實驗結果也都支持這個理論。因此，二〇一一年有一個名為OPERA的物理學實驗結果，才會如此讓人詫異。[119]OPERA是一個國際粒子物理學合作計畫，成員包含了將近一百五十名來自各大學的研究人員，透過一台深埋在地下、介於瑞士日內瓦的歐洲核子研究組織實驗室與義大利格蘭沙索實驗室之間的探測器，可以在次原子粒子從中通過時，研究它們的性質。研究小組的人員發現，有一個名為微中子的粒子（類似電子但是卻不帶電荷的粒子）有點太快到達終點了：它們到達義大利的時間，比原本預計用光速穿越相同距離所需的時間，早了六十・七奈秒（也就是百億分之六百零七秒）。[120]

在經過一陣子瘋狂的檢查過各種計算以及設備後，OPERA計畫的物理學家實在找不出任何錯誤。超光速微中子的結果看起來應該是真的。既然外界的各種傳聞已經開始甚囂塵上，這些科學家於是投票決定將結果公諸於世。他們發表了一篇論文，介紹了這次的發現，然後發布了一篇新聞稿。[121]這個時候他們大可學美國太空總署那次「砷生命」事件的新聞稿一樣，大談我們對宇宙的基礎認識，已經被這次讓人瞠目結舌的新發現顛覆。不過他們沒有這樣做，相反地科學家卻非常謹慎，他們在新聞稿裡面沒有炒作也沒有誇大，而是很清楚地強調實驗的不確定性：「基於這次實驗結果所可能造成的深遠影響及後果，有必要藉著其他獨立的實驗才能確定此次結果成立或被推翻。因此，OPERA合作計畫決定將此次的結果公開以供各界詳細檢視。[122]」

OPERA計畫的研究人員在聲明稿中表達了他們對這次結果的困惑，說這是「讓人非常驚訝的結果」以及「明顯難以置信」，接著就靜觀媒體要如何處理這次的新聞了。雖然很不幸的還是有一些誇張的頭條出現（比如《每日電訊報》的頭條就是「歐洲核子研究組織的科學家『打破了光速』」；而美國廣播公司新聞網的「美國早安」也在節目中問道：「時光旅行有可能成真嗎？」），但是懷疑的態度還是忠實地被報導出來。[123]大部分的新聞都引用了研究人員的話，說這次的實驗結果非常奇怪，因為特殊相對論從來沒有被證明過錯誤，有必要透過其他實驗來檢驗這次的結果云云。

最後當然，他們還是找到了問題所在。問題在於接觸不良：一條鬆動的光纖導致記錄微中子的時間被低估了。當這條線路被重新接好之後，粒子到達的時間就完全與愛因斯坦的理論吻合了。[124]第二次實驗使用另一種測量方式也證實了這次的結果，微中子的速度並沒有超過光速。可惜，故事到此還沒有結束。這次意外讓許多團隊中的物理學家感到顏面無光，有些人說他們不應該那麼早就把第一次的結果寫出來。[125]儘管他們小心翼翼地處理媒體（同時也儘管這次發表是經過團體投票的結果），OPERA計畫的主席以及另外一名主持人，以些微的差距沒有通過團體的不信任投票，黯然辭職。[126]

這次的辭職事件其實非常讓人感到遺憾，因為OPERA計畫處理意外的實驗結果的方式堪稱模範。這些物理學家讓大家注意到一次不尋常但是需要驗證的發現，同時又避免炒作，並且清楚地表達了他們保留的態度。關於科學上會出現的不確定性，這次事件可以說是給全世界都上了一課。在剛開始少數激昂的報導之後，媒體也持續追蹤了事件的結果。[127]雖然這樣說可能有點不太公平，不過如果執行OPERA計畫的不是物理學家而是心理學家的話，那他們很可能會省略驗證實驗結果這個步驟，馬上簽名出書，然後書名大概會是：《突破界限：快速的微中子帶給我們關於自信的啟示》或是《讓自己發光：次原子新科學帶來成功人生》。

或許，用OPERA計畫的故事做為對媒體應對的榜樣並不公平，因為這是一次史無前例的不尋常事件，一次幾乎就要打破物理定律的事件，因此不管他們有沒有炒作新聞，都很自然的會引起媒體的注意。不過它還是示範了科學家在媒體滾雪球效應之初，可以如何盡其可能地小心應對，避免時下流行的風氣，過度誇大自己的發現。想想看，如果所有的科學新聞稿，以及所有的科學論文，都能夠自我節制地內建反炒作聲明，提醒讀者這些發現都還只是暫時性的，不宜過度引申，那該多好。

但是，這種做法卻是違反今日科學系統運作的方式。儘管科學最基本的美德就是小心、自制以及懷疑主義，但是我們卻恰好有一個與這些特質完全相反的制度。科學家被迫要盡可能發表愈多的論文愈好，把自己的名聲愈炒愈大愈好，這樣的學術系統中，是一個難以把科學做好的環境。這是怎樣的系統，我們又該如何修復它，將是本書最後一部分的重點。

第三部

病因與治療之道

第七章 不當獎勵

如果你乖乖遵守規矩，但規矩卻害你落得現在這種下場，那還要這規矩幹麼？

——戈馬克・麥卡錫，《險路勿近》，二〇〇五年出版

二〇一七年的加州野火延燒了超過四十萬公頃，摧毀了數千棟建物，還奪走了四十七條人命。[1]美國在這場災難之後緊接而來的是美國歷史上最昂貴的災後清理工作，總計花費約十三億美元。由這國陸軍工兵部隊負責規劃與組織這項任務，他們於是又將這項任務分包給許多當地的包商，由這些包商負責移除野火所留下來大量被燒毀的殘骸。不過工兵部隊犯了一項致命的錯誤：他們跟包商協議以垃圾重量計價。包商清出愈重的垃圾，就能拿到愈多的錢，其中有些人就開始利用這個漏洞，甚至到了非常誇張荒謬的地步。有目擊者宣稱看到工人「用濕泥巴來為垃圾的重量灌水」。還有些包商則「過度挖掘」，除了把廢墟挖走以外，還在地上挖出新的大洞；有人則甚至把居民房屋的地基也都挖走，將卡車上裝滿大量的泥土與水泥。到後來，在清理工作**結束之後**，

加州政府還不得不再多花三百五十萬美元，雇用更多的人來回填之前的包商所挖出的大洞。

這就是非常典型的**不當獎勵**。工兵部隊所給包商的獎勵不是「清理」這件事，而是獎勵更重的卡車，無意之間造成了更多的新問題。在許多其他地方，類似的例子也層出不窮：我們用薪水而非原創文章獎勵記者，結果就是鼓勵他們生產出大量膚淺、騙點閱率的文章；我們以學校的升遷而非學習成果獎勵教師，結果鼓勵他們訂出問題百出的評分系統；我們以短期的投票選舉來獎勵政治人物，而不是鼓勵他們提出長期的解決方案，結果就是讓他們大量補貼化石燃料工業。[2] 而在本章中，我們要來看一下哪一種獎勵，造就了今日科學的實踐方式，然後我們要探討一下，這樣的做法是否真的鼓勵他們發展客觀性，還是發展出完全不同的東西？

從本書開頭到現在，我們已經看過了科學家如何捏造數據，如何把數據壓在檔案櫃裡，或是如何在研究中操縱 p 值，如何疏於檢查錯誤，以及如何誇大自己的實驗成果。整體來說，我們已經看到現今科學系統的實踐方式，其實在基礎上是背離了科學當初的理想，而我們也很清楚地看到這一切是怎麼發生的。而我們唯一不知道的事情則是，藏在這些行為背後的原因為何？**為什麼會這樣**？當被問及為何會選擇科學作為志業時，大部分的科學家都會說因為他們一直對大自然充滿興趣，或是他們曾受到某位老師或是長輩的啟發，或是他們想要改變社會。[3] 而如果被清楚問到贊不贊成默頓的四個規範：普遍主義、公有性、無私利性以及有條理的懷疑主義時，絕大多數的科學家都表態完全贊成。[4]那為什麼原本熱愛科學以及科學基本原則的人，後來卻淪落至此呢？一部分的原因就如同最早在前言中說的，有關於我重複別人所做的超能力實驗，然後馬上就被期刊拒絕的故事，科學期刊對於無效的結果或是重複他人的實驗，絲毫不感興趣，即使這些結果對於全面了解證據的真實樣貌來說至關重要。而因為發表正面、引人注目、新穎、有新聞價值的結果所能獲得的獎勵，遠高於其他的實驗結果，科學家因此被鼓勵去努力做出這些結果，到了即使有損其他任何事情也在所不惜的地步。為了要能說服審稿人與編輯，他們的論文確實具備上述的一切特質，許多科學家最後不得不開始妥協，甚至打破默頓規範。

這一章節更進一步探討科學獎勵制度所引發的問題，不僅是對發表某些論文的執著，而更是對**發表這件事本身**的執著。發表獎勵制度所鼓勵的，不是讓科學家去從事科學研究，而是滿足他們自身的不當需求而已。這種獎勵制度正是許多有爭議的行為背後的根源，而這些行為正在進一步侵蝕我們的科學研究。

曾經有此一說，半開玩笑半認真的：達爾文是最後一位真正的科學家。此言容或不虛，達爾文對他那個時代的自然史領域中所有知識均知之甚詳。這當然有很大一部分要歸功於他的全球考察之旅，以及他的科學社群網，套句他自己的話來說，他不斷「用信件騷擾」他們。[5]然而到了今天，不論在哪一個科學領域中，再也不可能出現像達爾文這樣全知的專家了。這是因為我們早已被淹沒在大量的科學文獻中。光是在生物與生醫領域，一位現代達爾文必須要能跟上每年所發表的四十萬篇論文，而如果要普及所有領域的話，有一份針對二〇一三年的粗略統計發現，光是該年就有大約兩百四十萬篇論文發表。[6]另外一份分析則將範圍擴大到涵蓋了整個科學發展史，這項分析顯示了科學論文的數量正在急劇增加：從一六五〇年到一七五〇年間，論文的每年成長率約為百分之〇．五。從一七五〇年到一九四〇年間，成長率增為百分之二．四。但是從此以後，論文數量就以每年百分之八的速度在增加。這個成長率的意思就是說，科學論文的數量大約每九年就會增加一倍。[7]就某方面來說，這其實是件好事，比起幾個世紀以前的人來說，我們對於世界的認識要更為透澈、更加豐富了。但是我們仍不得不懷疑，這種大規模的論文繁殖現象所代表的，真的**只是**反映了我們知識增加的程度嗎？

我們確實有理由懷疑這件事。或許，在所有不良的科學獎勵制度中，最惡名昭彰的一種就是現金獎勵發表計畫。從一九九〇年代初期以來，中國的大學就開始執行一項政策，科學家只要能在主流的國際期刊上面發表論文，就能獲得獎金（至少，自然科學領域的科學家是如此）。雖然具體的細節不可得（有一份詳盡的研究曾經指出，在這項政策下面許多獎金的發放方式都不公開），但是基本的原則都是隨著論文發表的期刊地位愈高，科學家所獲得的獎金愈豐厚，而若是發表在頂尖期刊上面，則獎金的增加將更為可觀。[8]如果科學家可以將論文發表在《自然》或是《科學》上面的話，在中國的某些大學中，他們甚至可以獲得比年薪多數倍的獎金。

雖然這個政策在中國大概是最普遍而且獎勵最優渥的，但是有報告指出，類似直接以獎金獎勵發表的計畫也是土耳其與韓國的政府計畫，而在許多其他國家的一些大學也有類似的計畫，其中包含了卡達、沙烏地阿拉伯、台灣、馬來西亞、澳洲、義大利以及英國的大學。[9]以論文換錢的遊戲完全不符合默頓原則中的無私利性：科學家不應該出於自己的金錢利益而參與科學遊戲。[10]

直接用論文發表換取現金的政策，是大學為了鼓勵科學家盡可能地發表論文所採用的諸多政策中較為粗糙的一種。除此之外，研究人員也需要承受其他比較隱晦但感受卻毫不微弱的財務壓力。在學術工作的就業市場上，聘用與晉升的選擇，有很大一部分取決於你的履歷表上列出了多少篇論文發表。如果你發表的論文數量太少，或是發表的期刊太不知名，那你獲得一份工作的機率就會大大降低，甚至可能連保住工作都有困難。在美國的體制中，身處於大學教職系統最底層的助理教授，必須在升到副教授的時候才能拿到終身聘任，也只有在這個時候工作才基本上算是有了終身的保障。但是能否拿到終身聘任有很大一部分也是取決於跟上述生產力類似的指標。

也許你會覺得奇怪，為什麼大學會把這種以發表為第一優先的評鑑指標，放在比其他跟研究品質比較有關的指標（像是科學家的實驗有沒有符合隨機分配、有沒有雙盲設計，或是實驗有沒有辦法被重複等等最基本的標準）還要重要的地位上？答案是因為，大學也有經費上的壓力。包含英國在內的許多國家，政府通常會依據各大學所發表論文的期刊名聲大小，來決定如何分配納稅人所繳的稅給這些學校。[11]有句陳腔濫調「不發表就滾蛋」（publish or perish）講的就是這種情況。這句話的大意就是：不斷地盡你所能地發表論文在最有名的期刊上，不然的話你就別想在現代學術界這種競爭激烈的環境下生存。[12]

而會被牽扯到的也不只有論文而已。之前我們已經看過，要進行科學研究的第一步就是要先拿到一筆計畫經費，用來支付設備、實驗材料、數據資料庫、受訪者酬勞以及員工的薪水等等。也就是說，科學家必須持續不斷地申請經費以維持研究活動。同樣的，大學也有類似的壓力。它們會從科學家所申請到的經費中拿走一部分，用來補貼教學、招聘以及進行建築物的修繕等事務。因此，它們非常依賴手下的學者帶來資金。根據美國的一項研究顯示，科學家平均要花總工作時間的百分之八，以及研究時間的百分之十九來撰寫研究計畫。而我認為這數字其實還嚴重低估了真正的情況。[13]

要一直不斷地尋找經費不只耗時，科學家還要承受大量的失敗與失望。而這問題還會因為所謂的「馬太效應」而加劇：科學經費分配的情況常常是富者恆富（這名稱來自聖經馬太福音二十五章二十九節：因為凡有的，還要加給他，叫他有餘。沒有的，連他所有的，也要奪過來[14]）。有很明顯的證據指出情況確實如此：有一項大型研究顯示，如果科學家在事業初期申請經費時，被判斷為**剛好達標**，稍微高於審查委員所設定的及格分數而獲得經費的話，那在接下來的八年中，他會比其他那些**剛好未達標**而沒有在初期申請到經費的科學家，拿到更多的經費，大概足足多了兩倍，但是事實上從研究初期的達標分數看來，這兩位科學家的研究品質不可能有這麼大的差距。[15]在這種環境下，許多科學家就因此而心灰意懶最後退出這個職業，而剩下來的科學家則被迫在經費申請書上自我吹捧，這樣才有辦法跟那些經費充裕的資深科學家競爭。這是一種有害的環境，這樣子不難想像為何科學的正確性在此反而成為次要的問題。[16]

撇開資金上面的獎勵不談，別忘了人性在此也扮演了重要的角色：人性天生就強烈渴望名利，喜愛追求地位與聲譽，會努力實現與收集能彰顯他們聲譽的各項成就，就算這些成就從客觀的角度來看，可能根本毫無實質意義也無妨。在本章所談到的例子裡，所謂成就就是大量的論文發表與經費。因此，對於比較有野心以及競爭力的科學家來說，履歷表上長長的一大串成就就是他們最好的獎勵。而對於某些人來說，只要能名列在一篇科學論文的作者群中，不管是哪篇科學論文都無妨，就感覺像是達成了一項有意義的成就。

不管怎樣，獎勵科學家盡其可能地發表論文的政策，顯然已經出現了效果。不只是論文的出版率大幅增加，還有其他證據顯示，對科學家生產力的篩選也變得愈來愈強。有一項法國研究發現，二〇一三所獲聘的年輕演化生物學家，他們所發表的論文數量，是二〇〇五年所獲得聘用的科學家的兩倍以上，這代表著對科學家的聘用標準是一年高過一年。[17]這份調查的證據碰巧來自於演化生物學，實在是恰如其分，因為這種競爭職位的過程跟孔雀透過漂亮的尾羽，或是麋鹿用鹿角來進行篩選一模一樣。在競爭稀少資源的時候（對孔雀跟麋鹿來說，競爭的是交配機會；對科學家而言，競爭的是經費與職位），擁有愈華麗特徵的人愈會勝出，這樣一直下去生物就會演化出過度誇張可笑的特徵（或是篇幅長得可笑的履歷表）。而稀少資源將會愈來愈稀少，因為當博士的數量愈來愈多時（值得注意的是，這也正是大學不斷放寬底線所造成的另一項後果，因為博士班學生與其他的學生也會為學校帶來經費），大學裡面能給這些剛拿到學位的新科博士的工作機會，卻沒有用同樣的速度增加。[18]

或許你會覺得奇怪，在學術界如果不發表就滾蛋，有什麼不對嗎？大學希望自己的研究人員作出更多更精采的發現，然後透過發表在高知名度的期刊上來與世界分享，這難道不是件好事嗎？透過這種方式來衡量研究人員的成功與否，有什麼不恰當嗎？為什麼學者**不應該**透過競爭研究經費來支付自己的種種開銷？讓最好的點子獲得經費不對嗎？否則，我們的大學裡將會充斥著遊手好閒的傢伙、塞滿了對知識毫無貢獻的騙子，不是嗎？

在一個完美的世界裡，這種對生產力的獎勵措施確實有其意義。期刊的品質控制仍會保有一定的水準，而科學家也會維持他們固有的誠信，儘管發表的論文數量愈來愈多，品質也永遠不會被犧牲。但是在現實世界裡卻必須有所妥協。在某些認知心理學的實驗中，受試者必須在燈光閃起的時候（而且只能在燈光閃起的時候）按下按鈕，科學家說受試者在這裡考量的是「速度－準確性妥協」。當受試者專注在速度上，他們的準確度就會降低，而如果他們專注在準確性上，速度就會放慢（附帶一提，這是個很好而且簡單易懂的心理學效應，而且在所有相關的實驗中都確實能夠被重複[19]）。科學論文發表也一樣。[20]因為時間有限，要求科學家發表愈來愈多的論文、帶來愈來愈多的資金，同時還要擔負眾多責任像是教學、指導學生，以及各種行政庶務，這幾乎必然意味著他們花在研究上的時間只會愈來愈少。要求科學審稿人（這些審稿人本身當然也是忙碌的科學家）去審查愈來愈多的論文，也意味著更多錯誤、誇大甚至造假的論文將會通過篩選。在這兩方壓迫之下，標準愈來愈低實在不足為奇。[21]

有份研究的證據顯示，至少有一部分的科學家確實認為論文的數量比品質重要，許多科學家因此會用許多狡猾的方法來鑽系統的漏洞。這份研究舉了一個例子，正是我們之前提過的中國用論文換現金政策下的產物：

從二〇〇四年到二〇〇九年間，來自黑龍江大學的高教授只在一本期刊，《晶體學刊E卷》上面，發表了兩百七十九篇論文，然後領走黑龍江大學在這五年所發出的全部獎金超過一半以上……這五年間高教授的實驗室唯一的研究主題就是新的晶體結構，然後他總是將結果發表在同一份期刊上，因為這樣他可以在很短的時間內達成任務、領取獎金，而如果他進行長期的研究項目，就只能獲得較少的獎金。[22]

高教授就像是學術界的「現狀樂團」。這個樂團從一九七〇年代以來就以少數幾首搖滾樂曲為基底，一直大量製作類似搖滾樂並且獲致成功。這種做法跟達爾文完全不一樣。高教授的做法現在稱為「切香腸」：他將一系列的實驗結果細切成許多篇小論文，然後分開發表，而它們通常來自單一實驗，因此本來根本可以合併在一起發表。[23]這就像前面提過的災後清理包商的司機採用的做法一樣，將自己的卡車裝滿了濕潤的泥巴，以便秤起來比平常重。高教授則是刻意增加自己履歷表的篇幅，看起來好像做了非常多的研究，以便獲取最大的利益（至少在某些學術機構中，這種方式確實行得通）。想想看，這就像是我把本書的每一章，連同前言跟結語都拆成獨立的一本書拿去出版，然後對外宣稱我寫了十本書，並從每一本書中分別獲利一樣。

最近我看到這種切香腸式的研究做法最可笑的一種，是一份探討基因與精神疾病相關性的遺傳學研究，這研究所採用的是我們在第六章所提到過的全基因組關聯分析（GWAS）。人類有二十三對攜帶了遺傳物質的染色體，標準的研究方法是一次掃瞄全部的染色體（因此這種研究法稱為「全基因」），從中找出與我們研究主題有關的基因。但是我所提到的遺傳學家卻沒有進行這種標準的、大規模分析，相反的他們針對**每一對染色體分別進行分析**。也就是說，通常在做這種研究的時候，我們只會發表一篇論文，但是他們卻可能發表二十三篇獨立的論文。當我撰寫本書的時候，他們已經成功地發表了六篇論文。[24]雖然這種厚顏無恥的做法極有娛樂性，而且對於作者的履歷表頗有助益（可能對他們的銀行戶頭也有幫助），但這樣做卻對科學有害無益。對這個領域有興趣的讀者最終必須閱讀二十幾篇論文，才有可能找到本來在一篇論文中就可以看到的重要資訊。這種做法不但毫無必要，更浪費編輯與審稿人的時間，他們必須花時間審核每一篇論文。更糟的是，在一個看重發表論文數量的就業市場上，那些比較謹慎、會將自己的結果集結起來發表一篇大型完整論文的科學家，將會居於劣勢。

切香腸的做法並不是說每一篇小論文的品質就必然低落（不過既然這些研究人員敢公然這樣占論文發表系統的便宜，那麼他們的誠信度大概也不言可喻），但是有些切香腸的發表方式背後可能有比裝飾履歷表更為不良的企圖。據說製藥公司或是研究藥物的科學家在進行臨床試驗時，就會策略性地採用這種方式發表論文，因為他們知道許多讀者並不會詳細閱讀每一篇論文。把同樣的研究分成好幾篇論文發表，會給人一種印象，認為有很強烈的證據支持你所研究的藥物，而不是只有寥寥一兩篇論文而已。這種做法非常狡猾，但可能會有效：當忙碌的醫生看到有六篇論文支持某種藥，而另外一種藥只有一篇論文支持時，很可能就會開前者藥物的處方籤，但他不會注意到那六篇論文其實都來自相同的研究。此外，每位醫生所閱讀的期刊未必都一樣，把研究拆成數篇論文發表，比較有可能觸及較多的讀者。

有一項調查發現在研究抗憂鬱劑「千憂解」的試驗中，也有人採用切香腸的方式發表論文。舉其中一個例子好了，研究人員首先發表了一篇論文，研究了千憂解對黑人與對白人的效果差異，然後又發了另一篇論文，討論千憂解在拉美裔與白人身上的差異，而這些數據其實都來自同一項臨床試驗。[25]似乎沒有什麼理由讓這兩項分析不能放在同一篇論文中發表，唯一的理由只有製藥公司為自己藥物所制定的「發表策略」而已，也就是要盡可能地提高發表數量。這不是科學，這是市場行銷。而當醫生因為被操弄而開這些藥的處方給病人，但實際上藥物的效果卻遠低於他們的期待時，最後付出代價的終將是這些病人。[26]

還有另外一個例子也顯示了數量勝於品質的現象正在大行其道，那就是出現了一種叫做「掠奪性期刊」的文獻。過去十五年中，有愈來愈多期刊網站出現，這些網站在外人眼中，看起來真的就跟一般的科學期刊沒有兩樣，但是它們卻完全不遵循科學期刊的編輯標準，也沒有同儕審查。[27]這些欺世盜名的期刊背後都是一些不怎麼道德的企業在經營，然後利用科學家想要盡量多發表論文的渴望。他們會大量寄發垃圾信件塞滿別人的信箱，信件內容通常充斥著蹩腳的英文，鼓勵科學家將文章發表到他們的期刊上，吹噓自己接受文章的速度非常快。一些沒有經驗、粗心或是心灰意冷的科學家就常常因此受騙，在這些期刊上發表論文（當然，他們要支付期刊一筆「處理」論文的費用）。但是這樣做只會玷汙自己的名譽：一位科學家在假期刊上面發表論文，代表他要麼是好傻好天真，不然就是沒有原則。[28]

通常，要區分掠奪性期刊與真正的期刊並不難：掠奪性期刊的網站設計往往很糟糕，文章排版不良，而它們的編輯群往往來自一些根本無人聽過的大學，甚至是根本不存在的大學。不過，真正的期刊與掠奪性期刊之間的那一條線卻愈來愈模糊。因為我們很難定義何謂「掠奪性」期刊，一來每個人的標準都不一樣，同時被質疑的期刊往往會以法律訴訟威脅，再者也是因為它們增加的速度太快，這讓想要列出一張掠奪性期刊的清單，變成幾乎不可能完成的任務。[29]

這些掠奪性期刊中最惡劣的甚至不管什麼東西都會刊登，連明顯的惡搞論文也來函照登。二○一四年電腦科學家范普魯被從《國際進階電腦技術期刊》大量湧入的垃圾信件激怒了，於是他開玩笑地寄一篇標題為〈把我從你他媽的電子郵件名單中刪除〉的論文給該期刊。該論文只有一句話，那就是「把我從你他媽的電子郵件名單中刪除」重複了八百次（其中還有用箭頭與方框將

「把↓我↓從↓你他媽的↓電子郵件↓名單中↓刪除」這句話製成流程圖來幫忙理解）。該期刊將這篇論文評為「優秀」並且接受然後發表。30

用切香腸式的方式一點一點發表論文，或是將論文發表在掠奪性期刊上面，嚴格來說都並沒有違反任何規則，就像我們很難將所有期刊區分為「掠奪性」或是「正當的」期刊。但是這不是說當科學家在追逐發表論文數量的過程中，就不會出現真正的違規行為，我所說的就是詐欺。如之前所介紹過的，詐欺行為普遍存在於科學研究中，從收集資料、處理數據到撰寫論文的過程中都會發生，它也會影響論文出版過程。比如說，有一件可能會讓很多人訝異的事情是，科學家在投稿論文時，經常可以建議同儕審稿人名單，而詐欺者就會利用這種制度。收到投稿時，期刊編輯可以選擇將論文寄給投稿者建議的審稿人，或是從編輯自己的名單中挑選，而他們經常會接受投稿者的建議名單。允許投稿者建議審稿人名單的初衷，是為了能減輕編輯尋找合適專家所面臨的時間壓力，但是這樣的制度自然很容易被濫用，投稿者可以建議他們的朋友或同僚作為審稿人，讓他們的論文比較容易被發表。發生這種事情已經很糟糕了，但是毫不讓人意外的，作弊者永遠可以將作假這件事提升到另一種層次。有一位編輯曾經這樣描述韓國的科學家文亨尹（目前名列撤稿觀察站排行榜第十三名）＊的事件，他說：

他所建議的審稿人……是自己或是同事所建立的假帳號。有時候他會提供真正存在的人（因此如果在Google中搜尋的話，確實可以找到這些人），但是他幫這些人設立了新的電子信箱帳號，他跟共犯就可以使用這些電子信箱提出同儕審查意見。而大部分的時候，他就只是提供許多假名與偽造的電子信箱。這些假的審稿人所提出的意見幾乎都是好評，不過仍會對論文提出一些改進的建議。[31]

編輯開始覺得有問題是因為，這些審稿意見幾乎都在二十四小時以內就會回覆。這是文亨尹犯下的一個相當幼稚的錯誤。真正的科學家常常因為太過繁忙，經常會拖過數星期甚至好幾個月才會完成同儕審查。但是文亨尹並不是唯一會這樣做的人，同儕審查造假是「撤稿觀察站」資料庫中一個常見的問題。[32]二〇一六年時，知名的期刊出版商施普林格†旗下有一本期刊《腫瘤生物學》就有著嚴重的審查造假的問題，在僅僅四年之內就撤銷了一〇七篇有問題的論文，到最後他們無計可施，決定放棄該期刊將它賣給了另一間公司。[33]

---

*編按：本書中文版出版時已跌至第十六名。
†譯注：該出版社現在已跟《自然》期刊的出版社合併，成為施普林格—自然出版社。

關於科學論文，還有另外一件頗讓人沮喪的事情，不過這件事搞不好反過來還有助於減少這些不良出版問題所造成的傷害。這件事情就是，其實大部分的論文幾乎都沒有被其他的科學家注意過。有一項調查顯示，大概有百分之十二的醫學研究論文以及大約有百分之三十的自然科學與社會科學論文，在發表後五年內從來沒有被引用過。[34]或許這些孤獨的論文終有一天會被引用，也或許這項調查其實錯過了一些引用數。[35]不過，就算在這個論文發表數量極大化的制度下所製造出來的低品質的論文，最終其實沒有造成什麼影響，算是一件好事以外，這個現象其實也是個警訊，一定有什麼地方出了問題了。如果這些研究到頭來只做出了一堆貢獻度極低的文獻，那我們的時間與金錢，真的有用對地方嗎？當然，低引用數的論文並不一定就是低品質的論文，它可能只是還沒有受到重視而已。但是如果科學家發表這麼多無用的論文只是為了能保住飯碗跟申請到研究經費，那無怪乎同行會對這些論文如此興趣缺缺了。

切香腸式的論文發表、疑點重重的掠奪式期刊以及同儕審查造假三重問題合在一起，清楚地顯示我們不應該只用科學家的論文發表總數來評估他們：論文的數量太容易操弄了。關於這個問題有一個解法是，與其使用論文的發表數量，不如用論文被**引用**的次數來評估科學家比較好。如同剛剛看到的，這個指標應該可以比較清楚地顯示一名科學家對科學社群的貢獻程度。不過呢，在某些極端的情況下，一個科學家也可能有一篇相當成功的論文，獲得數千次引用，但是隨後卻發表幾十篇毫無價值、無人閱讀的論文。在這種情況下，總引用數就不能完全代表他們對科學界的貢獻。

二〇〇五年時，物理學家赫希提出了一個解決問題的辦法，他稱之為 h 指數。[36] h 指數的意思代表了一位科學家有 h 篇論文被引用了 h 次。也就是說，如果你的 h 指數是三十三，也就是撰寫本書時我本人的情況，那代表了你有三十三篇論文被引用過至少三十三次。這個指數優秀的地方在於，隨著數字增加，提昇的難度也愈來愈高。比如說要把我的 h 指數提高到三十四，除了要再發表一篇論文被引用至少三十四次以外，其他過去發表的熱門論文也必須被引用到三十四次才行。因此，如果想要像一些知名科學家一樣擁有高達數百點的 h 指數，必須要付出極大的努力，同時也要吸引其他科學家的關注才行。Google 的學術搜尋引擎「Google 學術搜尋」會自動計算你的 h 指數，因此包含我在內的不少科學家，大概都不太好意思承認每當自己論文引用數又增加的時候，會經常性檢查一下自己的學術網頁（依我個人的經驗，如果有一位科學家，即使是那些對評估科學家的指標非常不屑的那一些，宣稱對於查看自己的 h 指數完全不感興趣，那麼他們若不是在說謊，就是完全沒聽過 Google 學術搜尋[37]）。

你大概已經想到，科學家的 h 指數常常在晉升或雇用的時候會被明確地考慮進去，這讓科學家產生強烈的動機追求引用次數，以及發表愈多比較可能被引用的論文。不過我要再次強調，儘管*h*指數的立意良好，但是它所產生的激勵效果可能會導致科學家出現迎合系統本身的行為，而非為了達成科學上的目標。

顯然，獲得別人引用最好的辦法，就是作出具有重要性、突破性的結果。正如我們之前提過，有些科學家會花上非常多的時間去說服期刊（以及全世界）他們的結果確實具有前所未有的突破性。而我們在上一章也看到了，用這種方式去「修飾」論文確實有助於增加論文的引用數：有一項研究顯示，具有統計顯著性結果的論文，被引用的次數要比報告無效結果的論文多了一．六倍。但是在其中作者如果**明確**表示實驗結果吻合他們最初的假設的話，將會多被引用二．七倍。[38]這研究透露的訊息很明確：如果你想要被引用，要把論文寫得愈正面愈好，但這也就是說，要把那些粗糙但真實的實驗結果，在文字上講述得非常低調。

要增加論文引用數，還有另外一種更有效的方法，那就是自我引用。有一項分析顯示，在一篇論文發表後的前三年中，所有引用數的三分之一左右都是自我引用，但這種行為一直處於灰色地帶。[39]科學是有累積性的，科學家常常會在同一個特定主題上深入研究好幾年。當他們的研究計畫不斷往下一步前進時，禁止他們自我引用以前的研究成果是完全沒有道理的事。不過有些人卻在這件事情上面做得太過火。尚可接受的自我引用跟有問題的自我引用中間的界線或許很模糊，不過在某些情況下這條線卻相當明確。[40]知名心理學家史騰伯格在二〇一八年因為許多問題受到嚴厲的批評，其中就包括了不當的自我引用，因而辭去著名期刊《心理科學觀點》的編輯職位。[41]他的問題是這樣的：期刊的編輯常常會撰寫社論，針對當期將要刊載的論文評論一番。可是當史騰伯格撰寫這類社論時，經常在引用的參考資料中塞滿自己的論文。在他所撰寫的七篇社論中，引用的參考資料中有百分之四十六都是他自己的論文，其中一篇引用自己的論文甚至高達百分之六十五。[42]身為一名期刊編輯，他有權決定哪些論文可以刊登在自己的期刊上，因此要有一定程度的自制力才能避免濫用這個職位來增加自己的 *h* 指數。但是有些編輯似乎明顯把持不住。

如果你覺得用這種方式增加自己的 *h* 指數有點太招搖，你也可以給其他人一些壓力來引用你的論文。幾乎任何一位研究人員都會告訴你，有時候會遇到匿名的同儕審查委員建議他們應該要引用某篇某篇還有某篇論文。而很巧的是這些論文都有同一位作者：當然，這位作者一定**不可能**剛好就是這名匿名的審稿人吧？除了這些傳聞以外，我們還是掌握了一些實質的證據：有一份針對同儕審查意見所做的研究顯示，這些審查意見中如果帶有引用「建議」的話，有百分之二十九建議的引用都是審稿人自己的論文，而且這些夾帶著自我引用建議的審查意見中，正面意見多於負面意見（也就是說，審稿人比較可能在支持發表的審查意見中提出引用他們自己的論文。[43]）

史騰伯格的不當行為還包括了一種混合了切香腸式的論文發表以及自我引用的行為，也就是自我剽竊。他會在新發表的論文中重複使用以前所發表過的某些段落。你可能會覺得納悶，自己要怎麼剽竊自己？所謂剽竊，難道不就是偷取別人的想法與措辭嗎？重複使用文本可能是懶惰的行為，但是至少這樣做並不會增加什麼壞點子或錯誤的想法吧？但是自我剽竊的行為其實是違反作者契約的，有時候是字面上的契約，因為這涉及了著作權的問題；但是更重要的則是違反了作者與讀者之間的隱性契約：我們預設該作品應該是原創的。自我剽竊讓人看起來比較有生產力，但其實他只是重複使用相同的想法而已，而且跟切香腸式的論文發表一樣，它會造成研究人員在比較履歷表的時候出現不公平。

近年來許多學者都在多本期刊上重複發表長篇文字時被抓個正著，其中有些人甚至是重複發表整篇論文，而他們在發表的時候完全沒有任何標示。史騰伯格有一件案子就是把自己過去發表在《認知教育與心理學期刊》上面的論文，加上一些來自舊書章節的文字，然後把論文標題中的「認知教育」改成「學校心理學」，結果成功地發表在《學校心理學國際期刊》上。[44]《學校心理學國際期刊》的編輯後來不得不因為「重複發表」的理由撤下這篇論文。[45]有一個針對澳洲學者所做的小型調查顯示，如果將自我剽竊的定義定在新發表的論文中，有超過百分之十的文字來自過往所發表的任一篇論文，而且完全沒有提及這件事的話，那每十位參與調查的學者中就有六位可算是有罪的。[46]

我們剛剛介紹過許多科學家會占發表系統或是引用系統的便宜，但其實不只是科學家個人，期刊也會鑽這些漏洞。這件事會特別讓人感到不安，因為期刊的角色本來應該是科學水準的保證者才對，而出現了這樣的現象，可說是更進一步證明了出現在科學研究裡的問題是系統性的，是整個文化都誤入歧途了。

在期刊層級等同於 *h* 指數的評估指標稱為**影響指數**。它最初的構想，是幫助那些預算有限的大學圖書館，作為一種選擇值得訂閱期刊的工具。[47]不過隨著時間過去，它卻漸漸被公認為可以來量化任何一本期刊重要性與聲望的指標。基本上期刊的影響指數每年會計算一次，算法是該期刊近期所刊登的論文，在過去一年所獲得的平均引用數。[48]本書寫作的時候，知名期刊如《自然》或是《科學》的影響指數分別是四十三．〇七〇以及四十一．〇六三；而在出版層級最低的那些無名期刊的影響指數則很可能只有個位數。[49]

刊登在同一本期刊上的不同論文可能會有截然不同的命運，而因為影響指數只是一個平均值，因此它其實是一群差異甚大的引用數的平均值。論文的引用數分布其實很像一國的收入分布：最頂端的少數論文會有極高的引用數，而大部分的論文則只有很少的引用數，有的甚至不會被引用。[50]那些分布在金字塔頂端的高收入者會將整體平均往上拉，因此，儘管期刊的影響指數可能很高，但你新發表在《自然》期刊上面的論文未來可不一定很快就會獲得四十三次引用。這就像是你無法指望在路上遇到的大部分人，收入可以達到該國的平均一樣。

無論如何在現行的制度下，一本期刊的影響指數愈高，對它的招牌愈有利。今日大部分的期刊都由像愛思唯爾公司或是施普林格公司這樣的盈利企業出版，因此編輯很可能會受到來自出版商方面的壓力，要求提高期刊的影響指數，但是這種事跟科學誠信的原則完全背道而馳。有些編輯就會用史騰伯格的手段，在社論所引用的參考資料中，很巧的都剛好引用到自己期刊上面的論文，而且都是刊登在最近兩年裡的論文，因為影響指數每年計算一次，因此兩年以前的論文對影響指數來說就太舊了。[51]也有編輯會採用前面提過的同儕審查建議做法，在審稿的時候用所謂「強制引用」的手段，要求作者引用一系列該期刊之前所刊登過的論文，不論這些論文與正在審查的研究相關度有多高。根據一項調查顯示，有五分之一的科學家宣稱自己遇過類似的事情。[52]

在某些比較極端的例子裡，有些編輯甚至會成立一種「引用集團」，在幕後達成協議彼此引用不同期刊的論文。二〇一二年出版顧問戴維斯曾經講過一個非常過分的例子，他追蹤論文的引用鏈，結果走進一個難以想像的世界，值得在這裡引述一下：

二〇一〇年時，有一篇文獻評論發表在《醫學科學監測》期刊上，該論文引用了四百九十篇論文，其中有四百四十五篇都是發表在《細胞移植》這本期刊上面。而全部的論文

> 都是發表在二〇〇八到二〇〇九年間……剩下的四十五篇參考資料中，有四十四篇都是發表在《醫學科學監測》自己身上，而且一樣全都是發表在二〇〇八到二〇〇九年間。這篇文獻評論的四位作者中，有三位是《細胞移植》期刊的編輯。同年，上述這些編輯中有兩位也發表了另一篇文獻評論在《科學世界期刊》上，該論文引用了一百二十四篇論文，其中有九十六篇是發表在《細胞移植》期刊上，同樣也都是發表在二〇〇八到二〇〇九年間。剩下的二十八篇參考資料中有二十六篇是二〇〇八到二〇〇九年間發表在《科學世界期刊》自家身上。這樣我們可以看出它們的模式了。[53]

鑑於愈來愈多的引用集團出現，專門計算影響指數的公司湯森路透開始以「異常引用」的行為為理由，將某些期刊排除在影響指數排行榜以外。[54]

就像論文發表數與 *h* 指數一樣，我們也可以刻意操弄影響指數。一但科學家開始使用自我引用、強制引用或是其他可疑的方法人為地提高這些指數，它們就失去作科學研究品質衡量指標的意義了。這些指數開始無法分辨誰是優秀的科學家與最好的期刊，它們只能分辨誰最努力提高這些指標數字。這正是古德哈特定律的明證：「當一項指標成為目標的時候，它就不再是好的指標了」。[55]如同我們前面所介紹的，這些指標已成為我們現代科學文化中的明確目標，從而出現了意想不到的後果：它形成了一種不當的獎勵結構，鼓勵科學家追求無意義的指標與表面的統計數字，而不是追求科學的可重複性、嚴謹度以及科學真正的進步。

一件特別讓人不舒服的事情是，糾結在這些毫無價值數字中的人竟然是科學家：他們原本應該是最熟知統計學，並且最嚴厲批判誤用統計學的人。但是不知怎麼地，他們最後卻在一個重視這些空洞且誤導性指標高於一切的系統中工作。剛開始的時候，有一個可以量化科學家或是期刊貢獻程度的數字，從科學上來說似乎相當有吸引力，畢竟可以客觀量化就是科學的獨特強項之一。不過就像古德哈特定律所言，一旦你開始追逐數字，而非這些數字背後所代表的原則時（在科學裡，這個原則就是作出對我們的知識有重大貢獻的研究），你就完全地迷失了方向。這些指標不只被個別科學家操弄以維持自身的地位，同時還被納入大學與出版系統中，這是科學系統在其核心目的上慘敗的另一個例子。

在本書中，我們已經看到許多會導致不良研究的因素。有些科學家對自己的理論過於著迷；或是強烈地想要感覺自己真的做出與眾不同的貢獻，以至於要用造假或是p值操縱的方式，消除那些惱人的模糊結果。還有一些科學家完全受到對金錢、聲望、權力與名氣慾望的驅使，如江湖郎中一樣對真相不屑一顧。有些科學家因為太過忙碌或壓力太大，沒時間檢查實驗中的錯誤；也有的科學家從不懷疑自己受過的訓練是否有誤，繼續遵循舊有的錯誤方式做實驗。不過，將科學發表系統視為導致上述所有問題背後的根本原因，是否正確呢？以發表論文、引用、申請研究經費為優先的政策所造成的不當獎勵，是不是真的**直接**造成了造假、偏見、輕忽以及炒作等等的問題呢？

我們永遠也無法知道當科學家用前面幾章所提到那些問題手段來做研究時，腦中在想什麼。但是我們可以盡量做出最好的推論。科學家也是人，而人就會對獎勵措施產生反應。我們前面所觀察到的科學界問題是如此普遍，橫跨了世界各國以及每個科學領域，以至於應該要從普遍的科學文化層面上來解釋，因為我們談的不只是少數老鼠屎壞了一鍋粥的問題而已。當我們回顧過去幾十年來科學實踐的趨勢演變：諸如論文數量呈指數增加，學界對於論文數量、引用次數、*h* 指數以及實驗經費申請的要求與篩選愈來愈嚴格，執著於期刊的影響指數，熱衷於新的、令人興奮的結果，還有一些奇怪的現象像是掠奪性期刊的出現——當然這些現象的出現，其實只是滿足需求的結果而已。在這樣的趨勢之下，如果我們**沒有看到**科學家的不良行為，那才奇怪。當然我們不能就此停止尋找其他的解釋，比如說問題的根源也很可能來自於系統的監管不足而非獎勵措施本身。不過與論文出版相關的獎勵措施破壞了科學這個假設，到目前為止一直能將我們所觀察到的各種現象解釋得很好，至少我們可以說，犯罪動機吻合所有的罪行。

要用統合科學實驗來研究整個科學研究系統是件極其困難的事，因為那要涵蓋所有人的職涯，涉及到成千上萬的大學與期刊，橫跨許多國家與不同的科學領域。不過，我們也不是只能猜測空想，有些聰明的科學家已經開始設計電腦模型來模擬出版系統，研究這些獎勵措施如何影響科學研究。

有些模型用演化的角度來看科學系統。之前我將科學家用擴充自己履歷表的方式來爭取學術職位，比擬成生物的性擇，因為這就像是動物用愈來愈豔麗的展示來吸引異性。不過還有另外一個演化的比喻也很有趣。我們之前曾看過，當前的科學系統漸漸變成獎勵那些偷雞摸狗之輩。而如果更值得信賴的研究者，也就是那些真正以科學研究為目的，而不是追求地位、財富或是其他非科學目標的人，無法在這個系統中與他人競爭，那他們就更可能退出學術圈去其他地方另謀高就。或者就算他們還留在學術圈，也比較難以爭取到頂尖的職位。也就是說，這系統不只會排擠那些有強烈信念，想要做好研究的人，還會將所有人推向從事不良行為的那一邊，並讓那些願意扭曲規則的人取代正直的研究人員。

在描述這個過程隨著時間推移會如何演變的模型中，由認知科學家斯馬迪諾與生態學家麥克爾里斯所建立的模型或許是最生動的一個。[56]它很像一個回合制的遊戲。剛開始的時候有許多實驗室同時驗證自己的假設，而每個實驗室都有不同程度的假陽性預防措施，然後大家也都試著發表自己的研究成果。如果一間實驗室發現了有效的實驗結果，就可以發表一篇論文作為獎勵，反之如果是無效的結果，那就沒有獎勵。在這個模型中每一回合，那些發表數量愈多的實驗室愈容易繁殖，也就是說送出他們訓練好的學生去建立自己的實驗室，同時也將自己的方法學與技術（以及他們的嚴謹度）在科學社群中傳播開來。隨著回合一直進行下去，獎勵措施開始發揮其有害的魔法：如果發表愈多的論文可以讓這些實驗室「繁殖」作為獎勵，那愈來愈多的實驗室就會愈來愈不努力維持科學品質。這是因為假陽性的結果跟真正的結果一樣都可以發表，而且還更容易獲得。最終的結果，發表假發現的速度將急劇上升。斯馬迪諾跟麥克爾里斯稱這種現象為「壞科學的天擇」。

其他驗證論文發表系統的電腦模型也得到類似的結論。其中一個模型顯示，既然科學文獻對新穎的結果有強烈的偏好，那麼有野心的科學家所採取的最佳策略就是「進行許多低檢定力的小規模實驗以便讓自己的論文數量最大化，就算這代表了半數的研究都是假陽性也無所謂。[57]」另外一個模型則顯示因為科學期刊著迷於有效的結果，這會導致「那些假陽性以及造假的實驗結果獲得不當的獎勵，認真的科學則會被犧牲掉。[58]」當然，科學模型不完全代表現實，畢竟現實中的變數比較多。但是這些簡化過的模擬可以為我上面的推論提供一些數學理論支持，顯示當前獎勵系統中的缺陷，如何隨著時間推移，導致科學品質漸次低落。

位在美國洛杉磯的美術館蓋帝中心，裡面收藏著一幅荷蘭黃金時代的畫作，是由畫家貝加所畫的〈煉金術士〉。[59]身為主角的煉金術士坐在他那亂七八糟的實驗室裡，周圍散落一地破損的陶罐、破裂的碗以及打碎的瓶子，這些都是他嘗試將元素轉變成黃金失敗後的殘留物。不過煉金術並非全然徒勞無功，這可能跟一般人的印象不同，因為煉金術與我們今日所稱為化學的知識在早期出現時的樣貌，兩者之間的界線其實很模糊。[60]不過貝加的畫作旨在批評那年代在對黃金的崇拜下，所做的一堆毫無效果之事。這跟現代科學的獎勵系統有幾分神似。為了追求學術界的黃金，像是論文數量與引用次數，最後卻留給我們一地毫無用處的科學研究。[61]

不當的獎勵措施就像是一個脾氣暴躁的精靈，祂會給你你「開口要求的東西」，但未必是「你想要的東西」。如果用發表數量作為獎勵，那你會如願，但是要小心科學家將沒有太多時間檢查錯誤，而切香腸式的發表模式將成為常態。如果以發表高點數期刊作為獎勵，那你也會如願，但要小心科學家將使用 p 值操作、發表偏差甚或是假造數據來達成這個目標。如果以競爭經費申請作為獎勵，那你會如願，但是要小心科學家將會不成比例地炒作與吹捧自己的發現，以吸引出資者的目光。表面上當前的獎勵系統似乎真的促進了生產力與創新，但實際上它真正獎勵到的卻是那些僅遵循表面文字意義而非科學精神的人。[62]

知道問題出在獎勵措施並不表示當科學家出現不正行為的時候，可以免於受罰。我們都可

貝加，〈煉金術士〉，畫於一六六三年，收藏於蓋帝博物館中心。

以感受到獎勵的吸引力，但是為了科學，我們應該盡全力去抵抗它。[63]

不過，如果我們在探索這個世界的時候，可以不必承受「不發表就滾蛋」的系統壓力，那就太好了。如果能夠找到一個讓所有人都滿意的平衡，讓科學家既因為勤奮工作與創造力而受到獎勵，同時還保有細心與嚴謹；不只是發表結果而且還偏向發表**正確的**結果，那會更好。[64]那麼我們該如何達成這個目標呢？我們要如何改進獎勵系統，從而提高科學的可信度呢？這是我們在下一章以及最後一章要討論的問題。

第八章 修復科學

科學發現的過程……在未來二十年間將比過去三百年間的改變更大。

——尼爾森，《科學的未來》二〇〇八年出版

本書中所提到的大部分科學上的問題，其實都包含在二〇一八年發表的一篇統合科學研究論文中。在這篇論文中精神醫學家德芙莉絲與同事研究了新藥從臨床試驗階段到最終問世之間通常會通過的每一個步驟。[1]她們選了一〇五個經過美國食品藥物管理局批准的抗憂鬱劑臨床試驗做為研究對象。根據調查，這些臨床試驗的有效與無效比例差不多是五五開，有五十三個臨床試驗顯示出比安慰劑要好的效果，也有五十二個臨床試驗呈現無效（食品藥物管理局稱這些結果為「負面」）或是有疑問的結果。[2]到此為止這些結果都還在意料之中，有些研究發現了具有顯著性的結果，有些研究則無。真正有問題的是接下來的部分。

綜觀所有臨床試驗，德芙莉絲的團隊發現了一種「文獻清洗」的過程，也就是將混亂且差異

甚大的臨床試驗結果轉換成一個看起來比較乾淨的科學發現故事。透過這樣的過程，讓研究中藥物的效果看起來比實際上要有效得多。這個過程的第一步就是發表偏差。百分之九十八的有效試驗後來都成功發表了（五十三個試驗中有五十二個獲得發表），但是無效的試驗中只有百分之四十八獲得發表（五十二個試驗中，只有二十五個試驗被發表）。原本有效與無效的試驗比例差不多，但是在論文發表之後，呈現有效結果的論文與無效結果的論文比例約為二比一。我們都知道科學期刊不喜歡刊登無效的結果，但是為了要能清楚理解科學上的紀錄，我們需要看到這些結果。

第二個步驟則是p值操縱，或嚴格來說是結局轉換。科學家在發現主要的試驗結果並沒有統計上的顯著性之後，就把論文的焦點換成其他的事情。一旦研究的結果被轉換掉，十個無效結果的試驗就變成了有效結果的試驗（還記得在第四章中，結局轉換將大幅增加假陽性的機率）。到此為止，還是有十五個臨床試驗清楚地做出了無效的結果，而化妝術就在此登場。這十五篇發表的論文中有十篇在摘要或是主要論文中都經過大大小小的修飾，讓他們的結果看起來有效多了。

在這一輪的發表偏差與化妝修飾後，只剩下五篇論文清楚地呈現了無效的試驗結果，也就是說只剩下剛開始的十分之一左右。接著在最後一擊中她們發現，有效的試驗被後來的論文引用的機會將比無效試驗多了三倍。這讓人失望過程中的每一步都呈現在左頁的圖四中。

這種問題不只出現在抗憂鬱劑的研究上，該論文作者發現，在新的心理治療臨床試驗上，也

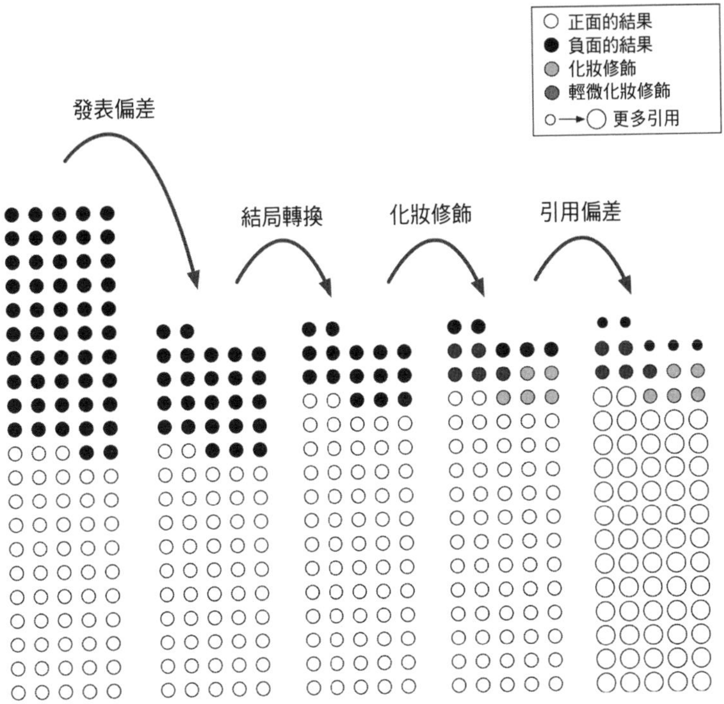

圖四：發表偏差與論文化妝術不斷循環，掩蓋了負面的結果。圖中每一個圓點代表一次關於抗憂鬱劑的臨床試驗；黑點表示負面結果，白點表示正面的結果。隨著圖從左邊往右邊移動，我們可以看見黑點消失了。這些負面的結果消失的原因包括了：發表數量明顯少於有效的研究；透過結局轉換的手法，轉變成為有效的結果；透過稍微美化或是大幅修飾，化妝成為看起來像是有效結果的試驗；被引用的次數遠低於有效的研究。在最後一張圖中可以看到有效結果的白點都變大了。最後，我們幾乎只看得到正面的結果。摘自德芙莉斯等人的研究，發表於二〇一八年，《心理醫學》期刊。

有類似的鏈鎖反應。[3]事實上，這種情況幾乎出現在科學研究的每個領域中，情節輕重不一。將來任何一個想要了解特定研究領域全貌的統合分析，都只會得到一種被扭曲的觀點，除非他們還深入追查了原始的臨床試驗登記細節（順帶一提，除了醫學領域以外，這在其他學科並非必要步驟），否則將永遠不會知道背後有這些故事。德芙莉絲的研究並沒有去調查在實驗設計與分析的過程中，是否有造假或是錯誤的情況出現，也沒有調查在媒體與市場行銷方面有無炒作的情事，不過我們可以想見類似的事情必定不斷地發生，同時更近一步地掩蓋了研究的真實性。

很明顯的，德芙莉斯等人所發現的結果，與本書一開始所描述的科學理想大相徑庭，在剛開始時所介紹的科學理想是，透過出版與同儕審查這種社交過程，事實將與全世界分享，任何意外錯誤則會被過濾掉。那我們要如何拯救科學呢？我們該如何導正科學的發表系統、資金與排名過程裡面的文化與獎勵措施呢？該如何讓科學獎勵真實度與可靠性而非炫目的故事呢？套一句英國廣播公司的紀錄片片名來說，我們要如何拯救科學於科學家之手呢？

在本書的最後一章，我們要概略談一下這些問題的解答。首先，我們要看看各種可行的方案，以期能防止或至少減輕之前所提過四個最主要的問題：學術詐欺、偏見、輕忽與炒作。接著，我們要討論一下如何改變科學，不只是科學家的日常工作，還有科學文化本身。有些我們討論中的變革已經是現在進行式，其他的則是比較激進的提案，將革命性地改變科學研究的方式。

在第三章我們看到大學經常庇護那些科學詐欺者，讓他們免於為自身罪行付出後果。在那些因為紙包不住火而最後爆發出來的知名案例中，我們才終於知道這些詐欺者的名字：史泰佩爾、馬基亞里尼、黃禹錫、舍恩等人，以及其他的一些科學家。但在其他層級較低的科學行為不正案子中，科學家的身分卻從來沒有公布過。[4]如果這些人很難被抓到，**再加上**就算被抓到也很少受人注意，那無怪乎許多科學詐欺者在犯行後都可以逍遙法外。因此第一個該做的變革其實很簡單，就是只需要公布並譴責那些被揪出來的科學行為不正者。[5]

當然，大學本身沒有太強的動機去做這件事，所以另一個做法就是禁止大學自己關起門來便宜行事。在這方面最近有一些進展，比如在看到卡羅林斯卡醫學院在馬基亞里尼的氣管移植調查案中的表現有多糟之後，瑞典政府在二〇一九年通過了一條法律，禁止大學調查自己校內的研究不正案子，必須將這個責任交給一個新的、獨立的政府機關負責。[6]

當學術造假案被揭發之後，上述的措施會很有效。但是更好的做法會是一開始就能防止這些論文出現在期刊上，而這正是科技可以發揮力量的地方。科學家正在開發愈來愈有效的演算法，可以看出科學論文中資料造假的部分，其他還有人在開發可以偵測影像複製的技術。[7]如果能將這些技術，與我們在第三章介紹過的複製影像鑑定專家比克的技術比較一下，結果應該會很有趣。不過理論上新開發的技術應該會讓糾舉不正當的資料操弄省力許多。各期刊也可以要求投稿者事先經過這些演算法的審核（以及之前我們提過的其他演算法，像是GRIM與statcheck），以便在送給審稿人審閱以前，就可以揪出任何可疑之處。他們也可以用電腦程式標出文件中任何抄襲或是自我抄襲之處。[8]

這些演算法也可以用來對付輕忽。[9] 演算法 statcheck 所抓出來的錯誤中，很大一部分大概都只是平凡的錯誤，發生在研究人員將數字從統計分析軟體中拷貝出來，然後複製到文書處理軟體去撰寫論文的時候。在論文寫好之後跑一下 statcheck 演算法，可以讓文章進入期刊前，就先把這些錯誤抓出來。不過科技也可以在第一時間就先防止這些錯誤發生。近年來已經有結合了統計分析與文書處理的軟體被開發出來，這些軟體可以自動作出與論文相關的表格與圖表。[10] 這樣可以避免讓資料經過易受干擾以及不可靠的科學家之手，同時因為從數據到論文的整個「流程」都是公開的，想要在其中竄改資料獲分析結果也變得更加棘手。[11]

雖然這些新科技讓人很興奮，不過每個軟體都有其缺陷。舉個很尷尬的例子來說，遺傳學的論文中通常會使用微軟試算表列出他們所研究的基因名稱，但在這其中大約有百分之二十的論文會出現自動更正的錯誤，像是 *SEPT2* 跟 *MARCH1* 這些基因名稱會被錯誤地轉換成日期。[12] 自動化軟體應該由人類仔細檢查，至少等我們確定那些小問題都被搞定為止。不過理論上，許多日常科學任務交由人工智慧來處理都可以做得更為準確，像是：分析大量數據以尋找其中的模式；過濾科學文獻中的數字以尋找共同點；甚至解讀墨點影像、細胞影像以至於腦部掃瞄影像。考量到在科學文獻中出現過這麼頻繁的數字錯誤，然後考量到透過更自動化的論文撰寫流程可以輕易地避開這些問題，到頭來完全依賴人類來完成這些工作可能反而是比較不合倫理的事情。

有一個我們一直遇到的問題，就是科學家對所謂的創新充滿了偏愛。雖說新的、令人興奮的結果是推動科學進步的引擎，但是我們前面也看到了，對所謂的「開創性」的結果過於著迷，結果就是導致各領域的研究都根基於一些脆弱且難以重複的結果。套句生物學家雷瑟的話來說，打破傳統的目的是為了建造一些東西，如果你所做的只是不斷地打破傳統，那你只會留下一堆坑洞卻毫無建樹。[13]我們要如何扭轉追求發表新結果重於發表確實結果這樣的情勢呢？我們又要如何對抗出版偏見，確保所有的結果都有發表的機會，不論它們是否有創新性或者結果是不是無效呢？

有一個解決的辦法是特別出版一本專門以發表無效結果為宗旨的期刊，讓那些被束之高閣的論文有一個更有吸引力的去處。比如說二〇〇二年創刊的《生醫否定結果期刊》，就是基於這樣的目的。這個想法的初衷很好，但是或許不令人意外的是，沒有人想要讓自己的結果出現在一個地位低下、專門刊登無效結果的期刊上，特別是這本期刊的定義就是專門發表其他期刊不會刊登的論文。[14]最後該期刊在二〇一七年停刊，對於一個擠滿了等待發表的新論文的世界來說，科學期刊出現這樣的命運著實不尋常。[15]

既然專門發表無效結果的期刊行不通，那麼出版一本可以接受任何結果，只要研究的方法夠嚴謹即可發表的期刊呢？這種期刊也可以刊登專門複製別人實驗的論文，因為這些論文往往也跟無效結果遭受到一樣的歧視。近年來許多這樣的期刊開始出現，它們往往被人稱作「超級期刊」，因為既然不一定要求正面結果，也不需強調「令人興奮的」結果，所以到頭來它們往往會發表「一大堆」論文。這類期刊其中有一本叫做《PLOS ONE》，我跟同事最後就在那裡發表了我們重複拜姆的超能力實驗，最後卻得到無效結果的論文。[16]這是一種進步，但是這類期刊仍可能被那些特別在意地位的科學家，看做較低等的期刊。理想的情況是我們希望可以在那些眾人競逐的高影響力期刊上，也可以看到合理比例的無效結果，或是企圖重複他人實驗的論文。

在這方面，最近也有一些好消息。雖然還稱不上是很明確的承諾願意發表無效結果，不過許多大名鼎鼎的期刊，最近都已經開始鬆綁關於發表複製性論文的政策了。以《人格與社會心理學期刊》為例，這正是之前發表了拜姆論文，然後因為其全面「拒絕重複」的政策而回絕我們論文的期刊。在經歷過重複性危機之後，它們的網站開放了一整區專門給複製性實驗，並且指出編輯委員會「認識到在建立我們領域累積知識的基礎上，複製性實驗的重要性。鑑於此，我們鼓勵那些複製重要實驗的論文投稿，特別是那些之前曾發表在《人格與社會心理學期刊》上的論文。[17]」這是由心理學家斯瑞瓦斯塔瓦所提出的科學期刊新規則裡面的一個好例子。這種新規則很像某些陶器商家的標籤：「你打破它，就買下它」，如果你同意刊登了一篇論文，那你至少有一些責任，必須要發表其他論文來檢查這些結果能不能被重複。[18]

愈來愈多來自不同領域的編輯，也正朝著這個方向努力：最近有超過一千本期刊明確宣布改變方針，表示歡迎複製性的研究。[20]有些贊助機構像是「荷蘭科學研究組織」也投入資金贊助複製型研究。[21]這些改變都很正向，但是其成果還是取決於期刊會不會常規性地刊登更多的複製型研究。專做統合科學的科學家應該要多留意才是。

讓科學家可以更容易發表重複型實驗或是無效結果，或許有助於減少發表偏差。但是對於其他我們之前提過的其他偏差，又該怎麼辦呢？比如說跟p值操縱有關的偏差呢？其實已經有很多論文，甚至有好幾本書都專門在談有關於p值的陷阱：p值艱澀難懂，p值常常沒有辦法告訴我們真正想知道的東西，而且很容易被濫用。[21]這些批評都有其道理。簡單來說，我們應該少關心一點**統計的**顯著性，也就是少強調p值低於人為閾值〇．〇五，而應該多花時間在**實際的**顯著性上。當一個實驗的樣本數夠大的時候（統計檢定力夠高的時候），即使是非常小的效應都可以達到統計上的顯著意義，比如說某一顆藥物可以降低頭痛症狀，讓疼痛在一個五分的量表上降低百分之一分。即使這效果具有統計上的顯著性，而且它的p值甚至很可能遠小於〇．〇五，但是從現實意義上來說這種藥並沒有太大的用處。經濟學家齊力亞克與麥可洛斯基稱這種情況為「以如豆的目光專注在統計顯著性上」，也就是科學家將注意力完全集中在p值上，以至於忽略了實驗效果的「力量」。[22]

關於這個問題，科學家最常提出的解決辦法，其實就是完全放棄統計顯著性。二〇一九年時有超過八百五十名科學家聯名在《自然》期刊上發表一封公開信，呼籲「是時候拋棄統計顯著性了」。[23]他們認為，與其強調統計顯著性，研究人員應該更清楚地說明他們研究結果的不確定性，並且報告每個數值的誤差範圍，同時在解讀這些模糊不清的統計數字背後所代表的意義時要更小心謹慎。[24]關於這方面可以談的東西其實非常多，不過有件事情我們必須先銘記在心：最常計算出來的誤差範圍（也就是所謂的「信賴區間」），也只是提供了跟p值不一樣的觀點，而不是什麼新的統計資訊。[25]然而，在倒掉統計顯著性這盆洗澡水之前我們別忘了，裡面還是有個寶貴的嬰兒，也就是閾值。雖然這個閾值是人為訂定的，但是它為科學家提供了一個客觀的測量標準，並帶來一些限制。事實上，完全拋棄p值未必會改善現況，而導入另一種主觀性標準也搞不好會讓情況變得更糟。[26]統計學家伊安尼迪斯曾半開玩笑地說：如果我們拿走所有類似的客觀標準，搞不好就會面臨「將所有的科學研究都變成營養流行病學」這樣的情況，這個前景確實相當讓人憂心。[27]

另一個被認為可以替代p值的統計學就是貝氏統計學，也常常受到相同的批評。貝氏統計學是十八世紀的統計學家貝葉斯所發展出來的機率理論，它讓研究者在評估新發現的重要性時，可以將先前的證據強度（也就是所謂的「先驗」）納入考量。比如說，如果有人跟你說根據天氣預報，倫敦的秋天會下雨，那你大概不用想太多就會相信他們是對的。但是反過來說，如果他們的天氣預報預測七月在撒哈拉沙漠將會有一場暴風雪，那麼根據你先前對於撒哈拉沙漠炎熱夏天的經驗，你大概會用非常懷疑的態度去評估這次的天氣預報。貝氏統計學可以將所有先前的證據都納入初始計算中，在撒哈拉沙漠的例子裡，他們將要求新的天氣預報必須要有極高的可信度，才能推翻以往所有的氣象知識。[28]而p值計算無法這樣做，因為它們幾乎都是獨立於先前的經驗計算的。但是貝氏統計學所謂的「先驗」在本質上是個主觀判斷：大家都會同意撒哈拉沙漠又熱又乾，但是**在試驗開始之前**我們該多相信某個藥物可以減緩憂鬱症狀，或者該多相信政府的特定政策可以刺激經濟成長，這個程度是非常具有爭議性的。

除了必須考量到先前的經驗以外，貝氏統計學跟p值還有其他不同處。[29]比如說，貝氏統計學比較不受樣本數的影響，統計檢定力不是它的參數之一，因為貝氏統計學的目的不是檢測特定條件下的效應，而是權衡證據支不支持原始假設。或許可以說，貝氏統計學比較接近一般人對統計學的理解。貝氏統計學問的是：「根據這些觀察，我的假設成立的機率有多大？」這比p值要直觀多了，因為p值問的是：「在我的假設不成立的情況下，得到現有觀察的機率有多大呢？[30]」

所有的統計方法都有其優點與缺點。[31]在討論統計問題的時候，有些專家的講法彷彿p值是萬惡的根源，是數字界的吹笛人，會引導平常冷靜的科學家誤入歧途。但是如果我們就只是捨棄一種統計工具然後換用另一種統計工具，接著期待本書中所提到的所有造假、偏見、輕忽與炒作等問題馬上就會從此煙消雲散，那未免太天真了。光靠統計學並不能解決深層的問題：那就是扭曲的人性，以及受到人性所影響而衍伸出來扭曲的科學體系。不管哪一種統計觀點成為主流，都會有一些科學家想辦法去操縱它，讓自己的實驗結果看起來比實際情況更讓人印象深刻。在下面我們要介紹，真正的解決辦法必須從動機跟文化層面著手。

與其建議科學家完全放棄一種他們早已耳熟能詳深植腦海的統計工具，比如常用的顯著性檢定，不如更有效地教育科學家，讓他們知道這種統計法能顯示的結果以及它的極限，並改進使用方式以避免犯錯。比如最近有人主張我們應該將顯著性的閾值由傳統的小於〇・〇五提高為小於〇・〇〇五，讓我們必須要先克服一道更高的門檻，才能主張結果有意義。[32]根據複製危機所揭示出的缺陷，我們應該對於作為假設證據的東西，抱持更為保守的態度才合理。不過提高統計門檻的問題將會是，除非我們也可以同時增加樣本數，否則我們的檢定力將會非常小。*不過支持提高門檻到〇．〇〇五的人士認為，使用他們的方法的話，假陽性的問題將會大幅減少，而假陽性的問題比假陰性的問題要迫切多了。

另外一個解決統計偏見與p值操縱的方法則是完全不讓研究人員碰統計學。在這種情況下，一但科學家搜集完數據，就將它們交給獨立的統計學家或是其他專家去處理，這些人照理來說不會像設計實驗與執行實驗的科學家一樣，抱持著偏見或是對特定結果有期望。[33]不過這種做法執行起來可能會很困難，我們甚至可以想像，當科學家不同意這些統計學家對他們寶貴資料所做的分析與解讀時，將會產生一定的衝突。[34]在本書後面我們還會提出一些同樣激進的改革方案，都值得先小規模嘗試一下。

在第四章我們提過分析數據集有許多種不同的方法，這常讓科學家陷入困境：他們怎麼知道自己選的分析方法會不會得到僥倖的結果？一個解決的辦法是，無須擔心自己所選的分析方式是否正確，就接受「歧路花園」的問題，執行**所有**可以應用在資料集上的分析方法。你可以納入**或**

---

*譯注：這樣的話將會有很多實驗結果確實有效，但卻無法達到〇．〇〇五這麼嚴格的標準，因而成為假陰性。

排除某些受試者；可以結合**或**拆開某些變項；可以調整**或**不調整某些干擾因子，然後根據所有的分析結果來下結論。這種做法有許多名稱，像是「規格曲線分析法」、「效應震動分析法」，而我最喜歡的一種則是「多重宇宙分析法」。[35]想像一下如果真的有數不盡的平行宇宙，在每個宇宙中你都跑一次略微不同的分析，那你覺得在多少個宇宙中，會發現一模一樣的效果？又在多少宇宙中會發現完全相反的效果？所有這些分析最後會趨向相同的整體結果嗎？

牛津大學的心理學家奧本和普澤比爾斯基就曾經使用多重宇宙分析法來處理一個熱門議題：螢幕使用時間與對年輕人心理健康的影響。[36]關於這方面的研究常常被媒體炒作，報紙上有許多文章，以及許多暢銷書都主張，今日許多年輕人花了過多的時間在網路上，對他們的健康已經造成傷害。[37]社群媒體往往被認為是特別嚴重的問題，因為據推測，它們會減少年輕人面對面接觸的時間，讓他們暴露於網路霸凌與重口味色情影片下，還會降低他們的注意力。[38]甚至還有人提出新的心理學診斷名稱，像是「電子遊戲障礙」、「網路色情成癮」、「蘋果手機成癮」等等族繁不及備載。[39]這些科技恐慌的證據大多來自於大型的觀察性實驗，觀察青少年心理健康問題與螢幕使用時間之間的關聯性。這類型研究很可能成為p值操縱的溫床（還記得在營養學研究的大型資料集中，p值操縱有多容易嗎？基本上所有食物都可能跟癌症產生某些關聯），因此非常適合進行多重宇宙分析。

奧本與普澤比爾斯基分析了三個大規模觀察性研究資料集，跑了所有可能使用的分析方法來檢驗這些主張。比如，我們不只可以採用幸福感，還可以納入自尊以及自殺傾向來分析，或者三者一起分析；我們不只採用這些青少年父母的評分，也可以使用青少年的自我評分，或是兩者都用；「螢幕使用時間」可以只包含看電視的時間，也可以加入打電動的時間。我們可以調整一些參數像是性別、學校年級，或是任何一個可能很重要的參數。我們可以使用問卷得到的平均分數或是總分。所有「正當的」組合（也就是根據這組合看起來有無可能得到合理的科學結論，來判斷它是不是正確可行的分析法）總數，在三個資料集中都不一樣。在第一組資料集中，他們可以獲得數百種組合，第二組資料集中可以做出數萬種組合，第三個資料集則可以做出數億種組合。因為這麼龐大的分析大部分的電腦都無法負荷，所以最後他們將第三組資料集的分析方式降低到「僅剩」兩萬種。

在跑了這麼多種組合分析後，奧本跟普澤比爾斯基發現，少數分析顯示螢幕使用時間確實有一定的負面影響，有些分析顯示沒有影響，而也有些分析顯示螢幕使用其實是有益的。他們將所有的結果平均起來，發現螢幕使用時間確實有不良影響，但是程度非常輕微，大概只影響了幸福感變化的百分之〇．四。這樣的影響大約跟經常吃馬鈴薯對幸福感的影響一樣，而兩者都小於戴眼鏡對幸福感的影響。至此，那些跟螢幕有關的嚇人故事應該可以停一停了。多重宇宙分析指出，如果我們真的想要好好研究青少年心理健康問題，那就別再簡單地把螢幕使用時間當作代罪羔羊。[40]而更廣泛的意義則很明顯：我們不能只跑一種簡單的分析，那很可能受你個人的偏好影響；我們應該採用更廣泛的統計觀點，看看所有反面的證據，問自己一下，如果改變一下分析方式，會產生怎樣的結果？

多重宇宙分析法的缺點是，它通常需要超級電腦的支援，這對大部分的研究者來說是一道門檻。同時雖然這種分析非常適合釐清當前極具爭議的問題，但是它仍無法消除科學家只想挑選最令人印象深刻結果的誘惑與壓力，也無法避免科學家總是企圖將這些結果呈現得像是符合原始假設一般。為了解決這個問題，我們還可以使用其他的工具來修復，那就是**預先登記**。

從二〇〇〇年以來，美國政府所資助的一切臨床試驗都需要先完成預先登記的步驟，而從二〇〇五年以來，這也成為要在大部分醫學期刊上發表論文的先決條件。[41]所謂臨床試驗登記的意思，就是在開始搜集任何資料前，就先在網路上公布一份具有時間戳記的文件，內容詳細記載實驗者在計畫中打算做的事。這些資料會存放在一個公共資料庫中，這可以提供一個基準，讓我們知道這些臨床試驗最後有多少能成功發表。它也讓我們可以看到研究人員最初所打算測試的假設，以及它們有沒有在計畫進行到一半的時候被轉換掉。

科學家除了可以預先登記即將要展開的計畫，也可以預先登記他們打算如何分析這些數據的詳細步驟。之前我們已經見識過統計分析那**非計畫性**的本質，也就是在結果未揭曉前的靈活性，有可能讓科學家在實驗結果的歧路花園中，選擇最有統計顯著性（同時也是最有發表可能性）的那條路，但實際上這結果可能完全與現實無關。預先登記統計分析方法有點像是科學上的尤里西斯約定：將分析計畫事先公布在某個公共場所，就像是尤里西斯要求同伴把自己綁在船的杆桅上一樣，可以讓自己免於受到如海妖歌聲般 p 值操縱的誘惑。

有些人會理直氣壯地說，如果完全不留給科學家自由發揮的空間，那我們就不再可能發現什麼意外的驚喜了（盤尼西林跟威而鋼是兩個科學上意外驚喜的例子，經常被引用來支持這樣的論點）。[42]但是這並不是預先登記原本的意思。在預先登記好的試驗中，科學家一樣可以即興分析，去發掘數據中有趣的模式；但是他們不能把這樣的發現吹捧成像是事先計劃好的一樣。這些所謂的**探索式**分析可能會帶來許多重要的發現與想法，比如說你可能意外地發現某個新藥對老人比對年輕人要有效，從而找到一條新的研究路徑去尋找其中的原因。但是就像我們在之前的章節已經看過的許多例子，實驗數據往往充滿了雜音，如果你把資料分得夠細，或是丟夠多次銅板，最終必定會找到**某些看起來很有趣的事**。因為你允許給自己更多次的機會，去尋找具有統計顯著性的結果，在**探索式**分析中所得到的正面結果，很有可能只是隨機的波動而非真正有意義的結果，這些結果很可能無法在新的樣本群中被重複。但是很糟糕的是，很多科學結果往往將**探索式**的結果當成**確認式**結果來呈現，好像它們是在研究開始之前就預先計畫好要分析似的。預先登記可以讓科學家對讀者說明，他們現在是把數據當作探索式結果使用，以便建立新的假設（比如「欸，變項X好像跟變項Y有關！我們最好確認一下在其他新的數據集裡面看不看得到一樣的結果」），還是將數據當作**確認式**結果下肯定的結論（「我預測變項X在這組數據集中會跟變項Y有關，結果確實如此」）。[43]

左頁圖五所顯示的，就是預先登記這個步驟對於許多針對心臟病預防措施的大規模臨床試驗所造成的影響。[44]在預先登記成為必要步驟以前，醫學期刊上刊登了大量令人印象深刻的正面結果，以圖五中偏左下的空心白圈為代表（表示這些受試者罹患心臟病的風險降低了），偶爾夾雜著少數無效的臨床試驗。但是看看從二〇〇〇年以後，當預先登記成為必要之後發生了什麼事？突然間只剩少數試驗做出正面結果，而大部分的試驗則都報告了無效的結果，聚集在零效果周圍。*在預先登記成為必要之前，臨床試驗的成功機率為百分之五十七，但是之後則暴跌為百分之八。講得清楚一點，就是在要求進行預先登記之前，所有的臨床試驗**看起來**都非常成功，好像真的有許多可行的心臟病預防措施。但是在預先登記實施之後，真相才浮現出來：在這些研究中所測試的飲食或是營養添加劑完全不像我們原本相信的那樣有效。

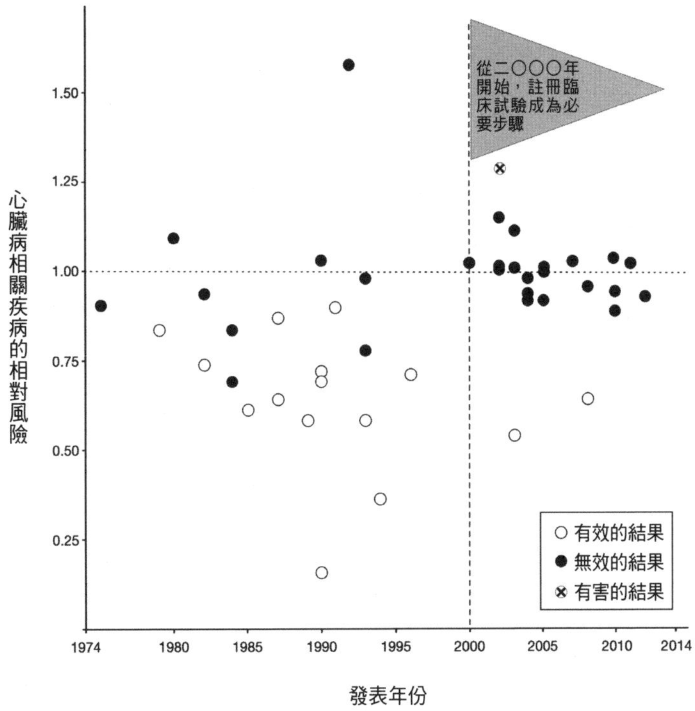

圖五：在二〇〇〇年之前與之後所發表的心臟病治療與預防措施的臨床試驗。從二〇〇〇年開始要求臨床試驗都必須事先登記，或至少登記主要評估指標（如圖中垂直的虛線所示）。水平虛線下方的臨床試驗代表它們所研究的心臟病預防或治療措施，確實可以降低心臟病的風險（圓圈位置愈低，風險愈低）。空心白圈顯示預防或治療效果有統計上的顯著差異，黑圈代表無效的結果。注意在二〇〇〇年之後有一個試驗發現他們所研究的治療其實是有害的，且具有統計上的顯著性（畫叉的空心白圈）。改編自卡普蘭與爾文，二〇一五年發表於《PLOS ONE》期刊。

＊譯注：圖中使用的相對風險是一種統計分析法，研究人員將新的飲食或預防措施與現有的預防措施相比，如果新的措施有效的話，這個比值將會小於一，一樣的話則會等於一，新的措施有害的話比值會大於一。因此這個比值愈小，代表新的預防措施愈有效。

當然我們要注意別犯了相關性與因果關係的錯誤，不該太快下結論，認為必定是新的預先登記步驟**導致**成功的臨床試驗數量降低。或許那一年還發生了其他事情，比如像大家都開始注意不同類型的治療法。但是我們仍可以合理猜想，公開預先登記的實驗計畫讓臨床試驗變得更為透明，也讓研究人員更誠實地報告他們的研究成果。而如果這些結果的改變跟預先登記之間真的有因果關係，那麼這結果將強力支持所有的研究都應該加入預先登記這個步驟，同時也是對預先登記之前那些標準的科學實踐步驟所做的有力譴責。[45]

預註冊當然也不是解決所有問題的萬靈丹。許多完成預先註冊的科學家仍無法在預註冊所規定的時間表內發表（或至少報告）他們的實驗成果。也有一些科學家即使預先註冊了實驗計畫，卻仍在研究展開後修改分析方式。[46]在臨床試驗的例子中，這不但是對科學最佳實踐手段的漠視，同時還涉及違法。但是根據《科學》期刊在二〇二〇年所做的一項調查顯示，有百分之五十五的臨床試驗報告實驗成果的時間，都晚於他們交給政府的登記時間表。預先登記制度不應該這樣運作，我們可以說，只有當研究人員確實遵循預先登記的計畫時，這個手段才會有用。對於臨床試驗，我們應該加強管理以及懲罰那些「臨床違規者」（比如說，禁止他們日後申請政府經費，或是在一定期限內禁止他們在某些期刊上發表論文）。[47]對於其他研究領域，因為沒有法律規定要求如何遵循登記的計畫，我們應該找出其他方法讓科學家遵守規定。比如說英國的國家衛生研究院就成功地讓幾乎所有受到資助的計畫都發表，一部分原因是因為他們會預先扣留百分之十的資金，直到試驗研究報告發表出去為止。[48]

另一個策略則是採用更嚴格的預先登記手段。在這個設計下，科學家要將登錄文件先交給同儕審查，如果獲得許可，而且審查者認為實驗設計嚴謹合理時，那期刊必須承諾**不管最終實驗結果如何**都必須來函照登。只有通過這些步驟之後，科學家才開始搜集數據。[49]這種類型的研究稱為「註冊報告」，它不只可以消除發表偏差，同時也切斷了實驗結果的統計顯著性與論文能不能發表之間的惡性關聯，因此也可以減少 p 值操縱，因為科學家只需要在事前與審稿人就統計分析策略達成共識即可，同時不能在**事後**任意更改而不讓人知道。更好的是，它還可以消除許多因為不當獎勵所引起的偏差與詐欺。既然你知道論文一定會獲得發表，那馬上就沒有那麼大的壓力來粉飾自己的實驗結果了。[50]

撇開強制執行預先登記是否可行的問題，預先登記制度不失為一個好構想。它真正的核心意義在於**透明度**：不要把自己的實驗或分析隔絕於世界之外。相關的概念諸如「開放科學」其實早在論文複製危機發生以前就存在了，可能也是解決這種問題最有效的方法。[51]開放科學的想法是盡可能地公開科學研究過程中的每個步驟，並讓其他人可以自由地取得它們。[52]理想的開放科學研究應該有一個專門的網頁，你可以從那裡下載跟研究有關的所有數據、科學家用來分析這些數據所使用的統計學程式編碼，以及他們用來搜集數據所用的所有材料。[53]同儕審查意見以及論文的早期草稿也可以跟論文一起公布（雖然審稿人的身分仍是匿名的），讓讀者可以看到論文發表的全部過程。[54]

讓人可以自由取得所有的數據與研究方法，這稱得上是默頓規範裡面「公有性」的具體實踐：因為這讓其他的科學家可以重複使用你的研究成果，讓他們的研究更有效率。這也符合規範中「有條理的懷疑主義」：其他的科學家可以更容易檢查你論文中是否有出現疏忽與錯誤，可以重複你的實驗結果，也可以更深入地挖掘你的發現。比起一般的科學期刊，開放科學可以讓科學家更容易達成這些事，因為一般的科學期刊往往只包含了研究表格與圖表的摘要。而其他科學家也不再需要寫信給你，懇求你公布資料集，而我們都知道這些信最後往往都如石沉大海。採用「開放科學」的策略可以傳達訊息給其他的科學同僚，告訴他們再也不需要盲目地相信你所報告的每件事情都準確無誤：你沒有隱藏任何事情。

如果你**真的**隱藏了什麼事，或是真的假造數據與結果，那麼開放科學將讓你寸步難行。在第三章我們曾經解釋過，讓一個假造的資料集看起來像是真的，其實並沒有那麼簡單。到目前為止，那些揭發過別人偽造論文的調查專家所使用的，都還只是一般科學論文中所公布的數據摘要而已。如果能獲得完整的資料集，調查專家做起事來將更容易得多。開放科學最大的意義在於形成防止假造資料的第一道防線，因為想在公開的網頁上公布假的資料集，那可是需要極大的膽量才行。[55]同樣的原則也適用於遊走於造假邊緣的p值操縱或是其他更無辜的錯誤：開放科學可以讓其他的科學家看看你的資料，看看你怎麼分析這些資料，眼尖的同行可能會看見試算表中的錯誤、不正確的統計分析法、不合理的數字或是那些沒有在論文中提及的分析，而這些分析可能會影響你對資料的解讀。

但是當然並非所有的資料都適合上網公開。[56]比如說，公布臨床試驗受試者的基因資料就是違反匿名原則的行為，而匿名原則恰巧是這些人參與臨床試驗的先決條件，更別提這還有可能侵犯他們的法定隱私權了。公開其他資料也可能會有危險。二〇一一年時有幾位病毒學家公布了他們如何製造一種經過基因改造、傳染力更強的H5N1「禽流感」病毒的詳細步驟時，曾引起了不小的爭議。[57]這項研究對於讓我們知道病毒如何運作來說相當重要，但是如果在少數的情況下，這些資訊不小心落入那些具有險惡動機的壞人之手，後果恐怕不堪設想。最後，研究人員被要求篩除論文中一些相關的實驗方法細節。[58]不過上述這些都屬於例外狀況，原則上沒有什麼理由需要去限制科學家，在工作內容上不可以比現在再更公開一些。

要讓科學更開放一些，還有另外一條途徑，那就是擴大規模。過往歷史中煉金術士總是獨自研究並小心翼翼地保守自己的祕密。但是為了要能回答更大的科學問題，我們不能再像單打獨鬥的煉金術士一樣，而必須從他們開創的路徑上更往前邁一步，這也帶領我們走到了今日科學家樂於在國際期刊上分享他們實驗成果的環境。而下一步則是讓許多來自不同實驗室與大學的科學家一起合作，進行規模更大的合作型研究計畫，也就是所謂的「團隊科學」。[59]在粒子物理學領域早已採用這種研究模式很久了，因為他們需要一個龐大的研究團隊，來進行粒子加速器實驗所需要的數千項複雜無比的任務。[60]而這種合作在現代遺傳學領域也相當重要，科學家藉著國際聯盟的幫助，將各自的樣本結合起來，藉此達到辨識數萬種ＤＮＡ變異與人類特徵跟疾病之間的微小關聯所需要的統計檢定力。[61]透過這種合作方式，科學家得以排除遺傳學裡錯誤的「候選基因」方法（請見第五章），最後終於做出可以被重複的實驗結果。[62]

愈來愈多的領域對於合作產生濃厚的興趣：比如說許多實驗室聯合起來企圖去重複我們在第二章所提到的一百個重要的心理學論文，就是個好例子，它顯示了如何透過增加實驗的規模（因此也增加了統計檢定力）去修正過去的錯誤。除了物理學以及遺傳學以外，許多領域現在也開始有跨國合作計畫，像是神經科學、癌症流行病學、心理學以及轉譯醫學等等研究領域也都紛紛跟進。[63]這些大型計畫可以直接解決各自領域中實驗結果無法被重複的問題，同時因為這些結果會被分享到大型科學社群中，而科學家通常都有各自的意見與想法，理論上這樣可以揪出個別科學家的偏見。

開放科學的對象並不僅止於科學社群而已。讓科學透明化的最後一步應該是將科學對大眾開放。畢竟，默頓規範的「公有性」強調的是科學上的發現應由眾人共享，這倒是點出了一件事情：大部分的科學都是由納稅人所交的錢贊助的。但是如果你想閱讀任何一篇科學論文的話，大部分的期刊都要求非訂戶必須支付將近三十五美元（相當於一千多元台幣）的費用才能瀏覽單篇論文。納稅人在繳稅贊助科學研究之後，還必須再額外支付費用才能看到這些研究成果，這聽起來似乎有點不對勁，甚至可能有點違反民主。誠然，很多事情也都是納稅人繳了錢但卻無法過問，甚至是不應該過問的，比如英國藉以維持海上威嚇力量的核子潛艇巡航路線圖。但是，就像上面所提到的跟病毒有關的敏感資料一樣，這些訊息都屬於例外。大部分的政府現在都已經通過了資訊公開法，允許群眾閱覽政府文件以及統計數據。甚至在美國，所有政府雇員的工作都將自動進入公眾領域。[64]開放科學裡面有一個分支，其宗旨就是在推動讓科學可以自動成為自由流通的訊息，或至少接近這樣的狀態，這稱之為「開放取用運動」。它目前已經達成了一定效果，許多期刊現在已經允許科學家在發表論文的時候，支付一筆費用讓自己的論文可以供人自由下載而無需購買。

雖然付費讓自己的研究成果可以供人免費取用，目前還只是選項之一，不過許多贊助機構現在已經開始**要求**由它們所贊助的研究，最後必須要以開放取用的形式發表。其中最積極的計畫，應屬於由代表歐洲政府提供研究經費的「科學歐洲組織」所提出的「S計畫」。這個計畫的構想是到二〇二一年為止，所有經過該組織成員所贊助的研究計畫，都必須發表在完全開放取用的科學期刊上。[65]這個計畫獲得了來自十六個國家的科學研究經費委員會的支持，以及一些重要的私人基金會像是惠康信託基金會以及比爾與梅琳達．蓋茲基金會的支持。根據它們的規定，科學家如果申請了科學歐洲組織的研究經費的話，將來研究成果甚至無法發表在沒有完全開放取用的期刊上，這包括《科學》、《自然》等期刊在內百分之八十五的期刊。*[66]科學經費提供機構還表示，它們會透過協調行動確保出版商不會在科學家發表開放存取論文的時候，收取過高的費用。†如果期刊的開放存取發表費用過高，超過了合理的出版成本，那經費提供者將直接限制科學家用來發表論文的費用上限。這會讓大部分的科學家不得不停止將論文發表在這些期刊上面，或許會讓期刊出版商面臨破產而妥協。開放取用跟S計畫這類行動，簡單來說代表了在研究經費贊助者這一方可以透過怎樣的集體行動，迫使科學研究實踐產生巨大的改變，同時這應該帶給我們一些希望，這類合作可能在未來可以修復科學研究其他運作不良的部分。

到目前為止，我們已經看過了如何防止造假、如何避免輕忽、如何消除偏見的方法。那麼關於之前討論過的，當前科學研究上的第四個缺陷，炒作呢？由於炒作與如何傳播科學研究成果有關，因此解決方案或許與我們剛才討論過的出版系統有關。

從本書一開始，我們一直視為理所當然的出版模式，最早出現於十七世紀的期刊《自然科學會報》中：通常由一位編輯根據同儕審查者的意見，來決定哪些研究可以發表在期刊上面，然後負責將這些研究印刷出來。一直到不太久以前，當這些工作都還完全需要透過紙本處理的年代，同儕審查以及出版期刊的過程可說是非常累人的工作：與審稿人的往來信件，將必要的文件寄送給他們，收集與整理他們的意見，然後編輯、檢查這些文件，付梓出版，最後還要將這些期刊寄送給大家。我們可以理解為何出版社要求為這些服務支付費用。但是隨著電子郵件與線上期刊的出現，這整個流程都大幅地簡化了。在一個線上期刊當道的年代，營利性的出版公司還要收取高額的訂閱費用才讓讀者閱讀他們的期刊，我們不禁要問一問這些費用到底是用來做什麼的？

我們可以談一下期刊訂閱費用到底有多貴。二〇一九年時曾獲得諾貝爾獎的生物學家謝克

＊譯注：從二〇二一年開始，《科學》、《自然》等期刊都已經紛紛開始調整出版策略以配合開放取用的政策了。

† 譯注：目前各期刊仍向論文作者收取一千到一萬美金不等的開放取用論文處理費，平均處理費為三千美金。《自然》期刊在二〇二一年每篇論文要收取九千美金作為開放取用處理費，為所有期刊之冠。

曼，同時自己也是一位期刊編輯，曾經比較了加州大學付給兩家出版社的費用，其中一家是非營利性的美國國家科學院，另一間則是營利性的愛思唯爾公司。[67]每下載一篇論文，加州大學必須支付美國國家科學院美金〇．〇四元（相當於台幣一塊二），而愛思唯爾每篇論文收取美金一．〇六元（相當於台幣三十多元）。後者的價格足足是前者的**二十六倍**左右。來自全球各地的科學家正在用數百萬美元塞滿愛思唯爾公司的金庫，而加上其他所有營利性的出版公司的話，這筆費用可高達數十億美元。他們花了這些錢，得到什麼額外的服務嗎？似乎沒有：美國國家科學院所提供的服務跟愛思唯爾公司所提供的大致相同，甚至可能還更好一點。同儕審查者的時間與專業知識，因為可以為推動科學的進步，提供關鍵的分析，可以說是整個科學系統中最重要的一部分。但是這些審稿人都是義工，他們不是出版公司的雇員，因此無法成為期刊收費的理由。相反的，愛思唯爾公司與其他營利性的出版商所做的事，在經濟學上稱為「尋租」：在自身不提供更多價值的情況下得到更高的利潤。[68]有一個針對出版系統的調查，批評並點出這種行為的荒謬之處：

這就好像是《紐約客》或是《經濟學人》要求記者們寫稿然後要他們互相編輯彼此的稿件，最後要政府出錢買單。外界的觀察家在談到這種安排的時候，往往會感到一種難以置信的震驚……二〇〇五年在德意志銀行所公布的一份調查報告中，稱這種安排為「詭異的」──「三倍支付」系統，在這個系統中，「國家贊助大部分的研究，付大部分的薪水給那些驗證研究品質的科學家，最後還要花錢購買大部分的出版品。」──[69]

一旦你意識到大學支付給愛思唯爾這些公司的費用，幾乎都來自於公共資金的時候，整件事看起來就有點不道德了：大學難道不應該更有效地利用納稅人的錢嗎？這甚至無關我們是不是該反對營利動機，或是商業出版社介入科學研究的問題。但是圍繞著期刊發表系統所建立起來的這種不理性的虛榮體系，其實代表了一種市場失靈，它妨礙了可以降低成本的競爭機制發展。我們很難說期刊出版社到底為科學論文增添了多少價值：它們通常只是擔任論文作者與志願審稿人之間的傳聲筒，並且除了表面的排版以外，幾乎不進行任何編輯或是其他工作。[70]

期刊的出版系統未來可能會出現一些重大的變革，而我們現在正在目睹其中一個，那就是**預印本**的崛起。預印本是科學論文的初稿，放在免費的網路空間上讓任何人都可以瀏覽。其目的是讓其他科學家閱讀這些初稿並評論，以便作者日後在寄送正式版本給期刊之前，可以先針對評論做相關的修改：這算是科學社交過程的新變種。其實經濟學家與物理學家早已使用預印本系統好幾十年了，但是近年來其他學科也開始爭相加入，像是生物學、醫學以及心理學等等。[71]在遺傳學這種領域中，因為新技術、新數據集以及新結果正以令人目眩的速度不斷湧出，預印本可以讓科學家跟上所有最新的發展，而不用等待漫長的正式出版時間。它也讓科學界（或是更廣泛的全世界）裡的任何人都可以立即抓出以及批評論文中的錯誤、不正確的想法或是不良的論文，而不像傳統的同儕審查，只局限於兩三人的小圈圈中。這些批評（或是正面評論）通常也會公布在網上，雖然讓同儕審查過程變得沒那麼正式，但同時卻比傳統模式要更為透明。[72]

預印本的出現，加快了科學研究的速度，也讓它變得更為透明。同時，我們希望它也可以減少將「失敗」的研究堆在抽屜裡的機會，因為被期刊接受已經不再是必要之事。但是這要如何解決炒作的問題呢？之前我們提過，會去不合理地誇大論文結果的一個主要原因，就是為了說服審稿人與編輯，讓他們相信你的論文值得發表：科學家誇大研究結果的重要性，淡化或粉飾無效的結果，目的都是為了受到那些眾人嚮往的期刊的青睞。期刊現在的角色不只是向世界傳播科學研究成果，它們還可以決定哪些研究成果可以發表。如果我們可以完全分離這兩種角色，那會怎樣呢？[73]有一個比較激進的主張認為，科學家可以在完成實驗後撰寫一份論文的預印本，上傳到雲端的儲存空間。然後他們可以透過一個評審服務來審查這篇論文，這是一種新型組織，使用跟傳統程序一樣的方式審查論文，但不隸屬於任何一本科學期刊。[74]這個評審服務會審查論文然後評分。如果作者希望的話，也可以把論文拿回去再重新修改，或搜集更多的數據，或是達成任何評審額外的要求，然後再將論文重新上架，看看這次會獲得多少分，當然作者這次一定會希望能拿到更高的分數。期刊編輯在這種系統中的角色，比較像是策展人而非門口警衛，他們可以瀏覽所有受到評分的論文，從中挑選夠格納入自己期刊中的論文。

透過這種模式，所有的研究都會以預印本的形式先發表，而科學期刊則變成最佳或是最相關研究的擴音機，就像路透社或是法新社這種新聞通訊社，只發表最重要的新聞。能夠提供最佳附加價值的期刊，才是值得訂閱的期刊，它們會過濾數千篇新發表的論文，從中篩出最值得你關注的研究。[75]在這種模式下，你仍然保有發表高品質論文的競爭，因為科學家仍會希望他們的研究受到最有名的評審或編輯青睞，他們的競爭來自於論文將發表在**哪裡**，至於論文**是否**會發表則早就決定好了。[76]

這個想法並非解決科學問題的唯一方案，它不一定比現成的模式更好，甚至有可能存在未知的問題，讓情況變得更糟，但是絕對值得一試。[77]不過我們也要對這種新的論文發表模式提高警覺。如果任何人都可以在未經同儕審查的情況下，將自己的研究輕易發表上網，那我們要如何控制科學研究的品質呢？[78]

二〇一六年哈佛大學的經濟學家弗萊爾所發表的一篇預印本論文，應該可以算是一個預印本的警世故事。弗萊爾的研究專門探討現代美國生活中一個最具爭議的議題，那就是警察在執勤時對黑人使用武力的問題。[79]弗萊爾的分析主要針對德州休士頓警方的逮捕紀錄資料庫，但是他卻發現了互相矛盾的結果。根據弗萊爾的分析，雖然黑人與西裔美國人在被逮捕的時候，比白人要多了百分之五十的機會受到非致命性武力的對待，*但是在談到致命性武力的時候，情況卻恰恰相反：「相較於白人，黑人被警察槍擊的機率**低了**百分之二十三．八。[80]」拜《紐約時報》頭版報導之賜，這篇論文的預印本很快就引起了大眾的注意。《紐約時報》的頭版標題是〈令人訝異的新證據顯示警方在使用武力時有偏見，但是在開槍時卻沒有〉，其中還引述了弗萊爾的話說：這是「我職業生涯中最驚訝的結果了」。[81]這結果也很快成為那些不滿「黑命貴運動」的保守派名嘴的論據。黑命貴運動是一個反對警方使用暴力的社會運動，而一位名嘴則引述弗萊爾的研究指出，該研究「證明了」這次運動是「建立在謊言之上」。[82]

弗萊爾論文中的百分之二十三．八這個數字，來自於對原始數據所做的直接分析。但是在研究中除了原始數據以外還有很多其他更深入的內容，可惜都被媒體報導所忽略，特別是在弗萊爾本人對記者特別提出了這個數字之後更是如此。在根據案件的其他細節（比如被捕者是否有攜帶武器）進行校正以後，分析的結果就完全不一樣：在黑人與白人處於可比較的情況下時，黑人確實比白人容易被槍擊。校正後的結果與原始數據之間會有差異，其實正好顯示了警方在執法時有種族偏見：會出現這種效果是因為一般來說警方特別容易拘捕黑人，不論那個人是否真的有威脅，而當警察與嫌犯衝突升高的時候，警察也更容易對黑人開槍。換句話說，因為原始資料的數字中記錄了大量毫無理由就被逮捕的黑人，因而稀釋了黑人被捕者特別容易被槍擊這件事。[83]不過，其實我們根本不需要太過深入探討這些事：弗萊爾的樣本數太小了，而百分之二十三・八這個數字甚至沒有統計上的顯著意義。如果弗萊爾當初只強調那些具有統計顯著性的分析結果，這些爭議根本就沒有機會登場。[84]

如果《紐約時報》可以等到二〇一九年四月，等發表在期刊上的論文版本問世的話，那他們就會發現論文的修辭不一樣了：論文的摘要部分刪除了「不太可能」這個詞，只表明了在對待黑人與白人時，致死率並沒有差別。[85]雖然這結果可能還是會引起大眾的注意，但是這種修辭比起弗萊爾原本的主張要低調多了。所以，這個故事帶給我們的教訓，是要我們小心科學家的論文預印本嗎？因為預印本可以在沒有任何檢查的情況下自行公布在網路上，我們當然更應該對它們抱持懷疑的態度，而科學家也應該保有知識上的謙遜，不要在同儕審查他們的研究成果之前，就大肆宣傳。[86]

隨著科學研究生態的改變，新聞記者應該會了解發表過的科學論文其實也有著不同「階段」的分別，而他們應該對發表在早期階段的論文特別小心。二〇二〇年初嚴重特殊傳染性肺炎（以

＊譯注：所謂非致命性武力指的是電擊槍、警棍等工具，致命性武力則是槍擊。

下簡稱 COVID-19）大流行開始後不久，許多討論病毒起源以及影響的預印本論文，開始大量出現在主要的生物學預印本論文伺服器上。許多論文很明顯品質低落，只是為了趕大流行的媒體熱潮而發表。其他一些論文則包含了一些極具爭議性的措辭，不知是有意還是無意，似乎在支持關於病毒被故意設計出來，作為生化武器的陰謀論。為了因應這種情況，這些論文網站在論文每頁上面，除了原本固有的預印本尚未經過同儕審查的警語外，還多加了這樣一段文字：

> 提醒：這些初步報告尚未經過同儕審查。它們不應被視為定論，也不應作為臨床實踐或是健康相關行為的指導，也不應被媒體報導為已確立的資訊。[87]

但是經過本書的介紹，我們知道同儕審查並不一定能保證科學研究的品質。想想看韋克菲爾德與ＭＭＲ混合疫苗的例子，這可能是有史以來破壞力最大的科學造假案。這篇研究不只通過了同儕審查，同時還被《刺胳針》這本世界最負盛名的醫學期刊接受並發表。雖然預印本系統有可能成為傳播錯誤訊息的媒介，但是我們不太可能設計出一種可以完全消除錯誤的系統。我們必須權衡預印本系統的利弊得失，考慮它的優點，像是增加科學研究的開放性、透明度與速度。對於那些應付冠狀病毒危機的病毒學家與流行病學家而言，預印本系統帶來了一波新的數據，大大加速了科學進展，也誕生了一套與以往疫情爆發時完全不同的研究文化。不再需要等待正式的同儕審查，可以直接評論論文草稿裡的新發現，可以與人分享重要的無效結果，而這些結果通常無法通過帶著出版偏差的發表流程。儘管會出現少數誤導人的聲明，但是這種新文化可以帶給我們比以往早了好幾個月，甚至是好幾年的科學文獻。雖然我們還不知道這樣被加速過後的科學，能否拯救我們於百年以來最嚴重的疫情。在我寫作本書的同時，這個傳染病正在奪取數千條性命，封閉了全世界的經濟。但是對科學領域來說，這個教訓很明顯，在過去那種只有科學期刊的體系，與現在有了預印本作為補充的體系，兩者相比後者必定勝出。*[88]

雖然上面提到的構想很有潛力，但這些都只是針對現代科學弊端的**症狀**而非病因，只能治標不能治本。如果我們忽視科學弊端背後的真正原因，那任何改革都只會像是薛西弗斯的石頭一樣，永無止境地一再回到原點，†疲於應付每一代的科學家都企圖藉著「極具開創性」的研究成

* 譯注：原書出版於二〇二〇年七月，該時疫情正值高峰。如今我們知道疫情終於結束，很可能作者所談的新的科學發表系統助了一臂之力。

† 譯注：薛西弗斯為希臘神話人物，受到神的懲罰，必須推一個大石頭到山頂，但是每次快到山頂時大石就會自動滾回山腳，永無止境，寓意為不可能完成的任務。

果來引人注目，強化自己的履歷表，結果反而對科學帶來傷害。在上一章我們看過這種慾望其實來自於外部的壓力。科學家需要工作與資金，而他們永無止境地追求那些可以保證將論文發表在高點數期刊上的實驗結果，很大一部分原因其實就是在追求工作與資金。其中一個證據就是，許多大學都要求科學家簽署一份協議，保證自己會發表的論文數量以及期刊的影響指數，作為獲得終身職的條件。[89]

但是奇怪的是，那些已經獲得終身職以及實驗室資金充裕的科學家，卻仍經常做出本書中所描述過的種種不良行為。這種不當的獎勵措施已經深植於科學實踐之中，發展成一套自我維持的系統。經年累月的明示與暗示，要科學家不計一切代價追求論文發表與引用數量，這些價值觀早已烙印在新進科學人員的身上，形成新的規範、習慣與思考方式。即使已經獲得了穩定的工作，仍難以改變這些習慣。正如我們在上一章討論過，這個系統創造出一種選擇壓力，只有天生善於玩這套遊戲的人，才能在這樣的學術界生存下來。如果你是那種貪得無饜可以不惜一切代價擊敗同事，超越他們的 h 指數的人，那學術界正伸出雙臂歡迎你。

自我維持的系統特別棘手。改變學術界的獎勵結構以及那些不當的要求（持續發表論文、持續帶進更多的研究經費），對於將科學研究導回正軌來說，至關重要。關於這件事最重要的三個參與者分別是大學、期刊以及經費贊助者。它們才有能力打開這個「不發表就滾蛋」的壓力鍋。

我們等一下就會來介紹它們可以怎麼做。但是我們不會就此停住，否則就忽略掉了許多科學家其實不知道遊戲還有其他玩法這件事。要想改變現況，我們必須結合來自上層的主要參與者，以及來自下層的科學社群本身的力量。

為了讓科學家能夠認同改革的必要性，我們必須承認，默頓規範裡面「無私利性」的精神雖然令人欽佩，但並不切實際。實際上個人的獎勵才是真正推動科學進步的推手。[90]如果我們想鼓勵科學家合作得更頻繁，更無私地分享彼此的數據，我們必須更加確保他們能得到應有的回報。

這可是一項大工程，也必須相當程度地改變目前對科學研究成果的評估方式。但這也是一個契機，可以改變當下並不透明且常常還不太公平的合作模式。目前在大部分的領域中，對於由多位作者合作而成的論文的處理原則，是將主要貢獻者的名字列在第一位，最後一位則是負責督導計畫的資深研究員。[91]至於其他人，有些可能對研究計畫的設計提出過建議，有的可能負責管理實驗室，有的負責招募參與者，有的負責收集材料或數據，有的負責統計分析，這些人都只會列名在作者群的中間。對於記錄每個人的功勞而言，這種方式實在稱不上是理想的方式。一方面許多名列作者群中間位置的「作者」，其實可能跟這篇論文一點關係也沒有；另一方面對論文真的有實質貢獻的那些作者往往被忽視，因為大學在雇人以及談論薪水的時候，往往只在意科學家是否有第一作者或是最後一位作者的論文。

大規模的「科學團隊」合作只會讓這個問題變得愈發嚴重：這種合作所產生的論文，作者欄往往都有數百名，甚至偶爾會出現數千名作者。[92]此外，「開放科學」所要求的資料共享也可能引起勞而無功的疑慮：假設出現了一群新型態的科學家，像是《新英格蘭醫學期刊》某篇社論所稱的「研究寄生蟲」這種東西，那該怎麼辦？研究寄生蟲是指那些自己從不生產任何數據，只拿其他人費盡心力搜集來的資料做分析研究的科學家。[93]我們目前那模糊的不成文規定，或是個人論文引用指數，對這類問題都沒有太大的幫助。

我們所需要的，是可以分配科學研究的功勞與責任的新方法：科學家真正可以因為貢獻而獲得獎勵，而不僅僅是讓自己的名字出現在論文上。[94]要實現這個目標，大學應該先開第一槍。大學在雇用研究人員或是給予終身職的時候，除了科學家個人的 h 指數這種成績以外，它們或許應該先考慮「優良科學公民」的身分，甚至這個才應該是最重要的考量。[95]它們不應該只想到發表論文的重要性，同時還應該考慮到建立國際合作的複雜性、收集與共享資料的艱辛過程、不論實驗結果有效無效都如實公布的誠實精神，以及會進行複製性研究這種雖不起眼但極為重要的實驗。換句話說，他們應該獎勵那些為了建立更開放、更透明的科學文獻而努力的科學家，獎勵那些能夠賦予更多的事物價值的科學家。[96]它們應該明確地表示出重視品質更勝於數量的態度，更重視方法（這個人治學是否嚴謹？實驗結果是否可靠？）而非結果（這個人能否持續做出小於〇·〇五的p值？）。它們也應該向心理學家利林菲爾德所說的，視研究經費為「達到目的的手段而非目的本身。[97]」

科學研究經費贊助者也應該接著跟進：不要再根據科學家之前發表過的論文數量，或是研究計畫中的願景有多宏大來決定經費發放，他們應該制定一些標準，要求科學家用這筆資金做更多的事情，而不只是在高影響指數的期刊上發表論文。比如：這次的計畫可以產生多少數據？會跟科學社群分享到什麼程度？如果科學家沒有如實發表所有的實驗結果，因而造成發表偏差，贊助者也可以採取我們之前看到的手段，也就是凍結資金來應對。就像S計畫所示範過的，當贊助者團結起來推動開放科學原則時，有可能成為一股強大的力量。

我們還可以（同時也應該）做一些更激進的改革。已經有人提出一些不同的想法，試著去消弭科學家之間為了爭取經費，而像軍備競賽似的相繼提出愈來愈誇大的主張。有一些資金贊助機構已經開始採用其中一個建議，它們決定去贊助特定科學家而非特定計畫。也就是說，可以提供那些被認為足夠有創意的科學家資金，讓他們已經計劃好的研究不會受經費限制，期望這樣可以增加科學家的自由度然後帶來讓人興奮的新發現。這種做法的好處是可以給研究人員一點空間喘息，讓他們可以將眼光放在長期、高品質的研究，不必為持續爭取經費而疲於奔命，為了爭取下一筆研究經費而被迫要不斷發表小規模，有時甚至是「切香腸式」的論文來為自己的履歷灌水。[98]

不過這種做法對大規模的計畫大概行不通，因為這種計畫需要事先規劃好人員、設備以及受試者，也必須先投入資金。同時這對於那些名氣較小的科學家來說也可能並不公平，他們有些人儘管有好的想法但卻沒有足夠的人脈或影響力，讓自己被選為長期資助的對象。因為大部分的贊助機構仍以贊助計畫為主，要如何分配資金才最適當呢？有個非常特別的建議認為，可以選擇一些水準以上的申請者建立一張名單，然後用抽獎的方式來決定誰可以拿到經費。鑑於科學體系應該是一個菁英政治體系，這個建議聽起來可能會有點奇怪。不過正如贊成抽籤的那一派所言，現今的系統在分配資金這方面其實已經夠糟糕了，「基本上已經像是在抽獎，但是卻又沒有隨機所帶來的優點」。[99]二〇一六年有一項分析顯示，美國國家衛生研究院的經費審查者所給申請者的評分，與他們最終拿到經費所產生的研究品質（透過該研究獲得的引用次數來評定），兩者幾乎毫無關聯。[100]果真如此，那科學家花費了大量時間來潤飾經費申請計畫，其實只不過是在浪費時間而已。根據一項計算顯示，「科學家花在準備（經費）計畫草稿所浪費掉的科學價值，很可能接近甚或超過這筆經費所能帶來的科學價值。」[101]

我們大概不太可能非常公平地鑑別一系列高水準的計畫申請書。那何不讓運氣來決定呢？這樣既可以節省審稿人的時間（畢竟公平比較是花再多時間也無法達成的任務），同時又可以避免審稿人可能因為資歷、性別或是其他特徵而偏袒具有某些資歷的科學家。[102]如果科學家知道他們的研究計畫書只要達到某種品質標準（我們可以把這個標準設得很高，再加上一些條件像是「符合開放科學的原則」），就可以進入隨機抽籤的步驟，就會減少他們大力吹捧自己工作重要性的壓力。[103]

期刊也應該採用新的標準，來推動論文的開放性與可複製性：它們可以明確地邀請複製型研究投稿，要求作者預先登記他們的研究計畫，以及要求作者將數據附加在論文中，這些都可以是好的開始。[104]這樣可以增加科學家吸引期刊編輯注意力的手段，讓他們不會只狹隘地關注有效的結果。這樣一來那些獲得無效結果的科學家也不至於在第一關就放棄。[105]期刊也可以開始著手掃描論文內容，看看有沒有基本錯誤，或是將論文中的數據用GRIM等程式分析，看看能否通過。[106]它們還應該要求作者用比較謙虛的方式報告自己的研究成果，除了要求作者揭露利益衝突以外，也可以要求他們撰寫一節「研究限制」，在最終發表的論文中，用插入小框的方式呈現。[107]它們也可以用增加發表論文成本的方式（不管是時間、精力或是金錢），阻止作者用切香腸的方式將論文分割成好幾篇小論文發表。[108]

這些措施都是大學、經費贊助者以及期刊應該或是可以做的。但是，這樣做對它們來說有什麼好處呢？畢竟，大學希望的是能在這個競爭愈來愈激烈的市場上確保自己的地位，而這必須依賴手底下的科學家發表高影響指數的論文；經費贊助者希望以不斷支持名聲最響亮科學的形象面世；至於期刊則希望自己的影響指數逐年增加。但是，有兩個理由支持它們現在開始做出改變。

第一個原因就是複製危機本身。數十年甚至好幾個世紀以來，許多科學家就已經對許多實驗結果的可靠性，以及生產出這些結果的科學系統感到懷疑。但是一直到過去幾年，科學家才真正累積了足夠確實的資料來佐證這些懷疑。現在我們可以不再將過去各領域發生的知名科學醜聞視做單一事件，而應該把它們放在更廣泛的背景下，看作系統性問題的一部分來檢視，也可以藉著堅強的統合科學數據證實過去那些傳聞軼事的真實性。換句話說，直到最近我們才有了可以修正科學所需的具體數據。

沒有大學希望自己旗下的科學家因為實驗無法被人複製而惡名昭彰，或是捲入實驗造假的調查。贊助單位也一樣，因為它們知道如果贊助的不是高品質、可複製的研究，那長遠來看等於是在浪費金錢，最終讓自己顯得很愚蠢。期刊也是一樣，出版商最不想發生的事就是成為業界笑柄，像一些以發表不可靠研究而臭名遠播的期刊一樣。[109]我們的科學會陷入今天這步田地，有一部分原因就是因為追求名聲。但是如果這些醜聞跟缺陷變得足夠廣為人知，那麼同樣的危機也可以成為轉機，幫助我們走出困境。

事實上，對於複製危機的憂慮感已經讓科學家之間掀起了一股支持科學改革的浪潮。科學家已經顯出願意與傳統的出版系統**大規模**決裂的意願，其中一個例子就是他們接受了預印本系統。科學社群在看到預印本的速度與透明度所帶來的眾多好處之後，也決定接受這種發表方式，而期刊緊跟在其後，改變了原本的出版政策，宣布預印本的論文也還是可以投稿。類似的現象也可見於開放科學、開放數據或是預先登記系統等等，這些措施都對期刊原本的政策造成一定程度的影響。

將由下往上的需求與由上而下的政策連結起來，可以形成一種正向回饋的迴圈，一種良善的循環並且可以自我維持的規範，而不是形成負面的規範。比如由英國許多擔憂複製危機的學者，以及大學中的草根性組織代表所組成的「英國科學可再現性網路」，正與這些大學討論可以如何改變它們聘用的方式，以便更能鼓勵公開與透明。[110]這些改變可能成為上一章提到的「壞科學的天擇」這種過程的解毒劑。獎勵那些重視公開與透明價值的科學家，可以形成自己的良善循環：隨著參與開放科學的研究人員人數愈來愈多，它將會推動更多由下往上的變革，並鼓勵更多的研究人員也加入這個運動以及參與相關的改革。這樣也可以產生更多的統合科學，幫助我們了解哪些研究是真的可以被複製的，哪些學術機構做出最可靠的研究，以及哪些結果我們應該抱持著懷疑的態度。[111]

爭取同事的認同與尊敬也是一個很重要的動機，我們不應該低估恥辱的力量。為了不要在網路上發表可笑的錯誤、呈現明顯的偏見或是過度吹噓自己的研究，這些恐懼都可能激起強烈的動機，讓科學家重複確認自己的數據，並將自己的主張控制在合理的範圍內。[112]不過我們也不必只專注那些促成改變的負面動機。為何現在是改變我們科學系統最佳時機的第二個主要原因，來自於技術上的革新。

這原因其實很簡單，因為現在要進行開放科學非常容易。電腦演算法可以檢查論文中的錯誤，預印本與預註冊程序可以讓人即時分享數據集，甚至是資料龐大的數據集也沒有問題，而這在幾年前是根本不可能的事。論文作者對論文乃至於對科學社群的貢獻，現在可以詳細地記錄下來；科學家從收集資料一直到論文發表的完整過程也可以公開給全世界。這正是開放科學中心的主任諾塞克特別強調的一點：別忘了要對根深柢固的規範、獎勵措施或是政策出手改革之前，想要改變一個文化最簡單的第一步，應該是讓其他人有可能並且可以輕易地實踐你所提出的新構想。[113]其實許多科學家都樂意改善自己的研究品質，但是一想到這些改變所需要投入極大的精力與資源，就變得裹足不前。而新的、不斷發展中的技術現在可以將這些顧慮一掃而空，這樣才可能讓愈來愈多的科學家加入開放科學。

如果僅是讓事情變得簡單可行還不夠，我們還可以訴諸科學家的自身利益。癌症科學家馬可維奇在一篇論文中曾提到科學家可以利用新的自動化工具，讓自己的數據、分析與論文之間的關係清晰明瞭，並講到「讓研究成果可被重複的五個自私的理由」：

一、讓你的數據公開透明，可以讓你跟你的共同作者比較容易**發現錯誤**：發現那些可能會破壞你成果的錯誤，避免讓你的研究成為下一個萊因哈特－羅格夫試算表輸入錯誤的慘劇。

二、新的自動化方法讓論文**更容易撰寫**。

三、如果大家都能看到你如何分析這些數據，那會更容易**說服審稿人**你的研究方法正確無誤（如果他們可以取得數據，甚至可以自己試著重複你的計算）。

四、公開紀錄分析的每一步可以幫助你在數個月後**繼續之前的工作**，「未來的你」不必依賴只靠記憶去回想「過去的你」做過什麼。

五、將一切事情公開，可以展現給科學社群自己並沒有隱藏任何東西，也可以表明自己對所做的一切都有信心。換句話說，這樣做可以幫你**建立聲譽**，展示自己是一名誠實的科學家。[114]

我們都知道問題在哪裡，而解決之道近在咫尺。我們只需要給科學家一個正確的動機，就可以修正科學了。

葛瑞茲基的第三號交響曲：〈悲愁之歌交響曲〉已經賣出超過一百萬套，對於現代派的古典音樂錄音來說，這可是前所未聞的成就。[115]它之所以受歡迎，一部分的原因得力於它的簡單性：樂曲節奏緩慢推移，簡直就像是電影配樂一樣，不同於葛瑞茲基過往作品那種刺耳的無調性。不過儘管這部作品最終獲得了驚人的銷售成績，它在一九七七年的現場首演顯然沒有獲得所有觀眾的肯定。當最後一個樂章以連續二十一個A大調和弦作為尾聲結束後，葛瑞茲基聽到坐在前排的「一位著名的法國音樂家」（大多數人都認為他應該是脾氣暴躁的先鋒派音樂家布列茲）低咒著「狗屎」。[116]雖然第三號交響樂現在被公認為現代派的傑作，但是對於音樂革命者來說，它的創新性或是實驗性顯然還是不夠。

科學家的想法比較接近布列茲而不是葛瑞茲基。他們對於科學裡的新東西過於興奮，以至於產生一種不正常的「新穎癖」，認為每一項研究都需要是革命性的突破，徹底改變我們對世界的看法，像電影裡演的那樣，一個穿著白色實驗衣的科學家衝進房間裡，手揮著一疊文件大聲宣布新發現。科學家希望自己的研究聽起來像是阿基米德大喊著「我找到了」那樣的故事，*因此就用那種方式分析、撰寫跟發表論文。但是雖然偶爾確實會出現令人意想不到的大發現，大部分的科學研究卻都是透過循序漸進的累積，慢慢建立起一些試探性的理論，而不是忽然就跳躍到決定性的真理。[117]老實說，大部分的科學其實都相當乏味。

冷靜地對待新出爐的結果而不炒作，對我們所知道的東西謙虛以對，這些態度可能會讓科學變得比較乏味，但是不管在哪種情況下，乏味卻可靠的結果都遠勝於令人興奮卻無實質意義的結果。就像發表更多無效的結果與重複性的研究，可以建構出比較可靠的知識，也可以讓我們更加認識科學研究的不確定性以及它的初衷。從長遠的角度來看，這才能讓我們完整地欣賞到科學整體。讓我們努力克服對眼中只會注意到耀眼結果、像鴉片成癮般的新穎癖；學會珍惜扎實的結果，儘管它們乍看之下可能沒那麼令人興奮。換句話說：讓科學變得無聊一點吧。[118]

不過當然也不能太無聊啦。**大部分**的科學研究都是漸進式，在改革獎勵制度的同時，我們也不希望走得太極端，不希望阻止科學家冒險，阻止他們去碰運氣，去嘗試瘋狂的、與眾不同的想法，阻止他們去探索，因為正是這種探索與冒險常常可以帶領我們找到重大的創新。我想重點在於平衡，要平衡於新的、按部就班慢慢挖掘知識的態度，與偶爾欣賞一下布列茲式天馬行空的想法與研究，因為後者有時候確實可能帶來重大突破。[119]你可能會認為調和這些想法很困難，其實不然：事實上我們也可以說，只專注於發表與引用的沉悶制度一樣會阻撓那些可能引發革命性前進的古怪研究；同時我在本章中所提出的改革方案將賦予科學新發現更多的意義，可以區分好運

＊譯注：傳說阿基米德在發現浮力原理的時候，曾光著身子從澡缸中跳出大喊：「我找到了！」

（或是人為偏見或炒作）所堆出來的科學，或是真正聰穎而吸引人、可以帶領我們走到下一個大發現的科學。[120]

科學研究其實有一種高貴性，特別是當科學家在探索世界真理與知識的時候，能誠實遵守默頓規範中所提及的普遍主義、無私利性、公有性以及有條理的懷疑主義這些美德的時候。但是在一個鼓勵誇大結果、彼此互相嫉妒而霸占數據、追尋偷懶的捷徑、明目張膽地追求聲望與厚顏無恥的造假資料的系統中，這些美德都被摧毀了。如果我們可以訓練新一代的科學家一邊追求默頓規範，一邊抗拒著引誘他們朝反方向前進的獎勵系統，我們或許有機會可以拯救科學。

要說服科學社群本章中所提到的想法切實可行，當然需要一些時間。不過我們也不能太過專斷，這樣不僅不科學，而且也忽略了不同研究領域需要不同的改革。並不存在什麼通用解決一切問題的方案。[121]我們應該慢慢試驗新的措施，收集證據，而不是魯莽地打破現有制度，用法令強迫各界實施改革方案。

理想的情況下，本書引用的統合科學證據應該可以說服大家，科學裡確實出了很大的問題，迫切需要改變。但是即便你覺得「危機」這一詞用得太過火或是太誇大，我還有最後一個論點[122]：**就算沒有什麼複製危機存在**，本章所討論的改革方案對科學也是有百益而無一害。這讓人想起

《列克星頓先驅領袖報》的插畫家佩特所畫的一幅關於氣候變遷的經典漫畫。

這裡要跟佩特說聲抱歉，我要改編他的漫畫來回應另一群懷疑論者：

> 公開。透明。改良的統計法。預先登記系統。自動勘誤系統。用更聰明的方法揭發造假。預印本。更好的徵人辦法。新的謙虛文化，以及其他。如果複製危機其實只是個大謠言，結果我們白費力氣卻創造了更好的科學，那怎麼辦？

後記

一個人活在世上，應該時時刻刻說真話羞辱魔鬼
——莎士比亞，《亨利四世》上篇第三幕第一場

當我走筆至此時，天文物理學家最近才剛拍下了第一張黑洞的照片。[1]而醫學遺傳學家也才剛宣布，有七名罹患嚴重免疫缺乏症的兒童，原本因為怕被那些對我們來說稀鬆平常，但對他們來說卻是極為致命的細菌所感染，必須終生與世隔離，不過他們現在很可能可以被基因療法治癒。新的基因療法也顯示對百分之九十的囊狀纖維症有效。[2]公共衛生專家也指出，帶有人類免疫缺乏病毒的男同性戀患者，在持續服用最新的反轉錄病毒藥物的情況下，將病毒傳染給性伴侶的機會「實際上是零」。[3]工程師現在可以利用量子糾纏在鑽石中傳遞資訊。[4]科學家將奈米粒子注射進小鼠的眼球中，讓牠們獲得紅外線視覺。[5]這些成就都可稱得上是奇蹟，看到這一系列科學與醫學的進步，提醒了我們科學一直都是人類最驕傲的成就之一。

或者，這些本來應該是奇蹟，而我們原本應該為這些成就感到驕傲。但是在看完本書中所提到那些令人氣餒的科學問題案例後，讓人不禁開始對所有的新發現感到懷疑，因為我們知道一系列的科學進展遠非乾淨無瑕。在上述各種奇蹟出現的同時，美國研究誠信辦公室發現一位杜克大學的醫學研究員在三十九篇論文中有研究造假的問題，牽連範圍多達六十筆研究經費，總金額高達兩億美元。[6]一位倫敦大學學院的遺傳學家被發現實驗室管理極其「魯莽」，以至於可能產生了十幾篇有問題的論文，但是他卻拒絕辭職，也不願承擔任何責任。[7]還有一篇發表在《科學》期刊上極受矚目的心理學論文，宣稱保守派人士常常會有比較激烈的生理反應（像是對突如其來的噪音反應較大），但是這結果在更大的樣本數中卻無法被重複，情況有點像我們當年重複拜姆的心理學實驗一樣，《科學》期刊拒絕刊登那篇重複失敗的論文。[8]根據一個新的反剽竊演算法的分析結果顯示，超過七萬篇俄語期刊上的論文至少被重複發表過兩次，其中還有一些論文甚至出現在十七本不同的期刊上。[9]還有一名美國的生物物理學家，身為全世界論文被引用次數最高的科學家之一，被禁止擔任一份生物期刊的董事職務，因為他被發現過去在擔任期刊編輯期間，經常強迫投稿至該期刊的論文作者必須引用他的論文（有時候甚至一次要引用超過五十篇），這樣的做法顯然為他帶來了大量的引用數。[10]

對於新的科學進展，我們不能僅僅感到驚奇，因為我們知道可靠而可重複的發現往往也伴隨著錯誤、帶有偏見、誤導甚至造假的發現一起出現。腎臟學家雷尼在一九八六年曾一針見血地指出這種情況：

任何廣泛且深入閱讀期刊的人一定會發現，幾乎任何論文都可以發表。在這些最終付梓的論文中，似乎沒有哪個研究是過於破碎的；沒有任何假設是過於輕率的；沒有文獻引用是過於偏頗或是自大的；沒有實驗設計是太扭曲的；沒有研究方法是太拙劣；沒有什麼研究結果的呈現是太不精確、太晦澀、太過自相矛盾；沒有分析方法太過自證己言；沒有論證是過於循環；沒有什麼結論是過於瑣碎或是證據不足，沒有什麼文法或句法是過於唐突的。[11]

雷尼當然不是第一個注意到這個問題的人。一八三〇年時，號稱「電腦之父」的數學家巴貝奇就寫過一篇精彩的文章〈論英格蘭科學的衰落及其一部分原因〉，裡面提到一套科學病的分類學。[12]這些分類包括了「欺騙」（那些先製造假結果然後再揭穿真相，以便證明某些論點的人）、「偽造」（這是我們所熟知的科學詐欺者，他們並不打算揭露自己的犯行）、「修剪」與「料理」（這兩種行為相當於現代的p值操縱，也就是科學家調整自己的實驗數據或觀察結果，讓它們看起來比較有趣也比較精確）。因此儘管現代的發表系統確實讓科學的問題嚴重化，但卻不是這些問題的根源：它們早已存在我們周圍很長一段時間了。想想看，如果我們最終可以找到方法解決這些沉痾，那麼我們可以進步多少？我們可以消滅或弱化多少疾病？我們又可以對於太空、演化、細胞、大腦或是人類社會增加多少理解？更別提可以避開多少錯誤的期望或是走不通的死路呢？

寫這本書的理念，是為了要幫助科學的進步之路走上正軌，就像巴貝奇在他的論文前面開宗明義地說道：這是為了「要為科學做些貢獻」。巴貝奇的朋友曾警告他，這樣子批評科學實踐會為他樹立敵人（不過他好鬥的個性可能也是他們提出忠告的考量之一）。[13]而當我跟朋友談到這本書的時候，所得到的回應則比較偏向更廣泛的對於科學的信任方面：「寫這些東西不會顯得不負責任嗎？難道情況不會變得不受控制？不會有人濫用你的論點來合理化他們對演化、疫苗安全性或是人為全球暖化問題的懷疑吧？畢竟，如果主流科學是如此偏頗，而實驗結果又是如此誇大，那為何一般人還要相信科學家所說的東西呢？」

但是這樣想是不對的。首先，一般人對科學的信任程度非常的高。根據「惠康全球監測」在二〇一八年從世界各地所搜集的，關於一般人對科學與科學家的態度來看，全世界平均有百分之七十二的人表示對科學有中等到高度的信賴；其中信任最高的是澳洲與紐西蘭，其比例高達百分之九十二。[14]不過也有地區對科學的信任程度低很多，比如在中非地區只有百分之四十八，南美則只有百分之六十五。不過平均來說這個比例還算很高，甚至在某些西方國家，比如說英國，有些證據顯示一般人對科學的信賴程度隨時間過去是變得**愈來愈**信任。[15]世界各地的人對科學都有相當程度的尊敬，儘管他們在聽聞一些系統性問題的時候，信賴程度可能會降低一些，但不太可能忽然出現災難式的下滑。[16]我認為科學家應該更努力去贏取一般人的信任。雖然我手邊並沒有代表性的調查可以佐證，不過我相信媒體長期誇大地報導科學與醫學上面的突破性進展，或是不斷報導營養流行病學這些領域各種自我矛盾的不可靠研究，對科學可信賴度的傷害，要遠超過討論科學複製危機所帶來的傷害。

更重要的是，複雜的科學觀點並不應該是盲目信任的觀點。這一點可以用英國皇家學會的格言清楚地概括：*nullius in verba*，也就是「不隨他人之言」之意（有一句俄國諺語也表達了類似的意思，冷戰時期美國總統雷根在與俄國談判時，特別喜歡這句話：doveryai, no proveryai，也就是「要相信，但要查證」）。這就是開放科學的理念，也是默頓規範中「公有性」與「有條理的懷疑主義」的核心思想：盡可能降低我們對盲信的依賴程度、盡可能地與所有人分享可檢查、可檢驗、可查證的證據。曾有一說「沒有什麼替代醫學這種東西，只有有效的醫學和無效的醫學。[17]」同樣的，其實也沒有什麼「開放科學」這種東西，只有科學，或是晦澀難懂、封閉、不可查證的學術活動，而對於後者你唯一能做的就是盲目地相信它們。

我們還可以進一步闡述這個觀點：鼓勵一般人將科學視為不可懷疑的事實，將會是非常危險的事。這種看法不止違背了默頓規範中的「有條理的懷疑主義」原則，還有可能產生極為嚴重的反效果。如果你把科學當作一堵不可動搖的真理之牆，只可相信不可質疑時，那一旦當我們確知有事情出錯的時候，該怎麼辦呢？畢竟如果我們在本書中只學到了一件事，那大概就是：「科學經常會出錯」。科學史學家齊薩在討論全球氣候變遷議題時就提到，懷疑論者往往：

> 將科學家發表論文描繪成一種童話式的樣貌，將它們視為所有被眾人認可的共識的基石，而一旦發現這種幻想無法被滿足時，就變得無比憤怒。發生在二〇〇九年十一月英國東安格利亞大學的氣候研究小組的數千篇文件與電子郵件的外洩事件，就是個很好的例子，清楚呈現出這種幻想破滅時的反應。這些電子郵件似乎顯示出科學家正在進行一些不公開的活動，並在同儕審查上面玩政治遊戲。這些證據證明了科學家在私底下的生活，與他們發表的論文所呈現的良好形象並不一致，這就成為批評者抓住的小辮子，拿來主張科學家的可信度已經跌至谷底。[18]

氣候科學確實是這種事情上的好例子。近年來這個研究領域受到一些微妙的攻擊，該領域中的科學語言，正因為政治上的變動而隨之重組。二〇一九年美國農業部要求旗下所有研究人員必須在每篇研究上面加注，聲明該研究僅是「初步的」結果。[19]從表面上來看，這正是我一直在本書中所強調的，將每一份研究視為通往最終解答的暫時性步驟，而不是解答本身。不過沒人相信美國農業部的政策是出於這樣的善意，沒人相信這是為了改進我們對科學結果的詮釋。美國農業部所要求的聲明，其實來自於它們很多研究都與氣候變遷有關，而許多研究結果並不討行政部門的喜歡，因為當時正是由鼓吹化石燃料的川普主政。

這項新規定引起了軒然大波，必須在論文上加「初步的」警語建議在一個月之後就被撤銷了。但是在這次事件中特別引人注意的一點反而是某些科學家在反擊政治攻擊時，有點做得過頭了。《華盛頓郵報》在報導中引述了《環境品質期刊》編輯的話說，發表出去的論文就是「你的研究的終產物……現在已經定案了，沒有什麼初步的了。[20]」但這樣的說法極其天真，可說是受到對科學過於理想化、美化的看法所影響，而這種看法我們也在本書中不斷駁斥。即便政客利用對科學研究可複製性的擔憂，當作他們支持氣候變遷懷疑論的不誠實藉口，這也不能賦予科學家任何理由，去誇大自己對研究結果的信心。如同撤稿觀察站的編輯馬古斯與奧蘭斯基所言，「科學家與政策制定者應該將眼光放遠，即使依賴化石燃料業施捨的政客從不放棄任何一個機會去散布全球暖化懷疑論……但是科學家正付出大量的努力來改善研究的可重複性……企圖破壞這些成果的不良企圖不應得逞。[21]」

政客總是會不斷壓制那些對他們政策不利的科學研究。歷史上最極端的例子，大概就屬強迫大家遵循由李森科提出的荒誕偽科學事件。李森科那套以崇拜為基礎、否定遺傳學的理論，最終導致了史達林的蘇聯與毛澤東統治下的中國，數以百萬計的人死於大饑荒。[22]但是出現反科學的政府倒也不是獨裁政權的專利。民主體制下的政客經常為了討好選民而否定或扭曲科學證據，比如美國那些支持在學校裡教導創造論的政客；＊義大利那些反對疫苗的民粹主義者；或是那些否認後天免疫缺乏症候群與人類免疫缺乏病毒之間的關聯，結果造成災難的南非政客；甚或是印度總理莫迪關於古印度時期就已經有幹細胞科技的奇怪發言。[23]甚至相對自由的蘇格蘭政府也在二〇一五年宣布禁止商業種植基因改造作物，而這項決定將會阻礙科學研究，同時迫使蘇格蘭農民與科技進步擦肩而過，無法受惠於像是抗病蟲害作物之類的新科技。這項政策的目的是為了保護蘇格蘭「乾淨與綠色……品牌」的「完整性」（完全不知所云的宣言），一位政治評論家則將其嘲笑為「廉價的民粹主義」，而二十八個科學學會則更在一封公開的連署中稱這項政策「極度令人擔憂」。[24]這些故事都告訴我們，不管我們討論了多少複製危機或是跟它有關的科學失誤，企圖改正科學，但是政客如果認為可以帶來選票，他們就會毫不猶豫地踐踏科學。

儘管有人擔心本書中的論點可能會被誤用，被選擇性地用來攻擊科學研究，但這樣的擔憂並不應該成為阻止我們公開討論複製危機及相關問題的理由。我們不應該在公眾或是政客關注的時候，粉飾科學假裝看起來一切良好。事實上，坦率地承認科學的弱點才是預防批評者攻擊的最佳策略，而且老實說，誠實面對科學研究的過程中充滿了不確定性這件事，確實是有用的。

當我們看到科學家大量推出無用、誤導或是根本不值得信賴的研究時，那些認為「揭露自身弱點會降低公眾對科學的信賴」的論調就顯得更像是某種誤解了。每當我讓那些有缺陷或是有明顯偏見的研究發表出去時；每當我們又寫了一篇無法被數據支持的騙人新聞稿時；每當一名科學作家又寫了一本充滿膚淺建議的暢銷書時，我們才真的是為科學批評者準備彈藥，好讓他們來攻擊科學。我認為唯有修正科學，信任才會隨之而來。

雖然科學中有著不當的獎勵系統、發表系統、學術單位或是科學家，但是科學本身其實還是有自我療癒的機制：透過更多的科學研究，才可以發現我們現有的科學哪裡出了問題，又要如何去修復它。科學過程的理念並沒有什麼問題，有問題的是我們做研究的實踐方式背叛了這些理

＊譯注：創造論的支持者認為，萬物如聖經描述，由神所創造，而非透過演化出現。

念。如果我們能夠重新讓實踐方式與價值觀同步，那就可以拯救那業已搖搖欲墜的信任，心安理得地去欣賞這一切神奇的發現。

左拉曾經將藝術定義為「透過個人的氣質所看到的大自然的一個角落」。[25]如同我們在本書中一而再再而三看到的，這個定義一樣適用於科學，或至少適用於當前的科學。當前科學所關注的大自然角落，是透過一種極度個人化氣質的眼光，帶有個人的偏見、自大、粗心與不誠實。你不需要同意科學只是眾多平等的「真相」中的一個，也會同意科學絕對是一種人為活動，因而帶有人類的缺陷。

革新科學這樣一種偉大的任務，絕對不會簡單明瞭。其過程中必定充滿了嘗試、錯誤，以及相當合理的，也充滿了實驗。我們所將做的不只是拋棄某些錯誤的理論，像是地心說、燃素說、鍊金術，或是任何被拋棄在歷史洪流中的過時錯誤觀念。我們所要做的還包括了從頭到尾（或者說從實驗室到科學期刊）這種從根本上徹底改革我們的科學文化與做研究的方式。我們要抓出那些悄然隱身在科學中，大部分都尚未被抓出來的錯誤與偏見。世人皆因科學的成就而自豪。而為了維持這種自豪，科學值得我們努力找出一些更有價值的東西，而不只是作出帶有人性缺陷的產品。

科學值得我們找出真理。

附錄 如何閱讀科學文獻

還記得在第二章裡，康納曼的強而有力的要求：「你別無選擇」，你只能相信行為學上的「促發」效應，但是這個效應隨後卻因為複製危機而被證實其實毫無可信度可言？本書的論點則是當你面對一個新的科學發現時，你其實**是有**選擇的：你可以選擇在適當地評估了科學論點之前，先不要太快下判斷。

不過，那要怎麼做呢？當然，我們無法否認一般人需要經過多年相關學科的訓練，才能充分理解該領域中各項研究的優勢與弱點。不過如果你願意花點時間在網上搜尋，通常可以對一項研究的優缺點獲得一定程度的理解。而如果你願意親自閱讀論文的話，儘管隔著一些難以克服的專業術語，還是有可能注意到一些地雷。

當然，首先你要能下載這些論文才能查閱它們。在完全開放取用尚未實現的世界裡，你想查的論文可能會被擋在付費機制後面。假設你並不想當冤大頭就為了看論文去支付這筆閱覽費用給期刊，那麼有一些手段是你可以試試看的。事實上你本來就不應該付這筆費用，除非你無論如何都想要讀這篇論文，而我所建議的手段又全部失效了。首先你可以看看論文作者的個人網頁或是實驗室網頁有沒有把論文的免費版本放上去，它們有時候會以非排版的格式放在上面供人下載。只要用Google學術搜尋服務來搜尋論文，點點看每個項目下面的「版本」連結，往往就可以連到這些免費檔案下載區。其次，你也可以找找看這些論文有沒有預印本的版本，預印本一定是免費的，而且它就算跟通過同儕審查的論文最終版略有不同，不過大部分應該都是大同小異（如我們之前提過，有時候預印本**就是**被主流媒體引用的論文版本，也就是你第一次看到這份研究時的樣貌）。再來，你也可以寄封電子郵件給論文作者，雖然我們在前面看過，每當其他科學家為了想要複製或是重現某項實驗，而聯絡該論文作者試圖取得他們的數據時，其獲得回應的比例往往少到令人崩潰，不過若只是詢問論文檔案則不是什麼大問題（事實上，許多科學家當聽到有人對自己的論文感到興趣而想要拜讀的時候，往往都會覺得很高興）。最後，我聽說有辦法可以透過盜版網站用非法的手段取得論文，不過我對此一無所知。[1]

假設現在你拿到了論文的完整版本。你可以根據下面所列的十個最重要的問題清單，把我們在本書所學到的幾乎所有事整合在一起：

一、**論文裡看起來一切合理嗎？**首先，論文的所有作者看起來像是來自可靠的大學、公司或是實驗室嗎？發表這篇論文的期刊看起來夠專業嗎？如果該期刊的網頁簡陋，看起來像是來自一九九〇年代的設計，那它很可能是我們在第七章所提過的那種常見的「掠奪性」期刊之一。任何刊載這種期刊上的論文，都不值得信任，因為這些期刊甚至連同儕審查都免了。[2]

二、**論文有多透明？**換句話說，該論文有多符合我們在第八章所提到的「開放科學」理念？它有經過預註冊程序嗎？當然，肯定的答案並不表示論文的結果就是真的，而否定的答案也不表示論文的結果一定為假。不過如果我們可以在網路上找到這項研究的登記資料，那至少在某種程度上，可以加強我們對這篇論文的信心，知道它的結果不是來自於*p*值操縱。[3]追蹤這些預註冊資料也可以幫我們看出論文中的主要分析是否跟預註冊所顯示的是否不同？也就是說，可以知道他們是否有做過結局轉換。還有，研究數據與研究使用的材料，是否都有公布在網路上？前面提過，並非所有的數據都可以輕易地公開，比如如果資料中有可能洩漏參與實驗的受試者個資，那就不能公開。不過這種情況並不常見。反之如果作者有提供完整數據集的連結而且很容易可以找到，那這會是很有效的證據，表示科學家對讀者非常公開。[4]

三、**實驗設計是否良好？**你還記得在第五章我們曾經提過一件令人感到憂慮的事情是，有相當高比例的動物實驗完全沒有提到盲測或是隨機分配。對於實驗設計來說，這些都是相當重要的一部分，而如果你在一篇論文中找不到關於這部分的討論，或者至少在臨床試驗這樣的研究中這部分的設計可說是至關重要，而如果論文中卻沒有提到，那就應該要提高警覺了。同樣的，對於許多研究的實驗設計來說，適當的對照組也是不可或缺的一件事，每當我們看到一篇論文標題裡面的主張時，一定要先問：「這是跟誰比較的結果呢？」如果論文裡面的對照組跟實驗組，在實驗開始之前就有很重要的不同，那麼我們就可以說這是一篇實驗設計不良的論文。

四、**樣本數有多大？**樣本的數量非常重要，這主要是為了統計檢定力的緣故。確實也有其他的方法可以增加統計檢定力，所以樣本大小並非唯一的考量。對於某些類型的實驗，比如那些預期會有很大效應的實驗，或是需要多次測試受試者的實驗，小樣本數是完全恰當的。事實上就算有龐大的樣本數，如果沒有經過隨機分配，或是不具有代表性，那也可能產生不可救藥的偏差。但是在一些研究領域如神經科學、生態學與心理學上，一個常見的錯誤是使用小規模的樣本數去做一些微小效果的研究，這種研究方法比沒有意義還糟糕。還有另外一件需要檢查的事情是，最終的樣本中有多少受試者被排除？排除一些受試者是完全正常的步驟，事實是我們幾乎不可避免的一定會排除一些受試者。但是如果排除的比率太高，比如說排除了超過一半以上的樣本，那你就該小心這個實驗的結果是否適用於該研究所針對的族群？或者作者只挑選了那些表現出他想看到的結果的樣本，然後剔除那些沒有表現出這些結果的樣本。

五、效果有多顯著？首先要檢查的就是論文中所報告的效應，是否具有統計上的顯著性？又達到了怎樣的程度？是不是有很多p值剛剛好就落在○．○五這個顯著意義的閾值下面？論文作者有沒有使用一些模稜兩可的句子像是「趨向具有顯著性」來掩蓋他們的結果其實並沒有達標？不過這只是剛開始而已，我們還需要看看這篇研究所發現的效應有多大。該研究的結果與其他的研究比起來如何？與其他的相關效應相比又如何？比如如果有一篇研究的主題是新的教育或是醫療措施的效果，那我們就會問它與其他已經確立的措施比效果如何？有沒有媒體報導，或是科學家自己將這個微小的效應解讀成唯一重要的事情？我們知道可能有些類似主題的研究，因為做出了無效的結果，因而被束之高閣，或許在心理上我們可以將這篇論文的效應向下修正，這或許不失為一個有用的辦法。而另一個極端的現象則是某篇研究做出了難以置信的大效應，基本上就是那種「太好到簡直不像是真的」的結果，對於這種結果我們也該小心以對，要懷疑研究中是不是出了什麼差錯。對於研究中所呈現的p值也是如此：一篇研究如果只呈現（或是幾乎只呈現）具有統計顯著性的結果，那就需要提高警覺。因為如我們所見，研究從來沒有完美的統計檢定力，通常檢定力都偏弱。所以即使他們所看到的效應為真，我們也會期望不是每個p值都低於〇．〇五這個閾值。在一個充滿了p值的研究中，完美的統計顯著性很可能是p值操縱的結果，或者，可能是更糟的事情。

六、**推論是否適當？**我們之前提過，即使只是在做相關性研究的時候，科學家也難免會使用聽起來像是有因果相關的字句。如果科學家用一個觀察性研究的結果，來解釋變項X如何對變項Y產生作用或是有多大的衝擊，或是如何影響Y變項，這就超越了數據能解釋的範圍。在觀察性研究中沒有任何隨機安排，因此通常無法得到因果相關的結論。同樣的，如果用大鼠或是小鼠做實驗，或者是跑一個電腦模擬實驗，然後推論認為這些實驗可以讓我們理解「人類如何運作」，這一樣也不適合。類似的情況也是如僅在一群小規模、選擇性的人群身上做研究，這也無法代表人類整體會有相同的結果。

七、**研究有偏見嗎？**這項研究有明顯涉及政治或社會現象嗎？科學家在撰寫論文的時候有沒有保持公正呢？之前我們曾提過，科學論文中充斥著露骨的炒作與修飾，即便是通過同儕審查的論文亦然。這篇論文的全部或部分有沒有得到特定團體或是公司的贊助？而這些團體是否可能偏好特定的結果？你可以檢查論文的經費聲明與利益衝突段落（現在幾乎所有的論文都會要求公布這些背景），可以得到一些頭緒。不過要注意的是，目前這些自我揭露並不要求提到書籍合約、巡迴演講等等也可能直接影響論文結果的活動。你可以查看一下作者的網站，以便了解這些相關活動的詳情。如果科學家在討論他們的發現時，適當地節制用語；同時也沒有對媒體記者大放厥詞，說自己的結果如何活生生地證明了某些政治觀點或是支持特定政策，那就是個好現象，代表科學家有控制住自己的偏見。順道一提，在進行符合**你自己**意識形態的研究，有可能有先入為主的情況下，檢查是否有偏見就更形重要了。你應該問問自己，是否因為不同意某篇論文的結論，因而特別嚴格地審查它；或是輕鬆放行一篇證據薄弱但卻支持你偏好信念的研究？

八、**這真的有可能嗎？**對於檢查一項有人類受試者參與的實驗來說，一個很有用的方法就是想像自己也參與其中。[5]比如說在一個營養流行病學的研究中，如果要你填寫一份飲食頻率問卷，來研究過去十年來你的零食習慣，或者就只研究過去數週的飲食習慣好了，那想想看你的記憶會有多可靠？答案很可能是「不太可靠」。你會不會在測完所有行為學的時候早已筋疲力盡？那研究人員有考慮到這點嗎？該研究的環境（比如說大學或是實驗室）與科學家真正想探索的問題（比如說高風險的工作面試），在環境與設定上是否相近？換句話說，這項研究是否真能回答科學家的問題？讓你自己置身於受試者的情境中，有助於了解研究和理性的基本問題。

九、**該研究有被複製過嗎？**我們不能再如此依賴個別研究了。科學家如果重複自己的實驗結果，那確實可以讓人覺得心安。不過如果另一間完全獨立的實驗室也能夠複製該實驗，那就更好了。我們第一件要做的事情就是搜尋有沒有任何已發表的複製實驗。[6]也可能有綜合評論或是統合分析討論某個實驗的主要結果，或是類似的結果，這樣可以讓我們知道，這項研究所獲得的結果是不是只是某個極端值而已，同時也可以讓我們知道該項結果能不能符合廣義的理論（別忘了，你正在閱讀的某篇論文很可能也是企圖複製某個早期的研究結果）。當然，綜合評論與統合分析本身也可能受到來源研究的品質不良、充滿偏見的影響，連帶的品質也堪慮。如果你可以找到一篇統合分析，裡面所使用的論文全都有經過預註冊程序，那你就中了頭獎了。不過我不記得曾經有看過這樣珍貴的分析（不過現在預註冊程序變得愈來愈普遍，所以未來情況或許會改觀）。當然，一篇全新的研究恐怕還不會有複製型研究出現，不過至少我們可以對其結果的有效性，先暫時持保留的態度，直到複製研究出現的那一天為止。

十、**其他的科學家又是怎麼看？**品質良好的科學新聞報導，會引述獨立科學家的觀點，因此值得查查看有沒有其他科學家的即時意見。有一些機構專門以系統性的方式在做這件事，比如說英國的科學媒體中心，這是一個英國的慈善機構，每當有一篇新的論文被媒體報導，科學媒體中心就會徵求一系列獨立專家的意見，然後將這些意見放在自己的網站上。[7]這是一個很好的例子，顯示了即使論文在發表以後，我們還是可以進行同儕審查。你也可以參考「發表後同儕審查網站」，這是一個匿名的科學評論網站，曾經最早發現小保方晴子偽造了幹細胞研究的圖片，以及其他許多科學詐欺者的欺騙行為。[8]你也可以試著用 Google 搜尋看看有沒有任何部落格或是其他的網站專門討論論文，或是在推特上面搜尋，都是不錯的主意。不過你要小心的是，這些評論可能提供給你關於該研究「正確」與「錯誤」的知識，可能是嚴肅與不嚴肅，討論也可能是客觀或充滿偏見的。[9]如果該研究已經刊登一陣子了，那你也可以使用 Google 學術搜尋中的「被引用」功能，看看該研究有沒有被引用過，意見偏向正面還是負面。[10]

上面所提到這些普通的手段都有其缺陷，也不適用於每一種型態的研究。當然，如果可以有該研究領域的知識與經驗，那才能對特定研究的優點與缺點，有更深入的理解。但是不論如何，這些都還是比單純地接受論文所宣稱的主張要好。

同樣也別忘了從古爾德與莫頓兩人之間那段永無止境的頭骨大小爭議事件中，所學到的教訓：即使你看到一篇關於某篇研究的毀滅性批評，這篇批評本身也可能會是錯誤的，而針對該批評的批評也未必都是對的。這原則也適用於我在本書中所寫的每件事。

這一切所帶給我們的教訓就是，**對已知與未知的事物保持謙遜**。乍看之下這可能與科學研究的理念牴觸，因為科學研究的目的本應是揭露世上新事實，藉此豐富我們已有的知識。但是如果你仔細想一想，就會發現這才是科學真正的本質。

致謝

這本書的點子來自於我的文學經理人法蘭西斯，他希望我能寫一本跟這個主題有關的書。法蘭西斯、馬克以及 Janklow & Nesbit 經紀公司的全體團隊在本書構思、建議以及撰寫的每個階段，都對我提供了莫大的幫助。

每次在跟編輯哈蒙德與托夫比斯合作的時候，總讓我想起一句老話，大意是說編輯是一種將醜陋的大理石原石轉化成一尊吸引人雕像的過程。別懷疑，如果沒有他們給出這些妙不可言、清晰無比又詳細的建議的話，你一定不會想閱讀本書的（如果那時它尚能被稱之為一本書的話）。我也要感謝法蘭西斯跟托夫比斯在 The Bodley Head and Metropolitan 出版社的優秀團隊（而且特別要感謝戴維斯跟費茨），謝謝他們的幫助，促成本書的誕生。我也要感謝阿特基細心又幽默感十足的審稿，以及考夫曼所提供的可靠的法律建議。

有許多朋友閱讀了不同的草稿，給了許多建議，對此我由衷感激，他們是布朗、庫奇、崔佛、蕭、史諾登以及楊。還有兩位讀者我要特別提出來感謝，首先是達塔尼，每次當我寫完一章的草稿後，她都會立刻閱讀然後給我及時的回饋，讓我知道內容看起來如何，哪裡行得通，哪裡行不通；第二位是席爾，她做得遠比我要求的多得多，她利用自己在統計學上的專業以及對開放科學的豐富知識，加上對文字細微差異驚人地審視能力，讓我不會在統計學以及許多其他許多地方犯錯。

許多人也給予我各式各樣的幫助，或者提供新的故事與參考資料，或是跟我進行有趣的對話與辯論，討論對科學的看法與問題，惠我良多；也有人在我撰寫期間，直接給予我最需要的鼓勵。他們是六人樂團 Best Picture 的全體團員（Bobby Bluebell、Kenny Farquharson、Euan McColm 以及 Ian Rankin 等人），Fat Cops 樂團中未被提及的成員（Chris Ayre、Chris Deerin、Al Murray 以及 Neil Murray），Mhorag 跟 Nigel Atkinson、Mike Bird、Ewan Birney、Robin Bisson、Sam Bowman（必須很不情願地承認，是他帶給我本書書名的靈感）、Chris Chabris、Tom Chivers、Simon Cox、Gail Davies、Ian Deary、Rory Ellwood、Alasdair Ferguson、Patrick Forscher、Anna Fürtjes、Roger Giner-Sorolla、Niall Gooch、Saskia Hagenaars、Sarah Haider、Lewis Halsey、Paige Harden、Kirsty Johnson、Mike Jones、Mustafa Latif-Aramesh、Riccardo Marioni、Damien Morris、Nick Partington、Robert Plomin、Jennifer Raff、Jo Rowling、Adam

Rutherford、Aylwyn Scally、Adrian Smith、Ben Southwood、Michael Story (and Laska the dog)、Elliot Tucker-Drob、Simine Vazire、Rachael Wagner、Ed West、Sam Westwood、Tal Yarkoni，以及其他科學媒體中心的成員。我要感謝我在倫敦國王學院SGDP中心的同事，他們讓我每天上班時充滿樂趣，下班又可以回家繼續寫書。他們人數眾多無法在此一一列出，但是我要特別提到充分支持我的系主任 Franky Happé 以及 Cathryn Lewis。

當然，上述（以及下述）的所有人都未必同意我在本書中所提及的所有（或是任何）觀點，他們也不為本書中任何錯誤負責，這些錯誤都來自我的輕忽與偏見。順道一提，如果有任何人發現本書中有任何錯誤，歡迎透過網站 sciencefictions.org 向我指出正確的資訊，我會將更正放在該網站上。

許多人告訴過我關於詐欺、偏見、輕忽或是炒作科學的例子，有些非常令人震驚，這些故事有些是他們自己發現的，有些則是他們在做學生或研究助理時，第一手經歷過事情不對勁的經驗。很遺憾我僅能將其中一小部分放入書中，然後僅能希望本書的出版可以激勵其他深知科學不正行為或是知道研究未臻完美的人，盡其所能地將自己的經歷公諸於世。

寫一本書並不容易，許多同事可能很好奇為何我在其他計畫上要花這麼久的時間才能回應他們，我只能向他們道歉，我也要對那些當我焚膏繼晷振筆疾書時以為我從地球上消失了的朋友道歉。我的父母一如往常，在整個寫作階段一直表現得非常善體人意鼓勵人心，我對他們的感激難以言表。但是受到本書影響最大的人其實是Katharine Atkinson，每當我表示「……我必須回去寫書了……」的時候，她從未表現沮喪，永遠給予我耐心。她的耐心絕對多於我應得的。這本書是獻給她的。

瑞奇，二〇二〇年三月

本書作者感謝下列來源允許重製影像：哈里斯，ScienceCartoonsPlus.com（第五十八頁）；蓋帝開放內容計畫（第二百七十一頁）；劍橋大學出版社（第二百七十五頁）；佩特（第三百二十一頁）；第八十九頁與第二百九十一頁的圖則分別是根據創用 CC 協議 CC-BY 以及 CC-0 進行重製。

注釋

開場卷首語：莫里斯等人演出，英國電視劇〈火眼金睛〉特別節目〈戀童癖末日〉，薛皮洛執導（第二部第一集，二〇〇一年七月二十六日播出）

前言

卷首語：法蘭西斯．培根，《新工具論》，德維編輯（原著一六二〇年，一九〇二由 P. F. Collier & Son 出版社於紐約出版）

1 Daryl J. Bem, 'Feeling the Future: Experimental Evidence for Anomalous Retroactive Influences on Cognition and Affect', *Journal of Personality and Social Psychology* 100, no. 3 (2011): pp. 407–25; https://doi.org/10.1037/a0021524

2 他們也有相反的能力，當放在簾幕後方的圖片具有暴力內容時，受試者的超能力會讓他們避開這張圖片，只有百分之四十八．三的機率會選擇它。這個數字碰巧又跟隨機值具有統計上的顯著差異。

3 Peter Aldhous, 'Journal Rejects Studies Contradicting Precognition', *New Scientist*, 5 May 2011; https://www.newscientist.com/article/dn20447-journal-rejects-studies-contradicting-precognition/.

4 The Colbert Report, Time Travelling Porn–Daryl Bem, 2011; http://www.cc.com/video-clips/bhf8jv/the-colbert-report-time-traveling-porn–daryl-bem.

5 經過好幾次失敗後，我們終於成功地將這篇論文發表在一本比較不一樣的科學期刊上：Stuart J. Ritchie et al., 'Failing the Future: Three Unsuccessful Attempts to Replicate Bem's "Retroactive Facilitation of Recall" Effect', *PLOS ONE* 7, no. 3 (14 Mar. 2012): e33423; https://doi.org/10.1371/journal.pone.0033423. 請注意，該期刊還是有發表一篇評論，批評拜姆論文裡面使用的統計學方法（Eric-Jan Wagenmakers et al., 'Why psychologists must change the way they analyze their data: the case of psi: comment on Bem (2011)', *Journal of Personality and Social Psychology* 100, no. 3 (2011): pp. 426-432; https://doi.org/10.1037/a0022790），也刊登了一篇拜姆團隊的回應（Daryl J. Bem et al., 'Must psychologists change the way they analyze their data?', *Journal of Personality and Social Psychology* 101, no.4 (2011): pp. 716-719; https://doi.org/10.1037/a0024777）。但儘管如此，他們仍不願意考慮刊登重複性的研究。在本書後面我們將會看到，該期刊的編輯群後來終於改變了對這個重要議題的看法。

6 D. A. Stapel & S. Lindenberg, 'Coping with Chaos: How Disordered Contexts Promote Stereotyping and Discrimination', *Science* 332, no. 6026 (8 April 2011): pp. 251–53; https://doi.org/10.1126/science.1201068

7 Philip Ball, 'Chaos Promotes Stereotyping', *Nature,* 7 April 2011; https://doi. org/10.1038/news.2011.217 and Nicky Phillips, 'Where There's Rubbish There's Racism', *Sunday Morning Herald*, 11 April 2011; https://www.smh.com.au/world/where-theres-rubbish-theres-racism-20110410-1d9df.html.

8 Stapel and Lindenberg, 'Coping with Chaos', p. 251.

9 Levelt Committee et al., 'Flawed Science: The Fraudulent Research Practices of Social *Psychologist Diederik Stapel* [English Translation]', 28 Nov. 2012; https://osf.io/eup6d

10 D. A. Stapel, *Derailment: Faking Science*, tr. Nicholas J. L. Brown (Strasbourg, France, 2014,2016): p. 119; http://nick.brown.free.fr/stapel

11 Stapel, *Derailment*, p. 124.

12 確實，科學的進步有賴我們從前人的成果中發掘出錯誤。比如說在二十世紀初物理學家逐漸了解到，長久以來被認為是真理的牛頓古典力學理論，無法解釋極小跟極快粒子的行為，於是就用量子力學取代它。如果想要多知道一點從測量光速跟普朗克常數的角度來看這段歷史，我推薦讀者閱讀：Martin J. T. Milton and Antonio Possolo, 'Trustworthy Data Underpin Reproducible Research', *Nature Physics* 16, no. 2 (Feb. 2020): pp. 117–19; https://doi.org/10.1038/s41567-019-0780-5.

13 Quoted in Daniel Engber, 'Daryl Bem Proved ESP Is Real: Which Means Science Is Broken', *Slate*, 17 May 2017; https://slate.com/health-and-science/2017/06/daryl-bem-proved-esp-is-real-showed-science-is-broken.html.

14 這類書籍一個典型的例子就是由卡爾．薩跟所著：*The Demon-Haunted World: Science as a Candle in the Dark*, reprint. ed. (New York: Ballantine Books, 1997).

15 本書檢討了許多其他科學家眼中的刺，因此如果你允許我花點時間自我反省的話，我也應該檢查一下自己眼中的梁木才對。自從我試著複製拜姆的實驗以來，已經經過了許多年，我也在不同主題上發表了許多論文，其中主要還是聚焦在我自己的興趣，也就是人類的智能上面。我首先要說的是，我從未刻意偽造任何實驗結果。但是若說我沒有任何偏見，那未免太荒謬了。偏見通常出現於無意識中，而因為研究的歷史很容易被重新改寫，以至於在事後看起來會像是你其實一直故意想要這樣做的樣子。從正面的角度來看，我發表了不少無效的結果，也就是研究沒有發現可以支持原始假設的結果。請參考：Stuart J. Ritchie et al., 'Polygenic Predictors of Age-Related Decline in Cognitive Ability', *Molecular Psychiatry* (13 Feb. 2019); https://doi.org/10.1038/s41380-019-0372-x 為例，或是參考我第一篇科學論文：S. J. Ritchie et al., 'Irlen Colored Overlays Do Not Alleviate Reading Difficulties', *Pediatrics* 128, no. 4 (1 Oct. 2011): pp. e932–38; https://doi.org/10.1542/peds.2011-0314. 當然，我們也可以說這篇最早的論文樣本數太小，以至於很可能錯過了真正的效應（請參考本書第五章關於統計檢定力的討論）。我的一些研究確實受到過其他科學家的合理批評，比如當我不小心掉入過度擬合的陷阱時（在第四章中會討論）。請見 Drew H. Bailey & Andrew K.

Littlefield, 'Does Reading Cause Later Intelligence? Accounting for Stability in Models of Change', *Child Development* 88, no. 6 (Nov. 2017): pp. 1913–21; https://doi.org/10.1111/cdev.12669. 我曾經發表過一篇「候選基因」的研究，使用的研究方法在本書第五章中有詳盡的介紹，請參考：Stuart J. Ritchie et al., 'Alcohol Consumption and Lifetime Change in Cognitive Ability: A Gene × Environment Interaction Study', *AGE* 36, no. 3 (June 2014): 9638; https://doi.org/10.1007/s11357-014-9638-z. 我也曾經參與過炒作，有幾次在跟記者討論科學的時候，我的措辭可能過於隨意或者放了馬後砲，日後我常後悔當初沒有提出嚴正的警告。我也犯過錯，曾經說：「關於這個主題早有數百篇經過同儕審核的論文發表過了」這種話，聽起來好像這代表了某種程度的真實性一樣。說到同儕審查，確實在某些時候我沒有花足夠的時間去審查論文，因此可能沒有檢查出某些錯誤。而我也不能保證日後不會再犯類似的錯誤。

第一章

卷首語：休謨，〈論論文寫作〉，《道德、政治與文學論文集》，米勒編，（印第安納波利斯，自由基金會，一七七七年）

1 Alan Sokal & Jean Bricmont, *Intellectual Impostures*, tr. Sokal & Bricmont (London: Profile Books, 1998, 2003).

2 John Stuart Mill, *On Liberty* (London: Dover Press, 1859) p. 29.

3 Helen E. Longino, *Science as Social Knowledge* (Princeton: Princeton University Press, 1990). See also Helen Longino, 'The Social Dimensions of Scientific Knowledge', *The Stanford Encyclopedia of Philosophy*, ed. Edward N. Zalta (Summer 2019); https://plato.stanford.edu/archives/sum2019/entries/scientific-knowledge-social; and Julian Reiss & Jan Sprenger, Jan, 'Scientific Objectivity', *The Stanford Encyclopedia of Philosophy*, ed. Edward N. Zalta (Winter 2017); https://plato.stanford.edu/archives/win2017/entries/scientific-objectivity

4 我是受到了演化理論家梅西耶與史波伯的影響，才提出這個論點，他們主張人類推理的基本功能其實是為了要找出說服他人的最佳方式：Hugo Mercier & Dan Sperber, 'Why Do Humans Reason? Arguments for an Argumentative Theory'. *Behavioral and Brain Sciences* 34, no. 2 (April 2011): pp. 57–74; https://doi.org/10.1017/S0140525X10000968

5 Julie McDougall-Waters, Noah Moxham, and Aileen Fyfe. *Philosophical Transactions: 350 Years of Publishing at the Royal Society (1665–2015)*(London: Royal Society, 2015); https://royalsociety.org/~/media/publishing350/publishing350-exhibition-catalogue.pdf. 有些史學家認為，法國的《學者期刊》在一六六五年比《自然科學會報》要早了兩個月發行，它才應該被視為第一份科學期刊才對。不過《學者期刊》上面刊登了許多不同學術主題的文章，而且剛開始的時候是以書評與書摘為主。至於《自然科學會報》則打從一開始就專注在科學新聞與科學觀察結果，因此若將《學者期刊》視為第一份學術刊物，而《自然科學會報》視為第一份科學期刊，或許比較公平一些。請參考：Roger Philip McCutcheon, 'The "Journal Des Scavans" and the "Philosophical Transactions of the Royal Society"', *Studies in Philology* 21, no. 4 (1924): pp. 626–28; https://www.jstor.org/stable/4171899; 以及 David Banks, 'Thoughts on Publishing the Research Article over the Centuries', *Publications* 6, no. 1 (8 Mar. 2018): 10; https://doi.org/10.3390/publications6010010

6 Paul A. David, 'The Historical Origins of "Open Science": An Essay on Patronage, Reputation and Common Agency Contracting in the Scientific Revolution', *Capitalism and Society* 3, no. 2 (2008): 5; https://papers.ssrn.com/sol3/papers.cfm?abstract_id=2209188

7 Robert Hooke, 'A Spot in One of the Belts of Jupiter', *Philosophical Transactions*, Vol. 1, Issue 1, 30 May 1665; https://doi.org/10.1098/rstl.1665.0005. 英文版中的斜體與大小寫，以及虎克姓名的幾種變體均按照原文打出，不過我把古英文的長S改為現代字體。

8 到了一九〇〇年時，該期刊分成兩本子期刊，一本專門針對數學與物理科學，另一本針對生物科學。請參考：https://royalsocietypublishing.org/journal/rstl

9 Mark Ware & Michael Mabe, 'The STM Report: An Overview of Scientific and Scholarly Journal Publishing'. The Hague, Netherlands: International Association of Scientific, Technical and Medical Publishers, March 2015; https://www.stm-assoc.org/2015_02_20_STM_Report_2015.pdf

10 請注意一直到十八世紀中葉，《皇家學會自然科學會報》才正式交由皇家學會管理，在此之前則一直由不同的獨立科學家與編輯管理。

11 大部分的期刊論文都是報告新研究的結果，這種論文稱為「實證論文」，不過也有一種被稱為「文獻評論」的論文，專門針對某個特定科學議題，綜合到目前為止所有已知的知識。

12 https://www.nih.gov/以及https://www.nsf.gov/。其他國家類似的機構還有英國的研究創新局（https://www.ukri.org/），中國國家自然科學基金委員會（http://www.nsfc.gov.cn/english/site_1/index.html），以及日本學術振興會（https://www.jsps.go.jp/english/）。還可以參考：https://wellcome.ac.uk/以及https://www.gatesfoundation.org/

13 比如有些科學期刊的格式，規定將研究方法這一節放在論文結尾處，彷彿這些重要的訊息只是事後忽然想到的東西似的。

14 https://www.sciencemag.org/site/feature/contribinfo/faq/index.xhtml#pct_faq

15 Alex Csiszar, 'Peer Review: Troubled from the Start', *Nature* 532, no. 7599 (April 2016): pp. 306–8; https://doi.org/10.1038/532306a

16 引述自Melinda Baldwin, 'Scientific Autonomy, Public Accountability and the Rise of "Peer Review" in the Cold War United States', *Isis* 109, no. 3 (Sept. 2018): pp. 538–58; https://doi.org/10.1086/700070

17 來源同上。

18 https://shitmyreviewerssay.tumblr.com/

19 我要強調一點，這些是科學研究與分析資料時所該遵守的規範，而這跟科學家也該遵守的道德規範不同。這些規範對於研究對象為人類（或是其他動物）的科學家來說可能特別重要，對於那些使用危險技術做研究，或是實驗有可能危害環境的科學家來說，也很重要。

20 Robert K. Merton, 'The Normative Structure of Science' (1942), *The Sociology of Science: Empirical and Theoretical Investigations* (Chicago and London: University of Chicago Press, 1973): pp. 267–278.

21 Darwin Correspondence Project, 'Letter no. 2122', 9 July 1857; https://www.darwinproject.ac.uk/letter/DCP-LETT-2122.xml

22 事實上默頓一開始將「公有性」稱為「共產主義」，不過我們可以說他用這個字其實帶有一些不同的內涵。在隨後的文章中他將名稱改為「公有性」，我在這裡也用這個名稱。請見：Melissa S. Anderson et al., 'Extending the Mertonian Norms: Scientists' Subscription to Norms of Research', *Journal of Higher Education* 81, no. 3 (May 2010): pp. 366–93; https://doi.org/10.1080/00221546.2010.11779057

23 默頓提到了非常內向的科學家卡文迪西，他是十八世紀的物理學家與化學家，但是從歷史的角度來看也是默頓規範的違反者。卡文迪西因為害羞的理由，將許多重要的實驗結果與理論藏了起來，這些東西直到他去世多年後才再度被發現。

24 Nicholas W. Best, 'Lavoisier's "Reflections on Phlogiston" I: Against Phlogiston Theory', *Foundations of Chemistry* 17, no. 2 (July 2015): pp. 137–51; https://doi.org/10.1007/s10698-015-9220-5

25 Richard Dawkins, The God Delusion (London: Bantam Books, 2006): pp. 320–21.

26 Max Planck, *Scientific Autobiography and Other Papers*, tr. Frank Gaynor (London: Williams & Norgate, Ltd., 1949): pp. 33–34.

27 Karl Popper, *The Logic of Scientific Discovery* (London & New York: Routledge Classics, 1959/2002): p. 23.

28 在波以耳去世一世紀以後，英國畫家萊特就在畫作中，用戲劇性的光影描述他如何重複實驗：〈鳥在真空幫浦中的實驗〉，現存於倫敦國家美術館。

29 Robert Boyle, *The New Experiments Physico-Mechanicall*, Touching the Spring of the Air and Its Effects (London: Miles Flesher, 1682): p. 2; quoted in Steven Shapin & Simon Schaffer, *Leviathan and the Air-Pump: Hobbes, Boyle, and the Experimental Life* (Princeton: Princeton University Press, 1985).

30 Shapin & Schaffer, *Leviathan*.

第1章

卷首語：諾塞克等著：'Scientific Utopia: II. Restructuring Incentives and Practices to Promote Truth Over Publishability', *Perspectives on Psychological Science* 7, no. 6 (Nov. 2012): pp. 615-631; https://doi.org/10.1177/1745691612459058, p. 616.

1 Daniel Kahneman, *Thinking, Fast and Slow* (New York: Farrar, Straus and Giroux, 2011).

2 James Neely, 'Semantic Priming Effects in Visual Word Recognition: A Selective Review of Current Findings and Theories', in *Basic Processes in Reading: Visual Word Recognition*, ed. Derek Besner, 1st ed. (Abingdon: Routledge, 2012); https://doi.org/10.4324/9780203052242

3 C. B. Zhong & K. Liljenquist, 'Washing Away Your Sins: Threatened Morality and Physical Cleansing', *Science* 313, no. 5792 (8 Sept. 2006): pp. 1451–52; https://doi.org/10.1126/science.1130726

4 K. D. Vohs et al., 'The Psychological Consequences of Money', *Science* 314, no. 5802 (17 Nov. 2006): pp. 1154–56; https://doi.org/10.1126/science.1132491

5 同上 p. 1154.

6 Kahneman, *Thinking, Fast and Slow*, pp. 55, 57.

7 據我所知，這個詞來自帕許勒與瓦根馬可斯的一篇論文，不過他們當初並沒有直接稱其為「複製危機」，而是討論到在一連串的心理學複製實驗都失敗了之後，所出現的「信心危機」。尼爾森、西蒙斯以及西蒙遜則討論這次危機的觸發原因。Harold Pashler & Eric-Jan Wagenmakers, 'Editors' Introduction to the Special Section on Replicability in *Psychological Science*: A Crisis of Confidence?', *Perspectives on Psychological Science* 7, no. 6 (Nov. 2012): pp. 528–30; https://doi.org/10.1177/1745691612465253 and: Leif D. Nelson et al., 'Psychology's Renaissance', *Annual Review of Psychology* 69, no. 1 (4 Jan. 2018): pp. 511–34; https://doi.org/10.1146/annurev-psych-122216-011836

8 John A. Bargh et al., 'Automaticity of Social Behavior: Direct Effects of Trait Construct and Stereotype Activation on Action', *Journal of Personality and Social Psychology* 71, no. 2 (1996): pp. 230–44; https://doi.org/10.1037/0022-3514.71.2.230; citation numbers (precisely 5,208 citations) come from Google Scholar as of January 2020.

9 Stéphane Doyen et al., 'Behavioral Priming: It's All in the Mind, but Whose Mind?', *PLOS ONE* 7, no. 1 (18 Jan. 2012): e29081; https://doi.org/10.1371/journal.pone.0029081

10 Brian D. Earp et al., 'Out, Damned Spot: Can the "Macbeth Effect" Be Replicated?' *Basic and Applied Social Psychology* 36, no. 1 (Jan. 2014): pp. 91–98; https://doi.org/10.1080/01973533.2013.856792; Money-priming effect: Richard A. Klein et al., 'Investigating Variation in Replicability: A "Many Labs" Replication Project', *Social Psychology* 45, no. 3 (May 2014): pp. 142–52; https://doi.org/10.1027/1864-9335/a000178

11 原始實驗：Lawrence E. Williams & John A. Bargh, 'Keeping One's Distance: The Influence of Spatial Distance Cues on Affect and Evaluation', *Psychological Science* 19, no. 3 (Mar. 2008): pp. 302–8; https://doi.org/10.1111/j.1467-9280.2008.02084.x; 複製實驗：Harold Pashler et al., 'Priming of Social Distance? Failure to Replicate Effects on Social and Food Judgments', *PLOS ONE* 7, no. 8 (29 Aug. 2012): e42510; https://doi.org/10.1371/journal.pone.0042510

12 原始實驗: Theodora Zarkadi & Simone Schnall, '"Black and White" Thinking: Visual Contrast Polarizes Moral Judgment', *Journal of Experimental Social Psychology* 49, no. 3 (May 2013): pp. 355–59; https://doi.org/10.1016/j.jesp.2012.11.012;

複製實驗：Hans IJzerman & Pierre-Jean Laine, 'Does Background Color Affect Moral Judgment? Three Pre-Registered Replications of Zarkadi and Schnall's (2012) Study 1', Preprint, *PsyArXiv* (30 July 2018); https://doi.org/10.31234/osf.io/ktfxq

13 引發噁心感的實驗經常是透過讓房間裡面充滿惡臭來進行。這類研究特別引人注意的一件事就是，在許多研究論文中嚴肅的心理學家必須面不改色的討論「屁味噴霧劑」這種東西，其中還有一篇論文很冷靜的討論「一種註冊名稱叫做液體屁的臭味劑」。液體屁的資訊如下：For 'Liquid Ass' see T. G. Adams et al., 'The Effects of Cognitive and Affective Priming on Law of Contagion Appraisals', *Journal of Experimental Psychopathology 3*, no. 3 (July 2012): p. 473; https://doi.org/10.5127/jep.025911. 關於這份研究的文獻評論，請見Justin F. Landy & Geoffrey P. Goodwin, 'Does Incidental Disgust Amplify Moral Judgment? A Meta-Analytic Review of Experimental Evidence', *Perspectives on Psychological Science* 10, no. 4 (July 2015): pp. 518–36; https://doi.org/10.1177/1745691615583128

14 Alison McCook, '"I Placed Too Much Faith in Underpowered Studies:" Nobel Prize Winner Admits Mistakes', *Retraction Watch*, 20 Feb. 2017; https://retractionwatch.com/2017/02/20/placed-much-faith-underpowered-studies-nobel-prize-winner-admits-mistakes/. 康納曼還寫了一封公開信給所有社會心理學家，告訴他們他預見了「一場災難即將到來」，敦促他們改變自己進行研究的方法。在下面這個連結可以看到該文的副本：https://go.nature.com/2T7A2NV

15 Dana R. Carney et al., 'Power Posing: Brief Nonverbal Displays Affect Neuroendocrine Levels and Risk Tolerance', *Psychological Science* 21, no. 10 (Oct. 2010): pp. 1363–68; https://doi.org/10.1177/0956797610383437

16 到本書寫作的當下，也就是二〇二〇年二月為止，這數字包括了TED官網上五千六百萬次瀏覽紀錄，以及在YouTube上面一千七百六十萬次瀏覽紀錄。該演講原始標題為「姿勢決定你是誰」，不過在複製危機發生後，標題就被改為「姿勢可能決定你是誰」。Amy Cuddy, 'Your Body Language May Shape Who You Are', presented at *TEDGlobal* 2012, June 2012; https://www.ted.com/talks/amy_cuddy_your_body_language_may_shape_who_you_are

17 Amy J. C. Cuddy, *Presence: Bringing Your Boldest Self to Your Biggest Challenges* (New York: Little, Brown and Company, 2015). The quotation is from the publisher page at the following link: https://www.littlebrown.com/titles/amy-cuddy/presence/9780316256575/

18 Homa Khaleeli, 'A Body Language Lesson Gone Wrong: Why is George Osborne Standing like Beyoncé?' *Guardian*, 7 Oct. 2015; https://www.theguardian.com/politics/shortcuts/2015/oct/07/who-told

19 Eva Ranehill et al.,'Assessing the Robustness of Power Posing: No Effect on Hormones and Risk Tolerance in a Large Sample of Men and Women', *Psychological Science* 26, no. 5 (May 2015): pp. 653-56; https://doi.org/10.1177/0956797614553946, p. 655. 從那時候開始，關於權勢姿勢的爭論就沒停過。二〇一七年有一篇評論指出權勢姿勢是一個假設，目前沒有實證支持。See Joseph P. Simmons & Uri Simonsohn, 'Power Posing: P-Curving the Evidence', *Psychological Science* 28, no. 5 (May 2017): pp. 687–93; https://doi. org/10.1177/0956797616658563. 隨後柯蒂自己也寫了篇評論來反擊，該評論確實發現了總體效應。但隨後又有人指出，撇開柯蒂論文裡的其他問題不談，大部分被發現的效應應該來自於低頭彎腰這種姿勢所帶來的負面影響，而不是來自權勢姿勢所帶來的正面影響。See Amy J. C. Cuddy et al., 'P-Curving a More Comprehensive Body of Research on Postural Feedback Reveals Clear Evidential Value for Power-Posing Effects: Reply to Simmons and Simonsohn (2017)', *Psychological Science* 29, no. 4 (April 2018): pp. 656–66; https://doi.org/10.1177/0956797617746749. 關於低頭彎腰的影響，請見 Marcus Credé, 'A Negative Effect of a Contractive Pose is not Evidence for the Positive Effect of an Expansive Pose: Commentary on Cuddy, Schultz, and Fosse (2018)', SSRN: https://doi.org/10.2139/ssrn.3198470

20 Philip Zimbardo, *The Lucifer Effect: How Good People Turn Evil* (London: Rider, 2007).

21 Stanley Milgram, 'Behavioral Study of Obedience', *Journal of Abnormal and Social Psychology* 67, no. 4 (1963): pp. 371–78; https://doi.org/10.1037/h0040525. 米爾格蘭實驗也遭致許多批評，因為有證據顯示，受試者如果愈相信他

們是真的在電擊「學習者」，那就愈不可能給予太強烈的電擊。請見：Gina Perry et al., 'Credibility and Incredulity in Milgram's Obedience Experiments: A Reanalysis of an Unpublished Test', *Social Psychology* Quarterly, 22 Aug. 2019; https://doi.org/10.1177/0190272519861952

22 Philip Zimbardo, 'Our inner heroes could stop another Abu Ghraib', *Guardian*, 29 Feb. 2008; https://www.theguardian.com/commentisfree/2008/feb/29/iraq.usa

23 Erich Fromm, *The Anatomy of Human Destructiveness* (New York: Holt, Rinehart and Winston, 1975).

24 Thibault Le Texier, 'Debunking the Stanford Prison Experiment', *American Psychologist* 74, no. 7 (Oct. 2019): pp. 823–39; https://doi.org/10.1037/amp0000401

25 這個爭論一直沒停過，津巴多本人也有回應批評，比如：Philip Zimbardo, 'Philip Zimbardo's Response to Recent Criticisms of the Stanford Prison Experiment', 23 June 2018; https://static1.squarespace.com/static/557a07d5e4b05fe7bf112c19/t/5dee52149d16d153cba11712/1575899668862/Zimbardo2018-06-23.pdf. 也請參考 Le Texier's reply to a more recent（在本書著作期間尚未公布）version: Thibault Le Texier, 'The SPE Remains Debunked: A Reply to Zimbardo and Haney (2020)', Preprint, *PsyArXiv* (24 Jan. 2020); https://doi.org/10.31234/osf.io/9a2er

26 Open Science Collaboration, 'Estimating the Reproducibility of *Psychological Science*', *Science* 349, no. 6251 (28 Aug. 2015): aac4716; https://doi.org/10.1126/science.aac4716

27 百分之七十七：Colin F. Camerer et al., 'Evaluating the Replicability of Social Science Experiments in Nature and Science between 2010 and 2015', *Nature Human Behaviour* 2, no. 9 (Sept. 2018): pp. 637–44; https://doi.org/10.1038/s41562-018-0399-z

28 這個數字取自十六份研究中的六份研究，這些研究曾成功地複製出前人的結果。Charles R. Ebersole et al., 'Many Labs 3: Evaluating Participant Pool Quality across the Academic Semester via Replication', *Journal of Experimental Social*

Psychology 67 (Nov. 2016): pp. 68–82; https://doi.org/10.1016/j.jesp.2015.10.012

29 走筆至此，有些人可能會說我這是在搬石頭砸自己的腳。我之前一直強調扎實的實驗結果的重要性，但是當談到複製危機的問題時，所依賴的卻只是數個嘗試重複前人實驗的研究，而這些研究並不能代表全體科學文獻。因此，說「只有一半的實驗結果可以被複製」這論點可能也不適用整體科學研究。這是對複製研究調查的眾多批評其中之一：D. T. Gilbert et al., 'Comment on "Estimating the Reproducibility of Psychological Science"', *Science* 351, no. 6277 (4 Mar. 2016): p. 1037; https://doi.org/10.1126/science.aad7243. 但是這篇回應中大部分論點我都不同意（關於這篇批評值得懷疑的地方，請參考 Daniël Lakens, 'The Statistical Conclusions in Gilbert et al (2016) Are Completely Invalid', *The 20% Statistician*, 6 March 2016; https://daniellakens.blogspot.com/2016/03/the-statistical-conclusions-in-gilbert.html），不過批評中關於代表性的質疑卻是合理的。即使像心理學界這種已經進行了相當大規模的複製型實驗，我們仍然不知道整個學界中有多少研究結果是可以被複製的，或許真實的情況比這些研究所調查出來的結果要好，或許可能更糟。但是我要說的是，光是我們不知道有多少研究可以被複製這件事，外加許多被人大肆宣傳的有名實驗最後卻都經不起詳細檢視這些現象，就足以讓我們關心了。關於有人質疑是不是真的有複製危機這件事，請參考這篇回應：Harold Pashler & Christine R. Harris, 'Is the Replicability Crisis Overblown? Three Arguments Examined', *Perspectives on Psychological Science* 7, no. 6 (Nov. 2012): pp. 531–36; https://doi.org/10.1177/1745691612463401

30 Alexander Bird, 'Understanding the Replication Crisis as a Base Rate Fallacy', *British Journal for the Philosophy of Science*, 13 Aug. 2018; https://doi.org/10.1093/bjps/axy051

31 當然，關於這件事原始論文作者（也就是論文無法被別人複製的那些作者）的論點通常是，這些改變並不是稍微改變，而是嚴重地破壞了原本的實驗方法。雖說每個案例都應根據其個別狀況來評估，但是這種說法聽起來更像是特例。

32 另一個表現也不錯的領域則是性格心理學。心理學家索托曾經做過一個大規模的複製型實驗，來研究這些性格研究中所發現的效應：他用問卷調查性格特徵，與其他結果像是生活與愛情的滿意度、宗教與政治觀點，以及事業成功程度等等之間的相關性，結果發現複製率高達百分之八十七。相較於之前我們看過的幾個領域，這結果可說是相當可靠。請參考 Christopher J. Soto, 'How Replicable Are Links Between Personality Traits and Consequential Life Outcomes? The Life Outcomes of Personality Replication Project', *Psychological Science* 30, no. 5 (May 2019): pp. 711–27; https://doi.org/10.1177/0956797619831612

33 C. F. Camerer et al., 'Evaluating Replicability of Laboratory Experiments in Economics', *Science* 351, no. 6280 (25 Mar. 2016): pp. 1433–36; https://doi.org/10.1126/science.aaf0918

34 Benjamin O. Turner et al., 'Small Sample Sizes Reduce the Replicability of Task- Based fMRI Studies', *Communications Biology* 1, no. 1 (Dec. 2018): 62; https://doi.org/10.1038/s42003-018-0073-z

35 Anders Eklund et al., 'Cluster Failure: Why fMRI Inferences for Spatial Extent Have Inflated False-Positive Rates', *Proceedings of the National Academy of Sciences* 113, no. 28 (12 July 2016): pp. 7900–5; https://doi.org/10.1073/pnas.1602413113 and Anders Eklund et al., 'Cluster Failure Revisited: Impact of First Level Design and Physiological Noise on Cluster False Positive Rates', *Human Brain Mapping* 40, no. 7 (May 2019): 2017–32; https://doi.org/10.1002/hbm.24350

36 Kathryn A. Lord et al., 'The History of Farm Foxes Undermines the Animal Domestication Syndrome', *Trends in Ecology & Evolution* 35, no. 2 (Feb. 2020): pp. 125–36; https://doi.org/10.1016/j.tree.2019.10.011

37 Finches: Daiping Wang et al., 'Irreproducible Text-Book "Knowledge": The Effects of Color Bands on Zebra Finch Fitness: Color Bands Have No Effect on Fitness in Zebra Finches', *Evolution* 72, no. 4 (April 2018): pp. 961–76; https://doi.org/10.1111/evo.13459. See also Yao-Hua Law, 'Replication Failures Highlight Biases in Ecology and Evolution Science', *The Scientist*, 31 July 2018; https://www.the-scientist.com/features/replication-failures-highlight-biases-in-ecology-and-

evolution-science-64475. Sparrows: Alfredo Sánchez-Tójar et al., 'Meta-analysis challenges a textbook example of status signalling and demonstrates publication bias', *eLife* 7 (13 Nov. 2008): e37385; https://doi.org/10.7554/eLife.37385.001. Blue tits: Timothy H. Parker, 'What Do We Really Know about the Signalling Role of Plumage Colour in Blue Tits? A Case Study of Impediments to Progress in Evolutionary Biology: Case Study of Impediments to Progress', *Biological Reviews* 88, no. 3 (Aug. 2013): pp. 511–36; https://doi.org/10.1111/brv.12013

38 Timothy D. Clark et al., 'Ocean Acidification Does Not Impair the Behaviour of Coral Reef Fishes', *Nature* 577, no. 7790 (Jan. 2020): pp. 370–75; https://doi.org/10.1038/s41586-019-1903-y. See also Martin Enserink, 'Analysis Challenges Slew of Studies Claiming Ocean Acidification Alters Fish Behavior', *Science,* 8 Jan. 2020; https://doi.org/10.1126/science.aba8254. 如同後面第二篇論文所說，魚類行為似乎沒有受到影響這件事，並不表示我們不需要擔心海洋酸化的問題，因為海洋酸化還會帶來其他眾多負面影響。

39 http://www.orgsyn.org/instructions.aspx; see also Dalmeet Singh Chawla, 'Taking on Chemistry's Reproducibility Problem', *Chemistry World*, 20 March 2017; https://www.chemistryworld.com/news/taking-on-chemistrys-reproducibility-problem/3006991.article

40 因為搜索方式的關係，這個數字可能不包含那些沒有明確標出自己是在複製前人實驗的論文，因此實際的數字可能會高一些。關於經濟學領域的情況，請參考：Frank Mueller-Langer et al., 'Replication Studies in Economics–How Many and Which Papers Are Chosen for Replication and Why?', *Research Policy* 48, no. 1 (Feb. 2019): pp. 62–83; https://doi.org/10.1016/j.respol.2018.07.019. 關於心理學的情況，請參考：Matthew C. Makel et al., 'Replications in Psychology Research: How Often Do They Really Occur?', *Perspectives on Psychological Science* 7, no. 6 (Nov. 2012): pp. 537–42; https://doi.org/10.1177/1745691612460688

41 Board of Governors of the Federal Reserve System, Andrew C. Chang & Phillip Li, 'Is Economics Research Replicable?

Sixty Published Papers from Thirteen Journals say "Usually Not"', *Finance and Economics Discussion Series* 2015, no. 83 (Oct. 2015): pp. 1–26; https://doi.org/10.17016/FEDS.2015.083. 關於經濟學研究重複成功率的評論，請參考 Garret Christensen & Edward Miguel, 'Transparency, Reproducibility, and the Credibility of Economics Research' (Cambridge, MA: National Bureau of Economic Research, Dec. 2016); https://doi.org/10.3386/w22989

42 Markus Konkol et al., 'Computational Reproducibility in Geoscientific Papers: Insights from a Series of Studies with Geoscientists and a Reproduction Study', International *Journal of Geographical Information Science* 33, no. 2 (Feb. 2019): pp. 408–29; https://doi.org/10.1080/13658816.2018.1508687

43 更糟的是，這七篇論文中有六篇，跟數年前使用比較簡單的演算法所做出的論文相比，得到一樣的結論，讓這六篇新的演算法顯得相當多餘。Maurizio Ferrari Dacrema et al., 'Are We Really Making Much Progress?: A Worrying Analysis of Recent Neural Recommendation Approaches', in *Proceedings of the 13th ACM Conference on Recommender Systems*–RecSys 2019 (Copenhagen, Denmark: ACM Press, 2019): pp. 101–9; https://doi.org/10.1145/3298689.3347058. 也請參考下面這篇電腦科學領域的報告，其中提到了年輕的研究人員在重複幾個經典的演算法時遇到困難，這問題像是一個定時炸彈，年輕的研究人員不想發表「無法複製資深研究人員所開發的演算法」這樣的論文，因為這看起來像是在批評資深的研究人員，而資深研究人員已經為這些演算法賭上了自己的聲譽：Matthew Hutson, 'Artificial Intelligence Faces Reproducibility Crisis', *Science* 359, no. 6377 (16 Feb. 2018): pp. 725–26; https://doi.org/10.1126/science.359.6377.725, p. 726.

44 C. Glenn Begley & Lee M. Ellis, 'Raise Standards for Preclinical Cancer Research', *Nature* 483, no. 7391 (Mar. 2012): pp. 531–33; https://doi.org/10.1038/483531a

45 Florian Prinz et al., 'Believe It or Not: How Much Can We Rely on Published Data on Potential Drug Targets?', *Nature Reviews Drug Discovery* 10 (Sept. 2011): 712; https://doi.org/10.1038/nrd3439-c1. 注意拜耳的圖表只有七成是關於腫瘤

學的研究，剩下的三成為女性健康或是心血管疾病的研究。

46 Chi Heem Wong et al., 'Estimation of Clinical Trial Success Rates and Related Parameters', *Biostatistics* 20, no. 2 (1 April 2019): pp. 273–86; https://doi.org/10.1093/*biostatistics*/kxx069. 平均來說所有藥物從臨床前研究到可以讓人服用為止，其成功率約為百分之十三・八，因此癌症研究的低成功率可以說是表現得相當糟糕。

47 Brian A. Nosek & Timothy M. Errington, 'Reproducibility in Cancer Biology: Making Sense of Replications', *eLife* 6 (19 Jan. 2017): e23383; https://doi.org/10.7554/eLife.23383. 這個計畫稱為「再現性計畫：癌症生物學」。在這裡「再現性」reproducibility這個字的用法其實就是我說的「複製性」replicability，也就是試著用不同的樣本去得到一樣的結果。我採用這樣的定義是為了盡可能接近一般共識，不過你應該要知道並非所有人都使用相同的術語。

48 John Repass et al., 'Replication Study: Fusobacterium Nucleatum Infection is Prevalent in Human Colorectal Carcinoma', *eLife* 7 (13 Mar. 2018): e25801; https://doi.org/10.7554/eLife.25801

49 Tim Errington, 'Reproducibility Project: Cancer Biology–Barriers to Replicability in the Process of Research' (2019); https://osf.io/x9p5s/

50 Monya Baker & Elie Dolgin,'Cancer Reproducibility Project Releases First Results', *Nature* 541, no. 7637 (Jan. 2017): pp. 269–70; https://doi.org/10.1038/541269a; Daniel Engber, 'Cancer Research Is Broken', *Slate*, 19 April 2016; https://slate.com/technology/2016/04/biomedicine-facing-a-worse-replication-crisis-than-the-one-plaguing-psychology.html

51 Errington, 'Reproducibility Project', slide 11.

52 J. Kaiser, 'The Cancer Test', *Science* 348, no. 6242 (26 June 2015): pp. 1411–13; https://doi.org/10.1126/science.348.6242.1411

53 Shareen A. Iqbal et al., 'Reproducible Research Practices and Transparency across the Biomedical Literature', *PLOS Biology* 14, no. 1 (4 Jan. 2016): e1002333; https://doi.org/10.1371/journal.pbio.1002333. 請注意，所有樣本包含了四百

四十一篇論文，但其中只有兩百六十八篇報告了實際的數據。

54 Nicole A. Vasilevsky et al., 'On the Reproducibility of Science: Unique Identification of Research Resources in the Biomedical Literature', *PeerJ* 1 (2013): e148; https://doi.org/10.7717/*peerj*.148. 報告不全的問題不是只出現在生物醫學界，比如說在政治科學界也有一樣的問題，請參考 Alexander Wuttke, 'Why Too Many Political Science Findings Cannot Be Trusted and What We Can Do About It: A Review of Meta-Scientific Research and a Call for Academic Reform', *Politische Vierteljahresschrift* 60, no. 1 (Mar. 2019): pp. 1–19; https://doi.org/10.1007/s11615-018-0131-7. 生態學界的問題請參考：Timothy H. Parker et al., 'Transparency in Ecology and Evolution: Real Problems, Real Solutions', *Trends in Ecology & Evolution* 31, no. 9 (Sept. 2016): pp. 711–19; https://doi.org/10.1016/j.tree.2016.07.002

55 Jocelyn Kaiser, 'Plan to Replicate 50 High-Impact Cancer Papers Shrinks to Just 18', *Science,* 31 July 2018; https://doi.org/10.1126/science.aau9619. 請注意上面的第四十九篇參考資料（Errington, 'Reproducibility Project'）討論了五十一篇研究而非五十篇。

56 所有「再現性計畫：癌症生物學」的結果都可以在《*eLife*》期刊上找到，連結如下: https://elifesciences.org/collections/9b1e83d1/reproducibility-project-cancer-biology

57 Vinayak K. Prasad & Adam S. Cifu, *Ending Medical Reversal: Improving Outcomes, Saving Lives* (Baltimore: Johns Hopkins University Press, 2015).

58 Joshua Lang, 'Awakening', *The Atlantic*, Feb. 2013; https://www.theatlantic.com/magazine/archive/2013/01/awakening/309188/

59 Michael S. Avidan et al., 'Anesthesia Awareness and the Bispectral Index', *New England Journal of Medicine* 358, no. 11 (13 Mar. 2008): 1097; https://doi.org/10.1056/NEJMoa0707361

60 Diana Herrera-Perez et al., 'A Comprehensive Review of Randomized Clinical Trials in Three Medical Journals Reveals

396 Medical Reversals', *eLife* 8 (11 June 2019): e45183; https://doi.org/10.7554/eLife.45183. 這是他們之前做過一篇類似的研究的後續追蹤，該研究顯示了一百四十六個醫學逆轉問題：Vinay Prasad et al., 'A Decade of Reversal: An Analysis of 146 Contradicted Medical Practices', *Mayo Clinic Proceedings* 88, no. 8 (Aug. 2013): pp. 790–98; https://doi.org/10.1016/j.mayocp.2013.05.012

61 Jon F. R. Barrett et al., 'A Randomized Trial of Planned Cesarean or Vaginal Delivery for Twin Pregnancy', *New England Journal of Medicine* 369, no. 14 (3 Oct. 2013): pp. 1295–1305; https://doi.org/10.1056/NEJMoa1214939

62 George Du Toit et al., 'Randomized Trial of Peanut Consumption in Infants at Risk for Peanut Allergy', *New England Journal of Medicine* 372, no. 9 (26 Feb. 2015): pp. 803–13; https://doi.org/10.1056/NEJMoa1414850

63 Francis Kim et al., 'Effect of Prehospital Induction of Mild Hypothermia on Survival and Neurological Status Among Adults with Cardiac Arrest: A Randomized Clinical Trial', *JAMA* 311, no. 1 (1 Jan. 2014): pp. 45–52; https://doi.org/10.1001/jama.2013.282173

64 AVERT Collaboration, 'Efficacy and Safety of Very Early Mobilisation within 24 h of Stroke Onset: A Randomised Controlled Trial', *Lancet* 386, no. 9988 (July 2015): pp. 46–55; https://doi.org/10.1016/S0140-6736(15)60690-0

65 M. Irem Baharoglu et al., 'Platelet Transfusion versus Standard Care after Acute Stroke Due to Spontaneous Cerebral Haemorrhage Associated with Antiplatelet Therapy (PATCH): A Randomised, Open-Label, Phase 3 Trial', *Lancet* 387, no. 10038 (June 2016): pp. 2605–13; https://doi.org/10.1016/S0140-6736(16)30392-0

66 Paolo José Fortes Villas Boas et al., 'Systematic Reviews Showed Insufficient Evidence for Clinical Practice in 2004: What about in 2011? The Next Appeal for the Evidence-Based Medicine Age: The Next Appeal for EBM Age', *Journal of Evaluation in Clinical Practice* 19, no. 4 (Aug. 2013): pp. 633–37; https://doi.org/10.1111/j.1365-2753.2012.01877.x

67 Leonard P. Freedman et al., 'The Economics of Reproducibility in Preclinical Research', *PLOS Biology* 13, no. 6 (9 June

2015): e1002165; https://doi.org/10.1371/journal.pbio.1002165

68 Iain Chalmers & Paul Glasziou, 'Avoidable Waste in the Production and Reporting of Research Evidence', *Lancet* 374, no. 9683 (July 2009): pp. 86–89; https://doi.org/10.1016/S0140-6736(09)60329-9. See also Malcolm R. Macleod et al., 'Biomedical Research: Increasing Value, Reducing Waste', *Lancet* 383, no. 9912 (Jan. 2014): pp. 101–4; https://doi.org/10.1016/S0140-6736(13)62329-6

69 Monya Baker, '1,500 Scientists Lift the Lid on Reproducibility', *Nature* 533, no. 7604 (May 2016): pp. 452–54; https://doi.org/10.1038/533452a

70 John P. A. Ioannidis, 'Why Most Published Research Findings Are False', *PLOS Medicine* 2, no. 8 (30 Aug. 2005): e124; https://doi.org/10.1371/journal.pmed.0020124

71 Citation numbers from Google Scholar.

72 關於對伊安尼迪斯的批評，其中一篇是：Jeffrey T. Leek & Leah R. Jager, 'Is Most Published Research Really False?', *Annual Review of Statistics and Its Application* 4, no. 1 (7 Mar. 2017): pp. 109–22; https://doi.org/10.1146/annurev-statistics-060116-054104

第三章

卷首語：麥克唐納，《格言與道德反省》，一八二七年，紐約出版

1 Cochlear implants: Vivien Williams, 'Baby Hears for First Time with Cochlear Implants', *Mayo Clinic News Network*, 13 Nov. 2018; https://newsnetwork.mayoclinic.org/discussion/baby-hears-for-first-time-with-cochlear-implants/; cataracts: National Geographic, 'Two Blind Sisters See for the First Time', 26 Sept. 2014; https://youtu.be/EltIpB4EtYU; prosthetic limbs: Victoria Smith, 'Video Of Rick Clement Walking On New Legs Goes Viral', *Forces Network*, 23 July 2015; https://

www.forces.net/services/tri-service/video-rick-clement-walking-new-legs-goes-viral; see also 'Boy, 5, given Prosthetic Arm That Lets Him Hug Brother', *BBC News*, 14 Dec. 2019; https://www.bbc.co.uk/news/uk-wales-50762563

2 重新接合的手術稱為吻合術，通常效果都不錯。從二十世紀初到中葉外科手術不斷進步，即使長段氣管被切掉，我們仍可以透過吻合術將兩端接起來。但這種手術終有其極限，一但需要切掉超過一半以上的氣管，比如氣管腫瘤長得太大，就不再能透過吻合術將氣管接合。

3 Hermes C. Grillo, 'Tracheal Replacement: A Critical Review', *The Annals of Thoracic Surgery* 73, no. 6 (June 2002): 1995–2004; https://doi.org/10.1016/S0003-4975(02)03564-6

4 Paolo Macchiarini et al., 'Clinical Transplantation of a Tissue-Engineered Airway', *Lancet* 372, no. 9655 (Dec. 2008): 2023–30; https://doi.org/10.1016/S0140-6736(08)61598-6

5 Karolinska Institute, 'First Successful Transplantation of a Synthetic Tissue Engineered Windpipe' (news release), 29 July 2011; https://ki.se/en/news/first-successful-transplantation-of-a-synthetic-tissue-engineered-windpipe

6 Philipp Jungebluth et al., 'Tracheobronchial Transplantation with a Stem-Cell-Seeded Bioartificial Nanocomposite: A Proof-of-Concept Study', *Lancet* 378, no. 9808 (Dec. 2011): pp. 1997–2004; https://doi.org/10.1016/S0140-6736(11)61715-7

7 Christian Berggren & Solmaz Filiz Karabag, 'Scientific Misconduct at an Elite Medical Institute: The Role of Competing Institutional Logics and Fragmented Control', *Research Policy* 48, no. 2 (Mar. 2019): pp. 428–43; https://doi.org/10.1016/j.respol.2018.03.020

8 同上 p. 432.

9 Madeleine Svärd Huss, 'The Macchiarini Case: Timeline' (Karolinska Institute, 26 June 2018); https://ki.se/en/news/the-macchiarini-case-timeline

10 AFP Newswire, 'Macchiarini's Seventh Transplant Patient Dies', *Local*, 20 March 2017; https://www.thelocal.it/20170320/

macchiarinis-seventh-transplant-patient-dies-sweden-italy

11 Translated by Berggren & Karabag, 'Scientific Misconduct', p. 432; originally quoted in Johannes Wahlström, 'Den Bortglömda Patienten', *Filter*, 18 May 2016; https://magasinetfilter.se/granskning/den-bortglomda-patienten/[Swedish]

12 William Kremer, 'Paolo Macchiarini: A Surgeon's Downfall', *BBC News Magazine*, 10 Sept. 2016; https://www.bbc.co.uk/news/magazine-37311038

13 「車禍後雖然她的身體健康，但是氣管造口術卻留下後遺症，要說話的時候她必須用手遮住氣管開口。她希望這次手術可以讓她唱歌給兒子聽。」Carl Elliott, 'Knifed with a Smile', *New York Review of Books*, 5 April 2018; https://www.nybooks.com/articles/2018/04/05/experiments-knifed-with-smile/

14 這是一名英國病人，之前接受過馬基亞里尼醫師的手術，後來在二〇一一年時在倫敦接受了其他醫師仿效馬基亞里尼發明的合成氣管移植手術，隨後在隔年死亡。

15 比較同一份加拿大刊物在她生前與死後的報導，實在是讓人心碎：AP Newswire, '"We Feel like She's Reborn": Toddler Born without Windpipe Gets New One Grown from Her Own Stem Cells', *National Post*, 30 April 2013; https://nationalpost.com/news/south-korean-2-year-old-youngest-ever-to-get-lab-made-windpipe-from-her-own-stem-cells; and Joseph Brean, 'Swashbuckling Surgeon's Collapsing Reputation Threatens Canadian Girl's Legacy as "pioneer" Patient', *National Post*, 18 Feb. 2016; https://nationalpost.com/news/canada/swashbuckling-surgeons-collapsing-reputation-threatens-canadian-girls-legacy-as-pioneer-patient

16 Eve Herold, 'A Star Surgeon Left a Trail of Dead Patients–and His Whistleblowers were Punished', *leapsmag*, 8 Oct. 2018; https://leapsmag.com/a-star-surgeon-left- a-trail-of-dead-patients-and-his-whistleblowers-were-punished/

17 這篇報導可以在撤稿觀察站的網站上面找到：http://retractionwatch.com/wp-content/uploads/2015/05/Translation-investigation.doc (see p. 36).

18 David Cyranoski, 'Artificial-Windpipe Surgeon Committed Misconduct', *Nature* 521, no. 7553 (May 2015): 406–7; https://doi.org/10.1038/nature.2015.17605. See also Alison McCook, 'Misconduct Found in 7 Papers by Macchiarini, Says English Write-up of Investigation', *Retraction Watch*, 28 May 2015; https://retractionwatch.com/2015/05/28/misconduct-found-in-7-papers-by-macchiarini-says-english-write-up-of-investigation/

19 Kremer, 'Paolo Macchiarini'.

20 'Paolo Macchiarini Is Not Guilty of Scientific Misconduct', *Lancet* 386, no. 9997 (Sept. 2015): 932; https://doi.org/10.1016/S0140-6736(15)00118-X

21 Adam Ciralsky, 'The Celebrity Surgeon Who Used Love, Money, and the Pope to Scam an NBC News Producer', *Vanity Fair* (Feb. 2016); https://www.vanityfair.com/news/2016/01/celebrity-surgeon-nbc-news-producer-scam

22 來源同上。

23 《浮華世界》的報導還宣稱馬基亞里尼在履歷表上提到的許多資格與經歷都是虛構的，而關於他的義大利調查報告從未公布。

24 Kremer, 'Paolo Macchiarini'.

25 Huss, 'The Macchiarini Case'. See also David Cyranoski, 'Nobel Official Resigns over Karolinska Surgeon Controversy', *Nature,* 8 Feb. 2016; https://doi.org/10.1038/nature.2016.19332

26 馬基亞里尼並非單獨行動，卡羅林斯卡醫學院的報告也指控論文上其他數名共同作者也有科學行為不當的問題。

27 'The Final Verdict on Paolo Macchiarini: Guilty of Misconduct', *Lancet* 392, no. 10141 (July 2018): 2; https://doi.org/10.1016/S0140-6736(18)31484-3

28 Karolinska Institute, 'Seven Researchers Responsible for Scientific Misconduct in Macchiarini Case', 28 June 2015; https://news.ki.se/seven-researchers-responsible-for-scientific-misconduct-in-macchiarini-case

29 Matt Warren, 'Disgraced Surgeon is Still Publishing on Stem Cell Therapies', *Science,* 27 April 2018; https://doi.org/10.1126/science.aau0038

30 Margarita Zhuravleva et al., 'In Vitro Assessment of Electrospun Polyamide-6 Scaffolds for Esophageal Tissue Engineering: Polyamide-6 Scaffolds for Esophageal Tissue Engineering', *Journal of Biomedical Materials Research Part B: Applied Biomaterials* 107, no. 2 (Feb. 2019): pp. 253–68; https://doi.org/10.1002/jbm.b.34116

31 Alla Astakhova, 'Superstar Surgeon Fired, Again, This Time in Russia', *Science,* 16 May 2017; https://doi.org/10.1126/science.aal1201

32 Swedish Prosecution Authority, 'Investigation Concerning Surgeries Resumed after Review', 11 Dec. 2018; https://via.tt.se/pressmeddelande/investigation-concerning-surgeries-resumed-after-review?publisherId=3235541&releaseId=3252745

33 Herold, 'A Star Surgeon'.

34 Berggren & Karabag, 'Scientific Misconduct', p. 432.

35 薩默林也偽造他的角膜移植實驗結果，他宣稱自己在兔子身上實驗成功：Jane E. Brody, 'Inquiry at Cancer Center Finds Fraud in Research', *New York Times*, 25 May 1974; https://www.nytimes.com/1974/05/25/archives/article-5-no-title-fraud-is-charged-at-cancer-center-premature.html; see also the titular essay in Peter Medawar, *The Strange Case of the Spotted Mice: And Other Classic Essays on Science* (Oxford: Oxford University Press, 1996).

36 P. G. Pande et al., 'Toxoplasma from the Eggs of the Domestic Fowl (Gallus gallus)', *Science* 133, no. 3453 (3 March 1961): pp. 648–648; https://doi.org/10.1126/science.133.3453.648

37 G. DuShane et al., 'An Unfortunate Event', *Science* 134, no. 3483 (29 Sept. 1961): pp. 945–46; https://doi.org/10.1126/science.134.3483.945-a; see also J. L. Kavanau & K. S. Norris, 'Letter to the Editor', *Science* 136, no. 3511 (13 April 1962): p. 199; https://doi.org/10.1126/science.136.3511.199; and Nicholas B. Wade & William Broad, Betrayers of the Truth: Fraud

and Deceit in the Halls of Science (New York: Simon & Schuster, 1982).

38 這是ＳＮＵ（首爾大學）與puppy（小狗）的合體字。這項成就令人印象深刻，因為在哺乳類動物中，狗的卵細胞比較脆弱也比較不穩定，因此直到二〇〇五年為止，雖然科學家已經成功地複製出綿羊、貓、豬以及馬等動物，但是在黃禹錫報告之前還沒有人成功複製過狗。Byeong Chun Lee et al., 'Dogs Cloned from Adult Somatic Cells', *Nature* 436, no. 7051 (Aug. 2005): p. 641; https://doi.org/10.1038/436641a

39 Jaeyung Park et al., 'The Korean Press and Hwang's Fraud', *Public Understanding of Science* 18, no. 6 (Nov. 2009): pp. 653–69; https://doi.org/10.1177/0963662508096779

40 R. Saunders & J. Savulescu, 'Research Ethics and Lessons from Hwanggate: What Can We Learn from the Korean Cloning Fraud?', *Journal of Medical Ethics* 34, no. 3 (1 Mar. 2008): pp. 214–21; https://doi.org/10.1136/jme.2007.023721

41 Constance Holden, 'Bank on These Stamps', *Science* 308, no. 5729 (17 June 2005): p. 1738a; https://doi.org/10.1126/science.308.5729.1738a

42 Supreme Scientist: Jongyoung Kim & Kibeom Park, 'Ethical Modernization: Research Misconduct and Research Ethics Reforms in Korea Following the Hwang Affair', *Science and Engineering Ethics* 19, no. 2 (June 2013): p. 358; https://doi.org/10.1007/s11948-011-9341-8. Egg donation: Saunders & Savulescu, 'Research Ethics', p. 217.

43 Jennifer Couzin, 'STEM CELLS: ... And How the Problems Eluded Peer Reviewers and Editors', *Science* 311, no. 5757 (6 Jan. 2006): pp. 23–24; https://doi.org/10.1126/science.311.5757.23; Mike Rossner, 'Hwang Case Review Committee Misses the Mark', *Journal of Cell Biology* 176, no. 2 (15 Jan. 2007): pp. 131–32; https://doi.org/10.1083/jcb.200612154

44 Saunders & Savulescu, 'Research Ethics', p. 215.

45 Kim & Park, 'Ethical Modernization', pp. 360–361.

46 來源同上 p. 361.

47 Sei Chong & Dennis Normile, 'STEM CELLS: How Young Korean Researchers Helped Unearth a Scandal ...', *Science* 311, no. 5757 (6 Jan. 2006): pp. 22–25; https://doi.org/10.1126/science.311.5757.22

48 Mi-Young Ahn & Dennis Normile, 'Korean Supreme Court Upholds Disgraced Cloner's Criminal Sentence', *Science,* 27 Feb. 2014; https://www.sciencemag.org/news/2014/02/korean-supreme-court-upholds-disgraced-cloners-criminal-sentence

49 我相信史納比跟複製牠的主人不一樣，是個很好的孩子。Min Jung Kim et al., 'Birth of Clones of the World's First Cloned Dog', *Scientific Reports* 7, no. 1 (Dec. 2017): 15235; https://doi.org/10.1038/s41598-017-15328-2

50 我對這個現在已成為實驗室日常技術的發明感到極度驕傲。薩瑟恩是在我的母校愛丁堡大學發明這項技術的。E. M. Southern, 'Detection of Specific Sequences among DNA Fragments Separated by Gel Electrophoresis', *Journal of Molecular Biology* 98, no. 3 (Nov. 1975): pp. 503–17; https://doi.org/10.1016/S0022-2836(75)80083-0

51 南方墨點法的步驟大致如下：拿一段ＤＮＡ分子，用酵素將雙股螺旋分開成單股，利用電流迫使它穿過一塊膠體（這個過程稱為電泳），把所有的片段分開。這個技術聰明的地方在於，不同的ＤＮＡ片段會以不同的速度穿過膠體，因此你可以在通電一段時間之後，透過片段在膠體中的位置，知道這些ＤＮＡ分子的大小（譯注：原文誤植為蛋白質分子的大小，但是南方墨點法是用來偵測ＤＮＡ大小的）。接著將ＤＮＡ片段從膠體轉移到一張濾紙上，讓它們與另一段帶有放射性的ＤＮＡ片段混在一起。新的ＤＮＡ片段會與濾紙上相對應的ＤＮＡ片段結合，然後將濾紙曝光在Ｘ射線底片上，帶有放射性的ＤＮＡ片段就會像一個指示劑一樣，讓我們看到ＤＮＡ的不同部分在底片上排列成大小深淺不同的黑點。這樣可以讓我們找出哪個黑點對應哪一段ＤＮＡ。我們也可以用染劑來代替放射性物質做出斑點。

52 北方墨點法可以偵測ＲＮＡ分子，西方墨點法可以偵測蛋白質分子。此外還有東方墨點法用來偵測被修飾後的蛋白質。還有一種技術叫做遠東墨點法，它跟東方墨點法有關，而且是在日本發明的。

53 Haruko Obokata et al., 'Stimulus-Triggered Fate Conversion of Somatic Cells into Pluripotency', *Nature* 505, no. 7485 (Jan.

2014): pp. 641–47; https://doi.org/10.1038/nature12968; Haruko Obokata et al., 'Bidirectional Developmental Potential in Reprogrammed Cells with Acquired Pluripotency', *Nature* 505, no. 7485 (Jan. 2014): pp. 676–80; https://doi.org/10.1038/nature12969

54 這一段有點過於簡化。誘導出的幹細胞跟來自胚胎的幹細胞還是有一點不同。這些不同在醫學上面可能非常重要，需要更多的研究才能解開。附帶一提，二〇〇四年到二〇〇五年的時候，誘導多能性幹細胞的技術還沒有出現，因此黃禹錫專注於從胚胎細胞獲得幹細胞的研究。

55 Nobel Media, 'The Nobel Prize in Physiology or Medicine 2012' (Oct. 2012); https://www.nobelprize.org/prizes/medicine/2012/summary/

56 根據《日本時報》的報導，從小保方晴子的聲名崛起後，日式圍裙的銷量也大增。Rowan Hooper, 'Stem-Cell Leap Defied Japanese Norms', *Japan Times*, 14 Feb. 2014; https://www.japantimes.co.jp/news/2014/02/15/national/science-health/stem-cell-leap-defied-japanese-norms/

57 Shunsuke Ishii et al., 'Report on STAP Cell Research Paper Investigation' (31 March 2014); http://www3.riken.jp/stap/e/f1document1.pdf

58 'red for failures': https://ipscell.com/stap-new-data/; 'all were in red': Mianna Meskus et al., 'Research Misconduct in the Age of Open Science: The Case of STAP Stem Cells', *Science as Culture* 27, no. 1 (2 Jan. 2018): pp. 1–23; https://doi.org/10.1080/09505431.2017.1316975. 這篇文章裡面還有一些有趣的討論，探討網際網路如何揭發STAP研究造假的部分，像是匿名評論造假的圖像，以及記錄複製實驗的部落格等等。

59 James Gallagher, 'Stem Cell Scandal Scientist Haruko Obokata Resigns', *BBC News*, 19 Dec. 2014; https://www.bbc.co.uk/news/health-30534674

60 Isao Katsura et al., 'Report on STAP Cell Research Paper Investigation' (25 Dec. 2014); http://www3.riken.jp/stap/e/

c13document52.pdf; Masaaki Kameda, '"STAP Cells" Claimed by Obokata Were Likely Embryonic Stem Cells', *Japan Times*, 26 Dec. 2014; https://www.japantimes.co.jp/news/2014/12/26/national/stap-cells-claimed-by-obokata-were-likely-embryonic-stem-cells/

61 David Cyranoski, 'Collateral Damage: How One Misconduct Case Brought a Biology Institute to Its Knees', *Nature* 520, no. 7549 (April 2015): pp. 600–3; https://doi.org/10.1038/520600a

62 David Cyranoski, 'Stem-Cell Pioneer Blamed Media "Bashing" in Suicide Note', *Nature,* 13 Aug. 2014, https://doi.org/10.1038/nature.2014.15715

63 Elisabeth M. Bik et al., 'The Prevalence of Inappropriate Image Duplication in Biomedical Research Publications', *MBio* 7, no. 3 (6 July 2016): e00809-16; https://doi.org/10.1128/mBio.00809-16. For a profile of Bik, see Tom Bartlett, 'Hunting for Fraud Full Time', *Chronicle of Higher Education,* 8 Dec. 2019; https://www.chronicle.com/article/Hunting-for-Fraud-Full-Time/247666

64 Bik et al., 'The Prevalence of Inappropriate Image Duplication'.

65 舉例來說，如果要人隨機從一到十之間選一個數字，那他們選擇七的機率會遠高於其他數字。因此在一個數據集中看到不成比例的「七」，就是個明顯的跡象，代表有人為變造參與其中。請見：https://www.reddit.com/r/dataisbeautiful/comments/acow6y/asking_over_8500_students_to_pick_a_random_number/

66 請注意，統計學家使用「誤差」這個詞的時候並沒有貶義，它只是代表了我們所測量的數據與真實世界之間的差異而已。

67 許多統計測試的目的，就是將真正的效應（比如說我們正在測試的新藥）與這種隨機抽樣誤差區分開來。

68 J. B. S. Haldane, 'The Faking of Genetical Results', *Eureka* 27 (1964): pp. 21–24. Quoted in J. J. Pandit, 'On Statistical Methods to Test If Sampling in Trials Is Genuinely Random: Editorial', *Anaesthesia* 67, no. 5 (May 2012): pp. 456–62;

https://doi.org/10.1111/j.1365-2044.2012.07114.x

69 Lawrence J. Sanna et al., ‘Rising up to Higher Virtues: Experiencing Elevated Physical Height Uplifts Prosocial Actions’, *Journal of Experimental Social Psychology* 47, no. 2 (Mar. 2011): pp. 472–76; https://doi.org/10.1016/j. jesp.2010.12.013. Dirk Smeesters & Jia (Elke) Liu, ‘The Effect of Color (Red versus Blue) on Assimilation versus Contrast in Prime-to-Behavior Effects’, *Journal of Experimental Social Psychology* 47, no. 3 (May 2011): pp. 653–56; https://doi.org/10.1016/j.jesp.2011.02.010

70 Uri Simonsohn, ‘Just Post It: The Lesson from Two Cases of Fabricated Data Detected by Statistics Alone’, *Psychological Science* 24, no. 10 (Oct. 2013): pp. 1875–88; https://doi.org/10.1177/0956797613480366

71 Ed Yong, ‘Uncertainty Shrouds Psychologist’s Resignation’, *Nature,* 12 July 2012; https://doi.org/10.1038/nature.2012.10968. See also Jules Seegers, ‘Ontslag Hoogleraar Erasmus Na Plegen Wetenschapsfraude’, *NRC Handelsblad,* 25 June 2012; https://www.nrc.nl/nieuws/2012/06/25/erasmus-trekt-artikelen-terug-hoog-leraar-ontslagen-om-schenden-integriteit-a1443819 [Dutch].

72 就像銀行的自動防詐騙系統一樣，現在也有人正在開發自動數據檢查演算法，用來檢查論文中有問題的數據，請見第五章。

73 比如說，有一個叫做班佛定律的規則（Frank Benford, ‘The Law of Anomalous Numbers’, *Proceedings of the American Philosophical Society* 78, no. 4 (22 April 1937): pp. 551–72; https://www.jstor.org/stable/984802; 不過這個定律其實是在一八八一年由數學家紐康首次注意到），這是從許多不同的數字集中觀察到的一種現象。班佛定律指出許多數據庫裡面數字的第一位數往往是小數字而非大數字，比如第一個數字是一的機率約為百分之三十，是二的機率為百分之十八，是三的機率為百分之十三，以此類推。九出現在第一個數字的機率僅為百分之五。這個現象在各種數據庫中都可以觀察到，例如不同國家或不同地區的人口統計數、房屋以及股票價格、世界河流的面積，以及費氏數列等等，甚至引用班佛定律的科學論文次數也符合班佛定律（Tariq Ahmad Mir, 'Citations to Articles Citing Benford's Law: A Benford Analysis', *ArXiv* (19 Mar. 2016): 1602.01205; http://arxiv.org/abs/1602.01205）。如果你覺得班佛定律很奇怪而且違反直覺，那你並不孤單，數學家至今也無法完美地解釋為何數字會如此分布。但是，在實踐上已經很清楚地顯示，本應遵守但是卻沒有遵守這個規則的數據集，很可能已經被人為竄改過了。不過關於這個定律能否作為判斷詐騙的指標則一直有很大的爭議（Andreas Diekmann & Ben Jann, 'Benford's Law and Fraud Detection: Facts and Legends', *German Economic Review* 11, no. 3 (1 Aug. 2010): pp. 397–401; https://doi.org/10.1111/j.1468-0475.2010.00510.x），所以我們應該視其為檢驗詐騙的工具之一而已。

74 這篇論文中提出了一個很有用的辦法：Rutger M. van den Bor et al., 'A Computationally Simple Central Monitoring Procedure, Effectively Applied to Empirical Trial Data with Known Fraud', *Journal of Clinical Epidemiology* 87 (July 2017): pp. 59–69; https://doi.org/10.1016/j.jclinepi.2017.03.018

75 M. J. LaCour & D. P. Green, 'When Contact Changes Minds: An Experiment on Transmission of Support for Gay Equality', *Science* 346, no. 6215 (12 Dec. 2014): 1366–69; https://doi.org/10.1126/science.1256151

76 Harry McGee, 'Personal Route to Reach Public Central to Yes Campaign', Irish Times, 14 May 2015; https://www.irishtimes.com/news/politics/marriage-referendum/personal-route-to-reach-public-central-to-yes-campaign-1.2211282

77 Quoted by Michael C. Munger, 'L'Affaire LaCour: What It Can Teach Us about Academic Integrity and "Truthiness"', *Chronicle of Higher Education,* 15 June 2015; https://www.chronicle.com/article/LAffaire-LaCour/230905

78 David Broockman et al., 'Irregularities in LaCour (2014)', 19 May 2015; https://stanford.edu/~dbroock/broockman_kalla_aronow_lg_irregularities.pdf

79 Tom Bartlett, 'The Unraveling of Michael LaCour', *Chronicle of Higher Education,* 2 June 2015; https://www.chronicle.com/article/The-Unraveling-of-Michael/230587. 注意，拉庫爾對這些指控有提出反駁，雖然我認為這些反駁非常

薄弱：（David Malakoff, 'Gay Marriage Study Author LaCour Issues Defense, but Critics Aren't Budging', *Science,* 30 May 2015; https://www.sciencemag.org/news/2015/05/gay-marriage-study-author-lacour-issues-defense-critics-arent-budging）。最後，卡拉跟布魯克曼發表了自己真實調查的研究報告，測試了拉庫爾造假論文中的假設，不過他們所調查的題目是跨性別權力而非同性戀權利。根據他們的調查，面對面的遊說確實有助於降低偏見，但是至於遊說者本人是否是跨性別者則無關緊要。D. Broockman & J. Kalla, 'Durably Reducing Transphobia: A Field Experiment on Door-to-Door Canvassing', *Science* 352, no. 6282 (8 April 2016): pp. 220–24; https://doi.org/10.1126/science.aad9713

80 Jeffrey Brainard, 'What a Massive Database of Retracted Papers Reveals about Science Publishing's "Death Penalty"', *Science,* 25 Oct. 2018; https://doi.org/10.1126/science.aav8384

81 https://retractionwatch.com/retraction-watch-database-user-guide/

82 Inha Cho et al., 'Retraction', *Science* 367, no. 6474 (2 Jan. 2020): p. 155; https://doi.org/10.1126/science.aba6100

83 https://twitter.com/francesarnold/status/1212796266494607360

84 詐欺：Michael L. Grieneisen & Minghua Zhang, 'A Comprehensive Survey of Retracted Articles from the Scholarly Literature', *PLOS ONE* 7, no. 10 (24 Oct. 2012): e44118; https://doi.org/10.1371/journal.pone.0044118. 有一篇關於心理學論文撤稿的文獻評論也發現類似的現象：Johannes Stricker & Armin Günther, 'Scientific Misconduct in Psychology: A Systematic Review of Prevalence Estimates and New Empirical Data', *Zeitschrift Für Psychologie* 227, no. 1 (Jan. 2019): pp. 53–63; https://doi.org/10.1027/2151-2604/a000356. 剽竊：這跟其他關於撤稿的調查結果很類似，比如：Anthony Bozzo et al.,' Retractions in Cancer Research: A Systematic Survey', Research Integrity and Peer Review 2, no. 1 (Dec. 2017): 5; https://doi.org/10.1186/s41073-017-0031-1; Zoë Corbyn, 'Misconduct Is the Main Cause of Life-Sciences Retractions', *Nature* 490, no. 7418 (Oct. 2012): p. 21; https://doi.org/10.1038/490021a; Guowei Li et al.,

'Exploring the Characteristics, Global Distribution and Reasons for Retraction of Published Articles Involving Human Research Participants: A Literature Survey', *Journal of Multidisciplinary Healthcare* 11 (Jan. 2018): pp. 39–47; https://doi.org/10.2147/JMDH.S151745. For a review, see Charles Gross, 'Scientific Misconduct', *Annual Review of Psychology* 67, no. 1 (4 Jan. 2016): pp. 693–711; https://doi.org/10.1146/annurev-psych-122414-033437

85 Daniele Fanelli, 'Why Growing Retractions Are (Mostly) a Good Sign', *PLOS Medicine* 10, no. 12 (3 Dec. 2013): e1001563; https://doi.org/10.1371/journal.pmed.1001563

86 社會上的刑案：Avshalom Caspi et al., 'Childhood Forecasting of a Small Segment of the Population with Large Economic Burden', *Nature Human Behaviour* 1, no. 1 (Jan. 2017): p. 0005; https://doi.org/10.1038/s41562-016-0005. 個別科學家：Jeffrey Brainard, 'What a Massive Database of Retracted Papers Reveals about Science Publishing's "Death Penalty"', *Science* (25 Oct. 2018); https://doi.org/10.1126/science.aav8384

87 https://retractionwatch.com/the-retraction-watch-leaderboard/. 到目前為止，你需要最少被撤掉二十一篇論文才有資格名列於排行榜之上。

88 Peter Kranke et al., 'Reported Data on Granisetron and Postoperative Nausea and Vomiting by Fujii et al. Are Incredibly Nice!', *Anesthesia & Analgesia* 90, no. 4 (April 2000): pp. 1004–6; https://doi.org/10.1213/00000539-200004000- 00053

89 Adam Marcus & Ivan Oransky, 'How the Biggest Fabricator in Science Got Caught', *Nautilus*, 21 May 2015; http://nautil.us/issue/24/error/how-the-biggest-fabricator-in-science-got-caught

90 Improbable data: J. B. Carlisle, 'The Analysis of 168 Randomised Controlled Trials to Test Data Integrity: Analysis of 168 Randomised Controlled Trials to Test Data Integrity', *Anaesthesia* 67, no. 5 (May 2012): pp. 521–37; https://doi.org/10.1111/j.1365-2044.2012.07128.x. End of career: Dennis Normile, 'A New Record for Retractions? (Part 2)', *Science*, 2 July 2012; https://www.sciencemag.org/news/2012/07/new-record-retractions-part-2

91 Adam Marcus, 'Does Anesthesiology Have a Problem? Final Version of Report Suggests Fujii Will Take Retraction Record, with 172', *Retraction Watch*, 2 July 2012; https://retractionwatch.com/2012/07/02/does-anesthesiology-have-a-problem-final-version-of-report-suggests-fujii-will-take-retraction-record-with-172/

92 Daniele Fanelli, 'How Many Scientists Fabricate and Falsify Research? A Systematic Review and Meta-Analysis of Survey Data', *PLOS ONE* 4, no. 5 (29 May 2009): e5738; https://doi.org/10.1371/journal.pone.0005738

93 來源同上。

94 Gross, 'Scientific Misconduct', p. 700.

95 她是瑪德胡瑞，一名印度的奈米材料學家，總共有二十四篇論文被撤稿，主要都是因為影像複製的問題。Alison McCook, 'Author under Fire Has Eight Papers Retracted, Including Seven from One Journal', *Retraction Watch*, 25 April 2018; https://retractionwatch.com/2018/04/25/author-under-fire-has-six-papers-retracted-including-five-from-one-journal/

96 Ferric C. Fang et al., 'Males Are Overrepresented among Life Science Researchers Committing Scientific Misconduct', *MBio* 4, no. 1 (22 Jan. 2013): e00640-12; https://doi.org/10.1128/mBio.00640-12

97 Daniele Fanelli et al., 'Misconduct Policies, Academic Culture and Career Stage, Not Gender or Pressures to Publish, Affect Scientific Integrity', *PLOS ONE* 10, no. 6 (17 June 2015): e0127556; https://doi.org/10.1371/journal.pone.0127556. 男性比女性要犯下更多的科學詐欺案似乎有所本。根據美國聯邦調查局的資料顯示，二〇一七年所有因詐欺活動被逮捕的人中，男性占了因偽造文書、偽造物品而被逮捕人數的百分之六十五．五；占了因詐欺而被逮捕人數的百分之六十二．五（不過僅占了因侵占而被逮捕人數的百分之五十．九。Criminal Justice Information Services, 'Crime in the United States: 2017'; https://ucr.fbi.gov/crime-in-the-u.s/2017/crime-in-the-u.s.-2017/topic-pages/tables/table-42, Table 42）。不過這也不只限於詐欺相關案件，基本上在聯邦調查局資料中的所有犯罪類別中，男性都高於女性（侵占罪是兩者差異最小的，只差了兩個百分點）。一般而言，男性占了所有犯罪類別被逮捕人數的百分之七十三。

98 Daniele Fanelli et al., 'Testing Hypotheses on Risk Factors for Scientific Misconduct via Matched-Control Analysis of Papers Containing Problematic Image Duplications', *Science and Engineering Ethics* 25, no. 3 (June 2019): pp. 771–89; https://doi.org/10.1007/s11948-018-0023-7

99 根據二〇一七年的一份報告指出，中國的某些法院呼籲要判處科學造假案犯人死刑（不是象徵意義的死刑，像是撤銷論文在科學上判處死刑之類的，而是真正字面意義上的死刑）。雖然未來情況可能會改變，不過撤稿觀察站的創辦人已經撰文解釋為何這不是個好主意了：Ivan Oransky & Adam Marcus, 'Chinese Courts Call for Death Penalty for Researchers Who Commit Fraud', *STAT News*, 23 June 2017; https://www.statnews.com/2017/06/23/china-death-penalty-research-fraud/

100 Wang et al., 'Positive Results in Randomized Controlled Trials on Acupuncture Published in Chinese Journals: A Systematic Literature Review', *The Journal of Alternative and Complementary Medicine* 20, no. 5 (May 2014): A129–A129; https://doi.org/10.1089/acm.2014.5346.abstract cited in Stephen Novella, 'Scientific Fraud in China', *Science-Based Medicine*, 27 Nov. 2019; https://sciencebasedmedicine.org/scientific-fraud-in-china/https://www.liebertpub.com/doi/abs/10.1089/acm.2014.5346.abstract

101 Qing-Jiao Liao et al., 'Perceptions of Chinese Biomedical Researchers Towards Academic Misconduct: A Comparison Between 2015 and 2010', *Science and Engineering Ethics*, 10 April 2017; https://doi.org/10.1007/s11948-017-9913-3

102 Andrew M. Stern et al., 'Financial Costs and Personal Consequences of Research Misconduct Resulting in Retracted Publications', *eLife* 3 (14 Aug. 2014): e02956; https://doi.org/10.7554/eLife.02956. 為爭取經費鋌而走險的看法來自Nicolas Chevassus-au-Louis, *Fraud in the Lab: The High Stakes of Scientific Research*, tr. Nicholas Elliott (Cambridge, MA: Harvard University Press, 2019).

103 Medawar, *The Strange Case of the Spotted Mice*, p. 197.

104 David Goodstein, *On Fact and Fraud: Cautionary Tales from the Front Lines of Science* (Princeton: Princeton University Press, 2010): p. 2.

105 J. H. Schön et al., 'Field-Effect Modulation of the Conductance of Single Molecules', *Science* 294, no. 5549 (7 Dec. 2001): pp. 2138–40; https://doi.org/10.1126/science.1066171

106 Stanford professor: quoted in 'World's Smallest Transistor', *Engineer,* 9 Nov. 2001; https://www.theengineer.co.uk/worlds-smallest-transistor/. 關於舍恩故事的詳細內容，請參考 Eugenie Samuel Reich, *Plastic Fantastic: How the Biggest Fraud in Physics Shook the Scientific World* (Basingstoke, Hampshire: Palgrave Macmillan, 2009).

107 Leonard Cassuto, 'Big Trouble in the World of "Big Physics"', *Guardian*, 18 Sept. 2002; https://www.theguardian.com/education/2002/sep/18/science.highereducation

108 American Physical Society, 'Report of the Investigation Committee on the Possibility of Scientific Misconduct in the Work of Hendrick and Coauthors' (2002); https://media-bell-labs-com.s3.amazonaws.com/pages/20170403_1709/misconduct-revew-report-lucent.pdf, p. 3. 舍恩大部分的實驗也都沒有記錄下來。See Reich, *Plastic Fantastic.*

109 American Physical Society, 'Report of the Investigation Committee on the Possibility of Scientific Misconduct in the Work of Hendrik Schön and Coauthors' (Sept. 2002): pp. E-5–E-6; https://media-bell-labs-com.s3.amazonaws.com/pages/20170403_1709/misconduct-revew-report-lucent.pdf

110 來源同上 p. H-1.

111 舍恩在撤稿觀察站排行榜上的排名可能沒有很前面，但是他很可能是從頂尖期刊像是《自然》或《科學》上面撤稿最多的人。

112 Diederik A. Stapel, *Derailment: Faking Science*, tr. Nicholas J. L. Brown (Strasbourg, France, 2014,2016): p. 103; http://nick.brown.free.fr/stapel

113 想知道美國研究誠信辦公室關於一百四十六份科學不正行為的調查報告，以及一些常見主題的討論，請參考：Donald S. Kornfeld, 'Perspective: Research Misconduct', *Academic Medicine* 87, no. 7 (July 2012): pp. 877–82; https://doi.org/10.1097/ACM.0b013e318257ee6a

114 Jeneen Interlandi, 'An Unwelcome Discovery', *New York Times*, 22 Oct. 2006; https://www.nytimes.com/2006/10/22/magazine/22sciencefraud.html

115 Levelt Committee et al., 'Flawed Science: The Fraudulent Research Practices of Social *Psychologist Diederik Stapel* [English Translation]', 28 Nov. 2012; https://osf.io/eup6d

116 針對生物醫學領域的分析顯示，在論文被撤稿的一年內，該論文被引用的次數仍高達相似論文的百分之四十五。隨著時間過去這個比例會慢慢下降。請參考：Jeffrey L. Furman et al., 'Governing Knowledge in the Scientific Community: Exploring the Role of Retractions in Biomedicine', *Research Policy* 41, no. 2 (Mar. 2012): pp. 276–90; https://doi.org/10.1016/j.respol.2011.11.001

117 Helmar Bornemann-Cimenti et al., 'Perpetuation of Retracted Publications Using the Example of the Scott S. Reuben Case: Incidences, Reasons and Possible Improvements', *Science and Engineering Ethics* 22, no. 4 (Aug. 2016): pp. 1063–72; https://doi.org/10.1007/s11948-015-9680-y

118 Judit Bar-Ilan & Gali Halevi, 'Post Retraction Citations in Context: A Case Study', *Scientometrics* 113, no. 1 (Oct. 2017): pp. 547–65; https://doi.org/10.1007/s11192-017-2242-0. 想看看更讓人失望的數字，請參考：Anne Victoria Neale et al., 'Analysis of Citations to Biomedical Articles Affected by Scientific Misconduct', *Science and Engineering Ethics* 16, no. 2 (June 2010): pp. 251–61; https://doi.org/10.1007/s11948-009-9151-4

119 也有可能是科學家在這些論文被撤稿前就已經將其副本存在電腦裡，或是擁有紙本拷貝，之後就沒有再去檢查。請參考：Jaime A. Teixeira da Silva & Helmar Bornemann-Cimenti, 'Why Do Some Retracted Papers Continue to Be

Cited?', *Scientometrics* 110, no. 1 (Jan. 2017): pp. 365–70; https://doi.org/10.1007/s11192-016-2178-9. See also Jaime A. Teixeira da Silva et al., 'Citing Retracted Papers Has a Negative Domino Effect on Science, Education, and Society', *Impact of Social Sciences*, 6 Dec. 2016; https://blogs.lse.ac.uk/impactofsocialsciences/2016/12/06/citing-retracted-papers-has-a-negative-domino-effect-on-science-education-and-society/

120 博爾德有一百篇論文被撤稿。你可能已經注意到，似乎有相當多的麻醉師涉入科學詐欺案。如果這不是巧合的話，那我猜最有可能的原因就是因為麻醉仍是一個充滿神祕的領域，我們對其了解仍然有限，這讓詐欺者有許多空間可以一直找到「新的發現」而不需要非常強的證據去比較。不過這只是我個人的猜想而以。

121 Ryan Zarychanski et al., 'Association of Hydroxyethyl Starch Administration With Mortality and Acute Kidney Injury in Critically Ill Patients Requiring Volume Resuscitation: A Systematic Review and Meta-Analysis', *JAMA* 309, no. 7 (20 Feb. 2013): pp. 678–88; https://doi.org/10.1001/jama.2013.430

122 儘管博爾德已經有一百篇論文被撤稿，但是在我下筆之際，他仍有約一百篇其他的論文存於文獻中。這些期刊的編輯目前處於非常兩難的情況：對這一百篇論文來說，並沒有明確的證據證明它們有詐欺；然而既然博爾德是一名如此多產的騙子，我們都知道這些論文很可能也有詐欺。有人認為編輯應該在知名造假科學家所發表的論文上加注（從出版業的行話來說叫做「表達關切」），注明在引用這些論文的時候要非常小心。請參考：See Christian J. Wiedermann, 'Inaction over Retractions of Identified Fraudulent Publications: Ongoing Weakness in the System of Scientific Self-Correction', *Accountability in Research* 25, no. 4 (19 May 2018): pp. 239–53; https://doi.org/10.1080/08989621.2018.1450143. See also Christian J. Wiedermann & Michael Joannidis, 'The Boldt Scandal Still in Need of Action: The Example of Colloids 10 Years after Initial Suspicion of Fraud', *Intensive Care Medicine* 44, no. 10 (Oct. 2018): pp. 1735–37; https://doi.org/10.1007/s00134-018-5289-3

123 A. J. Wakefield et al., 'Ileal-Lymphoid-Nodular Hyperplasia, Non-Specific Colitis, and Pervasive Developmental Disorder in

Children', *Lancet* 351, no. 9103 (Feb. 1998): pp. 637–41; https://doi.org/10.1016/S0140-6736(97)11096-0

124 A. J. Wakefield et al., 'Enterocolitis in Children with Developmental Disorders', The American *Journal of Gastroenterology* 95, no. 9 (Sept. 2000): pp. 2285–95; https://doi.org/10.1111/j.1572-0241.2000.03248.x. 事實上有些證據顯示帶有自閉類群障礙的兒童確實有比較頻繁的腸胃症狀（B. O. McElhanon et al., 'Gastrointestinal Symptoms in Autism Spectrum Disorder: A Meta-Analysis', *Pediatrics* 133, no. 5 (1 May 2014): pp. 872–83; https://doi.org/10.1542/peds.2013-3995），但是沒有證據顯示這個跟疫苗有關。

125 *MMR: What They Didn't Tell You*, Brian Deer, dir. (Twenty Twenty Television, 2004); https://youtu.be/7UbL8opM6TM

126 Luke E. Taylor et al., 'Vaccines Are Not Associated with Autism: An Evidence- Based Meta-Analysis of Case-Control and Cohort Studies', *Vaccine* 32, no. 29 (June 2014): pp. 3623–29; https://doi.org/10.1016/j.vaccine.2014.04.085; Jean Golding et al., 'Prenatal Mercury Exposure and Features of Autism: A Prospective Population Study', *Molecular Autism* 9, no. 1 (Dec. 2018): 30; https://doi.org/10.1186/s13229-018-0215-7; Matthew Z. Dudley et al., *The Clinician's Vaccine Safety Resource Guide: Optimizing Prevention of Vaccine-Preventable Diseases Across the Lifespan* (Cham: Springer International Publishing, 2018); https://doi.org/10.1007/978-3-319-94694-8; Anders Hviid et al., 'Measles, Mumps, Rubella Vaccination and Autism: A Nationwide Cohort Study', *Annals of Internal Medicine* 170, no. 8 (16 April 2019): pp. 513–520; https://doi.org/10.7326/M18-2101

127 Dudley et al., *The Clinician's Vaccine Safety Resource Guide*, pp. 157–165.

128 F. Godlee et al., 'Wakefield's Article Linking MMR Vaccine and Autism Was Fraudulent', *BMJ* 342 (5 Jan. 2011): c7452; https://doi.org/10.1136/bmj.c7452

129 B. Deer, 'How the Case against the MMR Vaccine Was Fixed', *BMJ* 342 (5 Jan. 2011): c5347; https://doi.org/10.1136/bmj.c5347

130 連許多念過哲學一年的新生都可以告訴你「MMR混合疫苗——接著發生自閉症症狀」這樣的論點非常脆弱，因為X發生在Y之後並不一定表示Y造成了X。

131 B. Deer, 'How the Vaccine Crisis Was Meant to Make Money', *BMJ* 342 (14 Jan. 2011): c5258; https://doi.org/10.1136/bmj.c5258

132 迪爾的報告中指出律師付給韋克菲爾德每小時一百五十英鎊的價錢，總計高達四十三萬五千六百四十三英鎊外加其他花費。這些錢都來自英國法扶基金會，也就是納稅人的錢。

133 http://briandeer.com/wakefield/vaccine-patent.htm

134 A. J. Wakefield et al., 'Ileal-Lymphoid-Nodular Hyperplasia', p. 641.

135 B. Deer, 'The *Lancet*'s Two Days to Bury Bad News', *BMJ* 342, (18 Jan. 2011): c7001; https://doi.org/10.1136/bmj.c7001

136 由英國醫學總會在二〇〇七年七月十六日所辦的聽證會，討論韋克菲爾德與他的兩名同事是否適合行醫，連結如下: http://www.channel4.com/news/media/2010/01/day28/GMC_Charge_sheet.pdf

137 'Ruling on Doctor in MMR Scare', *NHS News*, 29 Jan. 2010; https://www.nhs.uk/news/medical-practice/ruling-on-doctor-in-mmr-scare/

138 'Vaxxed: Tribeca Festival Withdraws MMR Film', *BBC News*, 27 March 2016; https://www.bbc.co.uk/news/entertainment-arts-35906470

139 Daily Mail as ringleader: Ben Goldacre, 'The MMR Sceptic Who Just Doesn't Understand Science', *Bad Science* (blog), 2 Nov. 2005; https://www.badscience.net/2005/11/comment-the-mmr-sceptic-who-just-doesnt-understand-science/; Private Eye: David Elliman & Helen Bedford, 'Press: Private Eye Special Report on MMR', *BMJ* 324, no. 7347 (18 May 2002): p. 1224; https://doi.org/10.1136/bmj.324.7347.1224

140 我們有足夠的理由譴責媒體對這件事大肆宣揚。二〇一九年有份研究顯示媒體大量報導MMR混合疫苗的錯誤訊息，跟疫苗接種率下降有直接關聯（在某些情況下，也是肇因）。當然，最終極的原因還是韋克菲爾德所發表的那篇論文。請參考：Meradee Tangvatcharapong, 'The Impact of Fake News: Evidence from the Anti-Vaccination Movement in the US', Oct. 2019; https://meradeetang.files.wordpress.com/2019/11/meradee_jmp_oct31_2.pdf

141 80%: NHS Digital, 'Childhood Vaccination Coverage Statistics: England 2017-18', 18 Sept. 2018; https://files.digital.nhs.uk/55/D9C4C2/child-vacc-stat-eng-2017-18-report.pdf, Figure 6. Rates jumping: Vaccine Knowledge Project, 'Measles', University of Oxford, 25 June 2019; https://vk.ovg.ox.ac.uk/vk/measles

142 WHO: 'More than 140,000 Die from Measles as Cases Surge Worldwide', World Health Organisation, 5 Dec. 2019; https://www.who.int/news-room/detail/05-12-2019-more-than-140-000-die-from-measles-as-cases-surge-worldwide. Measles surge: Sarah Boseley, 'Resurgence of Deadly Measles Blamed on Low MMR Vaccination Rates', *Guardian*, 21 Aug. 2018; https://www.theguardian.com/society/2018/aug/20/low-mmr-uptake-blamed-for-surge-in-measles-cases-across-europe

143 當時這個論點曾被一些支持疫苗恐慌論的記者提出，比如《每日郵報》的記者希欽斯（Peter Hitchens, 'Some Reflections on Measles and the MMR', *Peter Hitchens's Blog*, 11 April 2013; https://hitchensblog.mailonsunday.co.uk/2013/04/some-reflections-on-measles-and-the-mmr-.html）。此外，如許多反疫苗作家的說法，疫苗的成功反而讓人忽視它。麻疹、德國麻疹跟腮腺炎都是嚴重的疾病，有時甚至會造成影響一生的後遺症，像是失聰。但是因為疫苗太過成功，讓這些疾病消聲匿跡，我們已經淡忘它們的可怕之處，結果變得太過自滿。

144 Simon Chaplin et al., 'Wellcome Trust Global Monitor 2018', Wellcome Trust, 19 June 2019; https://wellcome.ac.uk/reports/wellcome-global-monitor/2018, Chapter 5.

145 另一個類似的故事則是Theranos醜聞，該公司的執行長霍姆斯曾成功地騙取了許多知名投資人的大筆資金，受害者包括了媒體大亨梅鐸、擁有沃爾瑪超市的沃爾頓家族等人（在本書撰寫時她正因為電信詐欺案受審）。霍姆斯因此成為美國最年輕、最富有的白手起家億萬富翁。她公司所製造的機器號稱可以靠一滴血就診斷出許多健康狀況，但事實上完全是一場騙局。但是投資人認為這可能會是下一個臉書或是優步這種帶來技術性變革的公司，因此急於抓住早期參與的機會，結果完全忽略了其中顯而易見的缺陷。調查記者凱瑞魯在他那本引人入勝的著作《惡血》中，把故事講得很清楚。John Carreyrou, *Bad Blood: Secrets and Lies in a Silicon Valley Startup* (New York: Alfred A. Knopf, 2018).

146 另一個類似的故事請參考：Alison McCook, 'Two Researchers Challenged a Scientific Study About Violent Video Games–and Took a Hit for Being Right', *Vice*, 25 July 2018; https://www.vice.com/en_us/article/8xb89b/two-researchers-challenged-a-scientific-study-about-violent-video-games-and-took-a-hit-for-being-right

147 For further discussion, see Joe Hilgard, 'Are Frauds Incompetent?', *Crystal Prison Zone*, 1 Feb. 2020; http://crystalprisonzone.blogspot.com/2020/01/are-frauds-incompetent.html

第四章

卷首語：叔本華，《作為意志與表象的世界》卷二，David Carus 與 Richard E. Aquila 翻譯，紐約Routledge出版社，二〇一一年出版。赫胥黎，《達爾文紀念文》，一八八五年

1 請參考Samuel George Morton, *Crania Americana* (London: Simkin, Marshall & Co., 1839); https://archive.org/details/Craniaamericana00Mort

2 也可能是用胡椒粒，請見Paul Wolff Mitchell, 'The Fault in His Seeds: Lost Notes to the Case of Bias in Samuel George Morton's Cranial Race Science', *PLOS Biology* 16, no. 10 (4 Oct. 2018): e2007008; https://doi.org/10.1371/journal.pbio.2007008

3 Samuel George Morton, 'Aug. 8th, 1848, Vice President Morton in the Chair', *Proceedings of the Academy of Natural Sciences of Philadelphia* 4 (1848): pp. 75–76.

4 Stephen Jay Gould, *The Mismeasure of Man*, Rev. and Expanded (New York: Norton, 1996): p. 97.

5 S. J. Gould, 'Morton's Ranking of Races by Cranial Capacity. Unconscious Manipulation of Data May Be a Scientific Norm', *Science* 200, no. 4341 (5 May 1978): pp. 503–9; https://doi.org/10.1126/science.347573

6 來源同上 p. 504.

7 下面這篇文章的附錄中有列出這些偏見的名稱，非常有用：David L. Sackett, 'Bias in Analytic Research', *The Case-Control Study Consensus and Controversy*, Elsevier (1979): pp. 51–63; https://doi.org/10.1016/B978-0-08-024907-0.50013-4

8 從技術上來說，偏見／偏差指的是系統性地讓結果偏離事實。在這段描述中「系統性地」非常重要，它不像我們前一章提到的隨機誤差（不管是來自測量或是抽樣的），偏見是具有方向性的。隨機誤差像是一輛車子的方向盤壞了，讓它在馬路上四處碰撞。偏見則像是車子的輪軸壞了，會將車輛拉往道路特定的一邊。有些偏見／偏差來自於非人為因素，像是機器故障或是電腦軟體故障。但是在本章中我們要探討的偏見則是來自於科學家本身。

9 Daniele Fanelli, '"Positive" Results Increase Down the Hierarchy of the Sciences', *PLOS ONE* 5, no. 4 (7 April 2010): e10068; https://doi.org/10.1371/journal. pone.0010068

10 關於正面的與負面的結果隨時間是增加還是減少，眾說紛紜。其中一個角度的看法可以參考 Daniele Fanelli, 'Negative Results Are Disappearing from Most Disciplines and Countries', *Scientometrics* 90, no. 3 (Mar. 2011): pp. 891–904; https://doi.org/10.1007/s11192-011-0494-7。另一個角度的看法請參考 Joost C. F. de Winder & Dimitra Dodou, 'A Surge of p-Values between 0.041 and 0.049 in Recent Decades (but Negative Results Are Increasing Rapidly Too)', *PeerJ* 3 (22 Jan. 2015): e733; https://doi.org/10.7717/*peerj*.733

11 還有一個理由可以解釋就算成功率高達百分之九十，而且其中沒有任何可疑之處，這也不會是一件好事。因為這代表了科學家在做實驗之前，就已經知道哪個假設是有效的假設，他們已經很善於選擇有效的假設了。在這樣一個近乎百分之百成功的世界裡，科學家會避免研究新的、有前瞻性的問題，因為這些問題的不確定性很大，研究的風險很高。在這樣的世界裡的科學家，完全忽視了科學有一個很重要的角色，那就是探索未知的世界，推動我們的知識往前進。

12 Robert Rosenthal, 'The File Drawer Problem and Tolerance for Null Results', *Psychological Bulletin* 86, no. 3 (1979): pp. 638–41; https://doi.org/10.1037/0033-2909.86.3.638

13 既然身高在不同國家之間的差異頗大，實際上奧地利女性的平均身高高於祕魯男性的平均身高（不過各國之間的性別差異則不變，也就是說祕魯女性平均比祕魯男性要嬌小，而奧地利男性身高平均要高於奧地利女性）。https://en.wikipedia.org/wiki/Average_human_height_by_country#Table_of_Heights

14 這個數值其實是低估了真實的效應。根據維基百科，二〇〇八年蘇格蘭男性身高平均比女性要高了十三・七公分（或五・五英吋）：https://en.wikipedia.org/wiki/Average_human_height_by_country#Table_ of_Heights

15 關於計算p值的詳細步驟對於理解p值如何運作並非必要。想要徹底了解統計學，我推薦 David Spiegelhalter, *The Art of Statistics: Learning from Data* (London: Penguin, 2019). For an accessible discussion of the more philosophical issues surrounding statistics, see Zoltan Dienes, *Understanding Psychology as a Science: An Introduction to Scientific and Statistical Inference* (New York: Palgrave Macmillan, 2008).

16 Scott A. Cassidy et al., 'Failing Grade: 89% of Introduction-to-Psychology Textbooks That Define or Explain Statistical Significance Do So Incorrectly', *Advances in Methods and Practices in Psychological Science* 2, no. 3 (Sept. 2019): pp. 233–39; https://doi.org/10.1177/2515245919858072. See also Raymond Hubbard & M. J. Bayarri, 'Confusion Over Measures of Evidence (p's) Versus Errors (α's) in Classical Statistical Testing', *American Statistician* 57, no. 3 (Aug. 2003): pp. 171–78; https://doi.org/10.1198/0003130031856

17 美國統計協會對於p值的立場解釋得非常清楚，請參考 Ronald L. Wasserstein & Nicole A. Lazar, 'The ASA Statement on p-Values: Context, Process, and Purpose', The *American Statistician* 70, no. 2 (2 April 2016): pp. 129–33; https://doi.

org/10.1080/0003130 5.2016.1154108. 它對於p值的定義如下：在特定的統計模型下，數據的統計摘要（比如兩組數據的平均值之間的差異）等於觀察值或比觀察值更極端的機率。

18 為什麼p值的定義（「你所得的結果有多大的機率其實是雜訊？或是雜訊有多大的機率給你一個看起來更強烈的效應」）裡面總有一句「或是更強烈的效應」呢？在上一個注釋裡美國統計協會的定義中那句「比觀察值更極端」也是一樣的意思。這句話有其必要，因為任何一個特定的模式出現的機率都非常小，比如我們重複測量蘇格蘭男人跟女人的身高無限次，那要恰好發現身高差異為十．〇〇一四四九八三八一三三公分的機會可說是微乎其微。不管男性與女性的身高是否真有差異，這個特定數字出現的機率都極低，所以一個只能告訴我們這個特定數字出現機率有多小的p值其實沒有太大的用處。「更極端」這個定義可以解決這個問題。在我們舉的例子裡，一個發現十個男人與十個女人的身高差異為十公分的研究，若其p值是〇．〇三，代表了如果蘇格蘭男性與女性之間**真的**沒有差異的話，那測得差了十公分或是差更多的機率將是百分之三。

19 你可能會馬上說，我們當然希望出現假陽性的機率為〇，或是非常接近〇。但是這是取捨的問題。如果我們對於結果的立場太過極端保守，那也有可能錯過數據集裡面真正的效應（也就是說，我們犯了假陰性的錯）。

20 David Salsburg, *The Lady Tasting Tea: How Statistics Revolutionized Science in the Twentieth Century* (New York: Holt, 2002): p. 98.

21 Ronald A. Fisher, 'The Arrangement of Field Experiments', *Journal of the Ministry of Agriculture of Great Britain* 33 (1926): pp. 503-513, p. 504.

22 https://www.taps-aff.co.uk/ 這個網站提供的資訊可不只有氣溫，還有很多其他服務，它的創立者是 Colin Waddell.

23 這也是在一場關於顯著性的大規模爭議中，某一篇論文的建議，請參考：Daniël Lakens et al., 'Justify Your Alpha', *Nature Human Behaviour* 2, no. 3 (Mar. 2018): pp. 168–71; https://doi.org/10.1038/s41562-018-0311-x

24 David Spiegelhalter, 'Explaining 5-Sigma for the Higgs: How Well Did They Do?', *Understanding Uncertainty*, 8 July

2012; https://understandinguncertainty.org/explaining-5-sigma-higgs-how-well-did-they-do

25 Richard Dawkins, 'The Tyranny of the Discontinuous Mind', *New Statesman*, 19 Dec. 2011; https://www.newstatesman.com/blogs/the-staggers/2011/12/issue-essay-line-dawkins. 關於這件事在道金斯的書《祖先的故事》裡面有更詳盡的討論，請參考：Richard Dawkins & Yan Wong, The Ancestor's Tale: A Pilgrimage to the Dawn of Life, rev. ed. (London: Weidenfeld & Nicolson, 2016).

26 關於疫苗降低死亡率的研究，是醫學史上第一個統合分析，由統計學家皮爾森在一九〇四年所達成，而他所研究的疾病是傷寒，不過那時候他並沒有把這個技術稱為「統合分析」就是了。Karl Pearson, 'Report on Certain Enteric Fever Inoculation Statistics', *BMJ* 2, no. 2288 (5 Nov. 1904): pp. 1243–46; https://doi.org/10.1136/bmj.2.2288.1243. 關於統合分析的歷史與概述請參考：Gurevitch et al., 'Meta-Analysis and the Science of Research Synthesis', *Nature* 555, no. 7695 (Mar. 2018): pp. 175–82; https://doi.org/10.1038/nature25753. 關於氣候變遷：A. J. Challinor et al., 'A Meta-Analysis of Crop Yield under Climate Change and Adaptation', Nature Climate Change 4, no. 4 (April 2014): pp. 287–91; https://doi.org/10.1038/nclimate2153

27 這是當其他條件都相同的時候，才會如此。但是除了樣本數大小以外，還有許多東西也會影響研究的準確性，比如說測量的品質。雖然樣本數大小算是一個不錯的代理變量，但是現在大部分的統合分析都使用另一個更直接的變量來代表效應的精確性，那就是「標準差」。通常在漏斗圖的Y軸上可以看到。

28 小規模樣本的波動性比較大，這會影響p值的計算。如果蘇格蘭男生跟女生的身高並沒有差異，那要測出十公分差異的機率會很小，但是如果樣本數很小的時候，偶爾可能還是會發生這種情況。還記得在我們十男十女的實驗中，十公分的差異其p值為〇．〇三。而要在一個一千個男生與一千個女生的樣本中找到十公分的差異，那機會就更小了，p值也會更小（很可能是〇．〇〇〇〇〇〇一或是更小），要主張在這個族群中「真的」有效應證據力也更強。順道一提，這也說明了p值無關於發現是否重要或是效應是大是小，因為相同的效應可能會出現不同

的 p 值，這一切都取決於樣本規模大小。

29 David R. Shanks et al., 'Romance, Risk, and Replication: Can Consumer Choices and Risk-Taking Be Primed by Mating Motives?', *Journal of Experimental Psychology: General* 144, no. 6 (2015): e142–58; https://doi.org/10.1037/xge0000116. 再看另一個有類似結果的例子，也是促發效應的實驗：Paul Lodder et al., 'A Comprehensive Meta-Analysis of Money Priming', *Journal of Experimental Psychology: General* 148, no. 4 (April 2019): pp. 688–712; https://doi.org/10.1037/xge0000570

30 Panayiotis A. Kyzas et al., 'Almost All Articles on Cancer Prognostic Markers Report Statistically Significant Results', European *Journal of Cancer* 43, no. 17 (Nov. 2007): pp. 2559–79; https://doi.org/10.1016/j.ejca.2007.08.030

31 Ioanna Tzoulaki et al.,'Bias in Associations of Emerging Biomarkers with Cardiovascular Disease', *JAMA* Internal Medicine 173, no. 8 (22 April 2013): p. 664; https://doi.org/10.1001/jamainternmed.2013.3018

32 See Erick H. Turner et al., 'Selective Publication of Antidepressant Trials and Its Influence on Apparent Efficacy', *New England Journal of Medicine* 358, no. 3 (17 Jan. 2008): pp. 252–60; https://doi.org/10.1056/NEJMsa065779. 在本書撰寫期間，關於抗憂鬱劑最新的統合分析顯示它在治療憂鬱症的症狀上確實有效（輕微的效果）：Andrea Cipriani et al., 'Comparative Efficacy and Acceptability of 21 Antidepressant Drugs for the Acute Treatment of Adults with Major Depressive Disorder: A Systematic Review and Network Meta-Analysis', *Lancet* 391, no. 10128 (April 2018): pp. 1357–66; https://doi. org/10.1016/S0140-6736(17)32802-7

33 Akira Onishi & Toshi A. Furukawa, 'Publication Bias Is Underreported in Systematic Reviews Published in High-Impact-Factor Journals: Metaepidemiologic Study', *Journal of Clinical Epidemiology* 67, no. 12 (Dec. 2014): pp. 1320–26, https://doi.org/10.1016/j.jclinepi.2014.07.002

34 D. Herrmann et al., 'Statistical Controversies in Clinical Research: Publication Bias Evaluations Are Not Routinely

Conducted in Clinical Oncology Systematic Reviews', Annals of Oncology 28, no. 5 (May 2017): pp. 931–37; https://doi.org/10.1093/annonc/mdw691

35 當我們發現出版偏差的時候，有許多工具可以來校正效應的規模。但是因為這些校正都是基於猜測（有多少出版偏差？）的猜測（需要將效應調低多少？）在使用的時候我總是提心吊膽的。請參考：Evan C. Carter et al., 'Correcting for Bias in Psychology: A Comparison of Meta-Analytic Methods', *Advances in Methods and Practices in Psychological Science* 2, no. 2 (June 2019): pp. 115–44; https://doi.org/10.1177/2515245919847196

36 Daniel Cressey, 'Tool for Detecting Publication Bias Goes under Spotlight', *Nature,* 31 March 2017; https://doi.org/10.1038/nature.2017.21728; Richard Morey, 'Asymmetric Funnel Plots without Publication Bias', BayesFactor, 9 Jan. 2016; https://bayesfactor.blogspot.com/2016/01/asymmetric-funnel-plots-without.html

37 A. Franco et al., 'Publication Bias in the Social Sciences: Unlocking the File Drawer', *Science* 345, no. 6203 (19 Sept. 2014): pp. 1502–5; https://doi.org/10.1126/science.1255484

38 http://www.tessexperiments.org; 這個調查計畫有另一個很好的地方就是，所有的研究都經過一定標準的同儕審查，所以能夠通過的都是品質相當好的研究，統計力也很高（關於統計力的討論以及它為何重要請見第五章）。

39 這些數字來自於法蘭柯論文中表二「已發表」那一欄的數字，除以底部的總數所得出的結果。

40 所有的話引述自法蘭柯的論文：Franco et al.'s 'Publication Bias', Supplementary Table S6.

41 法蘭柯關於出版偏差的論文中的結論，也受到這篇研究的支持：Dwan et al., 'Systematic Review of the Empirical Evidence of Study Publication Bias and Outcome Reporting Bias', *PLOS ONE* 3, no. 8 (28 Aug. 2008): e3081; https://doi.org/10.1371/journal.pone.0003081. 關於這個問題還有另一篇經典的論文可以參考：An-Wen Chan et al., 'Empirical Evidence for Selective Reporting of Outcomes in Randomized Trials: Comparison of Protocols to Published Articles', *JAMA* 291, no. 20 (26 May 2004): pp. 2457–65; https://doi.org/10.1001/jama.291.20.2457

42 Winston Churchill, The World Crisis, Vol III, Part 1, abridged and rev. ed. Penguin Classics (London: Penguin, 2007): p.193. Quoted in Andrew Roberts, Churchill: Walking with Destiny (London: Allen Lane, 2018).

43 Bush promotion: Susan S. Lang, 'Wansink Accepts 14-Month Appointment as Executive Director of USDA Center for Nutrition Policy and Promotion', Cornell Chronicle, 20 Nov. 2007; http://news.cornell.edu/stories/2007/11/wansink-head-usda-center-nutrition-policy-and-promotion. Smarter Lunchrooms: see e.g. https://snapedtoolkit.org/interventions/programs/smarter-lunchrooms-movement-sml/

44 'The 2007 Ig Nobel Prize Winners', 4 Oct. 2007; https://www.improbable.com/ig/winners/#ig2007. 無底湯碗研究：Brian Wansink and Matthew M. Cheney, 'Super Bowls: Serving Bowl Size and Food Consumption', *JAMA* 293, no. 14 (13 April 2005): pp. 1727–28; https://doi.org/10.1001/jama.293.14.1727. 在塞勒跟桑思坦的書《推力》裡面，他們形容為「汪辛克的另一個傑作」。這本二〇〇八出版的書影響力極大。桑思坦後來也真的拿到諾貝爾經濟學獎。請參考：Richard H. Thaler & Cass R. Sunstein, Nudge: Improving Decisions about Health, Wealth and Happiness (New Haven: Yale University Press, 2008): p. 43.

45 份量研究：Wansink & Cheney, 'Super Bowls'. Shopping when hungry: Aner Tal & Brian Wansink, 'Fattening Fasting: Hungry Grocery Shoppers Buy More Calories, Not More Food', *JAMA* Internal Medicine 173, no. 12 (June 24, 2013): 1146–48; https://doi.org/10.1001/jamainternmed.2013.650. 穀片包裝人物眼神研究：Aviva Musicus et al., 'Eyes in the Aisles: Why Is Cap'n Crunch Looking Down at My Child?, Environment and Behavior 47, no. 7 (Aug. 2015): 715–33; https://doi.org/10.1177/0013916514528793. 汪辛克也錄了一系列的短片來推廣自己的研究，其中一些可以在YouTube 頻道上面看到：下面這段影片就在解釋早餐穀片的研究：https://www.youtube.com/watch?v=8u6xdGCIq6o. 下面這段影片將早餐穀片研究的荒謬處解釋得很詳細，或許有點太過詳細了：Donald E. Simaneck, 'Debunking a Shoddy "Research" Study', Donald Simanek's Skeptical Documents and Links, April 2014; https://www.lockhaven.

edu/~dsimanek/pseudo/cartoon_ eyes.htm. 艾蒙貼紙與蘋果實驗：Brian Wansink et al., 'Can Branding Improve School Lunches?', Archives of *Pediatrics* & Adolescent Medicine 166, no. 10 (1 Oct. 2012): 967–68; https://doi.org/10.1001/archpediatrics.2012.999

46 這則貼文現在已經被刪除，不過你還是可以用網站時光機看到：http://web.archive.org/web/20170312041524/http://www.brianwansink.com/phd-advice/the-grad-student-who-never-said-no

47 Christie Aschwanden, 'We're All "P-Hacking" Now', Wired, 26 Nov. 2019; https://www.wired.com/story/were-all-p-hacking-now/

48 Joseph P. Simmons et al., 'False-Positive Psychology: Undisclosed Flexibility in Data Collection and Analysis Allows Presenting Anything as Significant', *Psychological Science* 22, no. 11 (Nov. 2011): pp. 1359–66; https://doi.org/10.1177/0956797611417632

49 Norbert L. Kerr, 'HARKing: Hypothesizing After the Results Are Known', Personality and *Social Psychology* Review 2, no. 3 (Aug. 1998): pp. 196–217; https://doi.org/10.1207/s15327957pspr0203_4

50 For discussion of where the idea of the Texas Sharpshooter came from, see: Barry Popik, 'Texas Sharpshooter Fallacy', The Big Apple, 9 March 2013; https://www.barrypopik.com/index.php/texas/entry/texas_sharpshooter_fallacy/

51 如果犯假陽性錯誤的機率是0.05（百分之五），那不犯錯的機率就是1 - 0.05。在n次測試中不犯錯的機率是$(1-0.05)^n$。因此，在n次測試中犯至少一次假陽性錯誤的機率就是$1-(1-0.05)^n$。因此，如果我們跑五次測驗，犯一次假陽性錯誤的機率就是 $1-(1-0.05)^5$，也就是 0.226（百分之二十二·六）。理論上來說，這樣的計算只有在每次測驗都是獨立測驗的情況下才成立，也就是說每次測驗中的變量彼此互不相關。而實際上（特別是許多p值操縱的情況中），我們是不斷測試相同的變量，在這種情況下假陽性隨測驗增加的情況雖然不會如此嚴重，但還是會愈來愈高，因此也是用相同的原則。

52 應該說，如果你需要計算很多 p 值的話，有很多種方法可以校正它們。比如說，你可以只接受 p 值小於〇・〇一而不是〇・〇五才算有顯著性。不過問題是大部分的科學家都忘了這樣做，或者當他們不自覺地進行 p 值操縱時，並不覺得自己進行了太多次測驗。除此之外還有一個有趣的哲學問題是，科學家應該校正多少個 p 值？是在某篇論文中的每一個 p 值嗎？在研究某個主題時的每個 p 值嗎？在整個研究生涯中的每個 p 值嗎？在未來會計算到的 p 值呢？如同所有有趣的哲學問題一樣，這一題也沒有標準答案。這裡有些觀點可以參考：Daniël Lakens, 'Why You Don't Need to Adjust Your Alpha Level for All Tests You'll Do in Your Lifetime', *The 20% Statistician*, 14 Feb. 2016; https://daniellakens.blogspot.com/2016/02/why-you-dont-need-to-adjust-you-alpha.html

53 對麥金泰爾來說，這無異於 p 值操縱，The Scientific Attitude: Defending Science from Denial, Fraud, and Pseudoscience (Cambridge, Massachusetts: The MIT Press, 2019).

54 這並非新發現，這篇一九六九年發表的論文就已經指出這一點了：P. Armitage et al., 'Repeated Significance Tests on Accumulating Data', Journal of the Royal Statistical Society, Series A (General) 132, no. 2 (1969): pp. 235–44; https://doi.org/10.2307/2343787

55 公開身分：去查看汪辛克論文的其中一人就是布朗，是我的同事兼好友。

56 Tim van der Zee et al., 'Statistical Heartburn: An Attempt to Digest Four Pizza Publications from the Cornell Food and Brand Lab', BMC Nutrition 3, no. 1 (Dec. 2017): 54; https://doi.org/10.1186/s40795-017-0167-x

57 'Notice of Retraction: The Joy of Cooking Too Much: 70 Years of Calorie Increases in Classic Recipes, *Annals of Internal Medicine* 170, no. 2 (Jan. 15, 2019): p. 138; https://doi.org/10.7326/L18-0647

58 Brian Wansink et al., 'Notice of Retraction and Replacement. Wansink B, Just DR, Payne CR. Can Branding Improve School Lunches? Arch Pediatr Adolesc Med. 2012;166(10):967-968. Doi:10.1001/Archpediatrics.2012.999', *JAMA Pediatrics*, 21 Sept. 2017; https://doi.org/10.1001/jamapediatrics.2017.3136. 布朗首先提到這些錯誤：Nicholas J. L.

Brown, 'A Different Set of Problems in an Article from the Cornell Food and Brand Lab', Nick Brown's Blog, 15 Feb. 2017; http://steamtraen.blogspot.com/2017/02/a-different-set-of-problems-in-article.html. 最早批評汪辛克的一名科學家把所有帶有錯誤的論文匯集成冊：Tim van der Zee, 'The Wansink Dossier: An Overview', The Skeptical Scientist, March 21, 2017; http://www.timvanderzee.com/the-wansink-dossier-an-overview/

59 除了那十八篇論文以外，還有許多論文已經被訂正過，或是被警告過。你可以在下面這個網站中找到：http://retractiondatabase. org. 艾蒙的那篇論文受到特別嚴重的批評。在該論文被撤稿後，期刊編輯允許汪辛克發表一篇更正後的論文，但是新的論文甫一發表，馬上就被找出一個更嚴重的錯誤：論文中提到參與實驗的兒童是八至十一歲，但實際上他們是三到五歲。後來這篇更正版論文也被撤稿，這是我聽過唯一一篇被判了科學死刑的論文。Brian Wansink et al., 'Notice of Retraction. Wansink B, Just DR, Payne CR. Can Branding Improve School Lunches? Arch Pediatr Adolesc Med. 2012;166(10):967-968, *JAMA Pediatrics* 171, no. 12 (1 Dec. 2017): 1230; https://doi.org/10.1001/jamapediatrics.2017.4603

60 康乃爾大學的調查發現汪辛克在研究與學術工作中還涉及學術行為不正，包括了誤報實驗數據、統計技術上的問題、沒有妥善記錄與保存實驗結果，還有不當的論文署名問題。Michael Kotlikoff, 'Provost Issues Statement on Wansink Academic Misconduct Investigation', Cornell Chronicle, 20 Sept. 2018; http://news.cornell.edu/stories/2018/09/provost-issues-statement-wansink-academic-misconduct-investigation

61 Stephanie M. Lee, 'Here's How Cornell Scientist Brian Wansink Turned Shoddy Data Into Viral Studies About How We Eat', BuzzFeed News, 25 Feb. 2018; https://www.buzzfeednews.com/article/stephaniemlee/brian-wansink-cornell-p-hacking

62 可惜，大部分情況下他們並不會委婉地要求，就像「被迫進行壞科學研究」行動裡面的研究人員所說的一樣，請參考：http://bulliedintobadscience.org/

63 Dana R. Carney, 'My Position on "Power Poses"', 26 Sept. 2016; http://faculty.haas.berkeley.edu/dana_carney/pdf_My%20

position%20on%20power%20 poses.pdf

64 https://twitter.com/nicebread303/status/780395235268501504; https://twitter.com/PeteEtchells/status/780425109077106692; https://twitter.com/cragcrest/status/780447545126293504; https://twitter.com/timothycbates/status/780386384276230144; https://twitter.com/MichelleNMeyer/status/780437722393698305; https://twitter.com/eblissmoreau/status/780594280377176064

65 Quoted in Jesse Singal & Melissa Dahl, 'Here Is Amy Cuddy's Response to Critiques of Her Power-Posing Research', The Cut, 30 Sept. 2016; https://www.thecut.com/2016/09/read-amy-cuddys-response-to-power-posing-critiques.html

66 Leslie K. John et al., 'Measuring the Prevalence of Questionable Research Practices with Incentives for Truth Telling', *Psychological Science* 23, no. 5 (May 2012): pp. 524–32; https://doi.org/10.1177/0956797611430953. 我所使用的數據，是來自控制組與實驗組「自我承認率」的中間數（請見論文表一）。實驗組的人被告知如果他們說實話的話，會有一筆錢捐給慈善機構，而實驗組承認有不當行為的比例比較高。這份調查針對的是美國的心理學家，但是在義大利的調查也發現類似的結果：Franca Agnoli et al., 'Questionable Research Practices among Italian Research Psychologists', *PLOS ONE* 12, no. 3 (15 Mar. 2017): e0172792; https://doi.org/10.1371/journal.pone.0172792. 也請參考德國的調查，該調查對於美國調查裡一部分的問題措辭不表認同：Klaus Fiedler & Norbert Schwarz, 'Questionable Research Practices Revisited', Social Psychological and Personality Science 7, no. 1 (Jan. 2016): pp. 45–52; https://doi.org/10.1177/1948550615612150

67 Min Qi Wang et al., 'Identifying Bioethical Issues in Biostatistical Consulting: Findings from a US National Pilot Survey of Biostatisticians', *BMJ* Open 7, no. 11 (Nov. 2017): e018491; https://doi.org/10.1136/bmjopen-2017-018491. 這項調查詢問了統計學家在過去五年之中是否曾經遇過類似事件，我把回答出現過一到九次以及出現超過十次的百分比相加起來。

68 Sarah Necker, 'Scientific Misbehavior in Economics', *Research Policy* 43, no. 10 (Dec. 2014): pp. 1747–59; https://doi.org/10.1016/j.respol.2014.05.002. 同一份研究中有一項令人大開眼界的結果，有百分之二的經濟學家承認會「接受」或「提供」性服務來換取掛名共同作者，來獲取數據或是讓特定人士升等。

69 E. J. Masicampo & Daniel R. Lalande, 'A Peculiar Prevalence of p Values Just Below .05', Quarterly *Journal of Experimental Psychology* 65, no. 11 (Nov. 2012): pp. 2271–79; https://doi.org/10.1080/17470218.2012.711335. See also Adrian Gerard Barnett and Jonathan D. Wren, 'Examination of CIs in Health and Medical Journals from 1976 to 2019: An Observational Study', *BMJ* Open 9, no. 11 (Nov. 2019): e032506; https://doi.org/10.1136/bmjopen-2019-032506. 這份研究所調查的是信賴區間，這是另外一種統計方法，不過基本上提供的資訊跟 *p* 值一樣。順道一提，學校的考試成績圖表也會出現類似的現象，在及格線上方低空飛過的學生人數會忽然增加：這是因為善良的老師會推一下剛好不及格的學生成績，以便讓他們可以通過。請參考：'Another Case of Teacher Cheating, or Is It Just Altruism?', https://freako-nomics.com/2011/07/07/another-case-of-teacher-cheating-or-is-it-just-altruism/(7 July 2011).

70 R. Silberzahn et al., 'Many Analysts, One Data Set: Making Transparent How Variations in Analytic Choices Affect Results', *Advances in Methods and Practices in Psychological Science* 1, no. 3 (Sept. 2018): pp. 337–56; https://doi.org/10.1177/2515245917747646; Justin F. Landy et al., 'Crowdsourcing Hypothesis Tests: Making Transparent How Design Choices Shape Research Results', *Psychological Bulletin* (16 Jan. 2020); https://doi.org/10.1037/bul0000220

71 Tal Yarkoni & Jacob Westfall,'Choosing Prediction Over Explanation in Psychology: Lessons from Machine Learning', *Perspectives on Psychological Science* 12, no. 6 (Nov. 2017): pp. 1100–1122, p. 1104; https://doi.org/10.1177/1745691617693393

72 Andrew Gelman & Eric Loken, 'The Garden of Forking Paths: Why Multiple Comparisons can be a Problem, Even When There is no "Fishing Expedition" or "p-Hacking" and the Research Hypothesis was Posited Ahead of Time', unpublished,

4 Nov. 2013; http://www.stat.columbia.edu/~gelman/research/unpublished/p_hacking.pdf. And Jorge Luis Borges, 'The Garden of Forking Paths', Labyrinths, tr. Donald A. Yates (New York: New Directions, 1962, 1964).

73 亞可尼跟韋斯特福爾稱 *p* 值操縱的問題為「程序上的過度擬合」：Yarkoni & Westfall, 'Choosing Prediction', p. 1103.

74 Roger Giner-Sorolla, 'Science or Art? How Aesthetic Standards Grease the Way Through the Publication Bottleneck but Undermine Science', *Perspectives on Psychological Science* 7, no. 6 (Nov. 2012): pp. 567-571; https://doi.org/10.1177/1745691612457576

75 Ernest Hugh O'Boyle et al., 'The Chrysalis Effect: How Ugly Initial Results Metamorphosize Into Beautiful Articles', *Journal of Management* 43, no. 2 (Feb. 2017): pp. 376–99; https://doi.org/10.1177/0149206314527133. 最近在研究心理學界的時候，也發現了蝶蛹效應：Athena H. Cairo et al., 'Gray (Literature) Matters: Evidence of Selective Hypothesis Reporting in Social Psychological Research', Personality and *Social Psychology* Bulletin, 24 Feb. 2020; https://doi.org/10.1177/0146167220903896

76 關於這種不良建議的一個經典例子，可以在拜姆所編輯的一本書中看到（正是那位我無法複製他實驗結果的拜姆，這個例子出現在該書的前言中）。他鼓勵年輕學者在資料之海中來一趟「釣魚遠征」，去尋找任何有趣的結果。他說，這雖然會釣出一些假陽性的結果，但是我們仍在「發現新事物的旅途上」：Daryl J. Bem, 'Writing the Empirical Journal Article', in The Compleat Academic: A Career Guide, eds. John M. Darley, Mark P. Zanna, and Henry L. Roediger III, 2nd ed., pp. 171–201 (Washington, DC: American Psychological Association, 2003): p.172.

77 Sabine Hossenfelder, *Lost in Math: How Beauty Leads Physics Astray* (New York: Basic Books, 2018). 荷森菲爾德也說複雜的哲學以及理論性問題都被遮蔽起來，因為物理學家傾向研究可以在短期快速發表論文的問題。這問題稍後在本書中我們將會常常見到。關於物理學界對於這個問題的討論，請參考：Lee Smolin, *The Trouble with Physics: The*

Rise of String Theory, the Fall of a Science and What Comes Next (London: Allen Lane, 2007) and Peter Woit, *Not Even Wrong: The Failure of String Theory and the Continuing Challenge to Unify the Laws of Physics* (London: Vintage Books, 2007).

78 Catherine De Angelis et al., 'Clinical Trial Registration: A Statement from the International Committee of Medical Journal Editors', *New England Journal of Medicine* 351, no. 12 (16 Sept. 2004): pp. 1250–51; https://doi.org/10.1056/NEJMe048225

79 在第八章我們會講得更詳細一點。

80 http://compare-trials.org

81 高達可的團隊曾經試過投書給那些期刊，指出這些團隊並沒有準確地報告他們臨床試驗的發現，不過大部分的期刊編輯都不感興趣：Ben Goldacre, 'Make Journals Report Clinical Trials Properly', *Nature* 530, no. 7588 (Feb. 2016): p. 7; https://doi.org/10.1038/530007a

82 Philip M. Jones et al., 'Comparison of Registered and Reported Outcomes in Randomized Clinical Trials Published in Anesthesiology Journals', *Anesthesia & Analgesia* 125, no. 4 (Oct. 2017): pp. 1292–1300; https://doi.org/10.1213/ANE.0000000000002272; see also Douglas G. Altman et al., 'Harms of Outcome Switching in Reports of Randomised Trials: CONSORT Perspective', *BMJ* (14 Feb. 2017): j396; https://doi.org/10.1136/bmj.j396

83 關於臨床試驗問題的詳細討論，請參考：Ben Goldacre, *Bad Pharma: How Drug Companies Mislead Doctors and Harm Patients* (London: Fourth Estate, 2012)以及Richard F. Harris, *Rigor Mortis: How Sloppy Science Creates Worthless Cures, Crushes Hope, and Wastes Billions* (New York: Basic Books, 2017).

84 這就是統合分析「垃圾進，垃圾出」的原則，請見：Morton Hunt, *How Science Takes Stock: The Story of Meta-Analysis* (New York: Russell Sage Foundation, 1998).

85 由藥廠所贊助的試驗數量隨時間推移愈來愈多，不過占整體試驗的比例卻是愈來愈降低的。Stephan Ehrhardt et al., 'Trends in National Institutes of Health Funding for Clinical Trials Registered in ClinicalTrials.Gov', *JAMA* 314, no. 23 (15 Dec. 2015): pp. 2566–67; https://doi.org/10.1001/jama.2015.12206

86 有論者認為這是因為藥廠有足夠的資金與資源，可以執行品質更好的試驗，因此結果不一樣是可以預期的。但是如果藥廠贊助的試驗品質更好，那麼它們應該帶有更少偏差才對，而因為我們知道這類研究的偏差往往會導致更多假陽性的結果（一個藥品如果有效，那無偏差的研究報告只會顯示藥品有效；但是有偏差的報告可能除了誇大療效以外，還會顯示假陽性的結果），那藥廠贊助的試驗應該產出更少正向的結果才對。最近的文獻評論在控制了樣本數量之後去比較臨床試驗結果（藥廠因為資金較充裕，往往可以做比較大樣本數的試驗），結果發現藥廠贊助的試驗還是比較容易出現正向結果。Stig Waldorff, 'Results of Clinical Trials Sponsored by For-Profit vs Nonprofit Entities', *JAMA* 290, no. 23 (17 Dec. 2003): p. 3071; https://doi.org/10.1001/jama.290.23.3071-a

87 D. N. Lathyris et al., 'Industry Sponsorship and Selection of Comparators in Randomized Clinical Trials', European *Journal of Clinical Investigation* 40, no. 2 (Feb. 2010): pp. 172–82; https://doi.org/10.1111/j.1365-2362.2009.02240.x. And Candice Estellat, 'Lack of Head-to-Head Trials and Fair Control Arms: Randomized Controlled Trials of Biologic Treatment for Rheumatoid Arthritis', Archives of Internal Medicine 172, no. 3 (13 Feb. 2012): pp. 237–44; https://doi.org/10.1001/archinternmed.2011.1209

88 C. W. Jones, L. Handler et al., 'Non-Publication of Large Randomized Clinical Trials: Cross Sectional Analysis', *BMJ* 347, no. oct28 9 (29 Oct. 2013): f6104; https://doi.org/10.1136/bmj.f6104. 其實應該說清楚，藥廠所贊助的臨床試驗，在結局轉換的問題上整體來講並沒有更糟糕（Christopher W. Jones et al., 'Primary Outcome Switching among Drug Trials with and without Principal Investigator Financial Ties to Industry: A Cross-Sectional Study', *BMJ* Open 8, no. 2 (Feb. 2018): e019831; https://doi.org/10.1136/bmjo- pen-2017-019831）。有一份文獻評論甚至發現非營利機構所贊助的研究有

更嚴重的結局轉換問題：Alberto Falk Delgado & Anna Falk Delgado, 'Outcome Switching in Randomized Controlled Oncology Trials Reporting on Surrogate Endpoints: A Cross-Sectional Analysis', *Scientific Reports* 7, no. 1 (Dec. 2017): 9206; https://doi.org/10.1038/s41598-017-09553-y.

89 有時候我會參加在自己大學所舉辦的講座，常常同時有午餐供應，而午餐總會清楚地標示：「非由製藥業贊助」。這說明了醫學研究人員對於製藥公司所饋贈的禮物非常警惕，從接受的那一刻起每項利益衝突都必須公布。

90 See Tom Chivers, 'Does Psychology Have a Conflict-of-Interest Problem?', *Nature* 571, no. 7763 (July 2019): pp. 20–23; https://doi.org/10.1038/d41586-019-02041-5

91 See Lisa A. Bero & Quinn Grundy, 'Why Having a (Nonfinancial) Interest is Not a Conflict of Interest', *PLOS Biology* 14, no. 12 (21 Dec. 2016): e2001221; https://doi.org/10.1371/journal.pbio.2001221. Bero 跟 Grundy 並不同意我的看法，他們認為財務利益衝突跟知識利益衝突不能相提並論，否則只會讓情況變得無比複雜。不管怎樣，如果下次我發表一篇講到複製危機的科學論文，是否應該寫一下「我寫過一本跟複製危機有關的書，如果後來發現其實科學體系並沒有問題的話，我會感到非常羞愧」這類的聲明呢？這確實是個好理由。

92 Sharon Begley, 'The Maddening Saga of How an Alzheimer's "Cabal" Thwarted Progress toward a Cure for Decades', *STAT News*, 25 June 2019; https://www.statnews.com/2019/06/25/alzheimers-cabal-thwarted-progress-toward-cure/

93 Yan-Mei Huang et al., 'Major Clinical Trials Failed the Amyloid Hypothesis of Alzheimer's Disease', *Journal of the American Geriatrics Society* 67, no. 4 (April 2019): pp. 841–44; https://doi.org/10.1111/jgs.15830; and Francesco Panza et al., 'A Critical Appraisal of Amyloid-β-Targeting Therapies for Alzheimer Disease', Nature Reviews Neurology 15, no. 2 (Feb. 2019): pp. 73–88; https://doi.org/10.1038/s41582-018-0116-6

94 Karl Herrup, 'The Case for Rejecting the Amyloid Cascade Hypothesis', Nature Neuroscience 18, no. 6 (June 2015): pp. 794–99; https://doi.org/10.1038/nn.4017

95 Judith R. Harrison & Michael J. Owen, 'Alzheimer's disease: The amyloid hypothesis on trial', British *Journal of Psychiatry* 208, no. 1 (Jan. 2016): pp. 1–3; http://doi.org/10.1192/bjp.bp.115.167569

96 G. McCartney et al., 'Why the Scots Die Younger: Synthesizing the Evidence', Public Health 126, no. 6 (June 2012): pp. 459-470, p. 467; https://doi.org/10.1016/j.puhe.2012.03.007. There's discussion of this unusual conflict of interest statement here: G. L. McCartney et al., 'When Do Your Politics Become a Competing Interest?', *BMJ* 342 (25 Jan. 2011): d269; https://doi.org/10.1136/bmj.d269

97 如果不是因為他的政治信仰，這其實沒有必要。既然我們現在談到公開透明，我本人的政治立場是：高度社會自由主義，中等程度經濟自由主義。通常我在 www.politicalcompass.org 網站的右下象限的左側某處。

98 José L. Duarte et al., 'Political Diversity Will Improve Social *Psychological Science*', *Behavioral and Brain Sciences* 38 (2015): e130; https://doi.org/10.1017/S0140525X14000430

99 根據一項調查，心理學家傾向自由主義的程度，與他們在審查論文時，以及在雇用屬下時對所謂的保守派的歧視程度，有一定的相關性。請見：Yoel Inbar & Joris Lammers, 'Political Diversity in Social and Personality Psychology', *Perspectives on Psychological Science* 7, no. 5 (Sept. 2012): pp. 496–503; https://doi.org/10.1177/1745691612448792. 有趣的是，根據二〇一九年的一份研究顯示，在被評為自由派或是保守派的研究中，兩者的可重複性並沒有差異（看誰會比較喜歡這個結論）。Diego A. Reinero et al., 'Is the Political Slant of Psychology Research Related to Scientific Replicability?', preprint, *PsyArXiv* (7 Feb. 2019); https://doi.org/10.31234/osf.io/6k3j5

100 Lee Jussim, 'Is Stereotype Threat Overcooked, Overstated, and Oversold?', *Rabble Rouser*, 30 Dec. 2015; https://www.psychologytoday.com/gb/blog/rabble-rouser/201512/is-stereotype-threat-overcooked-overstated-and-oversold

101 Paulette C. Flore & Jelte M. Wicherts, 'Does Stereotype Threat Influence Performance of Girls in Stereotyped Domains? A Meta-Analysis', *Journal of School Psychology* 53, no. 1 (Feb. 2015): pp. 25–44; https://doi.org/10.1016/j.jsp.2014.10.002

and Paulette C. Flore et al., 'The Influence of Gender Stereotype Threat on Mathematics Test Scores of Dutch High School Students: A Registered Report', *Comprehensive Results in Social Psychology* 3, no. 2 (4 May 2018): pp. 140–74; https://doi.org/10.1080/23743603.2018.1559647. 想知道更多關於刻板印象威脅的發表偏差問題，請參考：Oren R. Shewach et al., 'Stereotype Threat Effects in Settings with Features Likely versus Unlikely in Operational Test Settings: A Meta-Analysis', *Journal of Applied Psychology* 104, no. 12 (Dec. 2019): pp. 1514–34; https://doi.org/10.1037/apl0000420

102 後來，同一組作者又做了一次完全遵守預先登記的大規模實驗，來研究刻板印象威脅與不同性別的人在數學上的表現差異，結果發現刻板印象威脅對他們的表現並沒有影響。Flore et al., 'Gender Stereotype Threat'.

103 Corinne A. Moss-Racusin et al., 'Gender Bias Produces Gender Gaps in STEM Engagement', *Sex Roles* 79, no. 11–12 (Dec. 2018): pp. 651–70; https://doi.org/10.1007/s11199-018-0902-z. For a range of others, see *The Underrepresentation of Women in Science: International and Cross-Disciplinary Evidence and Debate*, eds., Stephen J. Ceci et al., (Frontiers Research Topics: Frontiers Media SA, 2018); https://doi.org/10.3389/978-2-88945-434-1

104 Jill B. Becker et al, 'Female Rats Are Not More Variable than Male Rats: A Meta-Analysis of Neuroscience Studies', *Biology of Sex Differences* 7, no. 1 (Dec. 2016): 34; https://doi.org/10.1186/s13293-016-0087-5

105 International Mouse Phenotyping Consortium, Natasha A. Karp, et al., 'Prevalence of Sexual Dimorphism in Mammalian Phenotypic Traits', *Nature Communications* 8, no. 1 (Aug. 2017): 15475; https://doi.org/10.1038/ncomms15475

106 Rebecca M. Shansky, 'Are Hormones a "emale Problem" for Animal Research?', *Science* 364, no. 6443 (31 May 2019): pp. 825–6; https://doi.org/10.1126/science.aaw7570, p. 826. 就像尚司基解釋的那樣，現在許多贊助者與期刊都開始要求研究人員在實驗中同時納入男性與女性。請參考：Janine Austin Clayton, 'Applying the New SABV (Sex as a Biological Variable) Policy to Research and Clinical Care', *Physiology & Behavior* 187 (April 2018): pp. 2–5; https://doi.org/10.1016/j.physbeh.2017.08.012

107 Cordelia Fine, *Testosterone Rex: Unmaking the Myths of Sex of Our Gendered Minds* (London: Icon Books, 2017).

108 Cordelia Fine, 'Feminist Science: Who Needs It?', *Lancet* 392, no. 10155 (Oct. 2018): pp. 1302–3; https://doi.org/10.1016/S0140-6736(18)32400-0

109 來源同上 p. 1303. 這是一種「立場論」，是根據馬克思的著作所衍伸出來的一種哲學立場，它強調每個人根據自己的身份與經驗（在馬克思的著作中，談的是工人階級的身份與經驗）會形塑他們對現實的看法；而我們應該將可能地傾聽那些社會邊緣人的觀點，否則將永遠看不到他們的意見。See the section on Standpoint Theory in Elizabeth Anderson, 'Feminist Epistemology and Philosophy of Science', *The Stanford Encyclopedia of Philosophy*, ed. Edward N. Zalta (Spring 2020 Edition); https://plato.stanford.edu/archives/spr2020/entries/feminism-epistemology

110 Jason E. Lewis et al., 'The Mismeasure of Science: Stephen Jay Gould versus Samuel George Morton on Skulls and Bias', *PLOS Biology* 9, no. 6 (7 June 2011): e1001071; https://doi.org/10.1371/journal.pbio.1001071. 新的測量並不是用種子或鉛彈，而是用壓克力小珠子。附帶一提，莫頓在十九世紀所使用的方法離今日的標準做法並沒有差太遠。其實在一九八八年也有人重新測量了頭骨，而得到的結果跟莫頓的測量大致相同，除了在種族歧視的結論完全不一樣以外。John S. Michael, 'A New Look at Morton's Craniological Research', *Current Anthropology* 29, no. 2 (April 1988): pp. 349–54; https://doi.org/10.1086/203646

111 'My original reasons for writing *The Mismeasure of Man* mixed the personal with the professional. I confess, first of all, to strong feelings on this particular issue. I grew up in a family with a tradition of participation in campaigns for social justice'. Gould, *The Mismeasure of Man*, p. 36.

112 Lewis et al., 'The Mismeasure of Science', p. 6.

113 Michael Weisberg, 'Remeasuring Man', *Evolution & Development* 16, no. 3 (May 2014): pp. 166–78; https://doi.org/10.1111/ede.12077. See also Michael Weisberg & Diane B. Paul, 'Morton, Gould, and Bias: A Comment on "The

Mismeasure of Science"', ed. David Penny, *PLOS Biology* 14, no. 4 (19 April 2016): e1002444; https://doi.org/10.1371/journal.pbio.1002444

114 Mitchell, 'The Fault in his Seeds'.

115 Jonathan Michael Kaplan et al., 'Gould on Morton, Redux: What Can the Debate Reveal about the Limits of Data?', *Studies in History and Philosophy of Science Part C: Studies in History and Philosophy of Biological and Biomedical Sciences* 52 (Aug. 2015): pp. 22–31; https://doi.org/10.1016/j.shpsc.2015.01.001. The point is also made by Joseph L. Graves, 'Great Is Their Sin: Biological Determinism in the Age of Genomics', *Annals of the American Academy of Political and Social Science* 661, no. 1 (Sept. 2015): pp. 24–50; https://doi.org/10.1177/0002716215586558

116 當然，從對社會的影響來說，種族主義是為害最烈的一種。我在這裡的觀點是，這些因素都會影響我們對科學的看法。

第五章

卷首語：柯爾頓，《珠璣，言簡意賅之合集》（一八二〇年於倫敦出版）

1 Daniel Hirschman, 'Stylized Facts in the Social Sciences', *Sociological Science* 3 (2016): pp. 604–26; https://doi.org/10.15195/v3.a26

2 該研究原本是網上一份草稿（這種情況在經濟學界很常見，我們在最後一張會看到），很長一段時間後終於發表了：Carmen M. Reinhart and Kenneth S. Rogoff, 'Growth in a Time of Debt', *American Economic Review* 100, no. 2 (May 2010): pp. 573–78; https://doi.org/10.1257/aer.100.2.573

3 Osborne: George Osborne, 'Mais Lecture – A New Economic Model', 24 Feb. 2010; https://conservative-speeches.sayit.mysociety.org/speech/601526; Republican members: United States Senate Committee on the Budget, 'Sessions, Ryan Issue

Joint Statement On Jobs Report, Call For Senate Action On Budget', 8 July 2011; https://www.budget.senate.gov/chairman/newsroom/press/sessions-ryan-issue-joint-statement-on-jobs-report-call-for-senate-action-on-budget

4 Paul Krugman, 'How the Case for Austerity Has Crumbled', *New York Review of Books*, 6 June 2013; https://www.nybooks.com/articles/2013/06/06/how-case-austerity-has-crumbled/

5 Thomas Herndon et al., 'Does High Public Debt Consistently Stifle Economic Growth? A Critique of Reinhart and Rogoff', *Cambridge Journal of Economics* 38, no. 2 (April 2013): pp. 257–79; https://doi.org/10.1093/cje/bet075

6 萊因哈特與羅格夫對許多其他的評論觀點並不認同，但是他們承認了試算表中的錯誤。Reinhart & Kenneth S. Rogoff, 'Reinhart-Rogoff Response to Critique', *Wall Street Journal*, 16 April 2013; https://blogs.wsj.com/economics/2013/04/16/reinhart-rogoff-response-to-critique/

7 Herndon et al., 'High Public Debt', p. 14.

8 Betsey Stevenson & Justin Wolfers, 'Refereeing Reinhart-Rogoff Debate', Bloomberg Opinion, 28 April 2013; https://www.bloomberg.com/opinion/articles/2013-04-28/refereeing-the-reinhart-rogoff-debate

9 Michèle B. Nuijten, 'statcheck – a Spellchecker for Statistics', *LSE Impact of Social Sciences*, 28 Feb. 2018; https://blogs.lse.ac.uk/impactofsocialsciences/2018/02/28/statch-eck-a-spellchecker-for-statistics/. 你可以在下面的網站找到 statcheck 套件：http://statcheck.io/

10 Michèle B. Nuijten et al., 'The Prevalence of Statistical Reporting Errors in Psychology (1985–2013)', *Behavior Research Methods* 48, no. 4 (Dec. 2016): pp. 1205–26; https://doi.org/10.3758/s13428-015-0664-2. 要注意，也是有人批評 statcheck：Thomas Schmidt, 'Statcheck Does Not Work: All the Numbers. Reply to Nuijten et al. (2017)', *PsyArXiv* (preprint), 22 Nov. 2017; https://doi.org/10.31234/osf.io/hr6qy

11 Nicholas J. L. Brown & James A. J. Heathers, 'The GRIM Test: A Simple Technique Detects Numerous Anomalies in the

Reporting of Results in Psychology', *Social Psychological and Personality Science* 8, no. 4 (May 2017): pp. 363–69; https://doi.org/10.1177/1948550616673876

12 你可以用計算機算算看，或是用下面的軟體：http://nickbrown.fr/GRIM

13 Leon Festinger & James M. Carlsmith, 'Cognitive Consequences of Forced Compliance', Journal of Abnormal and *Social Psychology* 58, no. 2 (1959): pp. 203–10; https://doi.org/10.1037/h0041593

14 該實驗其實還有第三組人可以拿到二十美元，而他們認為這項工作枯燥乏味，就跟沒有拿到酬勞那組的看法一樣。這可能是因為當他們想到有那麼多錢的時候，不需要改變自己的信念就可以降低認知失調。

15 Matti Heino, 'The Legacy of Social Psychology', Data Punk, 13 Nov. 2016; https://mattiheino.com/2016/11/13/legacy-of-psychology/

16 直至二〇二〇年一月，根據google學術搜尋顯示該論文已經被引用超過四千兩百次了。

17 Carlisle (2012), *Anaesthesia*. See also this profile of Carlisle: David Adam, 'How a Data Detective Exposed Suspicious Medical Trials', *Nature* 571, no. 7766 (July 2019): pp. 462–64; https://doi.org/10.1038/d41586-019-02241-z

18 See J. M. Kendall, 'Designing a Research Project: Randomised Controlled Trials and Their Principles', *Emergency Medicine Journal* 20, no. 2 (1 March 2003): pp. 164–68; https://doi.org/10.1136/emj.20.2.164

19 J. B. Carlisle (2012), 'The Analysis of 168 Randomised Controlled Trials to Test Data Integrity: Analysis of 168 Randomised Controlled Trials to Test Data Integrity', *Anaesthesia* 67, no. 5 (May 2012): pp. 521–37; https://doi.org/10.1111/j.1365-2044.2012.07128.x

20 J. B. Carlisle, 'Data Fabrication and Other Reasons for Non-Random Sampling in 5087 Randomised, Controlled Trials in Anaesthetic and General Medical Journals', *Anaesthesia* 72, no. 8 (Aug. 2017): pp. 944–52; https://doi.org/10.1111/anae.13938. 卡萊爾的目標之一是去測試麻醉領域有沒有比其他醫學領域有更多的可疑試驗，他的結論是麻醉領域

跟其他醫學領域的錯誤一樣嚴重。

21 並非所有人都同意卡萊爾的方法：《麻醉學》期刊的編輯群發表了一篇相當尖銳的批評，指出卡萊爾統計方法裡面的一些錯誤，並且指責他暗示其他人造假。他們認為隨機分配失敗主要是來自錯誤而非造假（Evan D. Kharasch & Timothy T. Houle, 'Errors and Integrity in Seeking and Reporting Apparent Research Misconduct', *Anesthesiology* 127, no. 5 (Nov. 2017): pp. 733–37; https://doi.org/10.1097/ALN.0000000000001875）。卡萊爾有針對此文回應，我認為相當有說服力（J. B. Carlisle, 2018, 'Seeking and Reporting Apparent Research Misconduct: Errors and Integrity – a Reply', *Anaesthesia* 73, no. 1 (Jan. 2018): pp. 126–28; https://doi.org/10.1111/anae.14148），不過這是個很有趣的例子，說明了監督者也需要被人揭督。在下一章中我們會看到這種統計方法確實在一些營養學重要的臨床試驗研究中，發現了隨機分配失敗的問題，因此不該全盤否認卡萊爾方法的價值。

22 Jelte M. Wicherts et al., 'The Poor Availability of Psychological Research Data for Reanalysis', *American Psychologist* 61, no. 7 (2006): pp. 726–28; https://doi.org/10.1037/0003-066X.61.7.726. See also Caroline J. Savage & Andrew J. Vickers, 'Empirical Study of Data Sharing by Authors Publishing in PLoS Journals', *PLOS ONE* 4, no. 9 (18 Sept. 2009): e7078; https://doi.org/10.1371/journal.pone.0007078. And Carol Tenopir et al., 'Data Sharing by Scientists: Practices and Perceptions', *PLOS ONE* 6, no. 6 (29 June 2011): e21101; https://doi.org/10.1371/journal.pone.0021101. And Garret Christensen & Edward Miguel, 'Transparency, Reproducibility, and the Credibility of Economics Research' (Cambridge, MA: National Bureau of Economic Research, Dec. 2016); https://doi.org/10.3386/w22989. 關於年代愈久資料愈難取得，請參考：Timothy H. Vines et al., 'The Availability of Research Data Declines Rapidly with Article Age', *Current Biology* 24, no. 1 (Jan. 2014): pp. 94–97; https://doi.org/10.1016/j.cub.2013.11.014

23 American Type Culture Collection Standards Development Organization Workgroup ASN-0002, 'Cell Line Misidentification: The Beginning of the End', *Nature Reviews Cancer* 10, no. 6 (June 2010): pp. 441-48; https://doi.

org/10.1038/nrc2852, see the timeline on p. 444.

24 Colon cancer: 'Retraction: Critical Role of Notch Signaling in Osteosarcoma Invasion and Metastasis', *Clinical Cancer Research* 19, no. 18 (15 Sept. 2013); pp. 5256–57; https://doi.org/10.1158/1078-0432.CCR-13-1914; pigs: E. Milanesi et al., 'Molecular Detection of Cell Line Cross-Contaminations Using Amplified Fragment Length Polymorphism DNA Fingerprinting Technology', *In Vitro Cellular & Developmental Biology – Animal* 39, no. 3–4 (March 2003): pp. 124–30; https://doi.org/10.1007/s11626-003-0006-z; rats: Janyaporn Phuchareon et al., 'Genetic Profiling Reveals Cross-Contamination and Misidentification of 6 Adenoid Cystic Carcinoma Cell Lines: ACC2, ACC3, ACCM, ACCNS, ACCS and CAC2', *PLOS ONE* 4, no. 6 (25 June 2009): e6040; https://doi.org/10.1371/journal.pone.0006040

25 American Type Culture Collection Standards Development Organization Workgroup ASN-0002, 'Cell Line Misidentification'.

26 Serge P. J. M. Horbach & Willem Halffman, 'The Ghosts of HeLa: How Cell Line Misidentification Contaminates the Scientific Literature', *PLOS ONE* 12, no. 10 (12 Oct. 2017): e0186281; https://doi.org/10.1371/journal.pone.0186281. 這數字代表了所有論文中百分之〇．八使用了冒牌貨細胞株，但是有百分之十的論文引用了至少一篇使用了問題細胞株的研究（不包含自我引用）。

27 Yaqing Huang et al., 'Investigation of Cross-Contamination and Misidentification of 278 Widely Used Tumor Cell Lines', *PLOS ONE* 12, no. 1 (20 Jan. 2017): e0170384; https://doi.org/10.1371/journal.pone.0170384

28 85 per cent contaminated: Fang Ye et al., 'Genetic Profiling Reveals an Alarming Rate of Cross-Contamination among Human Cell Lines Used in China', *The FASEB Journal* 29, no. 10 (Oct. 2015): pp. 4268–72; https://doi.org/10.1096/fj.14-266718; see also Xiaocui Bian et al., 'A Combination of Species Identification and STR Profiling Identifies Cross-Contaminated Cells from 482 Human Tumor Cell Lines', *Scientific Reports* 7, no. 1 (Dec. 2017): 9774; https://doi.

org/10.1038/s41598-017-09660-w. 你可以在下面的網站中看到所有已知被標錯的細胞，記錄十分令人失望，在本書撰寫時已經有五百二十九株細胞：https://iclac.org/databases/cross-contaminations/. 順道一提，我們之前在第三章討論過小保方晴子的 STAP 幹細胞，除了有照片造假跟其他問題以外，也有標錯的細胞，老鼠來源跟論文中所提到的不一樣。Haruko Obokata et al., 'Retraction Note: Bidirectional Developmental Potential in Reprogrammed Cells with Acquired Pluripotency', *Nature* 511, no. 7507 (July 2014): p. 112; https://doi.org/10.1038/nature13599

29 Horbach & Halfmann, 'The Ghosts of HeLa'.

30 Editorial, 'Towards What Shining City, Which Hill?', *Nature* 289, no. 5795 (Jan. 1981): p. 212; https://doi.org/10.1038/289211a0

31 Christopher Korch & Marileila Varella-Garcia, 'Tackling the Human Cell Line and Tissue Misidentification Problem Is Needed for Reproducible Biomedical Research', Advances in Molecular Pathology 1, no. 1 (Nov. 2018): pp. 209–228, e36; https://doi.org/10.1016/j.yamp.2018.07.003

32 2010: American Type Culture Collection Standards Development Organization Workgroup ASN-0002, 'Cell Line Misidentification'; 2012: John R. Masters, 'End the Scandal of False Cell Lines', *Nature* 492, no. 7428 (Dec. 2012): p. 186; https://doi.org/10.1038/492186a; 2015: 'Announcement: Time to Tackle Cells' Mistaken Identity', *Nature* 520, no. 7547 (April 2015): p. 264; https://doi.org/10.1038/520264a; 2017: Norbert E. Fusenig, 'The Need for a Worldwide Consensus for Cell Line Authentication: Experience Implementing a Mandatory Requirement at the *International Journal of Cancer*', *PLOS Biology* 15, no. 4 (17 April 2017): e2001438; https://doi.org/10.1371/journal.pbio.2001438; 2018: Jaimee C. Eckers et al., 'Identity Crisis – Rigor and Reproducibility in Human Cell Lines', *Radiation Research* 189, no. 6 (June 2018): pp. 551–52; https://doi.org/10.1667/RR15086.1

33 Korch & Varella-Garcia, 'Tackling the Human Cell Line'.

34 當然，很多人認為用動物做實驗就是不道德的。當別無選擇只能用動物做實驗時，科學家會遵守一些原則，讓研究盡可能地合乎道德。這些原則被稱為三R原則：替換（replacement，盡量用動物以外的東西來做研究，比如人類，他們通常可以表達同意的意願）；減少（reduction，盡可能在使用最少動物的情況下，獲得最多的資訊）以及精緻化（refinement，盡可能在研究過程中讓動物保有最大的福利）。這些術語最早來源於此：William M. S. Russell & Rex L. Burch, *The Principles of Humane Experimental Technique*, Special ed. (Potters Bar: UFAW, 1992). 關於這些原則更詳細的資料，以及科學家如何實踐他們，可以參考英國國立三R中心的網站 https://www.nc3rs.org.uk/

35 Malcolm R. Macleod et al., 'Risk of Bias in Reports of In Vivo Research: A Focus for Improvement', *PLOS Biology* 13, no. 10 (13 Oct. 2015): e1002273; https://doi.org/10.1371/journal.pbio.1002273

36 See Jennifer A. Hirst et al., 'The Need for Randomization in Animal Trials: An Overview of Systematic Reviews', *PLOS ONE* 9, no. 6 (6 June 2014): e98856; https://doi.org/10.1371/journal.pone.0098856

37 當然，遮盲對於人類的臨床試驗也是至關重要，在這些試驗中受試者並不知道自己接受的是哪一種治療，以免讓他們的期望干擾實驗結果。當受試者與實驗者都不知道可能干擾實驗的詳細資訊時，這種實驗設計稱為「雙盲實驗」。而當受試對象並非人類時，該不該讓他們知道自己接受的是藥劑還是安慰劑，顯然就不是那麼重要了（雖然有些時候還是需要納入考量）。

38 麥克勞德的團隊也檢查了納入受試者時的利益衝突聲明，我們會在第四章討論這一點。

39 Malcolm R. Macleod et al., 'Evidence for the Efficacy of NXY-059 in Experimental Focal Cerebral Ischaemia Is Confounded by Study Quality', *Stroke* 39, no. 10 (Oct. 2008): pp. 2824–29; https://doi.org/10.1161/STROKEAHA.108.515957

40 我們可以參考真實歷史上最經典的案例，也就是一九三六年的美國總統大選來說明這一點，許多統計學教科書也都會提到這個例子。當年《文學文摘》雜誌曾辦了一次大規模的民調，樣本包含了高達兩百萬名選民。但是他們並沒有透過隨機採樣，而是透過電話來訪問。在當時，只有富裕階級的家庭才有電話，因此它們的樣本就有了誤差，預測的選舉結果也因此完全錯誤。它們預測蘭登將以壓倒性的勝利擊敗羅斯福。但是後來羅斯福獲得了百分之六十一的選票，而《文學文摘》則很快就停刊了。請參考：Sharon L. Lohr and J. Michael Brick, 'Roosevelt Predicted to Win: Revisiting the 1936 Literary Digest Poll', *Statistics, Politics and Policy* 8, no. 1, 26 Jan. 2017; https://doi.org/10.1515/spp-2016-0006

41 Joseph P. Simmons et al., 'Life after P-Hacking: Meeting of the Society for Personality and Social Psychology', *SSRN*, (New Orleans, LA, 17–19 Jan. 2013); https://doi.org/10.2139/ssrn.2205186

42 當討論到有信心說自己看到的差異是真的時，作者討論的是一般文獻中使用的標準。可被接受的統計檢定力，是指當透過一個統計檢驗法（採用〇．〇五的 p 值）有百分之八十或更高的機會可以檢測到一種真正存在的效應。當然，更高的統計檢定力自然愈好，採用愈大的樣本數（或是要觀察的效應愈大），那你的統計檢定力很容易就可以超過上述的最低標準。採用百分之八十的統計檢定力，那就有百分之二十的機率會錯過真正的效應，因為會有假陰性的問題。

43 Katherine S. Button et al., 'Power Failure: Why Small Sample Size Undermines the Reliability of Neuroscience', *Nature Reviews Neuroscience* 14, no. 5 (May 2013): pp. 365–76; https://doi.org/10.1038/nrn3475. 請特別注意表二。

44 不過在神經科學的不同次領域裡面差異其實極大。請見 Camilla L. Nord et al., 'Power-up: A Reanalysis of "Power Failure" in Neuroscience Using Mixture Modeling', *Journal of Neuroscience* 37, no. 34 (23 Aug. 2017): pp. 8051–61; https://doi.org/10.1523/JNEUROSCI.3592-16.2017

45 臨床實驗：Herm J. Lamberink et al., 'Statistical Power of Clinical Trials Increased While Effect Size Remained Stable: An Empirical Analysis of 136,212 Clinical Trials between 1975 and 2014', *Journal of Clinical Epidemiology* 102 (Oct. 2018): pp. 123–28; https://doi.org/10.1016/j.jclinepi.2018.06.014. 生物醫學研究：Estelle Dumas-Mallet et al., 'Low

Statistical Power in Biomedical Science: A Review of Three Human Research Domains', *Royal Society Open Science* 4, no. 2 (Feb. 2017): 160254; https://doi.org/10.1098/rsos.160254. 經濟學：John P. A. Ioannidis et al., 'The Power of Bias in Economics Research', *Economic Journal* 127, no. 605 (1 Oct. 2017): F236–65; https://doi.org/10.1111/ecoj.12461. 大腦影像科學：Henk R. Cremers et al., 'The Relation between Statistical Power and Inference in FMRI', ed. Eric-Jan Wagenmakers, *PLOS ONE* 12, no. 11 (20 Nov. 2017): e0184923; https://doi.org/10.1371/journal.pone.0184923. 護理學：Cadeyrn J. Gaskin & Brenda Happell, 'Power, Effects, Confidence, and Significance: An Investigation of Statistical Practices in Nursing Research', *International Journal of Nursing Studies* 51, no. 5 (May 2014): 795–806; https://doi.org/10.1016/j.ijnurstu.2013.09.014. 行為生態學：M. D. Jennions & Anders Pape Møller, 'A Survey of the Statistical Power of Research in *Behavioral Ecology* and Animal Behavior', *Behavioral Ecology* 14, no. 3 (1 May 2003): pp. 438–45; https://doi.org/10.1093/beheco/14.3.438. 心理學：Denes Szucs & John P. A. Ioannidis, 'Empirical Assessment of Published Effect Sizes and Power in the Recent Cognitive Neuroscience and Psychology Literature', ed. Eric-Jan Wagenmakers, *PLOS Biology* 15, no. 3 (2 Mar. 2017): e2000797; https://doi.org/10.1371/journal.pbio.2000797

46 Leif D. Nelson et al.,'Psychology's Renaissance', *Annual Review of Psychology* 69, no. 1 (4 Jan. 2018): pp. 511–34; https://doi.org/10.1146/annurev-psych-122216-011836

47 這跟拍賣會出現的「贏家詛咒」是一模一樣的道理，意思是說不管拍賣標的為何，得標的買家往往都是高估了商品的價值。在科學上則被稱為「普羅透斯現象」，這名稱來自於希臘神話中外型多變的海神普羅透斯。基本的概念是，在某個效應剛被發現的早期階段，不同研究所觀察到的效應大小往往差異極大，一部分原因來自於我們前面討論過的檢定力的問題，以及一些實驗設計註定無法看見微小效應。請見：John P. A. Ioannidis & Thomas A. Trikalinos, 'Early Extreme Contradictory Estimates May Appear in Published Research: The Proteus Phenomenon in Molecular Genetics Research and Randomized Trials', *Journal of Clinical Epidemiology* 58, no. 6 (June 2005): pp. 543–49;

https://doi.org/10.1016/j.jclinepi.2004.10.019. Nathan P. Lemoine et al., 'Underappreciated Problems of Low Replication in Ecological Field Studies', *Ecology* 97, no. 10 (Oct. 2016): pp. 2554–61; https://doi.org/10.1002/ecy.1506; and Button et al., 'Power Failure'.

48 同樣的問題也會影響我上面所引用的那些研究，這些研究用事後檢定的方法，來估計各領域研究的統計檢定力。它們問：看到該研究效應的統計檢定力有多大？但是如果該研究高估了真實效應，那事後檢定也會高估檢定力。因此，事後檢定有可能讓你誤以為實驗的檢定力足夠，但其實它根本就不夠。比較好的方法是採用理想的效應大小（從實際的角度去考量，看你認為這個效應應該是大，中還是小？或許可以用一個比較可靠的指標像是疼痛分數、收入、溫度、速度，然後考慮有意義的差異），去計算研究檢定力的可靠程度（也就是包含了足夠的受試者或觀察數值）。請參考：Andrew Gelman, 'Don't Calculate Post-Hoc Power Using Observed Estimate of Effect Size' (2018); http://www.stat.columbia.edu/~gelman/research/unpublished/power_surgery.pdf

49 Herm J. Lamberink et al., 'Statistical Power of Clinical Trials Increased While Effect Size Remained Stable: An Empirical Analysis of 136,212 Clinical Trials between 1975 and 2014', *Journal of Clinical Epidemiology* 102 (Oct. 2018): pp. 123–28; https://doi.org/10.1016/j.jclinepi.2018.06.014. 我在這裡談到的效應，是 Cohen 所提的d值〇．二一。至於我如何估計有多少人會從治療中受惠，可以從下面這個網站，裡面有個很有用的計算機幫忙計算，這是 Kristoffer Magnusson 所建立的：https://rpsychologist.com/d3/cohend/

50 Stefan Leucht et al., 'How Effective Are Common Medications: A Perspective Based on Meta-Analyses of Major Drugs', *BMC Medicine* 13, no. 1 (Dec. 2015): 253; https://doi.org/10.1186/s12916-015-0494-1. 這份研究調查了很多常用治療的效應大小，顯示一些常用的醫療手段確實有很大的效果（比如氫離子幫浦阻斷劑 omeprazole），然後也指出某些治療的效果出奇的小（像是使用阿斯匹靈來預防心血管疾病）。當然，即使是效果很小的藥物，如果開給數百萬真正需要它們的人，從社會的角度來講，也是有很大的益處，因為可以節省數百萬美元。不過該研究的作者建議

「我們應該對藥物效果的看法更實際一點」（頁四）。在我書裡面提到的三個治療的效應大小，大約有 Cohen d 值〇．五五左右。請參考：Tiago V. Pereira et al., 'Empirical Evaluation of Very Large Treatment Effects of Medical Interventions', *JAMA* 308, no. 16 (24 Oct. 2012): 1676–84; https://doi.org/10.1001/jama.2012.13444

51 E.g. Gilles E. Gignac & Eva T. Szodorai, 'Effect Size Guidelines for Individual Differences Researchers', *Personality and Individual Differences* 102 (Nov. 2016): pp. 74–78; https://doi.org/10.1016/j.paid.2016.06.069

52 幸好從 Cyril Burt 之後還是有很多可靠的雙胞胎研究。請參考：Tinca J. C. Polderman et al., 'Meta-Analysis of the Heritability of Human Traits Based on Fifty Years of Twin Studies', *Nature Genetics* 47, no. 7 (July 2015): 702–9; https://doi.org/10.1038/ng.3285

53 關於認知能力相關的候選基因研究，請參考：Antony Payton, 'The Impact of Genetic Research on Our Understanding of Normal Cognitive Ageing: 1995 to 2009', *Neuropsychology Review* 19, no. 4 (Dec. 2009): pp. 451–77; https://doi.org/10.1007/s11065-009-9116-z

54 Dominique J-F de Quervain et al., 'A Functional Genetic Variation of the 5-HT2a Receptor Affects Human Memory', *Nature Neuroscience* 6, no. 11 (Nov. 2003): pp. 1141–42; https://doi.org/10.1038/nn1146

55 Marcus R. Munafò et al., 'Serotonin Transporter (5-HTTLPR) Genotype and Amygdala Activation: A Meta-Analysis', *Biological Psychiatry* 63, no. 9 (May 2008): pp. 852–57; https://doi.org/10.1016/j.biopsych.2007.08.016

56 今天你甚至可以把唾液樣本寄給一家消費者基因型檢測公司，付大約一百英鎊（約四千台幣）請他們檢測，大概幾週後就可以知道你所帶的基因變異了。

57 你可能會想問，在測試這麼多遺傳變異與某一生理特徵的時候，ＧＷＡＳ會不會也陷入我們在上一章所講的重複比較的問題，因為計算多次 p 值因而得到假陽性的結果呢？研究人員其實很清楚這件事，所以他們也會根據計算大幅降低 p 值。在這種計算中他們不會接受〇．〇五作為統計顯著性的閾值，相反的他們只接受低於五乘以十的負八次方（也就是低於〇．〇〇〇〇〇〇〇五）的 *p* 值做顯著性的標準。

58 Laramie E. Duncan et al., 'How Genome-Wide Association Studies (GWAS) Made Traditional Candidate Gene Studies Obsolete', *Neuropsychopharmacology* 44, no. 9 (Aug. 2019): pp. 1518–23; https://doi.org/10.1038/s41386-019-0389-5

59 「罕見」在這裡是關鍵詞，比如我們知道許多罕見的突變跟學習障礙或是自閉症有關。舉例來說，Mari E. K. Niemi et al., 'Common Genetic Variants Contribute to Risk of Rare Severe Neurodevelopmental Disorders', *Nature* 562, no. 7726 (Oct. 2018): pp. 268–71; https://doi.org/10.1038/s41586-018-0566-4. 據我所知，唯一在全基因組關聯分析的衝擊中倖存下來的常見候選基因，只有 *APOE* 基因的變異，它可能跟阿茲海默氏症有關。請參考：Riccardo E. Marioni et al., 'GWAS on Family History of Alzheimer's Disease', *Translational Psychiatry* 8, no. 1 (Dec. 2018): 99; https://doi.org/10.1038/s41398-018-0150-6

60 IQ測試：Christopher F. Chabris et al., 'Most Reported Genetic Associations with General Intelligence are Probably False Positives', *Psychological Science* 23, no. 11 (Nov. 2012): pp. 1314–23; https://doi.org/10.1177/0956797611435528. 憂鬱症：Richard Border et al., 'No Support for Historical Candidate Gene or Candidate Gene-by-Interaction Hypotheses for Major Depression Across Multiple Large Samples', *American Journal of Psychiatry* 176, no. 5 (May 2019): pp. 376–87; https://doi.org/10.1176/appi.ajp.2018.18070881. 思覺失調症：M. S. Farrell et al., 'Evaluating Historical Candidate Genes for Schizophrenia', *Molecular Psychiatry* 20, no. 5 (May 2015): pp. 555–62; https://doi.org/10.1038/mp.2015.16

61 Scott Alexander, '5-HTTLPR: A Pointed Review', *Slate Star Codex*, 7 May 2019; https://slatestarcodex.com/2019/05/07/5-httlpr-a-pointed-review/

62 比如，這篇摘要中提到了低檢定力的問題：H. Clarke et al., 'Association of the 5-HTTLPR Genotype and Unipolar Depression: A Meta-Analysis', *Psychological Medicine* 40, no. 11 (Nov. 2010): pp. 1767–78; https://doi.org/10.1017/S0033291710000516. 順道一提，我打賭在候選基因的論文中一定有一大票發表偏差的問題，關於候選基因與環境

互動的研究有發表偏差的證據，請參考：Laramie E. Duncan & Matthew C. Keller, 'A Critical Review of the First 10 Years of Candidate Gene-by-Environment Interaction Research in Psychiatry', *American Journal of Psychiatry* 168, no. 10 (Oct. 2011): pp. 1041–49; https://doi.org/10.1176/appi.ajp.2011.11020191

63 R. A. Fisher, 'XV. – The Correlation between Relatives on the Supposition of Mendelian Inheritance', *Transactions of the Royal Society of Edinburgh* 52, no. 2 (1919): pp. 399–433; https://doi.org/10.1017/S0080456800012163. See the historical discussion in Peter M. Visscher et al., '10 Years of GWAS Discovery: Biology, Function, and Translation', *American Journal of Human Genetics* 101, no. 1 (July 2017): pp. 5–22; https://doi.org/10.1016/j.ajhg.2017.06.005

64 這並不是說遺傳學家已經完全了解遺傳學的複雜性了。他們只是放棄了這種有問題的舊方法，改用比較好的研究方法而已。他們還有好長一段路要走，才可能了解有哪些基因參與其中，如何在不同族群中發現它們？如何避免讓我們目前的分析方法受挫於社會與人口統計方面的複雜性，特別是要如何各基因如何發揮功能，以及如何運用我們的遺傳學知識，去幫助在醫學上需要幫忙的人等等。請參考：Vivian Tam et. al, 'Benefits and Limitations of Genome-Wide Association Studies', *Nature Reviews Genetics* 20, no. 8 (Aug. 2019): pp. 467–84; https://doi.org/10.1038/s41576-019-0127-1

65 關於動物實驗的檢定力有一個有趣的悖論，聽起來可能有點反直覺：我們最好在研究中使用比較大量的動物（至少在短期內如此）。增加動物數量也就會增加統計檢定例，這也意味著實驗結果將比較可靠，可以承受時間與重複性的考驗，同時可以避免長時間徒勞無功的惡性循環。長遠的來說，這樣可能才能避免更多動物的死亡。

66 請見：Christine R. Critchley, 'Public Opinion and Trust in Scientists: The Role of the Research Context, and the Perceived Motivation of Stem Cell Researchers', *Public Understanding of Science* 17, no. 3 (July 2008): pp. 309–27; https://doi.org/10.1177/0963662506070162

第六章

卷首語：哈里遜劇本，摩爾執導，《辛普森家庭之春日鎮檔案》第八季第十集，一九九七年一月十二日

1 F. Wolfe-Simon et al., 'A Bacterium That Can Grow by Using Arsenic Instead of Phosphorus', *Science* 332, no. 6034 (3 June 2011): pp. 1163–66; https://doi.org/10.1126/science.1197258

2 準確地來說這些並非石筍而是石灰華，雖然外表看起來很像，但是性質不太一樣，比如說石灰華的內部多孔如海綿：https://itotd.com/articles/2773/tufa/

3 沃爾夫西蒙的研究屬於太空生物學的分支。在沒有真正的外星生物以供研究的情況下，實驗室裡的太空生物學家只能研究外星生物可能的型態。其中一種做法就是研究「嗜極端生物」，比如說住在莫諾湖這種極端環境中的細菌。

4 Paul Davies, 'The "Give Me a Job" Microbe', *Wall Street Journal*, 4 Dec. 2010; https://on.wsj.com/2PAX4ut

5 引自 Tom Clynes, 'Scientist in a Strange Land', Popular Science, 26 Sept. 2011; https://www.popsci.com/science/article/2011-09/scientist-strange-land/. 沃爾夫西蒙也接受了《Glamour》雜誌的專訪：Anne Gowen, 'This Rising Star's Four Rules for You', Glamour, June 2011; https://bit.ly/2wbLLCb

6 科學記者季默曾寫過一篇文章，裡面引用了許多人的懷疑：Carl Zimmer, '"This Paper Should Not Have Been Published": Scientists See Fatal Flaws in the NASA Study of Arsenic-Based Life', *Slate*, 7 Dec. 2010; https://slate.com/technology/2010/12/the-nasa-study-of-arsenic-based-life-was-fatally-flawed-say-scientists.html

7 如果你在雷德菲爾德的部落格上面用#arseniclife為標籤尋找，可以找到許多文章。部落格網址：http://rrresearch.fieldofscience.com/

8 Editorial, 'Response Required', *Nature* 468, no. 7326 (Dec. 2010): p. 867; https://doi.org/10.1038/468867a

9 新聞稿可以在這個連結中找到：https://www.nasa.gov/home/hqnews/2010/nov/HQ_M10-167_Astrobiology.html

10 Jason Kottke, 'Has NASA Discovered Extraterrestrial Life?', *Kottke*, 29 Nov. 2010; https://kottke.org/10/11/has-nasa-discovered-extraterrestrial-life. 也請參考下面這篇文章，裡面有一張電影《E．T．外星人》的劇照：'NASA to Unveil Details of Quest for Alien Life', *Fox News*, 2 Dec. 2010; https://www.foxnews.com/science/nasa-to-unveil-details-of-quest-for-alien-life

11 引自 Tony Phillips, ed. 'Discovery of "Arsenic-Bug" Expands Definition of Life', 2 Dec. 2010; https://science.nasa.gov/science-news/science-at-nasa/2010/02dec_monolake

12 這些都在《科學》期刊當時的主編 Bruce Alberts 的一則注釋中。B. Alberts, 'Editor's Note', *Science* 332, no. 6034 (3 June 2011): p. 1149; https://doi.org/10.1126/science.1208877

13 M. L. Reaves et al., 'Absence of Detectable Arsenate in DNA from Arsenate-Grown GFAJ-1 Cells', *Science* 337, no. 6093 (27 July 2012): pp. 470–73; https://doi.org/10.1126/science.1219861

14 Erb et al., 'GFAJ-1 Is an Arsenate-Resistant, Phosphate-Dependent Organism', *Science* 337, no. 6093 (27 July 2012): pp. 467–70; https://doi.org/10.1126/science.1218455

15 Clynes, 'Scientist in a Strange Land'.

16 這意思並不是說這種事情不會發生。發表科學論文其中一項職業災害就是，媒體會扭曲、誤解或混淆你的發現。這些錯誤從輕微到嚴重且有害都有可能。後者的一個例子，像是二〇一一年媒體曾對史達汀這個藥物的副作用做了一系列錯誤百出且嚇人的報導，而實際上有足夠的證據支持史達汀是一種安全的藥物，可以降低心臟病的風險。但是社會似乎還是有人受到報導的影響，在隨後幾年停用了這種藥物。請參考：Anthony Matthews et al., 'Impact of Statin Related Media Coverage on Use of Statins: Interrupted Time Series Analysis with UK Primary Care Data', *BMJ* (28 June 2016): i3283; https://doi.org/10.1136/bmj.i3283

17 P. S. Sumner et al., 'The Association between Exaggeration in Health-Related Science News and Academic Press Releases:

Retrospective Observational Study', *BMJ* 349, (9 Dec. 2014): g7015; https://doi.org/10.1136/bmj.g7015

18 關於動物模型的簡史，請參考：Aaron C. Ericsson et al., 'A Brief History of Animal Modeling', *Missouri Medicine* 110, no. 3 (June 2013): pp. 201–5; https://www.ncbi.nlm.nih.gov/pubmed/23829102

19 D. G. Contopoulos-Ioannidis et al., 'Life Cycle of Translational Research for Medical Interventions', *Science* 321, no. 5894 (5 Sept. 2008): pp. 1298–99, https://doi.org/10.1126/science.1160622

20 J. P. Garner, 'The Significance of Meaning: Why Do Over 90% of Behavioral Neuroscience Results Fail to Translate to Humans and What Can We Do to Fix It?', *ILAR Journal* 55, no. 3 (20 Dec. 2014): pp. 438–56; https://doi.org/10.1093/ilar/ilu047

21 https://twitter.com/justsaysinmice. 順道一提，別忘了在上一章我們曾經提過，在動物（比如像小鼠）的研究中也有許多實驗品質不良的問題。

22 你也會看到這句話不同的版本，像是「相關不意味著因果」。但是因為「意味」這個詞有多重意義，因此這句話會出現歧異。在比較強的定義中（事件A在邏輯上會牽扯上事件B，就像是有舞蹈「意味著」一定有舞者），這句話當然是正確的。但是在比較弱的定義中（事件A暗示了事件B，但是卻又沒有清楚明言，比如說收到老闆一封簡短冷淡的電子郵件，可能「意味著」他對你不滿），這句話就不對了。在比較弱的定義中，相關有時候確實意味著因果，雖然兩者其實根本沒有因果關係。這樣來想，在較弱的定義中，相關如果不意味著因果，那麼兩者之間就不會有這麼多混淆了。

23 Janie Corley et al., 'Caffeine Consumption and Cognitive Function at Age 70: The Lothian Birth Cohort 1936 Study', *Psychosomatic Medicine* 72, no. 2 (Feb. 2010): pp. 206–14; https://doi.org/10.1097/PSY.0b013e3181c92a9c

24 還有另外一個比較不為人知，但是會導致兩個變項出現相關性的原因，那就是「衝突偏差」。下面這個部落格裡的文章把這個問題講得非常透徹：Julia Rohrer, 'That One Weird Third Variable Problem Nobody Ever Mentions:

Conditioning on a Collider', *The* 100% *CI*, March 14, 2017; http://www.the100.ci/2017/03/14/that-one-weird-third-variable-problem-nobody-ever-mentions-conditioning-on-a-collider/. 這篇文章裡面所舉的例子是，如果你以大學生為樣本來觀察，那可能會很驚訝的發現，智商跟責任感居然呈現負相關，但是事實上在整個族群中這兩個變項一點關係也沒有。會出現這種情況的原因是，智商跟責任感這兩項特質都會增加上大學的機率，因此如果只觀察大學生，那就會排除了低智商與低責任感的人。在大學生的樣本中缺乏低智商與低責任的人，就會造成智商與責任感兩者負的假相關。衝突偏差是一個很棘手的問題，出現在研究中的頻率比我們想像的要多。請參考：Marcus R. Munafò et al., 'Collider Scope: When Selection Bias Can Substantially Influence Observed Associations', *International Journal of Epidemiology* 47, no. 1 (27 Sept. 2017): pp. 226–35; https://doi.org/10.1093/ije/dyx206

25 如果你真的想自己嚇自己的話，還可以參考哲學家休謨所寫的「歸納問題」，它基本上就是在說所謂的相關性其實根本就不是相關性，事實上並沒有任何理性的基礎可以證明過去發生的事情未來一定會發生（最經典的挑戰就是去證明太陽明天早上一樣會升起——「它過去一直都這樣」並非可信的邏輯依據。）數百年來哲學家對此問題一直爭論不休，許多聰明絕頂的思想家都試著回答這個問題，也有一些人認為這根本無解。下面有一篇很好的討論：Leah Henderson, 'The Problem of Induction', *Stanford Encyclopedia of Philosophy*, ed. Edward N. Zalta, Winter 2019; https://plato.stanford.edu/archives/win2019/entries/induction-problem

26 Rachel C. Adams et al., 'Claims of Causality in Health News: A Randomised Trial', *BMC Medicine* 17, no. 1 (Dec. 2019): 91; https://doi.org/10.1186/s12916-019-1324-7

27 Isabelle Boutron et al., 'Three Randomized Controlled Trials Evaluating the Impact of "Spin" in Health News Stories Reporting Studies of Pharmacologic Treatments on Patients'/Caregivers' Interpretation of Treatment Benefit', *BMC Medicine* 17, no. 1 (Dec. 2019): 105; https://doi.org/10.1186/s12916-019-1330-9

28 Nick Davies, Flat Earth News: An Award-Winning Reporter Exposes Falsehood, Distortion and Propaganda in the Global

Media (London: Vintage Books, 2009). Daniel Jackson and Kevin Moloney, 'Inside Churnalism: PR, Journalism and Power Relationships in Flux', *Journalism Studies* 17, no. 6 (17 Aug. 2016): pp. 763–80; https://doi.org/10.1080/1461670X.2015.1017597

29 Estelle Dumas-Mallet et al., 'Poor Replication Validity of Biomedical Association Studies Reported by Newspapers', *PLOS ONE* 12, no. 2 (21 Feb. 2017): e0172650; https://doi.org/10.1371/journal.pone.0172650

30 這樣說並非是要放過那些由非科學家所寫的科普書籍：它們一樣可能有嚴重的問題。作家平克在評論葛拉威爾的書《大開眼界》時，曾創造了一個術語「伊貢值」，用來描述葛拉威爾在書中誤用了英文發音近似的術語「特徵值」（這是一個在許多統計分析上都很重要的數學概念）。葛拉威爾可能聽過他的受訪者提到這個詞，但是卻從沒打算去查證它。在許多其他的科普書籍中，「伊貢值」的問題一樣屢見不鮮，這突顯出當一名作家並非該領域的專家時，在作品中所可能出現的理解鴻溝。不過接下來我們會看到，即使是科學家在寫自己領域的書籍時，一樣可能出現跟「伊貢值」一樣糟糕的問題。請見：Steven Pinker, 'Malcolm Gladwell, Eclectic Detective', *New York Times*, 7 Nov. 2009; https://www.nytimes.com/2009/11/15/books/review/Pinker-t.html

31 Carol S. Dweck, Mindset: The New Psychology of Success (New York: Ballantine Books, 2008): pp. 6, 15. 杜維克也在TED上面發表過一次極受歡迎的演講，截至目前為止該演講已經有超過一千三百五十萬次觀看數了（一千〇二十萬次在TED網站上，三百三十萬次在 YouTube 網站上）。在演講中她說「生長在能鼓勵成長心態的地方，是兒童的基本人權——所有的兒童。」Carol Dweck, 'The Power of Believing That You Can Improve', presented at TEDxNorrkoping, Nov. 2014; https://www.ted.com/talks/carol_dweck_the_power_of_believing_that_you_can_improve

32 來源同上 ix.

33 Holly Yettick et al., 'Mindset in the Classroom: A National Study of K-12 Teachers', Editorial Projects in Education, Bethesda, MD: Education Week Research Center, 2016; https://www.edweek.org/media/ewrc_mindsetintheclass-room_

sept2016.pdf. 請注意這並不是具有代表性的樣本，請斟酌使用。在二〇二〇年二月，如果只在 google 搜尋引擎的 .sch.uk 網域下（也就是只在英國學校的網域內）尋找「心態」這個關鍵詞的話，會得到四萬三千兩百個結果，這可以讓我們一窺這個概念受歡迎的程度。目前，英國只有三萬兩千所學校：'Key UK Education Statistics', British Educational Suppliers Association, 28 Oct. 2019; https://www.besa.org.uk/key-uk-education-statistics/

34 Victoria F. Sisk et al., 'To What Extent and Under Which Circumstances Are Growth Mind-Sets Important to Academic Achievement? Two Meta-Analyses', *Psychological Science* 29, no. 4 (April 2018): pp. 549–71; https://doi.org/10.1177/0956797617739704. 如果想多知道一點同一批「心態」懷疑論者的研究，請參考：Alexander P. Burgoyne et al., 'How Firm Are the Foundations of Mind-Set Theory? The Claims Appear Stronger Than the Evidence', *Psychological Science*, 3 Feb. 2020; https://doi.org/10.1177/0956797619897588

35 給那些對統計有興趣的人：該實驗的效應與相關性的皮爾森係數為〇・〇一，Cohen d 值為〇・〇八。從另一個角度來看d值〇・〇八，除了將其視作在分布中有百分之九十六・八的重疊以外，還可以想成從實驗組隨機挑選一人，看看他們的成績高於還是低於對照組。如果沒有效應，那這個機率應該是百分之五十（兩者平均值一樣）。根據統合分析，成長心態的效應代表了那些受過訓練的學生有百分之五十二・三的機會，平均成績會高於對照組。Calculated using https://rpsychologist.com/d3/cohend/

36 根據統合分析，確實有證據支持高風險兒童（比如來自貧困背景的兒童）或許可以受惠於成長心態的策略。最近一項由成長心態支持者所做的大規模研究，所得到的結果大致上跟統合分析也差不多。請參考：David S. Yeager et al., 'A National Experiment Reveals Where a Growth Mindset Improves Achievement', *Nature* 573, no. 7774 (Sept. 2019): pp. 364–69; https://doi.org/10.1038/s41586-019-1466-y

37 我可以舉一個更好的例子，來說明炒作如何在科學上引起類似「任務偏離」的效應。看看二〇一一年杜維克跟同事在《科學》期刊上面所發表的論文，裡面僅基於一些相當薄弱的證據，就建議成長心態可以用來促進中東的和平。請參考：E. Halperin et al., 'Promoting the Middle East Peace Process by Changing Beliefs About Group Malleability', *Science* 333, no. 6050 (23 Sept. 2011): pp. 1767–69; https://doi.org/10.1126/science.1202925

38 另一個教育炒作的例子，在某方面來看幾乎就是成長心態概念的再版。這是由另外一名心理學家達克沃斯所提倡的「恆毅力」，概念是：成功的關鍵在於對目標充滿熱情與堅持不懈，即使生命路程上充滿逆境也不放棄，這遠比先天的資質要重要得多。她這些訊息顯然相當受群眾歡迎，截至本書撰寫期間，她關於該主題在TED上面的演講已經收到了兩千五百五十萬次的觀看（其中TED網站上有一千九百五十萬次，YouTube 另上有六百萬四，Angela Lee Duckworth, 'Grit: The Power of Passion and Perseverance', presented at TED Talks Education, April 2013; https://www.ted.com/talks/angela_lee_duck-worth_grit_the_power_of_passion_and_perseverance）。而她隨後所出版的書《恆毅力：人生成功的究極能力》也登上紐約時報暢銷書排行榜，並且知今仍然穩定銷售中。就像成長心態一樣，「恆毅力」也成為許多學校的哲學理念，包括KIPP學校體系（KIPP的意思就是「知識就是力量」），這是美國最大的公辦民營特許學校系統，收納了將近九萬名學生（https://www.kipp.org/approach/character/）。值得肯定的是，達克沃斯有對自己的研究被過度炒作表達了擔憂之意。她在二〇一五年接受 *NPR* 專訪的時候說：「熱情已經超過了科學」（Anya Kamenetz, 'A Key Researcher Says "Grit" Isn't Ready For High-Stakes Measures', *NPR*, 13 May 2015; https://www.npr.org/sections/ed/2015/05/13/405891613/a-key-researcher-says-grit-isnt-ready-for-high-stakes-measures）。她的表態可謂相當明智，因為根據統合分析，恆毅力（或是試圖教學生恆毅力）所產生的影響非常薄弱。請參考：Credé et al., 'Much Ado about Grit: A Meta-Analytic Synthesis of the Grit Literature', *Journal of Personality and Social Psychology* 113, no. 3 (Sept. 2017): pp. 492–511; https://doi.org/10.1037/pspp0000102. And Marcus Credé, 'What Shall We Do About Grit? A Critical Review of What We Know and What We Don't Know', *Educational Researcher* 47, no. 9 (Dec. 2018): pp. 606–11; https://doi.org/10.3102/0013189X18801322

39 確實，前面提到康納曼寫給社會心理學家的公開信，正是為了回應我們在第二章提到的，巴吉那個「用老人相關的概念進行促發實驗，會讓受試者走得比較慢」的實驗無法被人複製的事情。康納曼提醒大家「一場災難即將到來」，敦促他們改變自己進行研究的方法。

40 John Bargh, *Before You Know It: The Unconscious Reasons We Do What We Do* (London: Windmill Books, 2018).

41 下面這篇由心理學家席馬克所寫的部落格文章，對巴吉的書進行了「量化評論」，他評估巴吉在書中所提到的每一個實驗，我們該相信多少：Ulrich Schimmack, '"Before You Know It" by John A. Bargh: A Quantitative Book Review', Replication Index, 28 Nov. 2017; https://replicationindex.com/2017/11/28/before-you-know-it-by-john-a-bargh-a-quantitative-book-review/. 順道一提，「書本的量化評論」實在是個好主意，應該有更多的科學家跟進一起做才對。

42 Bargh, *Before You Know It*, p. 16.

43 Serena Chen et al., 'Relationship Orientation as a Moderator of the Effects of Social Power', *Journal of Personality and Social Psychology* 80, no. 2 (2001): pp. 173–87; https://doi.org/10.1037/0022-3514.80.2.173

44 Christopher F. Chabris et al., 'No Evidence that Experiencing Physical Warmth Promotes Interpersonal Warmth: Two Failures to Replicate', *Social Psychology* 50, no. 2 (Mar. 2019): pp. 127–32; https://doi.org/10.1027/1864-9335/a000361. 為巴吉說句公道話，這個咖啡杯的複製實驗發表於他的書出版之後。但是因為他有其他類似的實驗也提到了「溫暖」的概念（比如拿著一個暖暖包而非一杯咖啡），但結果一樣無法被複製，一般人多半會期待當他在引用類似結果時，應該會比較謹慎一點。請參考：Dermot Lynott et al., 'Replication of "Experiencing Physical Warmth Promotes Interpersonal Warmth" by Williams and Bargh (2008)', *Social Psychology* 45, no. 3 (May 2014): pp. 216–22; https://doi.org/10.1027/1864-9335/a000187

45 你大概還記得柯蒂的例子，她的暢銷書所根據的實驗，後來反而成為 p 值操縱的經典案例。請見第二章與第四章。

46 Matthew Walker, *Why We Sleep: The New Science of Sleep and Dreams* (London: Allen Lane, 2017).

47 https://www.ted.com/talks/matt_walker_sleep_is_your_superpower. 這裡的觀看數據綜合了截至二〇一九年十一月為止，TED網站上的六百七十萬次以及 YouTube 網站上面的三百三十萬次瀏覽。

48 Richard Smith, '*Why We Sleep* – One of Those Rare Books That Changes Your Worldview and Should Change Society and Medicine', *TheBMJOpinion*, 20 June 2018; https://blogs.bmj.com/bmj/2018/06/20/richard-smith-why-we-sleep-one-of-those-rare-books-that-changes-your-worldview-and-should-change-society-and-medicine/

49 Walker, *Why We Sleep*, pp. 3–4.

50 Alexey Guzey, 'Matthew Walker's "Why We Sleep" Is Riddled with Scientific and Factual Errors', 15 Nov. 2019; https://guzey.com/books/why-we-sleep/

51 Xiaoli Shen et al., 'Nighttime Sleep Duration, 24-Hour Sleep Duration and Risk of All-Cause Mortality among Adults: A Meta-Analysis of Prospective Cohort Studies', *Scientific Reports* 6, no. 1 (Feb. 2016): p. 21480; https://doi.org/10.1038/srep21480

52 Yuheng Chen et al. (2018), 'Sleep Duration and the Risk of Cancer: A Systematic Review and Meta-Analysis Including Dose–Response Relationship', *BMC Cancer* 18, no. 1 (Dec. 2018): p. 1149; https://doi.org/10.1186/s12885-018-5025-y

53 Andrew Gelman, '"*Why We Sleep*" Data Manipulation: A Smoking Gun?', *Statistical Modeling, Causal Inference, and Social Science*, 27 Dec. 2019; https://statmodeling.stat.columbia.edu/2019/12/27/why-we-sleep-data-manipulation-a-smoking-gun/. 請注意對於《為什麼要睡覺》的眾多批評有人回應，很可能是來自沃克本人，請參考：SleepDiplomat, 'Why We Sleep: Responses to Questions from Readers', 19 Dec. 2019; https://sleepdiplomat.wordpress.com/2019/12/19/why-we-sleep-responses-to-questions-from-readers/

54 關於科普書籍撰寫的一些反思，請參考：Christopher F. Chabris, 'What Has Been Forgotten About Jonah Lehrer', 12

Feb. 2013; http://blog.chabris.com/2013/02/what-has-been-forgotten-about-jonah.html

55 Christiaan H. Vinkers et al., 'Use of Positive and Negative Words in Scientific PubMed Abstracts between 1974 and 2014: Retrospective Analysis', *BMJ* 351 (14 Dec. 2015): h6467; https://doi.org/10.1136/bmj.h6467. 請注意這項分析已經對每年論文總數增加進行了校正。其實還有一些特定的句子也可以納入分析：我已經記不得讀過多少次（有時候是自己寫過）這種句子「這篇論文首次研究……」。

56 後來有一項研究針對癌症論文裡面出現的「前所未見」這句話進行調查，結果發現大概在三分之一的例子裡，這句話並不正確：雖然論文作者宣稱自己的結果是「前所未見」的，但事實上過去已經有一篇使用相同療法且效果更好的論文發表過。請參考：Kristy Tayapongsak Duggan et al., 'Use of Word "Unprecedented" in the Media Coverage of Cancer Drugs: Do "Unprecedented" Drugs Live up to the Hype?', *Journal of Cancer Policy* 14 (Dec. 2017): pp. 16–20; https://doi.org/10.1016/j.jcpo.2017.09.010

57 Vinkers et al., 'Use of Positive and Negative Words', p. 2. 奇怪的是，摘要中負面詞彙出現的頻率也增加了，雖然幅度很小，因此或許我們可以說論文摘要變得更為兩極化。至於中性或隨機選擇的詞彙使用頻率則完全沒有改變。

58 事實上，有些證據反而顯示科學進步的速度是隨時間再降低的。Tyler Cowen and Ben Southwood, 'Is the Rate of Scientific Progress Slowing Down?', 5 Aug. 2019; https://bit.ly/3ahf70m

59 *Nature*: https://www.nature.com/authors/author_resources/about_npg.html; *Science*: https://www.sciencemag.org/about/mission-and-scope; *Cell*: https://www.cell.com/cell/aims; *Proceedings of the National Academy of Sciences*: http://www.pnas.org/page/authors/purpose-scope

60 *New England Journal of Medicine*: https://www.nejm.org/about-nejm/about-nejm

61 Isabelle Boutron, 'Reporting and Interpretation of Randomized Controlled Trials with Statistically Nonsignificant Results for Primary Outcomes', *JAMA* 303, no. 20 (26 May 2010): pp. 2058–64; https://doi.org/10.1001/jama.2010.651. See

also Isabelle Boutron & Philippe Ravaud, 'Misrepresentation and Distortion of Research in Biomedical Literature', *Proceedings of the National Academy of Sciences* 115, no. 11 (13 Mar. 2018): pp. 2613–19; https://doi.org/10.1073/pnas.1710755115

62 Matthew Hankins, 'Still Not Significant', *Probable Error*, 21 April 2013; https://mchankins.wordpress.com/2013/04/21/still-not-significant-2/. 關於這類話術出現在腫瘤學文獻中的分析，請見：Kevin T. Nead, Mackenzie R. Wehner, & Nandita Mitra, 'The Use of "Trend" Statements to Describe Statistically Nonsignificant Results in the Oncology Literature', *JAMA Oncology* 4, no. 12 (1 Dec. 2018): pp. 1778–79; https://doi.org/10.1001/jamaoncol.2018.4524. 有人指出，這類陳述總是把結果寫得好像往具有顯著性的方向移動。但是如果用這種奇怪的目的論的方式去看待實驗結果，而不顧*p*值本來的原理，那你怎麼會知道結果其實搞不好是往遠離顯著性的方現移動？談及此，你怎麼知道那些*p*值剛好小於〇．〇五的結果不會其實應該出現在大於〇．〇五的一邊？出於某些令人不解的原因，科學家似乎從來不覺得應該要將那些*p*值剛好小於〇．〇五的結果描述成「具有趨向不顯著的趨勢」（請參考 'Dredging for P' at the following link: http://www.senns.demon.co.uk/wprose.html）。此外，我在第四章說*p*值的閾值是一個人為武斷的數值，然後在這裡又批評科學家將那些剛好高於閾值的結果解釋為有顯著性（或是趨向有顯著性），這兩者之間好像有點自相矛盾。但是重點其實是，如果你要玩*p*值的遊戲，那就應該要遵守遊戲規則。如果一開始就說只接受那些*p*值小於〇．〇五的結果，那後來就不能一看到結果就改變標準，否則的話這個閾值就失去他唯一有用的功能，也就是在假設錯誤時降低接受假陽性結果的可能性。

63 Mark Turrentine, 'It's All How You "Spin" It: Interpretive Biasin Research Findings in the Obstetrics and Gynecology Literature', *Obstetrics & Gynecology* 129, no. 2 (Feb. 2017): pp. 239–42; https://doi.org/10.1097/AOG.0000000000001818

64 Emmanuelle Kempf et al., 'Overinterpretation and Misreporting of Prognostic Factor Studies in Oncology: A Systematic Review', *British Journal of Cancer* 119, no. 10 (Nov. 2018): pp. 1288–96; https://doi.org/10.1038/s41416-018-0305-5. 某一

篇文獻評論檢查了三十一篇論文，可以作為這種化妝術的一個例子。這些論文的作者將沒有顯著差異的 p 值藏在表格下方的註解裡，但是將那些有顯著差異的 p 值特別凸顯在表格中。

65 J. Austin et al., 'Evaluation of Spin within Abstracts in Obesity Randomized Clinical Trials: A Cross-Sectional Review: Spin in Obesity Clinical Trials', *Clinical Obesity* 9, no. 2 (April 2019): e12292; https://doi.org/10.1111/cob.12292

66 Lian Beijers et al., 'Spin in RCTs of Anxiety Medication with a Positive Primary Outcome: A Comparison of Concerns Expressed by the US FDA and in the Published Literature', *BMJ Open* 7, no. 3 (Mar. 2017): e012886; https://doi.org/10.1136/bmjopen-2016-012886

67 David Marc Anton Mehler & Konrad Paul Kording, 'The Lure of Causal Statements: Rampant Mis-Inference of Causality in Estimated Connectivity', *ArXiv*:1812.03363 [q-Bio], 8 Dec. 2018; http://arxiv.org/abs/1812.03363. 這篇論文提到了「格蘭傑因果關係」，這是由諾貝爾經濟學獎得主格蘭傑在一九六〇年代提出的。這個想法是如果某個數據隨時間的變化（比如說股市的波動）可以預測往後另一個數據的變化（比如說一國的其他經濟指數），那這就比基本的相關性要更近一步了。在這種情況下，有些研究人員會說透過「格蘭傑檢定」發現股市的變化「導致」經濟變化。這些相關性或許很有趣，但是它們仍然只是相關性而已，而且通常我們也會擔心是不是有第三個一樣強的干擾因子（比如說，有第三個隨時間波動的因子變化導致股市波動，然後才看到後來的經濟指數變化）。通常在研究目的並不是在尋找因果連結（透過實驗或是其他聰明的手段來推論數據的因果關係）的時候用「導致」這個詞，無異於玩火。

68 Taixiang Wu et al., 'Randomized Trials Published in Some Chinese Journals: How Many Are Randomized?', *Trials* 10, no. 1 (Dec. 2009): p. 46; https://doi.org/10.1186/1745-6215-10-46

69 Trevor A. McGrath et al., 'Overinterpretation of Research Findings: Evidence of "Spin" in Systematic Reviews of Diagnostic Accuracy Studies', *Clinical Chemistry* 63, no. 8 (1 Aug. 2017): p. 1362; https://doi.org/10.1373/clinchem.2017.271544. See

also Kellia Chiu et al., '"Spin" in Published Biomedical Literature: A Methodological Systematic Review', *PLOS Biology* 15, no. 9 (11 Sept. 2017): e2002173; https://doi.org/10.1371/journal.pbio.2002173

70 據我所知，有一個隨機對照實驗專門針對臨床科學論文中的化妝效果。研究人員選了許多癌症研究領域中呈現無效的論文摘要，將它們粉飾一番，讓這些結果聽起來比較正面。然後他們又重寫這些摘要，移除所有不合理的誇大部分，確保所有結果都據實以報。接著他們將這些摘要給三百位臨床醫師過目，畢竟這些醫師必須經常對藥物或療法下決定，他們才是論文主要的受眾。結果毫不令人意外的，臨床醫師都認為那些粉飾過後的摘要看起來比較有效。不過很重要的一點是，這篇研究所呈現的效果並不強，兩組之間的 p 值差異僅剛好低於〇・〇五而已。在完全採信它之前，我倒是希望能看到一些重複研究。因此，目前我只把這項研究放在書末的注釋中。請參考Isabelle Boutron et al., 'Impact of Spin in the Abstracts of Articles Reporting Results of Randomized Controlled Trials in the Field of Cancer: The SPIIN Randomized Controlled Trial', *Journal of Clinical Oncology* 32, no. 36 (20 Dec. 2014): pp. 4120–26; https://doi.org/10.1200/JCO.2014.56.7503

71 Ed Yong, *I Contain Multitudes: The Microbes within Us and a Grander View of Life* (New York: HarperCollins, 2016).

72 Timothy Caulfield, 'Microbiome Research Needs a Gut Check', *Globe and Mail*, 11 Oct. 2019; https://www.theglobeandmail.com/opinion/article-microbiome-research-needs-a-gut-check/

73 Andi L. Shane, 'The Problem of DIY Fecal Transplants', *Atlantic*, 16 July 2013; https://www.theatlantic.com/health/archive/2013/07/the-problem-of-diy-fecal-transplants/277813/

74 Dina Kao et al., 'Effect of Oral Capsule-vs Colonoscopy-Delivered Fecal Microbiota Transplantation on Recurrent Clostridium Difficile Infection: A Randomized Clinical Trial', *JAMA* 318, no. 20 (28 Nov. 2017): p. 1985; https://doi.org/10.1001/jama.2017.17077. 史上第一次有這種實驗的紀錄是在一九五八年，但是直到數十年以後它才引起眾人的興趣。B. Eiseman et al., 'Fecal Enema as an Adjunct in the Treatment of Pseudomembranous Enterocolitis', *Surgery* 44,

no. 5 (Nov. 1958): pp. 854–59; https://www.ncbi.nlm.nih.gov/pubmed/13592638

75 Wenjia Hui et al., 'Fecal Microbiota Transplantation for Treatment of Recurrent C. Difficile Infection: An Updated Randomized Controlled Trial Meta-Analysis', *PLOS ONE* 14, no. 1 (2019): e0210016; https://doi.org/10.1371/journal.pone.0210016; Theodore Rokkas et al., 'A Network Meta-Analysis of Randomized Controlled Trials Exploring the Role of Fecal Microbiota Transplantation in Recurrent Clostridium Difficile Infection', *United European Gastroenterology Journal* 7, no. 8 (Oct. 2019): pp. 1051–63; https://doi.org/10.1177/2050640619854587

76 Microbiome and depression, anxiety and schizophrenia: Jane A. Foster & Karen-Anne McVey Neufeld, 'Gut–Brain Axis: How the Microbiome Influences Anxiety and Depression', *Trends in Neurosciences* 36, no. 5 (May 2013): pp. 305–12; https://doi.org/10.1016/j.tins.2013.01.005; T. G. Dinan et al., 'Genomics of Schizophrenia: Time to Consider the Gut Microbiome?', *Molecular Psychiatry* 19, no. 12 (Dec. 2014): pp. 1252–57; https://doi.org/10.1038/mp.2014.93. Heart disease: Shadi Ahmadmehrabi Shadi & W. H. Wilson Tang, 'Gut Microbiome and Its Role in Cardiovascular Diseases', *Current Opinion in Cardiology* 32, no. 6 (Nov. 2017): pp. 761–66; https://doi.org/10.1097/HCO.0000000000000445. Obesity: Clarisse A. Marotz & Amir Zarrinpar, 'Treating Obesity and Metabolic Syndrome with Fecal Microbiota Transplantation', *Yale Journal of Biology and Medicine* 89, no. 3 (2016): pp. 383–88; https://www.ncbi.nlm.nih.gov/pmc/articles/PMC5045147/. Cancer: Chen et al., 'Fecal Microbiota Transplantation in Cancer Management: Current Status and Perspectives', *International Journal of Cancer* 145, no. 8 (15 Oct. 2019): pp. 2021–31; https://doi.org/10.1002/ijc.32003. Alzheimer's disease: Ana Sandoiu, 'Stool Transplants from "Super Donors" Could Be a Cure-All', Medical News Today, 22 January 2019; https://www.medicalnewstoday.com/articles/324238. Parkinson's disease: T. Van Laar et al., 'Faecal Transplantation, Pro-and Prebiotics in Parkinson's Disease; Hope or Hype?', *Journal of Parkinson's Disease* 9, no. s2 (30 Oct. 2019): pp. S371– 79; https://doi.org/10.3233/JPD-191802. Autism: Stefano Bibbò et al., 'Fecal Microbiota

Transplantation: Past, Present and Future Perspectives', *Minerva Gastroenterologica e Dietologica*, no. 4 (Sept. 2017): pp. 420–30; https://doi.org/10.23736/S1121-421X.17.02374-1

77 雖然我在這裡用了「導致」這個詞，但是其實關於微生物基因體許多主張的因果關係其實都尚待闡明。請參考：Kate E. Lynch et al., 'How Causal Are Microbiomes? A Comparison with the Helicobacter Pylori Explanation of Ulcers', *Biology & Philosophy* 34, no. 6 (Dec. 2019): 62; https://doi.org/10.1007/s10539-019-9702-2

78 我們不該忘記，在第三章有提過關於腸道健康跟自閉症的關聯已經被韋克菲爾德提過。但我們沒有任何證據證明微生物組成的差異是導致自閉症的原因，抑或是自閉症導致微生物組成出現差異，比如，可能因為自閉症患者的飲食往往比較受限。

79 不過在他們的某些分析中，只用了來自五名自閉症病童以及三名控制組兒童的樣本。

80 Gil Sharon et al., 'Human Gut Microbiota from Autism Spectrum Disorder Promote Behavioral Symptoms in Mice', *Cell* 177, no. 6 (May 2019): 1600-1618. e17; https://doi.org/10.1016/j.cell.2019.05.004

81 Derek Lowe, 'Autism Mouse Models for the Microbiome?', *In the Pipeline*, 31 May 2019; https://blogs.sciencemag.org/pipeline/archives/2019/05/31/autism-mouse-models-for-the-microbiome

82 Sharon et al., 'Human Gut Microbiota', p.1162.

83 California Institute of Technology, 'Gut Bacteria Influence Autism-like Behaviors in Mice' (news release), 30 May 2019; https://www.eurekalert.org/pub_releases/2019-05/ciot-gbi052319.php

84 Jon Brock,'Can Gut Bacteria Cause Autism (in Mice)?', *Medium*, 14 June 2019; https://medium.com/dr-jon-brock/can-gut-bacteria-cause-autism-in-mice-582306fd7235; see also Nicholette Zeliadt, 'Study of Microbiome's Importance in Autism Triggers Swift Backlash', *Spectrum News*, 27 June 2019, https://www.spectrumnews.org/news/study-microbiomes-importance-autism-triggers-swift-backlash/

85 Thomas Lumley, 'Analysing the Mouse Microbiome Autism Data', *Not Stats Chat*, 16 June 2019; https://notstatschat.rbind.io/2019/06/16/analysing-the-mouse-autism-data/; see also Jon Brock's own analysis, at the following page: https://rpubs.com/drbrocktagon/506022

86 Zheng et al., 'The Gut Microbiome from Patients with Schizophrenia Modulates the Glutamate-Glutamine-GABA Cycle and Schizophrenia-Relevant Behaviors in Mice', *Science Advances* 5, no. 2 (Feb. 2019): p. 8; https://doi.org/10.1126/sciadv. aau8317. A critique in the form of a Twitter thread can be found here: https://twitter.com/WiringTheBrain/status/1095012297200844800

87 還有其他理由讓我們對此感到懷疑。二〇一五年時有一份研究追蹤了超過一千五百名接受了結腸切除術的病人好幾年。結腸切除術是藉由手術切掉病人的結腸，當然也就連帶移除了腸道微生物體。該研究的目的是想要比較這些病人與控制組的病人，看看接受過手術的病人是否比較不容易得心臟病。如果微生物體是引起心臟病的重要原因，那這些接受了結腸切除術的病人，因為有著比較不健康的腸道微生物體，得病的風險可能會降低。但是實驗結果卻發現兩組毫無差異。Anders Boeck Jensen et al., 'Long-Term Risk of Cardiovascular and Cerebrovascular Disease after Removal of the Colonic Microbiota by Colectomy: A Cohort Study Based on the Danish National Patient Register from 1996 to 2014', *BMJ Open* 5, no. 12 (Dec. 2015): e008702; https://doi.org/10.1136/bmjopen-2015-008702

88 William P. Hanage, 'Microbiology: Microbiome Science Needs a Healthy Dose of Scepticism', *Nature* 512, no. 7514 (Aug. 2014): pp. 247–48; https://doi.org/10.1038/512247a. Gwen Falony et al., 'The Human Microbiome in Health and Disease: Hype or Hope', *Acta Clinica Belgica* 74, no. 2 (4 Mar. 2019): pp. 53–64; https://doi.org/10.1080/17843286.2019.1583782; and J. Taylor, 'The Microbiome and Mental Health: Hope or Hype?', *Journal of Psychiatry and Neuroscience* 44, no. 4 (1 July 2019): pp. 219–22; https://doi.org/10.1503/jpn.190110

89 'boost your performance': Andrew Holtz, 'Harvard Researchers' Speculative, Poop-Based Sports Drink Company Raises

Questions about Conflicts of Interest', *Health News Review*, 19 Oct. 2017; https://www.healthnewsreview.org/2017/10/harvard-researchers-speculative-poop-based-sports-drink-company-raises-questions-about-conflicts-of-interest/; see also the *Lancet Gastroenterology & Hepatology* (Editorial), 'Probiotics: Elixir or Empty Promise?', *Lancet Gastroenterology & Hepatology* 4, no. 2 (Feb. 2019): p. 81; https://doi.org/10.1016/S2468-1253(18)30415-1; 'rectal perforation': Shapiro, Nina, 'There Are Trillions Of Reasons Not To Cleanse Your Colon', *Forbes*, 19 Sept. 2019; https://www.forbes.com/sites/nina-shapiro/2019/09/19/there-are-trillions-of-reasons-not-to-cleanse-your-colon/; for the dangers, see also Doug V. Handley et al., 'Rectal Perforation from Colonic Irrigation Administered by Alternative Practitioners', *Medical Journal of Australia* 181, no. 10 (15 Nov. 2004): pp. 575–76; https://doi.org/10.5694/j.1326-5377.2004.tb06454.x. 不管怎樣，這一切都只是徒勞無功：在灌腸把細菌沖掉兩週後，所有的細菌都會回到灌腸前的狀態。請參考：Naoyoshi Nagata et al., 'Effects of Bowel Preparation on the Human Gut Microbiome and Metabolome', *Scientific Reports* 9, no. 1 (Dec. 2019): p. 4042; https://doi.org/10.1038/s41598-019-40182-9. The nationality of your microbiome: https://atlasbiomed.com/uk/microbiome/results. See also Kavin Senapathy, 'Keep Calm And Avoid Microbiome Mayhem', *Forbes*, 7 March 2016; https://www.forbes.com/sites/kavinsenapathy/2016/03/07/keep-calm-and-avoid-microbiome-mayhem/

90 Milk: Josh Harkinson, 'The Scary New Science That Shows Milk Is Bad For You', *Mother Jones*, Dec. 2015; https://www.motherjones.com/environment/2015/11/dairy-industry-milk-federal-dietary-guidelines/; bacon: 'Killer Full English: Bacon Ups Cancer Risk', LBC News, 17 April 2019; https://www.lbc.co.uk/news/killer-full-english-bacon-ups-cancer-risk/; eggs: Physicians' Committee for Responsible Medicine, 'New Study Finds Eggs Will Break Your Heart', 16 March 2016; https://www.pcrm.org/news/blog/new-study-finds-eggs-will-break-your-heart. 這篇報導還有個副標題：「美國人每人每年要吃掉兩百七十九顆蛋，新的研究發現這會致命」（原文還用粗體）。原始研究來自：Victor Zhong et al., 'Associations of Dietary Cholesterol or Egg Consumption with Incident Cardiovascular Disease and Mortality', *JAMA* 321,

no. 11 (19 Mar. 2019): p. 1081; https://doi.org/10.1001/jama.2019.1572. For a detailed critique, see Zad Rafi, 'Revisiting Eggs and Dietary Cholesterol', *Less Likely*, 22 March 2019; https://lesslikely.com/nutrition/eggs-cholesterol/. 這其中我最喜歡關於這種媒體趨勢的惡搞網站是 *Clickhole*: 'Nutritional Shake-Up: The FDA Now Recommends That Americans Eat A Bowl Of 200 Eggs On Their 30th Birthday And Then Never Eat Any Eggs Again', *Clickhole*, 24 Oct. 2017; https://news.clickhole.com/nutritional-shake-up-the-fda-now-recommends-that-ameri-1825121901

91 在經過經年累月的誇大成果後，大眾對這個領域的研究早已失去信心，並且多抱持懷疑的態度。營養學研究員 Kevin Klatt就講過：https://twitter.com/kcklatt/status/902558341414694912. 來自英國營養基金會的調查也提出了一些證據，大眾對營養學研究的「混亂訊息」感到極度困惑。不過關於這項調查的樣本代表性如何並不清楚：https://www.nutrition.org.uk/press-office/pressreleases/1156-mixedmessages.html

92 達斯在被解聘之後幾年就過世了。關於他的調查摘要可以參考這裡：Geoffrey P. Webb, 'Dipak Kumar Das (1946–2013) Who Faked Data about Resveratrol – the Magic Red Wine Ingredient That Cures Everything?', *Dr Geoff Nutrition*, 10 Nov. 2017; https://drgeoffnutrition.wordpress.com/2017/11/10/dipak-kumar-das-1946-2013-who-faked-data-about-resveratrol-the-magic-red-wine-ingredient-that-cures-everything/

93 最近的爭議則是關於紅肉研究的品質，在這次爭議中一方與肉品工業有關，而對立的一方則與銷售素食產品的公司有關。這些素食公司主張停止食用紅肉對消費者的身體健康才有益。Rita Rubin, 'Backlash Over Meat Dietary Recommendations Raises Questions About Corporate Ties to Nutrition Scientists', *JAMA* 323, no. 5 (4 Feb. 2020): 401; https://doi.org/10.1001/jama.2019.21441

94 John P. A. Ioannidis and John F. Trepanowski, 'Disclosures in Nutrition Research: Why it is Different', *JAMA* 319, no. 6 (13 Feb. 2018): p. 547; https://doi.org/10.1001/jama.2017.18571

95 比如請參考英國國民保健服務的網頁：https://www.nhs.uk/live-well/eat-well/different-fats-nutrition/, 以及梅約診所的

網頁：Mayo Clinic Staff, 'Dietary Fats: Know Which Types to Choose', 1 Feb. 2019; https://www.mayoclinic.org/healthy-lifestyle/nutrition-and-healthy-eating/in-depth/fat/art-20045550

96 Steven Hamley, 'The Effect of Replacing Saturated Fat with Mostly N-6 Polyunsaturated Fat on Coronary Heart Disease: A Meta-Analysis of Randomised Controlled Trials', *Nutrition Journal* 16, no. 1 (Dec. 2017): p. 30; https://doi.org/10.1186/s12937-017-0254-5

97 還有一些臨床試驗顯示不同的脂肪酸之間並沒有差異，但是這些研究卻要經過漫長的等待才能發表，顯示它們的作者（或是同儕審稿者）不願意讓這些研究發表。

98 For a full explanation, see Matti Miettinen et al., 'Effect of Cholesterol-lowering Diet on Mortality from Coronary Heart-Disease and Other Causes', *Lancet* 300, no. 7782 (Oct. 1972): pp. 835–38; https://doi.org/10.1016/S0140-6736(72)92208-8

99 任何一個實驗中，唯一可以變動的參數應該只有研究的變項，而在這裡舉的例子中，就是飲食中的飽和或是不飽和脂肪酸。但是在一些臨床試驗中，不同組的受試者還有許多地方也不一樣，比如接受了不同的飲食建議，或是在醫院裡接受不同的治療。

100 Jonathan D.Schoenfeld & John P. A. Ioannidis, 'Is Everything We Eat Associated with Cancer? A Systematic Cookbook Review', *American Journal of Clinical Nutrition* 97, no. 1 (1 Jan. 2013): pp. 127–34; https://doi.org/10.3945/ajcn.112.047142

101 確實，一如在其他領域中所見，根據這些原始研究所做的統合分析發現，雖然原始實驗裡面癌症風險趨勢偏大，但是統合分析顯示的風險卻小得多。

102 如果想知道哪些飲食與危險相關的研究，最後都禁不著隨機試驗的考驗，請參考：S. Stanley Young & Alan Karr, 'Deming, Data and Observational Studies: A Process out of Control and Needing Fixing', *Significance* 8, no. 3 (Sept. 2011): pp. 116–20; https://doi.org/10.1111/j.1740-9713.2011.00506.x. 不過，也有人人對這種想法展開反擊，請參考：

'Myth 4' in Ambika Satija et al., 'Perspective: Are Large, Simple Trials the Solution for Nutrition Research?', *Advances in Nutrition* 9, no. 4 (1 July 2018): p. 381; https://doi.org/10.1093/advances/nmy030. 其中最大的問題在於，隨機控制的試驗因為很貴，因此規模往往比不上觀察性研究，結果讓兩者難以比較（我指的不是字面上的比較，雖然我相信在年度營養流行病學裡一定可以找到這種研究）。

103 Jakob Westfall & Tai Yarkoni, 'Statistically Controlling for Confounding Constructs Is Harder than You Think', *PLOS ONE* 11, no. 3 (31 Mar. 2016): e0152719; https://doi.org/10.1371/journal.pone.0152719

104 Edward Archer et al., 'Controversy and Debate: Memory-Based Methods Paper 1: The Fatal Flaws of Food Frequency Questionnaires and Other Memory-Based Dietary Assessment Methods', *Journal of Clinical Epidemiology* 104 (Dec. 2018): p. 113; https://doi.org/10.1016/j.jclinepi.2018.08.003

105 關於食物頻率問卷所招致的強烈批評，請參考：Edward Archer et al., 'Validity of U.S. Nutritional Surveillance: National Health and Nutrition Examination Survey Caloric Energy Intake Data, 1971–2010', *PLOS ONE* 8, no. 10 (9 Oct. 2013): e76632; https://doi.org/10.1371/journal.pone.0076632. 不過也有人認為這些批評本身就是一種炒作，有點過頭了。關於捍衛問卷品質的意見請參考：James R. Hébert et al., 'Considering the Value of Dietary Assessment Data in Informing Nutrition-Related Health Policy', *Advances in Nutrition* 5, no. 4 (1 July 2014): pp. 447–55; https://doi.org/10.3945/an.114.006189. 更多關於這方面爭議的參考資料，請見Alex Berezow, 'Is Nutrition Science Mostly Junk?', American Council on Science and Health, 20 Nov. 2018; https://www.acsh.org/news/2018/11/19/nutrition-science-mostly-junk-13611; David Nosowitz, 'The Bizarre Quest to Discredit America's Most Important Nutrition Survey', *TakePart*, 29 July 2015; http://www.takepart.com/article/2015/06/29/america-dietary-guidelines-self-reporting

106 Trepanowski & Ioannidis, 'Disclosures in Nutrition'.

107 Satija et al., 'Perspective'. 這篇文章也對我在這裡對營養學所提出的諸多批評提出了辯護。其他的參考請見 Edward

Giovannucci, 'Nutritional Epidemiology: Forest, Trees and Leaves', *European Journal of Epidemiology* 34, no. 4 (April 2019): pp. 319–25; https://doi.org/10.1007/s10654-019-00488-4. Ioannidis's response: John P. A. Ioannidis, 'Unreformed Nutritional Epidemiology: A Lamp Post in the Dark Forest', *European Journal of Epidemiology* 34, no. 4 (April 2019): pp. 327–31; https://doi.org/10.1007/s10654-019-00487-5

108 Ramón Estruch et al., 'Primary Prevention of Cardiovascular Disease with a Mediterranean Diet', *New England Journal of Medicine* 368, no. 14 (4 April 2013): pp. 1279–90; https://doi.org/10.1056/NEJMoa1200303

109 Gina Kolata, 'Mediterranean Diet Shown to Ward Off Heart Attack and Stroke', *New York Times*, 25 Feb. 2013; https://www.nytimes.com/2013/02/26/health/mediterranean-diet-can-cut-heart-disease-study-finds.html

110 David Brown, 'Mediterranean Diet Reduces Cardiovascular Risk', *Washington Post*, 25 Feb. 2013; https://www.washingtonpost.com/national/health-science/mediterranean-diet-reduces-cardiovascular-risk/2013/02/25/20396e16-7f87-11e2-a350-49866afab584_story.html

111 California Walnut Commission, 'Landmark Clinical Study Reports Mediterranean Diet Supplemented with Walnuts Significantly Reduces Risk of Stroke and Cardiovascular Diseases' (news release), 25 Feb. 2013; https://www.prnewswire.com/news-releases/landmark-clinical-study-reports-mediterranean-diet-supplemented-with-walnuts-significantly-reduces-risk-of-stroke-and-cardiovascular-diseases-192989571.html

112 'proved': Universitat de Barcelona, 'Mediterranean Diet Helps Cut Risk of Heart Attack, Stroke: Results of PREDIMED Study Presented' (news release), 25 Feb. 2013; https://www.sciencedaily.com/releases/2013/02/130225181536.htm; 'strong evidence': M. Guasch-Ferré et al., 'The PREDIMED Trial, Mediterranean Diet and Health Outcomes: How Strong Is the Evidence?', Nutrition, Metabolism and Cardiovascular Diseases 27, no. 7 (July 2017): p. 6; https://doi.org/10.1016/j.numecd.2017.05.004

113 J. B. Carlisle, 'Data Fabrication and Other Reasons for Non-Random Sampling in 5087 Randomised, Controlled Trials in Anaesthetic and General Medical Journals', *Anaesthesia* 72, no. 8 (Aug. 2017): pp. 944–52; https://doi.org/10.1111/anae.13938

114 Ramón Estruch et al., 'Primary Prevention of Cardiovascular Disease with a Mediterranean Diet Supplemented with Extra-Virgin Olive Oil or Nuts', *New England Journal of Medicine* 378, no. 25 (21 June 2018): e34 (34); https://doi.org/10.1056/NEJMoa1800389

115 Citations calculated using Google Scholar; 'corrected version': Estruch et al., 'Primary Prevention ... Olive Oil or Nuts'.

116 Julia Belluz, 'This Mediterranean Diet Study Was Hugely Impactful. The Science Has Fallen Apart', *Vox*, 13 Feb. 2019; https://www.vox.com/science-and-health/2018/6/20/17464906/mediterranean-diet-science-health-predimed

117 而且這項研究提早終止了，因此效應的規模有可能被誇大。請參考：Dirk Bassler et al., 'Early Stopping of Randomized Clinical Trials for Overt Efficacy Is Problematic', *Journal of Clinical Epidemiology* 61, no. 3 (Mar. 2008): pp. 241–46; https://doi.org/10.1016/j.jclinepi.2007.07.016

118 Arnav Agarwal & John P. A. Ioannidis, 'PREDIMED Trial of Mediterranean Diet: Retracted, Republished, Still Trusted?', *BMJ* (7 Feb. 2019): p. 1341; https://doi.org/10.1136/bmj.l341. 在這項研究中，因為使用了一種稱為「綜合評估指標」的方式來分析，讓我們難以知道為何地中海飲食只對中風有影響，卻不影響心臟病或死亡率。綜合評估指標在臨床試驗中很常見，因為可以增加統計檢定力，缺點是這樣一來就難以得知個別干預措施的影響。請參考：Christopher McCoy, 'Understanding the Use of Composite Endpoints in Clinical Trials', Western Journal of Emergency Medicine 19, no. 4 (29 June 2018): pp. 631–34; https://doi.org/10.5811/westjem.2018.4.38383. See also Eric Lim et al., 'Composite Outcomes in Cardiovascular Research: A Survey of Randomized Trials', *Annals of Internal Medicine* 149, no. 9 (4 Nov. 2008): pp. 612–17; https://doi.org/10.7326/0003-4819-149-9-200811040-00004. 最後，作者檢驗了許多不同的

結果，但是卻沒有校正因此產生的大量p值，因此有增加假陽性的風險。

119 OPERA是Oscillation Project with Emulsion-tRacking Apparatus的縮寫。這個計畫是為了了解微中子在瑞士的發射器到義大利的偵測器中間的移動過程中，性質如何變化（振盪）。詳情請見http://operaweb.lngs.infn.it/

120 Ransom Stephens, 'The Data That Threatened to Break Physics', *Nautilus*, 28 Dec. 2017; http://nautil.us/issue/55/trust/the-data-that-threatened-to-break-physics-rp

121 T. Adam et al., 'Measurement of the Neutrino Velocity with the OPERA Detector in the CNGS Beam', *Journal of High Energy Physics* 2012, no. 10 (Oct. 2012): 93; https://doi.org/10.1007/JHEP10(2012)093

122 CERN, 'OPERA Experiment Reports Anomaly in Flight Time of Neutrinos from CERN to Gran Sasso', 23 Sept. 2011; https://home.cern/news/press-release/cern/opera-experiment-reports-anomaly-flight-time-neutrinos-cern-gran-sasso

123 'CERN Scientists "Break the Speed of Light"', *Daily Telegraph*, 22 Sept. 2011; https://www.telegraph.co.uk/news/science/8782895/CERN-scientists-break-the-speed-of-light.html and 'The Speed of Light: Not So Fast?', ABC News, 24 Sept. 2011; https://www.youtube.com/watch?v=zgmL47lD7RA

124 實際上是低估了七十三奈秒。後來研究人員發現了計時電路上有第二個問題，造成了些許延遲。兩個問題加在一起導致低估了六十奈秒。請見：Stephens, 'The Data That Threatened'.

125 Lisa Grossman, 'Faster-than-Light Neutrino Result to Get Extra Checks', *New Scientist*, 25 Oct. 2011; https://www.newscientist.com/article/dn21093-faster-than-light-neutrino-result-to-get-extra-checks/

126 Antonio Ereditato, 'OPERA: Ereditato's Point of View', *Le Scienze*, 30 March 2012; http://www.lescienze.it/news/2012/03/30/news/opera_ereditatos_ point_of_view-938232/

127 Jason Palmer, 'Faster-than-Light Neutrinos Could Be down to Bad Wiring', *BBC News*, 23 Feb. 2012; https://www.bbc.co.uk/news/science-environment-17139635; Lisa Grossman & Celeste Biever, 'Was Speeding Neutrino Claim a Human

Error?', *New Scientist*, 23 Feb. 2012; https://www.newscientist.com/article/dn21510-was-speeding-neutrino-claim-a-human-error/

第七章

卷首語：戈馬克・麥卡錫，《險路勿近》，二〇〇五年出版

1 Sukey Lewis, 'Cleaning Up: Inside the Wildfire Debris Removal Job That Cost Taxpayers $1.3 Billion', *KQED*, 19 July 2018; https://www.kqed.org/news/11681280/cleaning-up-inside-the-wildfire-debris-removal-job-that-cost-taxpayers-1-3-billion

2 另外一個造成不當獎勵的例子是美國瀕危物種法。這個法案會鼓勵地主摧毀瀕危動物的良好棲地。Jacob P. Byl, 'Accurate Economics to Protect Endangered Species and Their Critical Habitats', *SSRN* preprint (2018); https://doi.org/10.2139/ssrn.3143841

3 Cary Funk & Meg Hefferon, 'As the Need for Highly Trained Scientists Grows, a Look at Why People Choose These Careers', *Fact Tank*, 24 Oct. 2016; https://www.pewresearch.org/fact-tank/2016/10/24/as-the-need-for-highly-trained-scientists-grows-a-look-at-why-people-choose-these-careers/

4 Melissa S. Anderson et al., 'Extending the Mertonian Norms: Scientists' Subscription to Norms of Research', *Journal of Higher Education* 81, no. 3 (May 2010): pp. 366–93; https://doi.org/10.1080/00221546.2010.11779057. 但是他們卻不見得同意自己的同事有遵循這些規範。請參考：Melissa Anderson et al., 'Normative Dissonance in Science: Results from a National Survey of U.S. Scientists', *Journal of Empirical Research on Human Research Ethics* 2, no. 4 (Dec. 2007): pp. 3–14; https://doi.org/10.1525/jer.2007.2.4.3

5 Darwin Correspondence Project, 'Letter no. 5986' (6 March 1868); https://www.darwinproject.ac.uk/letter/DCP-

LETT-5986.xml

6 '400,000 studies': Steven Kelly, 'The Continuing Evolution of Publishing in the Biological Sciences', *Biology Open* 7, no. 8 (15 Aug. 2018): bio037325; https://doi.org/10.1242/bio.037325; '2.4 million papers': Andrew Plume & Daphne van Weijen, 'Publish or Perish? The Rise of the Fractional Author ...', *Research Trends*, Sept. 2014; https://www.researchtrends.com/issue-38-september-2014/publish-or-perish-the-rise-of-the-fractional-author/. 根據一份美國國家科學基金會的報告指出，在二〇一六年時中國成為全世界最大單一論文生產國，略高於美國：Jeff Tollefson, 'China Declared World's Largest Producer of Scientific Articles', *Nature* 553, no. 7689 (18 Jan. 2018): p. 390; https://doi.org/10.1038/d41586-018-00927-4

7 Lutz Bornmann & Rüdiger Mutz, 'Growth Rates of Modern Science: A Bibliometric Analysis Based on the Number of Publications and Cited References: Growth Rates of Modern Science: A Bibliometric Analysis Based on the Number of Publications and Cited References', *Journal of the Association for Information Science and Technology* 66, no. 11 (Nov. 2015): pp. 2215–22; https://doi.org/10.1002/asi.23329

8 有一份調查顯示獎金高達十六萬五千美金，可以達到他們年薪的二十倍。平均獎勵大約是四萬四千美金。順道提一下，這些獎勵也凸顯了中國學界的低薪問題。根據 Quan et al. 的調查，平均年薪為八千六百美金。在某些例子裡，只有一部分獎金可以作為個人獎勵，剩下的則用來投資科學家未來的研究。但是真正的數字與資金使用方法則非常神祕。Wei Quan et al., 'Publish or Impoverish: An Investigation of the Monetary Reward System of Science in China (1999-2016)', *Aslib Journal of Information Management* 69, no. 5 (18 Sept. 2017): pp. 486–502; https://doi.org/10.1108/AJIM-01-2017-0014

9 Alison Abritis, 'Cash Bonuses for Peer-Reviewed Papers Go Global', *Science*, 10 Aug. 2017; https://doi.org/10.1126/science.aan7214. See also Editorial, 'Don't Pay Prizes for Published Science', *Nature* 547, no. 7662 (July 2017): p. 137;

https://doi.org/10.1038/547137a

10 這項政策似乎頗成功，至少以獎勵發表高影響指數的論文這樣簡單的目的來看是成功的。有一項分析顯示，在各國都引進了現金獎勵制度後，從這些國家投稿到《科學》期刊的數量增加了百分之四十六（比起其他獎勵措施來說，增加幅度相當大），但是這數量與這些論文的接受率呈現負相關，也就是說科學家更盲目地往高端期刊投稿，但成功率並不高。請參考：C. Franzoni et al., 'Changing Incentives to Publish', *Science* 333, no. 6043 (5 Aug. 2011): pp. 702–3; https://doi.org/10.1126/science.1197286. 有點諷刺的是，這項分析的作者之一因為論文被發表在《科學》期刊上，獲得了三千五百美金作為獎勵，但是他卻選擇把獎金捐給了慈善機構。請參考：Alison Abritis, 'Cash Bonuses for Peer-Reviewed Papers Go Global', *Science*, 10 Aug. 2017; https://doi.org/10.1126/science.aan7214

11 https://www.ref.ac.uk. 其他國家也曾爭辯過是否要執行類似的政策，不過後來都決定不要採用：Gunnar Sivertsen, 'Why Has No Other European Country Adopted the Research Excellence Framework?', *LSE Impact of Social Sciences*, 18 Jan. 2018; https://blogs.lse.ac.uk/impactofsocialsciences/2018/01/16/why-has-no-other-european-country-adopted-the-research-excellence-framework/

12 關於「不發表就滾蛋」這句話的來源（但是沒有成功找到），請參考：Eugene Garfield, 'What is the Primordial Reference for the Phrase "Publish or Perish"?', *Scientist* 10, no. 2 (10 June 1996): p. 11.

13 Albert N. Link et al., 'A Time Allocation Study of University Faculty', *Economics of Education Review* 27, no. 4 (Aug. 2008): pp. 363–74; https://doi.org/10.1016/j.econedurev.2007.04.002

14 我引用的版本出自英王詹姆士欽定本（中文是和合本）。該句首次出現在科學領域是提出默頓規範的那位默頓所說的。R. K. Merton, 'The Matthew Effect in Science: The Reward and Communication Systems of Science Are Considered', *Science* 159, no. 3810 (5 Jan. 1968): pp. 56–63; https://doi.org/10.1126/science.159.3810.56

15 Thijs Bol et al., 'The Matthew Effect in Science Funding', *Proceedings of the National Academy of Sciences* 115, no. 19 (8

May 2018): pp. 4887–90; https://doi.org/10.1073/pnas.1719557115

16 有兩個證據支持這論點。首先，大部分獲得科學博士學位的人都不會永久留在科學界。根據英國皇家學會二〇一〇年的一項調查，百分之五十三的人在拿到博士學位後立刻離開科學界，不久後又有百分之二十六．五的人選擇在職業生涯早期就離開。百分之十七的人選擇在學術界以外的地方從事研究工作，像是製造業或是政府機關。總體來說，只有百分之三．五的人永遠留在學界（只有百分之〇．四五的人獲得教授職位）。Royal Society, *The Scientific Century: Securing Our Future Prosperity* (London: Royal Society, 2010); https://royalsociety.org/-/media/Royal_Society_Content/policy/publications/2010/4294970126.pdf. 第二條證據來自對科學家所做的幾項調查。其中一個是根據惠康信託基金會在二〇二〇年初的調查，他們發現百分之七十八的科學家認同學界高強度的競爭「已經創造了一個不友善且具有攻擊性的環境」。Wellcome Trust, *What Researchers Think about the Culture They Work In* (London: Wellcome Trust, 2020); https://wellcome.ac.uk/reports/what-researchers-think-about-research-culture

17 François Brischoux & Frédéric Angelier, 'Academia's Never-Ending Selection for Productivity', *Scientometrics* 103, no. 1 (April 2015): pp. 333–36; https://doi.org/10.1007/s11192-015-1534-5. 其他的研究也指出類似的趨勢。關於加拿大心理學就業市場的調查結果，請參考：Gordon Pennycook & Valerie A. Thompson, 'An Analysis of the Canadian Cognitive Psychology Job Market (2006–2016)', *Canadian Journal of Experimental Psychology/Revue Canadienne de Psychologie Expérimentale* 72, no. 2 (June 2018): pp. 71–80; https://doi.org/10.1037/cep0000149

18 David Cyranoski et al., 'Education: The PhD Factory', *Nature* 472, no. 7343 (April 2011): pp. 276–79; https://doi.org/10.1038/472276a. 你也許會感到好奇，如果有這麼多博士畢業後找不到學術工作，那為何我們還是常常聽到沒有足夠的人投入科學、技術、工程或數學領域的工作，以滿足現代工業化的經濟呢？根據一項文獻評論發現，事實上這兩個問題同時存在。太多畢業生在大學內尋找工作，但是政府跟業界的人力卻不足夠。Yi Xue & Richard Larson, 'STEM Crisis or STEM Surplus? Yes and Yes', *Monthly Labor Review* (26 May 2015); https://doi.org/10.21916/

mlr.2015.14

19 Richard P. Heitz, 'The Speed-Accuracy Trade off: History, Physiology, Methodology, and Behavior', *Frontiers in Neuroscience* 8 (11 June 2014): p. 150; https://doi.org/10.3389/fnins.2014.00150

20 Remco Heesen 為此建立了數學模型：Remco Heesen, 'Why the Reward Structure of Science Makes Reproducibility Problems Inevitable', Journal of Philosophy 115, no. 12 (2018): pp. 661–74; https://doi.org/10.5840/jphil20181151239. See also Daniel Sarewitz, 'The Pressure to Publish Pushes down Quality', *Nature* 533, no. 7602 (May 2016): p. 147; https://doi.org/10.1038/533147a

21 21 說了這麼多，我還是必須承認有一份研究得到跟我相反的結論：Daniele Fanelli et al., 'Misconduct Policies, Academic Culture and Career Stage, Not Gender or Pressures to Publish, Affect Scientific Integrity', *PLOS ONE* 10, no. 6 (17 June 2015): e0127556; https://doi.org/10.1371/journal.pone.0127556. 在二〇一五年時，研究人員統計了從二〇一〇年到二〇一一年間所有科學論文更正與撤回的情況，基本上就是在這段時間內對科學紀錄所做的修正。他們將每個科學家在這兩年內所做的更正次數，與科學家的其他特質（比如論文發表總數或是他們從事研究的國家）做相關性的分析。他們發現在那些付錢發表論文，或是對科學不正行為沒有良好政策的國家，論文撤回比率比較高：到目前為止這跟我的論點都吻合。但是他們也發現每年發表更多文章的科學家，總體上撤回的論文也比較少。他們認為這與「不發表就滾蛋」的政策會導致更多的科學不正行為這樣的說法互相矛盾。不過撤回論文是很罕見也很嚴重的事，撤回論文代表了從文獻中刪除一篇文章，並且通常代表發生了嚴重的違規，像是詐欺事件。因此我認為這篇二〇一五年的研究，並不能為「不發表就滾蛋」的政策辯護，因為他們並沒有測量這些論文的品質。該文作者還發現，發表愈多論文的科學家，也傾向做出更多更正。他們認為這是一件好事，因為更正並不帶表恥辱。但我認為這論點很奇怪，就我的經驗而言，更正絕對代表恥辱，而且更正還代表了錯誤。科學家更正論文意味著他們犯了一個一開始就不該犯的錯。

22 Quan et al., 'Publish or Impoverish'.

23 我找到在科學語境下首次在論文中使用「切香腸」的說法，來自於 John Maddox, 'Is the Salami Sliced Too Thinly?', *Nature* 342, no. 6251 (Dec. 1989): p. 733; https://doi.org/10.1038/342733a0. 這篇參考資料提到這個比喻被使用好一陣子了。這句話也被用在其他情境下，像是員工透過每次從工作場所偷一點東西，長時間持續不斷最後累積偷竊了大量貨品的情況。

24 我不要引用所有的例子，因為那會讓那些作者占上風。不過其中一個例子是 Xing Chen et al., 'A Novel Relationship for Schizophrenia, Bipolar and Major Depressive Disorder Part 5: A Hint from Chromosome 5 High Density Association Screen', *American Journal of Translational Research* 9, no. 5 (2017): pp. 2473–91; https://www.ncbi.nlm.nih.gov/pubmed/28559998

25 順道一提，這些論文都沒有發現差異，所以至少這些論文算是發表了無效結果的例子：Glen I. Spielmans et al., 'A Case Study of Salami Slicing: Pooled Analyses of Duloxetine for Depression', *Psychotherapy and Psychosomatics* 79, no. 2 (2010): pp. 97–106; https://doi.org/10.1159/000270917

26 其他的例子，這次可以舉抗精神疾病藥物為例，請參考：Glen. I. Spielmans et al., '"Salami Slicing" in Pooled Analyses of Second-Generation Antipsychotics for the Treatment of Depression', *Psychotherapy and Psychosomatics* 86, no. 3 (2017): pp. 171–72; https://doi.org/10.1159/000464251

27 當然，本書的一個重要論點就是，鑑於有這麼多不良的研究被期刊接受與發表，科學期刊慣常的同儕審查與編輯標準必定嚴重不足。但是掠奪性期刊則是連試都不試。

28 也有由詐騙集團所辦的偽學術研討會。它們的邀請信函常會塞滿研究人員的垃圾郵件夾。這裡有一篇很好的介紹，由 James McCrostie所著：'"Predatory Conferences" Stalk Japan's Groves of Academia', *Japan Times*, 11 May 2016; https://www.japantimes.co.jp/community/2016/05/11/issues/predatory-conferences-stalk-japans-groves-academia/

and Emma Stoye, 'Predatory Conference Scammers Are Getting Smarter', *Chemistry World*, 6 Aug. 2018; https://www.chemistryworld.com/news/predatory-conference-scammers-are-getting-smarter/3009263.article

29 科羅拉多大學丹佛分校的圖書館員 Jeffrey Beall 就發起了一場對抗掠奪性期刊的個人運動：Jeffrey Beall, 'What I Learned from Predatory Publishers', *Biochemia Medica* 27, no. 2 (15 June 2017): pp. 273–78; https://doi.org/10.11613/BM.2017.029. 他有一份可疑出版品列表最終還是從網路上消失了（https://retractionwatch.com/2017/01/17/bealls-list-potential-predatory-publishers-go-dark/），但是另一份更新更長的版本可以在這裡看到：https://predatory-journals.com/journals/. See also Pravin Bolshete, 'Analysis of Thirteen Predatory Publishers: A Trap for Eager-to-Publish Researchers', *Current Medical Research and Opinion* 34, no. 1 (2 Jan. 2018): pp. 157–62; https://doi.org/10.1080/03007995.2017.1358160 and Agnes Grudniewicz et al., 'Predatory Journals: No Definition, No Defence', *Nature* 576, no. 7786 (Dec. 2019): pp. 210–12; https://doi.org/10.1038/d41586-019-03759-y

30 可惜，該論文最終還是沒能發表，因為范普魯拒絕支付該期刊一百五十美金的發表費用（詳情請見 Joseph Stromberg, '"Get Me Off Your Fucking Mailing List" Is an Actual Science Paper Accepted by a Journal', *Vox*, 21 Nov. 2014; https://www.vox.com/2014/11/21/7259207/scientific-paper-scam）。該份手稿其實是來自早先幾年另外兩位電腦科學家 David Mazières 以及 Eddie Kohler，也是為了類似的目的而寫的，可以在下列連結中看到完整的版本：http://www.scs.stanford.edu/~dm/home/papers/remove.pdf

31 Quoted in Ivan Oransky, 'South Korean Plant Compound Researcher Faked Email Addresses so He Could Review His Own Studies', *Retraction Watch*, 24 Aug. 2012; https://retractionwatch.com/2012/08/24/korean-plant-compound-researcher-faked-email-addresses-so-he-could-review-his-own-studies/

32 關於其中一個例子的詳細討論，以及讓這些期刊通過的編輯自白，請參考：Adam Cohen et al., 'Organised Crime against the Academic Peer Review System: Organised Crime against the Academic Peer Review System', *British Journal of*

Clinical Pharmacology 81, no. 6 (June 2016): pp. 1012–17; https://doi.org/10.1111/bcp.12992

33 Alison McCook, 'A New Record: Major Publisher Retracting More than 100 Studies from Cancer Journal over Fake Peer Reviews', *Retraction Watch*, 20 April 2017; https://retractionwatch.com/2017/04/20/new-record-major-publisher-retracting-100-studies-cancer-journal-fake-peer-reviews/

34 Vincent Larivière et al., 'The Decline in the Concentration of Citations, 1900-2007', Journal of the American Society for Information Science and Technology 60, no. 4 (April 2009): pp. 858–62; https://doi.org/10.1002/asi.21011.9

35 來源同上。至少在科學界的情況並沒有像人文學科那麼糟。在人文學科中，只有不到百分之二十的論文在發表後的五年內會被人引用。當然，科學界與人文學科的引用習慣不同，同時人文學科更重視書本而非論文。就算如此，我們還是想問，那百分之八十沒有被引用過的論文，真的對我們的知識產生了什麼貢獻嗎？

36 J. E. Hirsch, 'An Index to Quantify an Individual's Scientific Research Output', *Proceedings of the National Academy of Sciences* 102, no. 46 (15 Nov. 2005): pp. 16569–72; https://doi.org/10.1073/pnas.0507655102

37 我必須要在這裡提一下，google學術搜尋其實會高估*h*指數，因為他的引用標準非常寬鬆。還有其他的方式可以計算*h*指數，比如說Web of Science資料庫，它在計算引用上面就比較保守，因此得到的指數也比較低。

38 Bram Duyx et al., 'Scientific Citations Favor Positive Results: A Systematic Review and Meta-Analysis', *Journal of Clinical Epidemiology* 88 (Aug. 2017): pp. 92–101; https://doi.org/10.1016/j.jclinepi.2017.06.002; see also R. Leimu and J. Koricheva, 'What Determines the Citation Frequency of Ecological Papers?', *Trends in Ecology & Evolution* 20, no. 1 (Jan. 2005): pp. 28–32; https://doi.org/10.1016/j.tree.2004.10.010

39 'a third of all citations': Dag W. Aksnes, 'A Macro Study of Self-Citation', *Scientometrics* 56, no. 2 (2003): pp. 235–46; https://doi.org/10.1023/A:1021919228368. 這問題也跟切香腸式的發表策略相輔相成。如果你用切香腸式的方法發表論文，然後每篇彼此都互相引用，那就算事實上除了你以外，沒有其他人看或是引用你的研究成果，那得到的

引用數還是會高很多。我有點想說這像是切成環形香腸，不過這比喻有點太誇張了。

40 這裡有些極端的例子，請參考：John P. Ioannidis (2015), 'A Generalized View of Self-Citation: Direct, Co-Author, Collaborative, and Coercive Induced Self-Citation', *Journal of Psychosomatic Research* 78, no. 1 (Jan. 2015): pp. 7–11; https://doi.org/10.1016/j.jpsychores.2014.11.008

41 Colleen Flaherty, 'Revolt Over an Editor', *Inside Higher Ed*, 30 April 2018; https://www.insidehighered.com/news/2018/04/30/prominent-psychologist-resigns-journal-editor-over-allegations-over-self-citation. 還有另外一個例子，這次是發生在自閉症類群障礙領域的研究，請參考：Pete Etchells & Chris Chambers, 'The Games We Play: A Troubling Dark Side in Academic Publishing', *Guardian*, 12 March 2015; https://www.theguardian.com/science/head-quarters/2015/mar/12/games-we-play-troubling-dark-side-academic-publishing-matson-sigafoos-lancioni

42 Eiko Fried, '7 Sternberg Papers: 351 References, 161 Self-Citations', *Eiko Fried*, 29 March 2018; https://eiko-fried.com/sternberg-selfcitations/

43 Brett D. Thombs et al., 'Potentially Coercive Self-Citation by Peer Reviewers: A Cross-Sectional Study', *Journal of Psychosomatic Research* 78, no. 1 (Jan. 2015): pp. 1–6; https://doi.org/10.1016/j.jpsychores.2014.09.015

44 史騰伯格用這個技巧在遊戲中作弊其實非常諷刺，因為二〇一七年他在一本寫給學術界建議的書中曾這樣說：「當你沒有適當地引用自己的工作時，就可能會變成自我剽竊……在極端的情況下，有人可能甚至會重複發表兩次一模一樣的論文，然後完全不提及該研究之前曾經發表過。」Robert J. Sternberg, & Karin Sternberg, *The Psychologist's Companion: A Guide to Professional Success for Students, Teachers, and Researchers* (Cambridge: CUP, 2016): p.141.

45 原始論文（文本最早的發表處）：Robert J. Sternberg, 'WICS: A New Model for Cognitive Education', *Journal of Cognitive Education and Psychology* 9, no. 1 (Feb. 2010): pp. 36–47; https://doi.org/10.1891/1945-8959.9.1.36. 撤

稿聲明：'for reasons of redundant publication' is Editorial, 'Retraction Notice for "WICS: A New Model for School Psychology" by Robert J. Sternberg', *School Psychology International* 39, no. 3 (June 2018): p. 329; https://doi.org/10.1177/0143034318782213. See also Nicholas J. L. Brown, 'Some Instances of Apparent Duplicate Publication by Dr. Robert J. Sternberg', *Nick Brown's Blog*, 25 April 2018; https://steamtraen.blogspot.com/2018/04/some-instances-of-apparent-duplicate.html

46 Tracey Bretag & Saadia Carapiet, 'A Preliminary Study to Identify the Extent of Self-Plagiarism in Australian Academic Research', *Plagiary: Cross-Disciplinary Studies in Plagiarism, Fabrication, and Falsification* 2, no. 5 (2007): pp. 1–12.

47 Éric Archambault & Vincent Larivière, 'History of the Journal Impact Factor: Contingencies and Consequences', *Scientometrics* 79, no. 3 (June 2009): pp. 635–49; https://doi.org/10.1007/s11192-007-2036-x

48 這有點讓人困惑，所以我說的準確一點，影響指數其實是計算某特定年度的前兩年間，發表在該期刊上論文的平均引用數。當然，為了要能計算這個數字，必須要等一整年的時間，因此這個數字總是稍微過十一點。比如說，某個期刊在二〇二〇年的影響指數，是二〇一九年時，計算該期刊在二〇一七年跟二〇一八年間所刊登的論文的平均引用數。

49 如果你想知道的話，《美國馬鈴薯研究》期刊的影響指數目前是一．〇九五。

50 Vincent Larivière et al., 'A Simple Proposal for the Publication of Journal Citation Distributions', *bioRxiv*, 5 July 2016; https://doi.org/10.1101/062109; see also Vincent Larivière & Cassidy R. Sugimoto, 'The Journal Impact Factor: A Brief History, Critique, and Discussion of Adverse Effects', in *Springer Handbook of Science and Technology Indicators*, eds. Wolfgang Glänzel, Henk F. Moed, Ulrich Schmoch, & Mike Thelwall, pp. 3–24 (Cham: Springer International Publishing, 2019); https://doi.org/10.1007/978-3-030-02511-3_1. 反面的意見請參考：Lutz Bornmann & Alexander I. Pudovkin, 'The Journal Impact Factor Should Not Be Discarded', *Journal of Korean Medical Science* 32, no. 2 (2017): p. 180–82; https://

doi.org/10.3346/jkms.2017.32.2.180

51 Richard Monastersky, 'The Number That's Devouring Science', *Chronicle of Higher Education*, 14 Oct. 2005; https://www.chronicle.com/article/the-number-thats-devouring/26481

52 A. W. Wilhite & E. A. Fong, 'Coercive Citation in Academic Publishing', *Science* 335, no. 6068 (2 Feb. 2012): pp. 542–43; https://doi.org/10.1126/science.1212540

53 Phil Davis, 'The Emergence of a Citation Cartel', *Scholarly Kitchen*, 10 April 2012; https://scholarlykitchen.sspnet.org/2012/04/10/emergence-of-a-citation-cartel/

54 Paul Jump, 'Journal Citation Cartels on the Rise', *Times Higher Education*, 21 June 2013; https://www.timeshighereducation.com/news/journal-citation-cartels-on-the-rise/2005009.article. 不過幫派也可能會遇到他們的剋星，像黑幫遇到查稅員內斯一樣。二〇一七年有人開發出一種演算法，可以從引用的資料中抓出那些彼此不成比例交叉引用的問題。Iztok Fister Jr. et al., 'Toward the Discovery of Citation Cartels in Citation Networks', *Frontiers in Physics* 4:49 (15 Dec. 2016); https://doi.org/10.3389/fphy.2016.00049

55 Charles Goodhart, 'Monetary Relationships: A View from Threadneedle Street', Papers in Monetary Economics I (Reserve Bank of Australia, 1975). The specific phrasing is due to Marilyn Strathearn, 'Improving Ratings: Audit in the British University System', *European Review* 5, no. 3 (July 1997): pp. 305–21; https://doi.org/10.002/(SICI)1234-981X(199707)5:3<305::AID-EURO184>3.0.CO;2-4

56 Paul E. Smaldino & Richard McElreath, 'The Natural Selection of Bad Science', *Royal Society Open Science* 3, no. 9 (Sept. 2016): 160384; https://doi.org/10.1098/rsos.160384

57 Andrew D. Higginson & Marcus R. Munafò, 'Current Incentives for Scientists Lead to Underpowered Studies with Erroneous Conclusions', *PLOS Biology* 14, no. 11 (10 Nov. 2016): p.6; https://doi.org/10.1371/journal.pbio.2000995

58 David Robert Grimes et al., 'Modelling Science Trustworthiness under Publish or Perish Pressure', *Royal Society Open Science* 5, no. 1 (Jan. 2018); https://doi.org/10.1098/rsos.171511

59 畫家還有同一位鍊金術士另外一個版本的作品，目前收藏在美國華盛頓特區的國家美術館。

60 See Anton Howes, 'Age of Invention: When Alchemy Works', Age on Invention, 6 Oct. 2019; https://antonhowes.substack.com/p/age-of-invention-when-alchemy-works and Richard Conniff, 'Alchemy May Not Have Been the Pseudoscience We All Thought It Was', *Smithsonian Magazine*, Feb. 2014; https://www.smithsonianmag.com/history/alchemy-may-not-been-pseudoscience-we-thought-it-was-180949430/

61 煉金術士與現代科學家之間的主要差別在於，對於現代科學家而言，這些黃金是真的。如同在第六章提過，對那些願意誇大自己的成果，為了書本暢銷而簡化發現，或是高調巡迴演講的科學家來說，這背後可是有著極大的金錢回報。

62 Marc A. Edwards & Siddhartha Roy, 'Academic Research in the 21st Century: Maintaining Scientific Integrity in a Climate of Perverse Incentives and Hypercompetition', *Environmental Engineering Science* 34, no. 1 (Jan. 2017): pp. 51–61; https://doi.org/10.1089/ees.2016.0223

63 Tal Yarkoni, 'No, It's Not The Incentives – It's You', [CitationNeeded], 2 Oct. 2018; https://www.talyarkoni.org/blog/2018/10/02/no-its-not-the-incentives-its-you/

64 See Edwards & Roy, 'Academic Research', Fig. 1.

第八章

卷首語：尼爾森 http://michaelnielsen.org/blog/the-future-of-science-2/

1 Y. A. de Vries et al., 'The Cumulative Effect of Reporting and Citation Biases on the Apparent Efficacy of Treatments:

The Case of Depression', *Psychological Medicine* 48, no. 15 (Nov. 2018): pp. 2453–55; https://doi.org/10.1017/S0033291718001873

2 來源同上，p. 2453.

3 講得精確一點，她們發現了論文粉飾與引用偏差的問題；而是否有其他的問題比較難以評估，因為心理治療的臨床試驗並不像新藥試驗一樣要求預先登記。

4 在某些國家是因為隱私法的關係所以不公開。Charles Seife, 'Research Misconduct Identified by the US Food and Drug Administration: Out of Sight, Out of Mind, Out of the Peer-Reviewed Literature', *JAMA Internal Medicine* 175, no. 4 (1 April 2015): pp. 567–577; https://doi.org/10.1001/jamainternmed.2014.7774. See also Michael Robinson, 'Canadian Researchers Who Commit Scientific Fraud Are Protected by Privacy Laws', *The Star*, 12 July 2016; https://www.thestar.com/news/canada/2016/07/12/canadian-researchers-who-commit-scientific-fraud-are-protected-by-privacy-laws.html

5 Ivan Oransky & Adam Marcus, 'Governments Routinely Cover up Scientific Misdeeds. Let's End That', *STAT News*, 15 Dec. 2015; https://www.statnews.com/2015/12/15/governments-scientific-misdeeds/

6 Chia-Yi Hou, 'Sweden Passes Law For National Research Misconduct Agency', *Scientist*, 10 July 2019; https://www.the-scientist.com/news-opinion/sweden-passes-law-for-national-research-misconduct-agency-66129

7 Morten P. Oksvold, 'Incidence of Data Duplications in a Randomly Selected Pool of Life Science *Publications*', *Science and Engineering Ethics* 22, no. 2 (April 2016): pp. 487–96; https://doi.org/10.1007/s11948-015-9668-7. M. Enrico Bucci et al., 'Automatic Detection of Image Manipulations in the Biomedical Literature', *Cell Death & Disease* 9, no. 3 (Mar. 2018): p. 400; https://doi.org/10.1038/s41419-018-0430-3. 附帶一提，後面這篇論文提到人工智慧演算法找到在細胞生物學中重複影像問題的數量讓人憂心。

8 新科技也能幫科學家在查看文獻的時候看得更清楚。在第三章我們提過殭屍論文的問題，也就是那些被撤銷的論文還是會繼續被人引用。這問題有一個自動化的解決方案，那就是有個可以免費下載的文獻管理軟體叫做 *Zotero*（很多科學家用它來儲存跟管理論文的參考文獻，這功能已經幫助科學家節省很多時間、避開許多錯誤，我在撰寫本書時用的就是這套軟體）。*Zotero* 最近宣布跟撤稿觀察站合作，它會在你要引用一篇被撤銷的論文時提出警告，告訴你「這篇論文已經被撤銷了」。Dan Stillman, 'Retracted Item Notifications with Retraction Watch Integration', *Zotero*, 14 June 2019; https://www.zotero.org/blog/retracted-item-notifications/

9 甚至有人建議可以用更複雜的演算法來掃描數萬篇論文，找出這些論文的所有特徵，有些特徵對肉眼來說或許不明顯，但是演算法卻可以看出這些論文將來有沒有辦法被複製。Adam Rogers, 'Darpa Wants to Solve Science's Reproducibility Crisis With AI', *Wired*, 15 Feb. 2019; https://www.wired.com/story/darpa-wants-to-solve-sciences-replication-crisis-with-robots/

10 這種軟體其中之一就是 RMarkdown: https://rmarkdown.rstudio.com/

11 這類提議中更為極端的一種是心理學家 Jeff Rouder 主張的 'born-open data'。他建議任何新受試者的測驗結果，都應該在該日自動上傳到一個線上資料庫。Jeffrey N. Rouder, 'The What, Why, and How of Born-Open Data', *Behavior Research Methods* 48, no. 3 (Sept. 2016): pp. 1062–69; https://doi.org/10.3758/s13428-015-0630-z

12 Mark Ziemann et al., 'Gene Name Errors are Widespread in the Scientific Literature', *Genome Biology* 17, no. 1 (Dec. 2016): 177; https://doi.org/10.1186/s13059-016-1044-7

13 'Ottoline Leyser on How Plants Decide What to Do', *The Life Scientific*, BBC Radio 4, 16 May 2017.

14 Brian A. Nosek et al., 'Scientific Utopia: II. Restructuring Incentives and Practices to Promote Truth Over Publishability', *Perspectives on Psychological Science* 7, no. 6 (Nov. 2012): pp. 615–631; https://doi.org/10.1177/1745691612459058, p.619.

15 你可以在下面的連結找到《生醫否定結果期刊》的檔案：https://jnrbm.biomedcentral.com/articles。此外還有《否定結果期刊：生態與演化生物學》，但這本期刊看起來比較不專業，也很少投稿。從二〇一四年到二〇一五年間它一篇論文也沒有，然後在二〇一六年刊登了兩篇論文，然後二〇一八年又刊登了一篇論文，之後就再也沒有消息了。這個例子很清楚地說明了把結果發表在只接受無效結果的期刊上，會是件多麼不受歡迎的事。http://www.jnr-eeb.org/index.php/jnr

16 該期刊的第一個字PLOS代表了公共科學圖書館（Public Library of Science）。*PLOS ONE* 那種只要通過同儕審查，不管是否「有趣」都可以刊登的策略或至極大的成功，使它成為全世界最大的期刊（以發表的論文數量計），直到二〇一七年才被《科學報告》期刊超越。《科學報告》也是一本超級期刊，有著跟 *PLOS ONE* 一樣的出版策略：Phil Davis, 'Scientific Reports Overtakes PLoS ONE As Largest Megajournal', 6 April 2017; https://scholarlykitchen.sspnet.org/2017/04/06/scientific-reports-overtakes-plos-one-as-largest-megajournal/。《科學報告》期刊由自然出版集團所出版，因此也沾到了一些世界頂尖期刊《自然》的光環，這或許可以解釋一部分它受歡迎的理由。其他「接受任何高品質論文而不考慮可能影響力」的期刊還有 *PeerJ*（https://peerj.com/）以及*Royal Society Open Science*（https://royalsocietypublishing.org/journal/rsos）。

17 https://www.apa.org/pubs/journals/psp/?tab=4

18 Sanjay Srivastava, 'A Pottery Barn Rule for Scientific Journals', *The Hardest Science*, 27 Sept. 2012; https://thehardestscience.com/2012/09/27/a-pottery-barn-rule-for-scientific-journals/ – 這是所謂的「Pottery Barn 規則」，據說是美國知名的連鎖家具店 Pottery Barn 的店內規則，但這其實有點像是一則都市傳說，因為事實上 Pottery Barn 並沒有這條規則。請見：See Daniel Grant, 'You Break It, You Buy It? Not According to the Law', *Crafts Report*, April 2005; https://web.archive.org/web/20061207233337/http:/www.craftsreport.com/april05/break_not_buy.html

19 B. A. Nosek et al., 'Promoting an Open Research Culture', *Science* 348, no. 6242 (26 June 2015): 1422–25; https://doi.org/10.1126/science.aab2374. See also https://cos.io/top/

20 Jop de Vrieze, '"Replication Grants" Will Allow Researchers to Repeat Nine Influential Studies That Still Raise Questions', *Science*, 11 July 2017; https://doi.org/10.1126/science.aan7085

21 這裡舉二十世紀中跟二十世紀末兩個知名的例子：David Bakan, 'The Test of Significance in Psychological Research', *Psychological Bulletin* 66, no. 6 (1966): pp. 423–37; https://doi.org/10.1037/h0020412. And: Jacob Cohen, 'The Earth Is Round ($p < .05$)', *American Psychologist* 49, no. 12 (1994): pp. 997–1003; https://doi.org/10.1037/0003-066X.49.12.997

22 Stephen Thomas Ziliak & Deirdre N. McCloskey, *The Cult of Statistical Significance: How the Standard Error Costs Us Jobs, Justice, and Lives, Economics, Cognition, and Society* (Ann Arbor: University of Michigan Press, 2008): p. 33.

23 Valentin Amrhein et al., 'Scientists Rise up against Statistical Significance', *Nature* 567, no. 7748 (March 2019): pp. 305–7; https://doi.org/10.1038/d41586-019-00857-9

24 想知道多一點關於這個看法，請參考 Geoff Cumming, 'The New Statistics: Why and How', *Psychological Science* 25, no. 1 (Jan. 2014): pp. 7–29; https://doi.org/10.1177/0956797613504966; and Lewis G. Halsey, 'The Reign of the p-Value Is Over: What Alternative Analyses Could We Employ to Fill the Power Vacuum?', *Biology Letters* 15, no. 5 (31 May 2019): 20190174; https://doi.org/10.1098/rsbl.2019.0174

25 一旦你知道了效應的大小跟 p 值，你就可以計算信賴區間。反之亦然。請參考：D. G. Altman & J. M. Bland, 'How to Obtain the Confidence Interval from a P Value', *BMJ* 343 (16 July 2011): d2090; https://doi.org/10.1136/bmj.d2090 and D. G. Altman & J. M. Bland, 'How to Obtain the P Value from a Confidence Interval', *BMJ* 343 (8 Aug. 2011): d2304; https://doi.org/10.1136/bmj.d2304

26 John P. A. Ioannidis, 'The Importance of Predefined Rules and Prespecified Statistical Analyses: Do Not Abandon Significance', *JAMA* 321, no. 21 (4 June 2019): p. 2067; https://doi.org/10.1001/jama.2019.4582

27 Quoted in Andrew Gelman, '"Retire Statistical Significance": The Discussion', *Statistical Modeling, Causal Inference,*

and Social Science, 20 March 2019; https://statmodeling.stat.columbia.edu/2019/03/20/retire-statistical-significance-the-discussion/

28 從這個角度來看，貝式先驗是一種用數學方式來詮釋天文學家薩根那句名言：「不凡的主張需要不凡的證據」。

29 順道一提，大部分傳統的統計學都以使用p值為主，又稱為頻率統計學。這是因為使用p值的統計學家對頻率特別感興趣，特別是在你的假設錯誤，然後檢驗實驗無限次會跑出一個小於〇・〇五p值的機率。

30 這裡有一份介紹貝式統計學閱讀清單，請參考：Etz et al., 'How to Become a Bayesian in Eight Easy Steps: An Annotated Reading List', *Psychonomic Bulletin & Review* 25, no. 1 (Feb. 2018): 219–34; https://doi.org/10.3758/s13423-017-1317-5. See also Richard McElreath, *Statistical Rethinking: A Bayesian Course with Examples in R and Stan*, Chapman & Hall/CRC Texts in Statistical Science Series 122 (Boca Raton: CRC Press/Taylor & Francis Group, 2016).

31 關於這個四面楚歌的p值，這裡有一些（品質相當好）的文章為其辯護：Victoria Savalei & Elizabeth Dunn, 'Is the Call to Abandon P-Values the Red Herring of the Replicability Crisis?', *Frontiers in Psychology* 6:245 (6 March 2015); https://doi.org/10.3389/fpsyg.2015.00245; Paul A. Murtaugh, 'In Defense of P Values', *Ecology* 95, no. 3 (March 2014): pp. 611–17; https://doi.org/10.1890/13-0590.1; and S. Senn, 'Two Cheers for P-Values?', *Journal of Epidemiology and Biostatistics* 6, no. 2 (1 March 2001): 193–204; https://doi.org/10.1080/135952201753172953

32 Daniel J. Benjamin et al., 'Redefine Statistical Significance', *Nature Human Behaviour* 2, no. 1 (Jan. 2018): pp. 6–10; https://doi.org/10.1038/s41562-017-0189-z. 回應請見：Daniël Lakens et al., 'Justify Your Alpha', *Nature Human Behaviour* 2, no. 3 (March 2018): pp. 168–71; https://doi.org/10.1038/s41562-018-0311-x. 也有一些新的統計方法，雖然還繼續使用p值，但是已經不再那麼天真總是把結果跟零（或是零差異）比較了。請參考：Daniël Lakens et al., 'Equivalence Testing for Psychological Research: A Tutorial', *Advances in Methods and Practices in Psychological Science* 1, no. 2 (June 2018): pp. 259–69; https://doi.org/10.1177/2515245918770963

33 又或者研究人員可以執行分析，但是讓獨立的統計學家來解讀這些結果。Isabelle Boutron & Philippe Ravaud, 'Misrepresentation and Distortion of Research in Biomedical Literature', *Proceedings of the National Academy of Sciences* 115, no. 11 (13 March 2018): pp. 2613–19; https://doi.org/10.1073/pnas.1710755115

34 或者當統計學家認為實驗設計從一開始就不夠完美時，也會有爭執。費雪在一九三八年說過一段很有名的話：「在實驗結束後才諮詢統計學家，通常只是請他驗屍而已。統計學家或許可以說出實驗的死因為何」https://www.gwern.net/docs/statistics/decision/1938-fisher.pdf

35 'specification-curve analysis': Uri Simonsohn et al., 'Specification Curve: Descriptive and Inferential Statistics on All Reasonable Specifications', *SSRN* Electronic Journal (2015); https://doi.org/10.2139/ssrn.2694998. 'Vibration-of-effects': Chirag J. Patel et al., 'Assessment of Vibration of Effects Due to Model Specification Can Demonstrate the Instability of Observational Associations', *Journal of Clinical Epidemiology* 68, no. 9 (Sept. 2015): pp. 1046–58; https://doi.org/10.1016/j.jclinepi.2015.05.029. 'Multiverse analysis': Sara Steegen et al., 'Increasing Transparency Through a Multiverse Analysis', *Perspectives on Psychological Science* 11, no. 5 (Sept. 2016): pp. 702–12; https://doi.org/10.1177/1745691616658637

36 Amy Orben & Andrew K. Przybylski, 'The Association between Adolescent Well-Being and Digital Technology Use', *Nature Human Behaviour* 3, no. 2 (Feb. 2019): pp. 173–82; https://doi.org/10.1038/s41562-018-0506-1. Full disclosure: Orben and Przybylski are friends and colleagues of mine.

37 Sam Blanchard, 'Smartphones and Tablets Are Causing Mental Health Problems in Children as Young as TWO by Crushing Their Curiosity and Making Them Anxious', MailOnline, 2 Nov. 2018; https://www.dailymail.co.uk/health/article-6346349/Smartphones-tablets-causing-mental-health-problems-children-young-two.html

38 範例請見：Jean M. Twenge, 'Have Smartphones Destroyed a Generation?', *Atlantic*, Sept. 2017; https://www.theatlantic.com/magazine/archive/2017/09/has-the-smartphone-destroyed-a-generation/534198/; and Jean M. Twenge, IGEN: *Why*

Today's Super-Connected Kids Are Growing up Less Rebellious, More Tolerant, Less Happy – and Completely Unprepared for Adulthood (and What This Means for the Rest of Us) (New York: Atria Books, 2017).

39 'Video gaming disorder': https://www.who.int/features/qa/gaming-disorder/en/; Antonius J. van Rooij et al., 'A Weak Scientific Basis for Gaming Disorder: Let Us Err on the Side of Caution', *Journal of Behavioral Addictions* 7, no. 1 (March 2018): pp. 1–9; https://doi.org/10.1556/2006.7.2018.19; 'online porn disorder': Rubén de Alarcón et al., 'Online Porn Addiction: What We Know and What We Don't – A Systematic Review', *Journal of Clinical Medicine* 8, no. 1 (15 Jan. 2019): p. 91; https://doi.org/10.3390/jcm8010091; 'iPhone addiction': André Spicer, 'The iPhone Is the Crack Cocaine of Technology. Don't Celebrate Its Birthday', *Guardian*, 29 June 2017; https://www.theguardian.com/commentisfree/2017/jun/29/apple-iphone-ten-years-old-crippling-addiction; 'the list goes on': Christopher Snowdon, 'Evidence-Based Puritanism', *Velvet Glove, Iron Fist*, 10 Jan. 2019; https://velvetgloveironfist.blogspot.com/2019/01/evidence-based-puritanism.html

40 這些研究人員也使用了多重宇宙分析法對不同的數據集進行其他分析，得到的結論大致相同：我們對「螢幕時間」的恐慌確實是被誇大了。請見 Amy Orben & Andrew K. Przybylski, 'Screens, Teens, and Psychological Well-Being: Evidence from Three Time-Use-Diary Studies', *Psychological Science* 30, no. 5 (May 2019): pp. 682–96; https://doi.org/10.1177/0956797619830329. Amy Orben et al., 'Social Media's Enduring Effect on Adolescent Life Satisfaction', *Proceedings of the National Academy of Sciences* 116, no. 21 (21 May 2019): 10226–28; https://doi.org/10.1073/pnas.1902058116. 但這並不是說一切網路活動都是無害的，或是對某些兒童來說螢幕不會造成問題。但是整體而言，螢幕的影響比媒體所宣傳的恐慌要小得多。

41 在 ClinicalTrials.gov 的網站上可以看到一張時間表：https://clinicaltrials.gov/ct2/about-site/history. See also Jamie L. Todd et al., 'Using ClinicalTrials.Gov to Understand the State of Clinical Research in Pulmonary, Critical Care, and

Sleep Medicine', *Annals of the American Thoracic Society* 10, no. 5 (Oct. 2013): pp. 411–17; https://doi.org/10.1513/AnnalsATS.201305-111OC

42 Sophie Scott, 'Pre-Registration Would Put Science in Chains', *Times Higher Education*, 25 July 2013; https://www.timeshighereducation.com/comment/opinion/pre-registration-would-put-science-in-chains/2005954.article

43 Eric-Jan Wagenmakers et al., 'An Agenda for Purely Confirmatory Research', *Perspectives on Psychological Science* 7, no. 6 (Nov. 2012): pp. 632–38; https://doi.org/10.1177/1745691612463078

44 Robert M. Kaplan & Veronica L. Irvin, 'Likelihood of Null Effects of Large NHLBI Clinical Trials has Increased Over Time', *PLOS ONE* 10, no. 8 (5 Aug. 2015): e0132382; https://doi.org/10.1371/journal.pone.0132382

45 不過必須老實說，我們還不知道終極問題的答案，那就是預先登記的實驗未來是否更容易被重複？只有時間跟更多的統合分析能回答這個問題。

46 Kent Anderson, 'Why Is ClinicalTrials.Gov Still Struggling?', *Scholarly Kitchen*, 15 March 2016; https://scholarlykitchen.sspnet.org/2016/03/15/why-is-clinicaltrials-gov-still-struggling/; Monique Anderson, 'Compliance with Results Reporting at ClinicalTrials.Gov', *New England Journal of Medicine* 372, no. 11 (12 Mar. 2015): pp. 1031–39; https://doi.org/10.1056/NEJMsa1409364; Ruijan Chen et al., 'Publication and Reporting of Clinical Trial Results: Cross Sectional Analysis across Academic Medical Centers', *BMJ* (17 Feb. 2016): i637; https://doi.org/10.1136/bmj.i637; Ben Goldacre et al., 'Compliance with Requirement to Report Results on the EU Clinical Trials Register: Cohort Study and Web Resource', *BMJ* (12 Sept. 2018): k3218; https://doi.org/10.1136/bmj.k3218. There's also some initial evidence from psychology that the dream of the pre-registered analysis doesn't always match the reality: Aline Claesen et al., 'Preregistration: Comparing Dream to Reality', preprint, *PsyArXiv*, 9 May 2019; https://doi.org/10.31234/osf.io/d8wex

47 'one investigation by the journal Science': Charles Piller, 'FDA and NIH Let Clinical Trial Sponsors Keep Results Secret

and Break the Law', *Science*, 13 Jan. 2020; https://doi.org/10.1126/science.aba8123; 'scofflaws': Charles Piller, 'Clinical Scofflaws?' *Science*, 13 Jan. 2020; https://doi.org/10.1126/science.aba8575

48 S. D. Turner et al., 'Publication Rate for Funded Studies from a Major UK Health Research Funder: A Cohort Study', *BMJ Open* 3, no. 5 (2013): e002521; https://doi.org/10.1136/bmjopen-2012-002521; Fay Chinnery et al., 'Time to Publication for NIHR HTA Programme-Funded Research: A Cohort Study', *BMJ Open* 3, no. 11 (Nov. 2013): e004121; https://doi.org/10.1136/bmjopen-2013-004121. See also Paul Glasziou & Iain Chalmers, 'Funders and Regulators Are More Important than Journals in Fixing the Waste in Research', *TheBMJOpinion*, 6 Sept. 2017; https://blogs.bmj.com/bmj/2017/09/06/paul-glasziou-and-iain-chalmers-funders-and-regulators-are-more-important-than-journals-in-fixing-the-waste-in-research/

49 See Christopher Chambers, 'Registered Reports: A New Publishing Initiative at Cortex', *Cortex* 49, no. 3 (March 2013): pp. 609–10; https://doi.org/10.1016/j.cortex.2012.12.016. 截至撰寫本書時，有二百二十五種期刊提供此類註冊報告的選擇——雖然是極少數，但數量正在增加 (https://cos.io/rr/). See also Chris Chambers, *The Seven Deadly Sins of Psychology: A Manifesto for Reforming the Culture of Scientific Practice* (Princeton: Princeton University Press, 2017).

50 關於預先註冊的實驗所做的初步研究發現，結果跟圖四很類似。在預先登記的心理學與生醫試驗中，無效的結果占了百分之六十一；但是在常規沒有預先登記的試驗中，無效的結果只占了百分之十。Christopher Allen & David M. A. Mehler, 'Open Science Challenges, Benefits and Tips in Early Career and Beyond', *PLOS Biology* 17, no. 5 (1 May 2019): e3000246; https://doi.org/10.1371/journal.pbio.3000246（請參考他們的圖一）；也請參考 Anne M. Scheel et al., 'An Excess of Positive Results: Comparing the Standard Psychology Literature with Registered Reports', *PsyArXiv*, preprint, 5 Feb. 2020; https://doi.org/10.31234/osf.io/p6e9c，在這篇論文中他們對心理學的研究也發現了一樣的結果。不過照例，也有別的原因可以解釋這種差異。如果科學家預先登記的試驗與沒有預先登記的實驗種類其實不一樣（比如科學家可能會為那些他們很懷疑的結果設計一套預先登記的試驗，因為這些結果不容易成真），在這

種情況下，可以預見這兩種試驗的結果有效的比例必定不同，而這跟試驗有沒有預先登記無關。

51 其實，我們甚至可以將十七世紀英國皇家學會發明了科學期刊這件事，視作開放科學的第一步，因為從此科學不再只是少數私人的娛樂活動而已。請見：Paul A. David, 'The Historical Origins of "Open Science": An Essay on Patronage, Reputation and Common Agency Contracting in the Scientific Revolution', *Capitalism and Society* 3, no. 2 , 24 Jan. 2008; https://doi.org/10.2202/1932-0213.1040

52 這裡有一份很有用的摘要：Marcus R. Munafò et al., 'A Manifesto for Reproducible Science', *Nature Human Behaviour* 1, no. 1 (Jan. 2017): 0021; https://doi.org/10.1038/s41562-016-0021

53 The *Open Science Framework* (https://osf.io/) 是一套線上資料庫，它可以存放帶了時間戳印的預先登記試驗，正在撰寫的論文等等。

54 有一份綜合生物學期刊《*eLife*》就是這樣操作的，如果你查閱它上面的論文，可以看到之前的版本與審稿意見的連結：https://elifesciences.org

55 不過這種事情還是會發生。就在本書撰寫期間，行為生態學界就有這樣的例子。請參考：Giuliana Viglione, '"Avalanche" of Spider-Paper Retractions Shakes Behavioural-Ecology Community', *Nature* 578, no. 7794 (Feb. 2020): 199–200; https://doi.org/10.1038/d41586-020-00287-y

56 這並不是簡單的把資料上傳到網路上而已。建立一道守門員，讓研究人員透過申請來訪問資料庫，並記錄哪些人曾經探訪過資料庫，這些程序有其意義。這跟預先登記的概念一樣：它可以防止某些研究人員自由地下載這些數據，透過 p 值操縱來得到有顯著性差異的結果，然後發表一篇論文，看起來像是他們一開始就想驗證這些假設似的。但是建置守門員系統以及數據資料庫都需要資金，這也就是為何過去科學家沒有好好建立這些系統，而這也正是資金提供者可以加強施力的地方。

57 S. Herfst et al., 'Airborne Transmission of Influenza A/H5N1 Virus Between Ferrets', *Science* 336, no. 6088 (22 June 2012):

pp. 1534–41; https://doi.org/10.1126/science.1213362

58 National Research Council et al., *Perspectives on Research with H5N1 Avian Influenza: Scientific Inquiry, Communication, Controversy: Summary of a Workshop* (Washington, D.C.: National Academies Press, 2013); https://doi.org/10.17226/18255. Appendix B: Official Statements.

59 Daniel Stokols et al., (2008), 'The Science of Team Science', *American Journal of Preventive Medicine* 35, no. 2 (Aug. 2008): S77–89; https://doi.org/10.1016/j.amepre.2008.05.002

60 之前提到發現微中子比光速還快（但其實沒有）的ＯＰＥＲＡ就是這種團隊的一個例子。

61 例子請見：the Psychiatric Genomics Consortium: https://www.med.unc.edu/pgc/

62 關於討論請見：Peter M. Visscher et al., '10 Years of GWAS Discovery: Biology, Function, and Translation', The *American Journal of Human Genetics* 101, no. 1 (July 2017): pp. 5–22; https://doi.org/10.1016/j.ajhg.2017.06.005. 當然，遺傳學研究也曾經歷過巨大而不當的炒作，請見：Timothy Caulfield, 'Spinning the Genome: Why Science Hype Matters', *Perspectives in Biology and Medicine* 61, no. 4 (2018): pp. 560–71; https://doi.org/10.1353/pbm.2018.0065

63 「神經科學」：http://enigma.ini.usc.edu/；「癌症流行病學」：https://epi.grants.cancer.gov/InterLymph/；「心理學」：https://psysciacc.org/；「轉譯醫學」：http://www.dcn.ed.ac.uk/camarades/default.htm。有些研究人員也開始另一種稱為「對抗性合作」的合作模式，這可算是將「有條理的懷疑主義」具體化。藉著透過科學爭論中立場相反的兩方組織起來一起合作，來對抗彼此的偏見。這種合作的概念是如果不同「陣營」可以就用哪種公平地測試某個理論的方法達成共識，那最終結果將比較容易為各方所接受。我最喜歡的一個對抗性合作的例子，是由相信超能力的陣營與懷疑的陣營一起合作，去執行一系列的實驗，看看當別人盯著受試者的後腦勺時，他們能不能透過超能力感覺到。我不要在這裡爆雷結果，但這篇研究值得一讀：Marilyn Schlitz et al., 'Of Two Minds: Sceptic-Proponent Collaboration within Parapsychology', *British Journal of Psychology* 97, no. 3 (Aug. 2006): pp. 313–22; https://

doi.org/10.1348/000712605X80704

64 https://www.usa.gov/government-works

65 https://www.coalition-s.org/

66 Holly Else, 'Radical Open-Access Plan Could Spell End to Journal Subscriptions', *Nature* 561, no. 7721 (Sept. 2018): pp. 17–18; https://doi.org/10.1038/d41586-018-06178-7. 我必須要說明的是，並非所有人都支持開放取用。關於開放取用的優缺點所做的最詳盡的討論，或許是由人工智慧科學家 Daniel Allington 所寫的：Daniel Allington, 'On Open Access, and Why It's Not the Answer', *Daniel Allington*, 15 Oct. 2013; http://www.danielallington.net/2013/10/open-access-why-not-answer/

67 Randy Schekman, 'Scientific Research Shouldn't Sit behind a Paywall', *Scientific American*, 20 June 2019; https://blogs.scientificamerican.com/observations/scientific-research-shouldnt-sit-behind-a-paywall/. 我選擇討論加州大學與愛思維爾公司是因為，在本書撰寫期間這兩間機構正處於大規模的爭執中。加州大學系統希望愛思維爾公司能夠降價但被拒絕，於是加州大學系統採取了強硬的手段，直接取消訂閱愛思維爾旗下的所有期刊。加州大學做得好！University of California Office of Scholarly Communication, 'UC and Elsevier', 20 March 2019; https://osc.universityofcalifornia.edu/uc-publisher-relationships/uc-and-elsevier/

68 根據一份報告，科學出版商愛思維爾公司至少在某幾年的時間裡，利潤甚至超過蘋果、谷歌或是亞馬遜等公司：Stephen Buranyi, 'Is the Staggeringly Profitable Business of Scientific Publishing Bad for Science?', *Guardian*, 27 June 2017; https://www.theguardian.com/science/2017/jun/27/profitable-business-scientific-publishing-bad-for-science。愛思維爾公司在科學出版方面的愚行在二〇一六年顯露無遺，那時他們申請了「線上同儕審查」的專利。這個動作被知名非營利組織電子前哨基金會評為二〇一六年八月的最蠢專利。Daniel Nazer & Elliot Harmon, 'Stupid Patent of the Month: Elsevier Patents Online Peer Review', *Electronic Freedom Foundation*, 31 Aug. 2016; https://www.eff.org/

deeplinks/2016/08/stupid-patent-month-elsevier-patents-online-peer-review。關於愛思維爾公司更多的惡行，請見：Yarkoni, 'Why I Still Won't Review for or Publish with Elsevier – and Think You Shouldn't Either', [Citation Needed], 12 Dec. 2016; https://www.talyarkoni.org/blog/2016/12/12/why-i-still-wont-review-for-or-publish-with-elsevier-and-think-you-shouldnt-either/

69 Buranyi, 'Is the Staggeringly Profitable ... Bad for Science?'

70 至少出版集團威立就跟愛思維爾不一樣，它們對於新出版模式的談判表現出相當高的興趣：Diana Kwon, 'As Elsevier Falters, Wiley Succeeds in Open-Access Deal Making', *Scientist*, 26 March 2019; https://www.the-scientist.com/news-opinion/as-elsevier-falters-wiley-succeeds-in-open-access-deal-making-65664

71 物理學御印本可以在這裡找到：*arXiv*，（https://arxiv.org/）：它的唸法是英文的「archive」，因為 X 要念希臘字母 chi (κ)。經濟學界的預印本通常稱為「工作論文」，可以在 the National Burea of Economic Research（https://www.nber.org/papers.html）等網站找到。存放主要生物學預印本的伺服器是 *bioRxiv*（https://www.biorxiv.org/）；存放醫學預印本的伺服器則是 *medRxiv*（https://www.medrxiv.org）；心理學是 *PsyArXiv*（https://psyarxiv.com/）。這裡還有其他領域的伺服器：https://osf.io/preprints/。關於生物學的預印本如何在短時間之內變的如此受歡迎，請參考Richard J. Abdill & Jan Blekhman, 'Tracking the Popularity and Outcomes of All bioRxiv Preprints', *eLife* 8 (24 April 2019): e45133; https://doi.org/10.7554/eLife.45133。至於預印本的資金來源，有些時候是來自於科學研究經費，有些檔案庫的經費來源則比較穩定：比如最早的 arXiv 與許多大學都簽訂了協議，每個大學都會捐款，金額根據各大學的研究人員下載跟使用預印本的數量而定。https://arxiv.org/about/ourmembers。

72 如同上面注釋五十四裡面提到，某些主流期刊也開放了同儕審查的流程供人瀏覽。

73 關於這個想法有許多不同的提議，請參考：Brian A. Nosek & Yoav Bar-Anan, 'Scientific Utopia: I. Opening Scientific Communication', *Psychological Inquiry* 23, no. 3 (July 2012): pp. 217–43; https://doi.org/10.1080/1047840X.2012.692215;

and by Bodo M. Stern & Erin K. O'Shea, 'A Proposal for the Future of Scientific Publishing in the Life Sciences', *PLOS Biology* 17, no. 2 (12 Feb. 2019): e3000116; https://doi.org/10.1371/journal.pbio.3000116. See also Aliaksandr Birukou et al., 'Alternatives to Peer Review: Novel Approaches for Research Evaluation', *Frontiers in Computational Neuroscience* 5 (2011); https://doi.org/10.3389/fncom.2011.00056

74 關於這個想法目前一個很有希望的做法是成立一個叫做「Peer Community In」（ＰＣＩ）的團體，旨在「創建由特定領域研究人員組成的社群，可以免費審查與推薦該領域的尚未發表的預印本」。在本書撰寫期間，ＰＣＩ社群已經包含了演化生物學、生態學、古生物學、動物科學、昆蟲學、電路神經科學與遺傳學等等。https://peercommunityin.org/

75 Stern & O'Shea（A Proposal for the Future）甚至建議期刊可以策劃「需要被重複的論文」與「帶有可疑主張的論文」等專題。

76 我們可以想像，如果結合這套系統與上面提到的「預先登記報告」架構，將來被做成預印本受人評估的將是實驗計畫而非最終論文。我們也可以加入偵錯演算法，它們很容易放入預印本資料庫中，就像舊式的論文系統一樣。

77 事實上，類似的作法已經被小規模的測試過，在下面這個連結中可以看到：https://asapbio.org/eisen-appraise

78 事實上大部分的預印本資料庫還是會檢查論文，這是為了避免惡意行為或是狂熱的「獨立研究者」發表一些毫無意義的胡言亂語。但是他們不會（考量到時間有限，也無法）全面審查。

79 Roland Fryer (2016), 'An Empirical Analysis of Racial Differences in Police Use of Force [Working Paper]', (Cambridge, MA: National Bureau of Economic Research, July 2016); https://doi.org/10.3386/w22399

80 來源同上 p. 5.

81 Quoctrung Bui & Amanda Cox, 'Surprising New Evidence Shows Bias in Police Use of Force but Not in Shootings', *New York Times*, 11 July 2016; https://www.nytimes.com/2016/07/12/upshot/surprising-new-evidence-shows-bias-in-police-use-

of-force-but-not-in-shootings.html

82 Larry Elder, 'Ignorance of Facts Fuels the Anti-Cop "Movement"', *RealClear Politics*, 14 July 2016; https://www.realclearpolitics.com/articles/2016/07/14/ignorance_of_facts_fuels_the_anti-cop_movement_131188.html

83 Uri Simonsohn, 'Teenagers in Bikinis: Interpreting Police-Shooting Data', *Data Colada*, 14 July 2016; http://datacolada.org/50

84 這些事實就寫在弗萊爾的工作論文中提到百分之二十三．八這個數字的下一行裡，但是在弗萊爾與媒體的互動中卻完全沒被提及。對於弗萊爾研究報告的其他批評可以參考下面這個由經濟學家所寫的部落格：Rajiv Sethi, 'Police Use of Force: Notes on a Study', 11 July 2016; https://rajivsethi.blogspot.com/2016/07/police-use-of-force-notes-on-study.html; and Justin Feldman, 'Roland Fryer is Wrong: There is Racial Bias in Shootings by Police', 12 July 2016; https://scholar.harvard.edu/jfeldman/blog/roland-fryer-wrong-there-racial-bias-shootings-police

85 Roland Fryer, 'An Empirical Analysis of Racial Differences in Police Use of Force', *Journal of Political Economy* 127, no. 3 (June 2019): pp. 1210–61; https://doi.org/10.1086/701423

86 事實上弗萊爾的預印本已經被他好幾位經濟學同僚看過，只是還沒有被正式審查跟發表而已。Daniel Engber, 'Was This Study Even Peer-Reviewed?', *Slate*, 25 July 2016; https://slate.com/technology/2016/07/roland-fryers-research-on-racial-bias-in-policing-wasnt-peer-reviewed-does-that-matter.html

87 https://www.biorxiv.org/content/early/recent（注意這些警語可能是暫時性的，在本書付梓期間可能就被改變或被移除了）

88 Kai Kupferschmidt, 'Preprints Bring "Firehose" of Outbreak Data', *Science* 367, no. 6481 (28 Feb. 2020): pp. 963–64; https://doi.org/10.1126/science.367.6481.963

89 Erin McKiernan et al., 'The "Impact" of the Journal Impact Factor in the Review, Tenure, and Promotion Process', *Impact of*

Social Sciences, 26 April 2019; https://blogs.lse.ac.uk/impactofsocialsciences/2019/04/26/the-impact-of-the-journal-impact-factor-in-the-review-tenure-and-promotion-process/

90 Jeffrey S. Flier (2019), 'Credit and Priority in Scientific Discovery: A Scientist's Perspective', *Perspectives in Biology and Medicine* 62, no. 2 (2019): pp. 189–215, https://doi.org/10.1353/pbm.2019.0010

91 在不同領域也有非常不同的作法，比如在數學或是少數物理學領域，他們使用姓名的字母順序（不過這種作法似乎正在減少中）。請參考：Ludo Waltman, 'An Empirical Analysis of the Use of Alphabetical Authorship in Scientific Publishing', *Journal of Informetrics* 6, no. 4 (Oct. 2012): pp. 700–711; https://doi.org/10.1016/j.joi.2012.07.008

92 Smriti Mallapaty, 'Paper Authorship Goes Hyper', *Nature Index*, 30 Jan. 2018; https://www.natureindex.com/news-blog/paper-authorship-goes-hyper

93 Dan L. Longo & Jeffrey M. Drazen, 'Data Sharing', *New England Journal of Medicine* 374, no. 3 (21 Jan. 2016): p. 276–277; https://doi.org/10.1056/NEJMe1516564. 《新英格蘭醫學期刊》的編輯還擔心研究寄生蟲「甚至可能會用這些數據來反駁原始作者所提出的論點」（頁二七六）；這種說法聽起來實在荒謬。不過到是有一點相關的問題值得擔憂：如果你的數據是公開的，然後你也把研究計畫公開上網，那你的研究就有可能被人捷足先登；其他的科學家可能會搶走你的數據，執行你想做的分析，然後搶先在你之前把論文發表。在一個如此注重新穎性的產業中，被搶先發表對科學家得職涯來說可是一場災難性的打擊。但是目前我們不知道這種事情發生的頻率，同時也有幾點需要說明。首先，在資料敏感的情況下，你可以限制預先登記計畫中的數據，直到你分析完之後才會解密公開（不過在你登記研究假設的時候，會有一個時間戳記）。第二，雖然研究被人搶先十分令人沮喪，但是讓不同人來分析同一批數據其實搞不好是件好事：比較不同版本的分析，可能讓我們比較容易看出哪裡有錯誤或疏忽。最後，至少有一本期刊（《PLOS生物學》）允許你在論文被搶先的情況下，仍保有公平的發表機會：The PLOS Biology Staff Editors, 'The Importance of Being Second', *PLOS Biology* 16, no. 1 (29 Jan. 2018): e2005203; https://

doi.org/10.1371/journal.pbio.2005203

94 有一組研究人員提出了所謂的T指數，它會根據作者在某篇論文中的實質貢獻來重新計算他們的*h*指數。如果科學家在許多研究計畫中居領導地位，那他的T指數就會增加；如果他扮演的是支援他人的工作，那他的T指數就會較低。但是這個指數依賴每位科學家必須誠實報告自己在每篇論文中的貢獻，而這個期望可能有點樂觀。當然，這個指數一樣可以被人玩弄，因此就像*h*指數一樣，我們不應該把它當成唯一該重視的焦點。Mohammad Tariqur Rahman et al., 'The Need to Quantify Authors' Relative Intellectual Contributions in a Multi-Author Paper', *Journal of Informetrics* 11, no. 1. (Feb. 2017): pp. 275-281; https://doi.org/10.1016/j.joi.2017.01.002. See also H. W. Shen & A. L. Barabási, 'Collective Credit Allocation in Science', *Proceedings of the National Academy of Sciences* 111, no. 34 (26 Aug. 2014): pp. 12325–30; https://doi.org/10.1073/pnas.1401992111

95 請參考 David Moher et al., 'Assessing Scientists for Hiring, Promotion, and Tenure', *PLOS Biology* 16, no. 3 (29 Mar. 2018): e2004089; https://doi.org/10.1371/journal.pbio.2004089. 在〈舊金山研究評估宣言〉裡面曾經明確表達反對使用可以操縱的評量標準，請參考：https://sfdora.org

96 Florian Naudet et al., 'Six Principles for Assessing Scientists for Hiring, Promotion, and Tenure', *Impact of Social Sciences*, 4 June 2018; https://blogs.lse.ac.uk/impactofsocialsciences/2018/6/04/six-principles-for-assessing-scientists-for-hiring-promotion-and-tenure/

97 Scott O. Lilienfeld, 'Psychology's Replication Crisis and the Grant Culture: Righting the Ship', *Perspectives on Psychological Science* 12, no. 4 (July 2017): pp. 661–64; https://doi.org/10.1177/1745691616687745

98 John P. A. Ioannidis, 'Fund People Not Projects', *Nature* 477, no. 7366 (Sept. 2011): pp. 529–31; https://doi.org/10.1038/477529a and Emma Wilkinson, 'Wellcome Trust to Fund People Not Projects', *Lancet* 375, no. 9710 (Jan. 2010): pp. 185–86; https://doi.org/10.1016/S0140-6736(10)60075-X

99 Ferris C. Fang & Arturo Casadevall, 'Research Funding: The Case for a Modified Lottery', *MBio* 7, no. 2 (4 May 2016): p. 5; https://doi.org/10.1128/mBio.00422-16

100 Ferris C. Fang et al., 'NIH Peer Review Percentile Scores Are Poorly Predictive of Grant Productivity', *eLife* 5 (16 Feb. 2016): e13323; https://doi.org/10.7554/eLife.13323

101 Kevin Gross & Carl T. Bergstrom, 'Contest Models Highlight Inherent Inefficiencies of Scientific Funding Competitions', ed. John P. A. Ioannidis, *PLOS Biology* 17, no. 1 (2 Jan. 2019): p.1, e3000065; https://doi.org/10.1371/journal.pbio.3000065

102 Dorothy Bishop, 'Luck of the Draw', *Nature Index*, 7 May 2018; https://www.natureindex.com/news-blog/luck-of-the-draw. See also Simine Vazire, 'Our Obsession with Eminence Warps Research', *Nature* 547, no. 7661 (July 2017): p. 7; https://doi.org/10.1038/547007a

103 See Paul Smaldino et al., 'Open Science and Modified Funding Lotteries Can Impede the Natural Selection of Bad Science', *Open Science Framework*, preprint (28 Jan. 2019); https://doi.org/10.31219/osf.io/zvkwq

104 《美國政治科學期刊》不止要求研究人員分享數據，還會在審稿過程中詳細驗證每篇論文的可複製性：https://ajps.org/ajps-verification-policy/

105 Nosek et al., 'Promoting an Open Science Culture'.

106 許多期刊也簽署了一系列的守則並同意遵守，比如說出版倫理委員會：https://publicationethics.org/guidance/Guidelines，就提供編輯如何處理不當行為的指南。不過問題通常在於如何確保期刊編輯真的會遵守這些守則。

107 有證據顯示如果在新聞稿中加入警語，可以改善媒體對新聞的報導。我們在第六章所提到的那個讓研究人員改變文稿內容來影響新聞報導的隨機試驗中，研究人員還發現如果在文章中加入「這些結論僅有相關性而非因果性」這樣的警語時，百分之二十的新聞報導也會提及這一點。但是如果沒有的話，幾乎沒有新聞會提及這一點。也許有人會擔心如果他們在新聞稿中加入這類警語的話，會降低媒體報導的興趣。同一份研究顯示了當新聞稿內容寫的比較小心時（比較不誇大其詞），沒有證據顯示媒體會因此而失去興趣。之前其他針對新聞稿所做的研究也得到了類似的結論：Rachel Adams et al., 'Claims of Causality in Health News'. See also Petroc Sumner et al., 'Exaggerations and Caveats in Press Releases and Health-Related Science News', *PLOS ONE* 11, no. 12 (15 Dec. 2016): e0168217; https://doi.org/10.1371/journal.pone.0168217. And Lewis Bott et al., 'Caveats in Science-Based News Stories Communicate Caution without Lowering Interest', *Journal of Experimental Psychology: Applied* 25, no. 4 (Dec. 2019): pp. 517–42; https://doi.org/10.1037/xap0000232. 在那個「微中子超過光速」的例子中，我們已經看到了措辭謹慎的新聞稿如何被翻譯成節制的新聞故事。

108 Leonid Tiokhin et al., 'Honest Signaling in Academic Publishing', *Open Science Framework*, preprint (13 June 2019); https://doi.org/10.31219/osf.io/gyeh8

109 例如，請參閱以下來自 *Psychological Science* 期刊的社論：Eric Eich, 'Business Not as Usual', *Psychological Science* 25, no. 1 (Jan. 2014): pp. 3–6; https://doi.org/10.1177/0956797613512465

110 Marcus Munafò, 'Raising Research Quality Will Require Collective Action', *Nature* 576, no. 7786 (10 Dec. 2019): p. 183 https://doi.org/10.1038/d41586-019-03750-7. 其他地方也有類似的改變，比如 the Open Science Communities initiative in the Netherlands (https://osf.io/vz2sy/) and the Open Science Center at LMU Munich (https://www.osc.uni-muenchen.de/index.html). 另外一個成功的草根性運動範例則是 ReproducibiliTea, 為剛起步的研究人員舉辦「期刊俱樂部」會議，討論有關開放科學的問題：https://reproducibilitea.org/

111 Tom E. Hardwicke et al., 'Calibrating the Scientific Ecosystem Through Meta-Research', *Annual Review of Statistics and Its Application* 7, no. 1 (7 March 2020); https://doi.org/10.1146/annurev-statistics-031219-041104

112 當然，這也有可能走得太過頭。我們之前提過的柯蒂就是一個好例子，顯示不管科學品質好壞，網路的討論總有不成比例的霸凌與激動的情緒。詳細的內容請見 Susan Dominus, 'When the Revolution Came for Amy Cuddy',

New York Times, 18 Oct. 2017; https://www.nytimes.com/2017/10/18/magazine/when-the-revolution-came-for-amy-cuddy.html。順道一提，雖然霸凌這個議題已經超出本書討論的範圍，但是這件事還是值得在這裡稍微提及。科學界裡另外一個亟待重整的面相就是權力結構。在學界已經有太多案例（其實就算只有一個案例也是太多），是學者利用自身的資深地位來霸凌、騷擾甚至性侵害學生或是其他研究人員。最近心理學界就發生了兩起故事，可以說明這個令人沮喪的現象。二〇一八年社會神經學家辛格辭去了位於萊比錫的馬克斯普朗克人類認知與大腦科學研究所的所長一職，原因是有人指控她長年嚴重霸凌自己的研究團隊，比如據報導她曾經對一名懷孕的博士後研究員尖叫怒吼（因為產假會中斷辛格的研究）。在這個故事裡最諷刺的一點就是，辛格自己主要的研究領域就是人類的同理心（Kai Kupferschmidt, 'She's the World's Top Empathy Researcher. But Colleagues Say She Bullied and Intimidated Them', *Science*, 8 Aug. 2018; https://doi.org/10.1126/science.aav0199）。另一個例子則是三名達特茅斯大學的心理學教授：Todd Heatherton, William Kelley and Paul Whalen 才剛剛丟了飯碗並且被禁止進入校園（或者只有有限的權限），因為據說有九名女性出面指控他們在十六年間騷擾、性侵甚至強暴他們的學生。The Dartmouth Senior Staff, 'New Allegations of Sexual Assault Made in Ongoing Lawsuit against Dartmouth', *The Dartmouth*, 2 May 2019; https://www.thedartmouth.com/article/2019/05/new-allegations-of-sexual-assault-made-in-ongoing-lawsuit-against-dartmouth

113 Brian Nosek, 'Strategy for Culture Change', *Center for Open Science*, 11 July 2019; https://cos.io/blog/strategy-for-culture-change/

114 Florian Markowetz, 'Five Selfish Reasons to Work Reproducibly', *Genome Biology* 16:274 (Dec. 2015); https://doi.org/10.1186/s13059-015-0850-7

115 William Robin, 'How a Somber Symphony Sold More Than a Million Records', *New York Times*, 9 June 2017; https://www.nytimes.com/2017/06/09/arts/music/how-a-somber-symphony-sold-more-than-a-million-records.html. 有一個特別好的版

本，是二〇一九年由波蘭國家廣播交響樂團演奏，Krzysztof Penderecki指揮，Domino Recording Co Ltd. 所發行的：https://open.spotify.com/album/6r4bpBHOQzQ8oJoYmzmKZK

116 Luke B. Howard, 'Henry M. Górecki's Symphony No. 3 (1976) As A Symbol of Polish Political History', *Polish Review* 52, no. 2 (2007): pp. 215–22; https://www.jstor.org/stable/25779666

117 這種區分法讓人想起了演化生物學裡一個古老的爭論，那就是演化的發生究竟是漸進持續的過程（漸變論）還是大部分時間靜態，然後偶爾出現巨變，爆發出大量新的物種（間斷平衡說）。請參考 Kim Sterelny, *Dawkins vs. Gould: Survival of the Fittest* (Thriplow: Icon Books, 2007).

118 一但我們改正了本書中所提到的一切問題，就該著手處理更大的議題。最終，我們希望能將科學發現建設成堅實的理論，來解釋世界以及預測未來的觀測結果。請參考：Michael Muthukrishna & Joseph Henrich, 'A Problem in Theory', *Nature Human Behaviour* 3, no. 3 (Mar. 2019): pp. 221–29; https://doi.org/10.1038/s41562-018-0522-1。但是在一個任何新發現都可能因為無法複製而土崩瓦解的世界裡，複雜的理論卻有可能帶我們走上完全錯誤的道路。請參考 Ian J. Deary, Looking Down on Human Intelligence: From Psychometrics to the Brain, Oxford Psychology Series, no. 34 (Oxford: Oxford University Press, 2000), particularly pp. 108–109。另一個比建立理論更實際的目標則是三角驗證法：對同一個問題，我們從許多不同的角度、透過不同的假設、用不同的研究法，最終看看是不是都得到相同的答案。請參考：Marcus R. Munafò & George Davey Smith, 'Robust Research Needs Many Lines of Evidence', *Nature* 553, no. 7689 (25 Jan. 2018): pp. 399–401; https://doi.org/10.1038/d41586-018-01023-3; and Debbie A. Lawlor et al., 'Triangulation in Aetiological Epidemiology', *International Journal of Epidemiology* 45, no. 6 (20 Jan. 2017): pp. 1866–86; https://doi.org/10.1093/ije/dyw314. 關於三角驗證法應用在歷史上的例子請參考 George Davey Smith, 'Smoking and Lung Cancer: Causality, Cornfield and an Early Observational Meta-Analysis', *International Journal of Epidemiology* 38, no. 5 (1 Oct. 2009): pp. 1169–71; https://doi.org/10.1093/ije/dyp317. 不過呢，如果我們的個別研究發現並不可靠，那

麼想依賴它們去進行三角驗證，恐怕只是緣木求魚而已。

119 一個經典的例子就是「綠色螢光蛋白」（ＧＦＰ）的發現過程。這種蛋白在紫外線的照射下會發光，在生物學中已經廣泛被用作一種指示物，可以標記細胞中特定蛋白的存在。這個發現對於我們的生物學知識來說是一個重大的進展，從此可以研究各種不同的問題，但是這個發現剛開始的時候一點也不顯眼：下村脩在一九六〇從一種發光水母體內純化蛋白質的時候發現了它，但是這計畫在那時看起來根本毫無發展可言。下村脩後來因為這個發現與其他人一起贏得了二〇〇八年的諾貝爾化學獎。請參考：Osamu Shimomura, 'Biographical: NobelPrize.org', *Nobel Media* (2008); https://www.nobelprize.org/prizes/chemistry/2008/shimomura/biographical/. 關於其他純粹出於好奇心的研究，無意間卻發展成重大突破的例子，請參考 Jay Bhattacharya & Mikko Packalen, 'Stagnation and Scientific Incentives', *National Bureau of Economic Research* Working Paper no. 26752 (Feb. 2020); https://doi.org/10.3386/w26752

120 'not only can it be argued': Bhattacharya & Packalen, 'Stagnation and Scientific Incentives'.

121 Michèle B. Nuijten et al., 'Practical Tools and Strategies for Researchers to Increase Replicability', *Developmental Medicine & Child Neurology* 61, no. 5 (Oct. 2018): pp. 535–39; https://doi.org/10.1111/dmcn.14054

122 See e.g. Daniele Fanelli, 'Opinion: Is Science Really Facing a Reproducibility Crisis, and Do We Need It To?', *Proceedings of the National Academy of Sciences* 115, no. 11 (13 Mar. 2018): pp. 2628–31; https://doi.org/10.1073/pnas.1708272114

後記

1 https://eventhorizontelescope.org

2 'severe immune deficiencies': Ewelia Mamcarz et al., 'Lentiviral Gene Therapy Combined with Low-Dose Busulfan in Infants with SCID-X1', *New England Journal of Medicine* 380, no. 16 (18 April 2019): pp. 1525–34; https://doi.org/10.1056/NEJMoa1815408; 'cystic fibrosis': Francis S. Collins, 'Realizing the Dream of Molecularly Targeted Therapies

for Cystic Fibrosis', *New England Journal of Medicine* 381, no. 19 (7 Nov. 2019): pp. 1863–65; https://doi.org/10.1056/NEJMe1911602

3 Alison J. Rodger et al., 'Risk of HIV Transmission through Condomless Sex in Serodifferent Gay Couples with the HIV-Positive Partner Taking Suppressive Antiretroviral Therapy (PARTNER): Final Results of a Multicentre, Prospective, Observational Study', *Lancet* 393, no. 10189 (June 2019): pp. 2428–38; https://doi.org/10.1016/S0140-6736(19)30418-0

4 Kazuya Tsurumoto et al., 'Quantum Teleportation-Based State Transfer of Photon Polarization into a Carbon Spin in Diamond', *Communications Physics* 2, no. 1 (Dec. 2019): 74; https://doi.org/10.1038/s42005-019-0158-0

5 Yuqian Ma et al., 'Mammalian Near-Infrared Image Vision through Injectable and Self-Powered Retinal Nanoantennae', *Cell* 177, no. 2 (April 2019): pp. 243-55; https://doi.org/10.1016/j.cell.2019.01.038

6 Elizabeth A. Handley, 'Findings of Research Misconduct', *Federal Register* 84, no. 216 (7 Nov. 2019): pp. 60097–98; https://ori.hhs.gov/sites/default/files/2019-11/2019-24291.pdf. For background, see Alison McCook, '$200M Research Misconduct Case against Duke Moving Forward, as Judge Denies Motion to Dismiss', *Retraction Watch*, 28 April 2017; https://retractionwatch.com/2017/04/28/200m-research-misconduct-case-duke-moving-forward-judge-denies-motion-dismiss/

7 Ian Sample, 'Top Geneticist "Should Resign" Over His Team's Laboratory Fraud', *Guardian*, 1 Feb. 2020; https://www.theguardian.com/education/2020/feb/01/david-latchman-geneticist-should-resign-over-his-team-science-fraud

8 Original paper: D. R. Oxley et al., 'Political Attitudes Vary with Physiological Traits', *Science* 321, no. 5896 (19 Sept. 2008): pp. 1667–70; https://doi.org/10.1126/science.1157627. 做了複製實驗的作者把故事寫了出來：Kevin Arceneaux et al., 'We Tried to Publish a Replication of a Science Paper in Science. The Journal Refused', *Slate*, 20 June 2019; https://slate.com/technology/2019/06/science-replication-conservatives-liberals-reacting-to-threats.html. 他們的複製實驗最終發表了：Bert N. Bakker et al., 'Conservatives and Liberals Have Similar Physiological Responses to Threats', *Nature Human*

Behaviour (10 Feb. 2020); https://doi.org/10.1038/s41562-020-0823-z

9 Dalmeet Singh Chawla, 'Russian Journals Retract More than 800 Papers after "Bombshell" Investigation', *Science*, 8 Jan. 2020; https://doi.org/10.1126/science.aba8099

10 Richard Van Noorden, 'Highly Cited Researcher Banned from Journal Board for Citation Abuse', *Nature* 578, no. 7794 (Feb. 2020): pp. 200–201; https://doi.org/10.1038/d41586-020-00335-7

11 Drummond Rennie, 'Guarding the *Guardian*s: A Conference on Editorial Peer Review', *JAMA* 256, no. 17 (7 Nov. 1986): p. 2391; https://doi.org/10.1001/jama.1986.03380170107031

12 Charles Babbage, *Reflections on the Decline of Science in England, and on Some of Its Causes* (London: B. Fellowes, 1830); https://www.gutenberg.org/files/1216/1216-h/1216-h.htm

13 *International Biographical Dictionary of Computer Pioneers*, ed. John A.N. Lee (Chicago, Ill.: Fitzroy Dearborn, 1995).

14 Simon Chaplin et al., 'Wellcome Trust Global Monitor 2018', Wellcome Trust, 19 June 2019; https://wellcome.ac.uk/reports/wellcome-global-monitor/2018, Chapter 3.

15 Ipsos MORI 做過一項關於科學信賴感的民調，結果顯示二〇一八年在英國相信科學家說真話的人高達百分之八十五，比一九九七年的調查要高了百分之二十三。Gideon Skinner & Michael Clemence, 'Ipsos MORI Veracity Index 2018', Ipsos MORI, Nov. 2018; https://www.ipsos.com/sites/default/files/ct/news/documents/2018-11/veracity_index_2018_v1_161118_public.pdf

16 想知道關於心理學方面的例子，請參考 Farid Anvari and Daniël Lakens, 'The Replicability Crisis and Public Trust in *Psychological Science*', *Comprehensive Results in Social Psychology* 3, no. 3 (2 Sept. 2018): pp. 266–86; https://doi.org/10.1080/23743603.2019.1684822. 在另外一項調查中，當一般人聽到科學裡面有著結果無法被重複的問題時，只有百分之十七（必須承認這比例並不高）的人認為這是拒絕相信科學的理由。Markus Weißkopf et al.,

'Wissenschaftsbarometer 2018', *Wissenschaft im Dialog*, 2018; https://www.wissenschaft-im-dialog.de/fileadmin/user_upload/Projekte/Wissenschaftsbarometer/Dokumente_18/Downloads_allgemein/Broschuere_Wissenschaftsbarometer2018_Web.pdf [German].

17 據我所知，這句話出自 John Diamond. Quoted, for example, in Nick Jeffery, '"There Is No Such Thing as Alternative Medicine"', *Journal of Small Animal Practice* 56, no. 12 (Dec. 2015): pp. 687–88; https://doi.org/10.1111/jsap.12427

18 Alex Csiszar, *The Scientific Journal: Authorship and the Politics of Knowledge in the Nineteenth Century* (Chicago: University of Chicago Press, 2018). pp. 262–3.

19 Ben Guarino, 'USDA Orders Scientists to Say Published Research Is "Preliminary"', *Washington Post*, 19 April 2019; https://www.washingtonpost.com/science/2019/04/19/usda-orders-scientists-say-published-research-is-preliminary/. 當時的政府也被指控發動帶著政治動機的反向炒作：一旦美國農業部科學家的研究彰顯氣候變遷的危險時，政府就一反常態地停止公布研究報告，而公布科學家的研究報告本該是農業部的標準作業。Helena Bottemiller Evich, 'Agriculture Department Buries Studies Showing Dangers of Climate Change', *Politico*, 23 June 2019; https://www.politico.com/story/2019/06/23/agriculture-department-climate-change-1376413

20 Ben Guarino, 'After Outcry, USDA Will No Longer Require Scientists to Label Research "Preliminary"', *Washington Post*, 10 May 2019; https://www.washingtonpost.com/science/2019/05/10/after-outcry-usda-will-no-longer-require-scientists-label-research-preliminary/

21 Adam Marcus & Ivan Oransky, 'Trump Gets Something Right about Science, Even If for the Wrong Reasons', *Washington Post*, 1 May 2019; https://www.washingtonpost.com/opinions/2019/05/01/trump-gets-something-right-about-science-even-if-wrong-reasons/

22 'Trofim Lysenko': a good brief account is given in John Grant, *Corrupted Science: Fraud, Ideology and Politics in*

Science (London: Facts, Figures & Fun, 2007). ‘Stalin’s USSR and Mao’s China’: https://www.theatlantic.com/science/archive/2017/12/trofim-lysenko-soviet-union-russia/548786/. 讓人擔憂的是李森科的主張最近在俄國又死灰復燃了，請參考 Edouard I. Kolchinsky et al., ‘Russia’s New Lysenkoism’, *Current Biology* 27, no. 19 (Oct. 2017): R1042–47; https://doi.org/10.1016/j.cub.2017.07.045

23 ‘creationism’: Gayatri Devi, ‘Creationism Isn’t Just an Ideology – It’s a Weapon of Political Control’, *Guardian*, 22 Nov. 2015; https://www.theguardian.com/commentisfree/2015/nov/22/creationism-isnt-just-an-ideology-its-a-weapon-of-political-control; ‘vaccines’: 最諷刺的是，義大利反疫苗陣營的一位主要政客在二〇一九年因為得了水痘而住院：Tom Kington, ‘Italian “Anti-Vax” Advocate Massimiliano Fedriga Catches Chickenpox’, *The Times*, 20 March 2019; https://www.thetimes.co.uk/article/massimiliano-fedriga-no-vax-advocate-catches-chickenpox-cbnpkdbh6; ‘HIV and AIDs’: Pride Chigwedere et al., ‘Estimating the Lost Benefits of Antiretroviral Drug Use in South Africa’, *JAIDS* 49, no. 4 (Dec. 2008): pp. 410–15; https://doi.org/10.1097/QAI.0b013e31818a6cd5; ‘stem-cell technology’: Sohini C, ‘Bowel Cleanse for Better DNA: The Nonsense Science of Modi’s India’, *South China Morning Post*, 13 Jan. 2019; https://www.scmp.com/week-asia/society/article/2181752/bowel-cleanse-better-dna-nonsense-science-modis-india

24 ‘clean and green’: Scottish National Party, ‘Why Have the Scottish Government Banned GM Crops?’, n.d.; https://www.snp.org/policies/pb-why-have-the-scottish-government-banned-gm-crops/; ‘cheap populism’: Euan McColm, ‘Ban on GM crops is embarrassing’, *The Scotsman*, 18 Aug. 2015; https://www.scotsman.com/news/opinion/euan-mccolm-ban-on-gm-crops-is-embarrassing-1-3862228; ‘extremely concerning’: Erik Stokstad, ‘Scientists Protest Scotland’s Ban of GM Crops’, *Science*, 17 Aug. 2015; https://doi.org/10.1126/science.aad1632

25 Émile Zola, *Proudhon et Courbet I*, quoted and translated in Dorra, Symbolist Art Theories: A Critical Anthology (Berkeley: University of California Press, 1994).

附錄

1 Daniel S. Himmelstein, 'Sci-Hub Provides Access to Nearly All Scholarly Literature', *eLife* 7 (1 Mar. 2018): e32822; https://doi.org/10.7554/eLife.32822

2 你也可以參考網路上整理出來的掠奪性期刊列表，比如：https://beallslist.weebly.com/

3 關於臨床試驗，許多國家或地區登記的臨床試驗可以在這些網站找到：https://www.hhs.gov/ohrp/international/clinical-trial-registries/index.html. 關於其他領域的，我建議尋找這些網站：https://arxiv.org/, https://www.biorxiv.org/ and https://osf.io/. 與多有預先登記的論文會有它們預先登記的網站連結，而臨床試驗則有登記的ＩＤ號碼供你查詢。

4 這部分往往被放在發表論文的結尾處。許多期刊現在會幫有開放數據、公開實驗方法或是有預先登記的論文標記特別的顏色。在這些網站上可以找到這種期刊：https://cos.io/our-services/open-science-badges/

5 這想法來自我的朋友達塔尼。

6 Google 學術搜尋 在每篇論文的連結下會貼心地放上「被……引用」的功能，對於要尋找這項資訊來說很有用。

7 https://www.sciencemediacentre.org/; 其他國家也有科學媒體中心，比如德國：https://www.sciencemediacenter.de/. For more see Ewan Callaway, 'Science Media: Centre of Attention', *Nature* 499, no. 7457 (July 2013): pp. 142–44; https://doi.org/10.1038/499142a

8 https://pubpeer.com/

9 有一個小撇步就是直接將該論文在期刊上的超連結貼到推特的搜尋欄中，這樣你就可以看到所有與之相關的推文以及所有評論。很多科學家都會直接在推特上面用簡單的方式評論自己領域的論文，這是一種公眾評論，不過還沒有被廣泛運用。

10 有一個可以幫助我們更清楚了解一項研究被引用情況的新工具是scite （https://scite.ai/）：它的演算法（已經根據

真人科學家的判斷訓練過）會分析提及引用論文的上下文，將其區分為「支持」、「反駁」或是簡單的「提及」（也就是中性的意思）。雖然這套演算法還在開發中，功能未臻完美，但是它可以提供一篇論文討論引用論文時的文本摘要，讓讀者可以判斷。這只是不斷出現的新工具中的一個例子，這些工具都可以讓科學家工作的更方便，更少出錯。

索引

人物

三到五畫

六到十畫

十一到十五畫

十六到二十畫

期刊

文獻與作品

組織機構

名詞

科學的假象：造假、偏見、疏忽與炒作如何阻礙我們追尋事實

作　　者　史都華・利奇（Stuart Ritchie）
譯　　者　梅菱芒
選 書 人　王正緯
責任編輯　王正緯
校　　對　童霈文
版面構成　張靜怡
封面設計　廖韡
行 銷 部　張瑞芳、段人涵
版 權 部　李季鴻、梁嘉真
總 編 輯　謝宜英
出 版 者　貓頭鷹出版

發 行 人　涂玉雲
發　　行　英屬蓋曼群島商家庭傳媒股份有限公司城邦分公司
104 台北市中山區民生東路二段 141 號 11 樓
劃撥帳號：19863813；戶名：書虫股份有限公司
城邦讀書花園：www.cite.com.tw　購書服務信箱：service@readingclub.com.tw
購書服務專線：02-2500-7718~9（週一至週五 09:30-12:30；13:30-18:00）
24 小時傳真專線：02-2500-1990~1
香港發行所　城邦（香港）出版集團／電話：852-2877-8606 ／傳真：852-2578-9337
馬新發行所　城邦（馬新）出版集團／電話：603-9056-3833 ／傳真：603-9057-6622
印 製 廠　中原造像股份有限公司
初　　版　2023 年 10 月
定　　價　新台幣 630 元／港幣 210 元（紙本書）
新台幣 441 元（電子書）
I S B N　978-986-262-659-7（紙本平裝）／ 978-986-262-660-3（電子書 EPUB）

讀者意見信箱　owl@cph.com.tw
投稿信箱　owl.book@gmail.com
貓頭鷹臉書　facebook.com/owlpublishing

國家圖書館出版品預行編目資料

科學的假象：造假、偏見、疏忽與炒作如何阻礙我們追尋事實／史都華・利奇（Stuart Ritchie）著；梅菱芒譯 . -- 初版 . -- 臺北市：貓頭鷹出版：英屬蓋曼群島商家庭傳媒股份有限公司城邦分公司發行，2023.10
面；　公分 .
譯自：Science fictions: how fraud, bias, negligence, and hype undermine the search for truth
ISBN 978-986-262-659-7（平裝）

1. CST：科學　2. CST：研究方法
3. CST：學術研究

300　　112013081